최신
자동제어공학

권욱현 · 권오규 지음

청문각

머 리 말

제어란 어떤 시스템의 출력신호가 원하는 특성을 따라가도록 적절한 입력신호를 결정하는 기법을 말하며, 이러한 기법을 연구하는 학문 분야를 제어공학이라고 한다. 제어공학은 산업혁명의 원동력이 된 증기기관의 속력 조절에 활용되면서 주목받기 시작하였다. 현대의 산업과 문명이 빠른 속도로 발전하면서 각종 공정과 시스템들이 대형화되고 고도화됨에 따라, 제어공학의 필요성은 더욱 높아지고 있으며, 우주·통신·환경·생명 등의 미래산업 분야에서 제어공학은 기반기술로서 더 큰 역할을 맡게 될 것이다.

제어공학이 어렵다는 말은 국내에 이 학문이 소개되면서부터 나왔다. 제어공학에서 다루는 대상시스템들은 대부분 미분방정식이나 행렬 등으로 표현되는데, 이러한 제어시스템의 해석 및 설계 문제는 필산으로 풀기에는 너무나 복잡한 경우가 많다. 제어시스템의 해석에는 이러한 복잡한 계산뿐만 아니라 여러 가지의 그래프를 그리는 작업이 뒤따르는 경우가 많고, 더욱이 제어시스템의 설계과정 중에는 이러한 작업들을 반복적으로 수행해야 하기 때문이다. 그러므로 제어시스템의 해석과 설계문제에서 컴퓨터의 사용은 필수적이라고 할 수 있다. 그러나 이런 문제들을 풀기 위하여 C나 FORTRAN 따위의 범용언어를 써서 관련 프로그램을 직접 작성하는 것은 수치해석 과정은 물론이고, 데이터 입출력, 그래프 출력 등의 부가적인 일에 많은 시간을 들여야 하므로 이것도 역시 쉬운 작업이 아니다. 따라서 제어공학이 어렵다는 말이 나왔으며, 이러한 인식은 1980년대 말까지 이어졌다. 그러나 1990년대 개인용컴퓨터 시대에 접어들어 제어공학 분야에서도 제어시스템 해석 및 설계문제를 쉽게 처리할 수 있도록 지원해주는 전문적인 컴퓨터 꾸러미(package)들이 보급되면서부터는 상황이 크게 달라졌다. 대표적인 꾸러미로는 MatLab, Matrix-X, Mathematica, Maple 따위와 최근 국내에서 개발된 셈툴(CEMTool)이 있다. 이와 같은 제어시스템 해석 및 설계용 꾸러미를 이용하여 문제들을 직접 풀어보고 실험해 보는 것이 세계적인 추세이다.

이 책은 4년제 대학 학부생들과 현장 엔지니어들을 대상으로 집필하였다. 다루는 내용 가운데 조금 어려운 부분들은 해당 장절에 '*'를 표시하여 생략할 수 있도록 배려하였다. 제어공학이 개념을 알고 보면 어렵지도 않고 꽤 재미있는 학문이라는 것을 알려주고자 노력하였다. 컴퓨터 꾸러미를 활용하여 제어공학을 보다 쉽게 접근하면서 개념을 보다 구체적으로 정확하게 전달하도록 하였으며, 특히 우리 기술로 만든 컴퓨터 꾸러미인 셈툴을 사용하여 제어시스템을 해석하고 설계하는데 활용함으로써, 이 분야의 기술독립에 기여하도록 하였다. 또한 우리나라 산업체에서 개발한 플랜트 모델을 소개하고, 이 모델들을 활용하여 제어시스템을 설계하는 예제들을 많이 다룸으로써 우리기술에 대한 자부심을 높이고자 노력하였다. 아울러 알기 쉬운 우리말 용어를 사용해서 제어공학에 대해 설명함으로써 이 학문에 보다 친근감을 느낄 수 있도록 배려하였다.

이 책에서는 수학기초와 모델링을 설명한 다음, 제어기법에 관련된 내용에 들어가기 전에 먼저 제어목표를 분명하게 제시하였다. 그리하여 이후의 내용이 제어목표와 어떻게 연관되는지 설명하였다. 이것은 최근에 해석보다는 설계에 치중되는 추세와 일치하며, 기존의 교재와 차별되는 점이기도 하다. 각 장 앞에 개요를 두어 미리 공부하고자 하는 내용의 개념을 익히도록 하였으며, 마지막에 요점 정리를 통해 이해하기 쉽도록 하였다. 산업현장에서 많이 쓰이는 PID제어기 설계에 관해 자세히 다룸으로써 산업현장의 요구를 충족시킬 수 있도록 노력하였다. 제어기를 구현하는데 필요한 지식은 이 책의 범위를 벗어나지만 각 장의 마지막에 상식란을 만들어 참고가 되도록 하였다.

이 책은 학습을 돕기 위해 최근의 인터넷환경을 잘 활용하고 있다, 이 교재와 관련하여 셈툴 홈페이지(cemware.com)에 제어공학 가상강좌(cyber class)를 개설하여 제어공학에 대해 궁금한 사항들을 공개적으로 토의하고, 아울러 제어공학 고급과정과 연결해주는 마당을 마련하였다. 또한 강의록 및 참고자료들을 셈툴 홈페이지에서 내려받을 수 있도록 하여 효과적인 강의 진행을 할 수 있도록 하였다. 강의하시는 교수님들의 편의를 위해 익힘 문제에 대한 해답집을 별도로 제공하며, 학생들을 위해서는 이 책에 CEMTool 소프트웨어와 예제 풀이가 담긴 CD를 첨부하여 학습하는 데 도움을 주고자 하였다.

끝으로 이 책은 2003년도에 발간했던 초판본의 내용을 갱신하고 전체적으로 새롭게 편집한 것으로서, 이 최신간을 만드는 과정에서 셈툴/심툴 활용에 도움을 준 김석윤, 박재헌, 박영상 연구원들에게 고마운 마음을 전하며, 자료제공을 적극적으로 도와주신 셈웨어의 김광진 사장께 감사드린다. 또한 이 책의 새 편집과 출간을 흔쾌히 맡아주신 청문각의 모든 분께 감사드린다. 이 책을 통해 많은 신세대 학생들과 현장 엔지니어들이 제어공학을 보다 쉽게 재미를 느끼면서 익히고, 이를 활용함으로써 이 분야를 발전시키는 미래의 주역으로 성장하게 되기를 바란다.

2015년 2월
권욱현 · 권오규

CONTENTS

chapter 4 | 제어목표와 안정성

chapter 5 │ 시간영역 해석 및 설계

chapter 6 │ 근궤적과 설계응용

chapter 7 | 주파수영역 해석 및 설계

chapter 8 │ PID제어기 설계법

chapter 9 | 상태공간 해석 및 설계법

부 록

CHAPTER **1** 서 론

1.1 개 요

이 장에서는 제어공학을 처음으로 접하거나 자동제어에 관심을 갖는 사람들을 위해 제어공학 전반에 걸쳐 주요 개념들을 설명한다. "도대체 제어공학이란 무엇인가?"라는 의문에 대해 쉬운 개념으로 설명하고자 한다. 먼저 제어공학에서 사용하는 주요 용어들을 정리하고, 아주 단순한 시스템의 예를 들어서 되먹임(feedback)의 개념을 익힌다. 그리고 산업현장에서 제어기법이 쓰이는 대표적인 예들을 살펴보고, 제어공학의 역사를 간략히 정리한다. 제어시스템 설계과정에 관하여 설명하며, 제어시스템 해석 및 설계 지원용으로 많이 활용되고 있는 소프트웨어 꾸러미(software package)에 대해 간략히 소개한다. 이 장에서 다룰 내용들의 주안점을 요약하면 다음과 같다.

1) 제어의 대상이 되는 **플랜트(plant)**는 상태, 입력, 출력, 외란 등으로 구성되어 있다. **제어(control)**란 **제어목표**를 만족하도록 플랜트의 입력 신호를 적절히 조절하는 방법을 말하며, 제어동작을 수행하는 장치를 **제어기(controller)**라고 한다. 제어기는 출력을 측정하여 사용하고 출력이 따라가야 하는 **기준입력** 등도 사용한다. 출력 측정 시 **측정잡음**도 발생할 수 있다. 이러한 플랜트와 제어기를 통괄하여 **제어시스템(control system)**이라 한다.

2) 제어를 위해서는 플랜트를 수학식으로 표현한 **모델(model)**이 필요하다. 이때 실제 플랜트는 모델과 다소 차이가 있는데, 이를 **모델불확실성(model uncertainty)**이라 한다.

3) 제어기를 써서 얻고자 하는 제어시스템 특성을 **제어목표(control objective)**라 한다. 제어목표에는 안정성(stability)과 명령추종 성능(command following performance)이 있다. 이를 위해서는 외란제거(disturbance rejection), 잡음축소(noise reduction), 모델오차의 영향 축소도 필요하다. 이 가운데 가장 중요한 목표는 안정성이다.

4) 제어기를 설계한다는 것은 제어시스템의 안정성을 이루면서 나머지 제어목표들을 달성하는 제어입력신호를 만들어내는 장치를 구성하는 것을 뜻한다. 그런데 여러 제어목표들은 상충관계에 있기 때문에 제어기를 설계할 때에는 제어목표를 잘 절충시켜야 한다.

5) 제어시스템은 제어기와 플랜트의 연결 방식에 따라 **개로(open-loop)**제어시스템과 **폐로(closed-loop)**제어시스템으로 분류된다. 그런데 개로제어는 대상시스템의 특성을 잘 알고 있는 경우에만 정확한 제어가 가능하기 때문에, 산업현장에서는 개로제어가 잘 사용되지 않으며 폐로제어가 많이 쓰이고 있다.

6) 폐로제어는 플랜트의 출력을 입력단에 되먹여서 제어에 활용하기 때문에 **되먹임제어 (feedback control)**라고도 한다. 이 기법을 사용하면 앞에서 언급한 제어목표를 비교적 잘 만족하도록 제어기를 설계할 수 있다.

7) 제어공학은 산업혁명의 원동력이 된 증기기관의 속력조절에 제어기법이 쓰이면서 주목받기 시작하였다. 현대의 산업과 문명이 **빠른** 속도로 발전하면서 각종 공정과 시스템들이 대형화되고, 고도화됨에 따라 제어공학의 필요성은 더욱 높아지고 있으며, 우주 · 통신 · 환경 · 생명 등의 미래산업분야에서 제어공학은 기반 기술로서 더 큰 역할을 맡게 될 것이다.

8) 제어시스템을 설계하는 과정은 제어대상시스템의 모델을 구하는 모델링 과정, 원하는 제어목표를 설정하고, 이 목표를 달성하기 위해 제어기를 설계하는 과정, 설계된 제어기를 구현하고, 적용 시험을 수행하는 구현과정 등 3개 과정으로 이루어진다.

1.2 제어공학이란?

우리 주위에는 인간이 명령한 대로 움직여 주는 자동장치시스템을 많이 볼 수 있다. 예를 들면, 로봇, 무인비행기, 발전시스템, 기차, 냉방장치 등이 있다. 이러한 대상이 되는 시스템을 **플랜트(plant)**라고 하거나, 제어대상이라는 점에서 **제어대상시스템(controlled system)**이라고 한다. 이 가운데 온도, 압력, 유량, 수위, pH 등과 같은 화학적이거나 열 · 유체 역학적인 양으로 나타나는 플랜트를 **공정(process)**이라고 한다. 제어의 대상이 되는 플랜트는 나중에 상세히 설명하겠지만 **상태(state)**, **입력(input)**, **출력(output)** 등으로 구성되어 있다. 상태, 입력, 출력은 **상태변수, 입력변수, 출력변수**라고도 한다.

제어(control)란 **제어목표**를 만족하도록 플랜트의 입력을 적절히 조절하는 방법을 말하며, 이러한 방법을 연구하는 학문 분야를 **제어공학**이라고 한다. 제어목표는 나중에 이 절에서 설명하기로 한다. 이러한 제어동작을 수행하는 회로나 장치를 **제어기(controller)**라고 하는데, 제어기의 역할을 사람이 수행하는 경우에는 유인제어라 하고, 물리적 장치로써 제어기를 실현시킨 경우에는 무인제어라 한다. 보통 **자동제어(automatic control)**란 사람이 없이도 제어동작이 수행되는 무인제어를 가리키는 말이다. 유인제어의 대표적인 예로는 자동차 운전을 들 수 있다. 자동차를 운전하는 경우에 운전자는 자신이 가고자 하는 목표 지점에 안전하게 그리고 될 수 있는 한 **빠르게** 도착할 수 있도록 전방을 주시하면서 가속기와 브레이크, 핸들을 조작하여 자동차를 제어한다. 무인제어, 즉 자동제어의 대표적인 예는 냉방장치이다. 냉방장치는 실내온도를 일정하게 유지시켜 주는 역할을 하는데, 실내온도가 미리 설정된 온도보다 높을 때에는 **압축기(compressor)**를 가동시켜 온도를 낮춰주고, 이 온도가 설정온도와 같아지면 압축기의 동작을 멈춤으로써 실내온도를 일정하게 유지시키는 제어동작을 수행한다. 이 냉방장치에서 설정온도는 사용자에 의해 미리 결정되며, 실내온도는 냉방장치에 부착된 온도감지기로 측정된다.

이러한 플랜트와 제어기를 통괄하여 **제어시스템(control system)**이라 한다. 앞에서 가끔 **시스템(system)**이란 용어를 사용하였는데, 어떤 입력에 대해서 반응하여 출력신호를 내주면서 함께 동작하는 장치나 성분들의 집합을 시스템이라고 한다. 제어공학에서 다루는 시스템은 주로 물리적이거나 기계적인 것들이지만, 이 용어 자체는 사회과학이나 의학, 생물학 분야에서도 같은 의미로 쓰인다.

그림 1.1은 제어시스템의 구성도를 보여 주고 있다. 냉방장치의 예에서와 같이 자동제어를 수행하려면 출력신호를 측정하는 **감지기(sensor)**가 필요하다. 그리고 출력신호가 따라가기를 원하는 값이 있어야 하는데, 이를 **기준입력(reference input)**이라고 하며, **명령입력(command input)** 또는 **명령신호(command signal)**라고도 한다. 제어기는 이 감지기에 의한 측정신호와 기준입력 사이의 오차를 줄이면서 플랜트의 출력이 기준입력에 가까워지는 방향으로 시스템을 제어하는 동작을 한다. 그림 1.1과 같이 자동제어에서는 출력신호가 감지기를 거쳐 입력단에 사용되는데, 이와 같이 플랜트와 제어기 및 감지기로 이루어지는 전체 계통을 **폐로제어시스템(closed-loop control system)**이라 하며, 플랜트의 출력을 입력단에 되먹여서 제어에 활용하기 때문에 **되먹임제어시스템(feedback control system)**이라고도 한다. 그리고 이러한 제어를 **폐로제어** 또는 **되먹임제어**라고 한다.

출력신호를 활용하지 않는 제어시스템을 **개로제어시스템(open-loop control system)**이라 하며, 이때의 제어를 **개로제어**라 한다. 그런데 개로제어는 대상시스템의 특성을 잘 알고 있는 경우에만 정확한 제어가 가능하기 때문에, 산업현장에서는 개로제어보다 폐로제어가 많이 쓰이고 있다.

제어를 위해서는 제어시스템을 수학적으로 묘사하고 이러한 묘사를 바탕으로 수학적인 해석과 설계를 수행한다. 플랜트를 수학식으로 표현한 것을 **모델(model)**이라고 하며, 많은 경우에 플랜트 모델은 알고 있는 것으로 볼 수 있다. 실제 플랜트는 모델과 다소 차이가 있는데, 이를 **모델불확실성(model uncertainty)** 또는 **모델오차(model error)**라 하며, 상세하게는

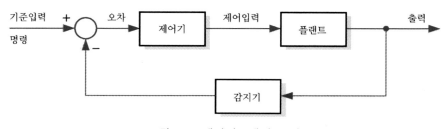

그림 1.1　제어시스템의 구성

알려져 있지 않고 최대값 정도를 알 수 있다.

　제어란 제어목표를 만족하도록 플랜트의 입력신호를 적절히 조절하는 방법이라고 앞에서 언급하였다. 제어목표에는 유한한 입력에 대해 제어시스템이 발산하지 않고 내부적으로 안정한가를 나타내는 안정성(stability)과 플랜트 출력이 기준명령을 빨리 따라가는가를 나타내는 명령추종 성능(command following performance)이 중요하다. 그리고 모델불확실성의 영향을 덜 받도록 만드는 것도 필요하다. 그런데 이러한 제어목표들은 상충관계에 있을 수 있기 때문에 제어기를 설계할 때에는 여러 제어목표를 플랜트의 특성에 따라 잘 절충시켜야 한다. 제어목표에 관한 보다 상세한 사항은 4장에서 다룰 것이다. 또한 제어문제에서 다루기 어려운 요소로는 앞에서 언급한 모델오차 외에도 외란과 측정잡음 등이 있는데, 이에 관련된 제어목표도 4장에서 다루겠지만 고급 과정에 속하므로 생략할 수 있다.

1.2.1 간단한 모델

　제어를 위해서는 제어시스템을 수학적으로 묘사하고, 수학적으로 해석과 설계를 수행한다. 실제 플랜트의 수학식을 G_a, 플랜트모델을 G, 모델불확실성을 ΔG 라고 하면 플랜트는 $G_a = G + \Delta G$ 로 표시할 수 있다. 모델오차가 없는 정확한 모델이라면 $G_a = G$ 가 되는데, 모델오차를 다루지 않는 경우에는 혼동되지 않으므로 그냥 실제 플랜트를 G 라고 사용하기도 하므로 주의를 요한다.

　제어기의 역할은 앞절에서 언급한 제어목표를 달성하도록 플랜트 입력을 조정하는 것이다. 이러한 제어목표를 달성하는데 되먹임제어가 대단히 중요한 수단이라는 사실을 설명하기로 한다. 제어목표를 만족하기 위해서 왜 꼭 되먹임이 필요한 것일까? 개로제어방식으로 제어할 때 무슨 문제점이 있는 것일까? 이러한 물음에 대해 그림 1.2와 같은 아주 간단한 시스템을 예로 들어 답을 찾아보기로 한다. 이 그림에서 사각형 블록은 제어대상 플랜트를 나타낸 것이다. 모델불확실성이 있다면 블록 안의 G_a는 실제 플랜트를 나타내며, 실제로는 미분방정식이나 전달함수로 표시하지만, 이 절에서는 간단하게 개념을 파악하기 위해서 실제와는 다르게 모델값을 양의 상수로 가정한다. 그러면 이 플랜트의 입력 u와 출력 y 사이의 관계는 다음과 같은 식으로 표시된다.

$$y = G_a u$$

그림 1.2　상수 플랜트

이 플랜트에 대해 출력신호 y가 기준입력 r을 따라가는 명령추종을 제어목표로 하는 제어기를 설계해보기로 한다. 먼저 개로제어방식으로 제어할 때 어떠한 문제들이 생기는지 살펴보고, 되먹임제어방식으로 이 문제들을 어떻게 해결할 수 있는지를 다루기로 한다.

1.2.2 개로제어의 문제점

먼저 대상플랜트에서 모델불확실성이 없고, G의 값을 정확히 알고 있다고 가정하기로 한다. 이러한 가정이 성립한다면 이 플랜트에 대한 명령추종 제어목표는 그림 1.3과 같이 상수이득 G의 역수값 G^{-1}를 이득으로 갖는 아주 간단한 개로제어기로 달성할 수 있다. 이 개로제어 시스템의 입출력 관계를 수식으로 나타내면 다음과 같다.

$$\begin{aligned} u &= G^{-1}r \\ y &= Gu = G(G^{-1})r = r \end{aligned} \tag{1.1}$$

즉, 상수이득 G^{-1}를 갖는 개로제어기에 의해 출력 y는 기준입력 r과 항상 같아지게 되므로 제어목표가 달성된 것이다. 그러나 이 결과는 대상플랜트의 특성을 정확히 알고 있다는 비현실적인 가정을 전제로 이루어진 것이다. 이런 가정이 실제로 성립한다면 모든 제어문제는 개로제어로 다 해결할 수 있기 때문에 제어공학이란 학문도 필요 없을 것이다. 그러나 실제로는 이러한 가정이 성립하는 시스템이 거의 없다는 것이 문제이다. 그렇다면 이 가정이 성립하지 않는 시스템에 개로제어를 적용하면 어떠한 결과가 생기는가를 살펴보기로 한다.

이제 대상플랜트에 대해서 불확실한 부분으로 모델불확실성 ΔG가 있다고 가정한다. 이

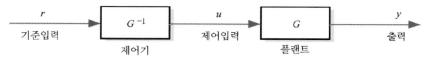

그림 1.3　개로제어시스템

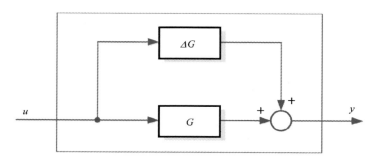

그림 1.4　불확실한 상수이득 플랜트

러한 가정은 실제 자주 나타나는 상황으로서, 이 가정을 반영하는 대상플랜트를 블록선도로 나타내면 그림 1.4와 같다. 이 그림에서 대상플랜트의 실제이득은 $G+\Delta G$인데, 이 가운데 G만 값을 알 수 있고, 플랜트오차 또는 모델불확실성 ΔG는 모른다고 가정한다. 이 플랜트의 입출력 관계를 수식으로 나타내면 다음과 같다.

$$y = (G+\Delta G)u \tag{1.2}$$

그러면 이와 같은 플랜트에 대해 앞에서 사용한 식 (1.1)의 상수이득 G^{-1}를 갖는 개로제어기를 그대로 적용하면 어떻게 될 것인지를 살펴보기로 한다. 이 경우에 출력은 플랜트의 입출력 관계식 (1.2)에 제어기 관계식 (1.1)을 대입하면 다음과 같이 나타난다.

$$y = (G+\Delta G)G^{-1}r = r+\Delta G G^{-1}r \tag{1.3}$$

이 식의 우변에서 알 수 있듯이 출력 y는 기준입력 r을 따라가지 못하고, 다음과 같은 오차성분이 나타난다.

$$y-r = (\Delta G G^{-1})r$$

이 오차는 모델오차 ΔG에 의한 것인데, 개로제어기를 쓰는 한에는 이 오차를 없애거나 줄일 수 없으며, 제어목표인 명령추종을 이룰 수 없게 된다. 이러한 문제가 생기는 근본적인 이유는 모델오차의 값을 미리 알 수 없어서 개로제어기의 이득을 결정할 때 반영할 수가 없다. 또한 개로제어기의 구조로는 모델오차 영향에 의한 출력오차를 없애거나 줄일 수 있는 길이 없다는 것이다. 이러한 문제를 해결할 수 있는 방법이 되먹임을 사용하는 것이다.

1.2.3 되먹임제어의 효과

되먹임(feedback)이란 출력신호를 입력단에 되먹여서 제어입력을 결정할 때 사용하는 기법을 말한다. 되먹임을 사용하는 제어시스템의 구조는 앞에서 이미 언급하였듯이 그림 1.1과 같다. 여기에서 편의상 감지기의 이득은 1로 보고, 그림 1.4의 불확실한 상수이득 플랜트를 대상으로 하여 되먹임 제어시스템을 블록선도로 나타내면 그림 1.5와 같다. 여기에서 C는 제어기의 이득이며, e는 오차신호로서 다음과 같이 정의된다.

$$e = r-y$$
$$u = Ce = C(r-y)$$

제어기의 이득 C는 상수로 가정하며, 그 값은 아직 미정이지만 이득오차의 영향을 고려하여 시스템해석을 한 뒤에 결정하기로 한다. 위의 관계식을 식 (1.2)에 대입하면 되먹임제어시스템의 출력 y는 다음과 같이 표현된다.

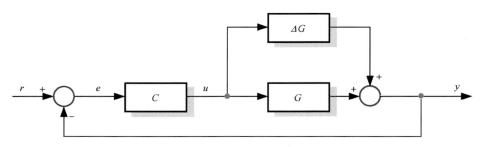

그림 1.5 불확실한 상수이득 플랜트에 대한 되먹임제어

$$y = (G+\Delta G)u = (G+\Delta G)C(r-y) \tag{1.4}$$

이 식의 두 번째 등식에서 y가 양변에 나타나므로, y를 좌변에 모은 다음 정리하면 다음과 같은 입출력 관계식을 얻을 수가 있다.

$$y = \frac{(G+\Delta G)C}{1+(G+\Delta G)C} r \tag{1.5}$$

여기서 모델불확실성이 없는 경우에는 ΔG를 영으로 두면 된다. 식 (1.5)는 되먹임제어이득 C를 결정하는 근거를 제공하는데, 우리가 다루는 시스템의 제어목표는 명령추종으로서 모델오차가 있더라도 출력 y가 될 수 있는 한 기준입력 r에 가까워지도록 제어이득 C를 정해야 한다.

우선 불확실성이 없는 간단한 경우를 살펴보자. 이 경우에 y와 r 사이에 오차를 줄이려면 C를 $|GC| \gg 1$이 되도록 충분히 큰 값으로 정하면 된다. 이 제어목표는 모델불확실성이 있더라도 C를 $|(G+\Delta G)C| \gg 1$이 되도록 충분히 큰 값으로 정하면 이룰 수 있다. 즉, C 값이 충분히 크면 식 (1.5)에서 다음과 같은 근사식이 성립하므로

$$\frac{GC}{1+GC} \approx 1, \quad \frac{(G+\Delta G)C}{1+(G+\Delta G)C} \approx 1 \tag{1.6}$$

$y \approx r$이 되는 것이다. 따라서 제어이득 C를 크게 하면 불확실성이 없는 경우는 물론이고, 불확실성이 있더라도 y가 r을 따라가게 된다. 이러한 성질은 모델오차 ΔG의 크기를 모르더라도 성립하며, 제어이득 C가 클수록 명령추종은 더욱 잘 이루어지게 된다. 이 성질을 **고이득정리(high gain theorem)**라 하는데, 이 성질은 되먹임을 사용하는 구조적 특성 때문에 가능한 것이다. 이것이 되먹임의 주요 효과라고 할 수 있다.

고이득정리에 의하면 제어기를 설계할 때 되먹임 구조를 택하고, 제어이득을 크게 잡을수록 명령추종이 좋아진다는 것을 알았다. 그렇다면 제어이득이 아주 높은 되먹임제어기를 사용하면 어떤 플랜트라도 제어할 수 있다는 것일까? 이 질문에 대한 답은 그렇지 않다는 것이다. 주의할 것은 고이득정리에도 전제조건이 있으며, 이 조건이 만족될 때에만 정리가

성립한다는 점이다. 일반적으로 제어이득이 너무 높으면 가장 중요한 제어목표인 안정성이 무너지는 경향이 있으므로 주의해야 한다. 되먹임 효과는 4장에서 상세히 설명할 것인데, 플랜트가 불안정하거나 모델불확실성이 있을 경우에 안정성 개선에서도 큰 역할을 할 것이다.

이 장에서는 편의상 상수이득을 갖는 아주 간단한 플랜트를 대상으로 설명하였지만, 지금까지 살펴본 내용들은 실제의 모든 플랜트에서도 그대로 성립한다. 실제 플랜트의 경우 상수 대신 전달함수가 사용될 것이다. 그리고 편의상 안정성에 대해서는 상세히 다루지 않았는데, 이 부분은 4장에서 다룰 것이다.

이 밖에도 되먹임을 사용하면 여러 개선사항이 있지만, 선형성 개선효과에 대해서 하나 더 소개하기로 한다. 여기서 선형성(linearity)이란 출력이 입력에 정비례하는 성질을 말하는데, 선형성을 지닌 시스템은 다루기가 쉽다. 그렇지만 실제 시스템에는 비선형 성분이 포함되는 경우가 많고, 이 경우에는 입출력 전달특성이 선형성을 갖지 않기 때문에 안정성과 성능해석이 어려우며, 제어기 설계도 매우 어려워진다. 그런데 이 비선형시스템에 되먹임을 사용하면 폐로시스템의 특성을 선형에 가깝도록 만들 수 있다.

그림 1.6과 같이 구간별로 상수이득을 갖는 입출력 전달특성으로 표시되는 비선형시스템을 예로 하여 이 효과에 대해 살펴보기로 한다. 입출력 전달특성에서 특성그래프의 기울기가 전달함수의 이득인데, 이 그림을 보면 $|u| \leq U_1 = 1$의 범위에서는 기울기가 $G = G_1 = 5$ 이고, $1 < |u| \leq U_2 = 3.5$의 범위에서는 기울기가 $G = G_2 = 2$로서 기울기가 일정하지 않고, $|u| > U_2$의 범위에서는 포화되는 비선형성을 갖고 있다. 이러한 비선형 시스템에 대해 이득이 $C = 100$인 되먹임제어기를 연결하면 폐로전달이득 T는 다음과 같으므로

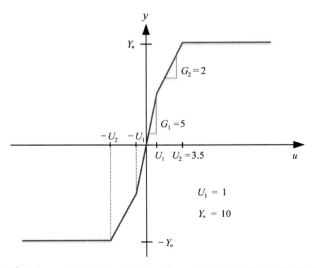

그림 1.6 구간별 상수이득을 갖는 비선형시스템의 전달특성

$$T = \frac{GC}{1+GC}$$

개로이득 G_1, G_2 각각에 대응하는 폐로이득은 다음과 같이 구해진다.

$$T_1 = \frac{G_1 C}{1+G_1 C} = \frac{500}{501} \approx 1$$

$$T_2 = \frac{G_2 C}{1+G_2 C} = \frac{200}{201} \approx 1$$

따라서 $T_1 \approx T_2$가 되어 그림 1.7에서와 같이 $|r| \leq Y_o = 10$의 범위에서 $T \approx 1$이 되어 폐로 전달특성은 더 넓은 입력범위에 걸쳐서 선형특성을 보이게 된다. 즉, 되먹임에 의해 시스템의 특성이 선형동작을 하는 입력범위가 $|u| \leq U_1 = 1$에서부터 $|r| \leq Y_o = 10$으로 크게 넓어짐으로써 선형성이 개선되는 것이다.

이 절에서는 입력구간별 상수이득을 갖는 비선형시스템을 예로 들어서 되먹임에 의해 선형성이 개선되는 효과를 살펴보았는데, 이 효과는 일반적인 비선형특성의 경우에도 적용할 수 있다. 이와 같이 되먹임에 의해 비선형시스템을 선형화하는 방법을 **되먹임선형화 (feedback linearization)**라고 한다. 모든 비선형시스템이 이 방법에 의해 선형화되는 것은 아니지만, 이 방법에 의해 선형화되는 경우에는 이 선형화 시스템에 대해 제어기를 적용할 수 있으므로 제어기 설계가 쉬워진다. 되먹임선형화에 대한 자세한 내용은 학부과정을 넘는 수준이므로 이 책에서 더 다루지는 않을 것이다.

앞에서 언급한 것 외에도 제어시스템설계에 고려대상으로 외란, 측정잡음 등이 있는데, 이 사항들은 고급이론에 속하기 때문에 4장에서 별도로 언급하기로 한다. 일반적으로 학사

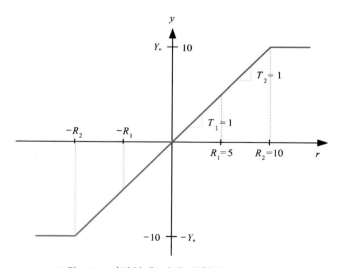

그림 1.7 되먹임에 의해 선형화된 전달특성

과정에서는 포함하지 않는 것이 대략적인 추세이다.

1.3 제어시스템의 실례

최근 대부분의 산업현장에는 자동제어시스템이 도입되고 있어서, 제어시스템의 예로 들 수 있는 것은 이루 헤아릴 수 없을 정도로 많으나, 대표적인 것을 몇 가지만 살펴보기로 한다. 이 절에서 소개되는 플랜트들은 우리나라 산업현장에서 보유하고 있는 대표적인 것들이다. 이 절에서는 이 플랜트들의 동작과 제어시스템 구성에 대해 수학적인 해석이나 설계 없이 간략히 소개한다.

1.3.1 자격루

자격루는 1434년 세종 16년에 장영실에 의해 발명된 물시계로서, 자동시보장치가 달려 있기 때문에 자격루라고 이름지었다. 물시계는 물이 담긴 항아리의 한쪽 구멍을 뚫어 물이 흘러나오게 하고 그 흘러나온 물을 받는 그릇의 수위를 재서 시간을 측정하는 장치이다. 이 시계에서 가장 중요한 부분은 항아리에서 흘러나오는 물의 양이 끊임없이 일정해야 한다는 것이다. 자격루 이전의 물시계들은 유량을 개로방식으로 제어하고 있었기 때문에 정확성이 떨어졌는데, 자격루에서는 유량제어에 되먹임제어방식을 사용함으로써 지속적이고 일정한 유량제어를 할 수 있어서 시간 측정의 정확성을 크게 향상시켰다. 또한 이 시계에는 일정한 시각에 시보를 울릴 수 있도록 자동시보장치를 달아 놓았는데, 이 장치는 물시계에서 기계시계로 발전하는 중간단계의 장치로서, 시계 발전에 크게 이바지하였다. 그림 1.8은 덕수궁에 소장되어 있는 자격루의 실물 사진이며, 그림 1.9는 자격루의 유량제어장치의 구성도이다.

그림 1.9를 보면 자격루로 시간을 측정하는 원리를 알 수 있다. 대파수호라 하는 큰 통으로부터 소파수호로 물이 공급되고, 소파수호의 물이 시간당 일정한 양으로 수수호에 공급

그림 1.8 자격루 : 최초의 되먹임 자동제어시스템

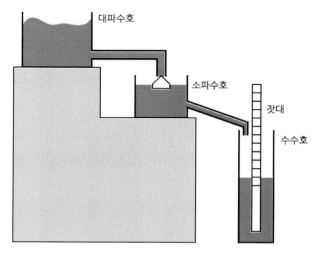

그림 1.9 자격루 제어시스템의 구성도(부유마개방식)

되면 수수호 안에 설치된 눈금이 새겨진 잣대가 일정한 속도로 상승하면서, 이 잣대의 상승 높이로 시간을 측정하는 것이다. 이때 시간의 정확도는 소파수호로부터 수수호로 공급되는 물의 유속의 변화와 관계되며, 유속의 변화 없이 일정한 경우에 정확하게 시간을 측정할 수 있다. 수수호로 공급되는 물의 유속은 소파수호의 수위에 비례하므로 소파수호의 수위를 일정하게 하면 정확한 시간측정이 가능하다. 자격루에서는 소파수호의 수위를 일정하게 하기 위하여 수위가 일정 높이 이상이 되면 물이 넘쳐 흐르게 하는 넘침법(overflow method)이나 물 공급관의 출구를 막는 부유마개(float valve)방식을 사용하였다.

1.3.2 산업용 로봇 제어시스템

산업용 로봇은 어떤 제품의 생산과정에 들어가는 각종 부품들을 조립하는 공정이나 용접, 도장(painting)작업 등에 쓰이는 장치로서, 공장자동화에 필수적이다. 이 장치는 사람의 손을 대신하여 단순 작업을 신속·정확하게 장시간 쉬지 않고 수행할 수 있으며, 사람이 견딜 수 없는 극한환경에서의 위험한 작업을 해낼 수 있는 다목적용 시스템이다. 정확하면서 빠르고 유연한 조작을 필요로 하는 생산조립공정에 많이 쓰이고 있다. 산업용 로봇은 여러 개의 관절로 이루어지며, 각 관절에는 전동기가 들어있어서 로봇을 움직여주는데, 이 전동기의 위치와 속도제어기술이 로봇의 성능을 결정하는 핵심이 된다.

그림 1.10은 삼성전자에서 개발한 SCARA 로봇시스템으로서, 몸체와 제어기 두 부분으로 구성된다. 이 로봇은 몸체가 4축으로 구성되며, 평면 작업에 적합한 기구적인 형태를 가지고 있기 때문에 평면 고속작업이 요구되는 각종 조립공정에서 직교 로봇과 더불어 널리 사용되고 있다. 또한 3개의 회전축이 자중과 부하의 영향을 거의 받지 않기 때문에 수직 다

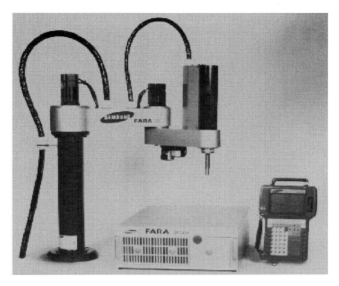

그림 1.10 FARAman SM5 로봇과 FARA SRC 제어기

관절 로봇과는 달리 간단하게 수학적으로 모델링할 수 있다(이 로봇의 관절축에 대한 모델은 3장에서 다룰 것이다). 제어기는 크게 주제어부와 서보제어부로 나누어진다. 주제어부는 각종 사용자 접합기능과 운동계획(motion planning) 기능을 가지고 있다. 운동계획이란 로봇이 움직여야 할 궤적정보를 만들어주는 기능을 말하는데, 여기에는 순기구학(forward kinematics), 역기구학(inverse kinematics) 모듈과 경로계획(path planning) 모듈 등이 포함된다. 서보제어부는 주제어부에서 만들어진 위치명령을 이용하여 로봇관절에 쓰이는 전동기를 원하는 위치로 회전시키는 기능을 하는데 디지털 운동제어 보드와 증폭기로 구성된다. 그림 1.11은 이 로봇의 제어시스템 구성도이다.

1.3.3 전동기 제어시스템

전동기(electric motor)는 전기에너지를 기계적인 운동에너지로 변환하는 장치로서, 각종 공작기계나 제조기기 및 운송운반체에서는 동력기기로 활용되고, 로봇이나 비행기 및 각종

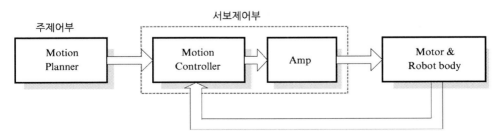

그림 1.11 로봇 운동제어부의 구성도

자동화 시스템에서 구동기(actuator)로 쓰이는 핵심장치이다. 전동기는 하드디스크나 프린터에 쓰이는 소형의 제어용 전동기에서부터 공작기계 선반이나 승강기 등에 쓰이는 중형의 전동기, 고속전철에 쓰이는 대형의 동력용 견인전동기에 이르기까지 다양한 규격의 제품들이 개발되어 쓰이고 있다.

전동기는 사용하는 전원에 따라 직류전동기와 교류전동기로 분류된다. 교류전동기는 다시 3상 교류용과 단상 교류용으로 구분된다. 3상 교류전동기에는 1 kW부터 수천 kW까지 그리고 드물게는 1만 kW를 넘는 대형기가 있다. 단상 교류전동기는 수백 kW 이하의 소형기에 채용되고 있다. 직류전동기와 교류전동기는 사용하는 전원이 다를 뿐 동작원리는 같으며, 자기장 속에 도체를 설치하고 여기에 전류를 흘리면 전자기적인 힘이 발생하는 전자유도현상을 응용한 것이다. 이 가운데 직류전동기에는 정류자나 브러시가 있으며, 교류전동기에 비해 구조가 복잡하고 크기도 크며, 값도 비싸지만, 속도제어가 매우 자유로운 장점이 있다. 반면에 교류전동기의 주종을 이루는 유도전동기는 직류전동기에 비해 구조가 간단하여 내구성이 있고, 경제적이지만, 속도제어가 어렵다는 약점이 있다. 그러나 최근에는 다양한 제어기법들이 개발되면서 이러한 약점이 보완되어 유도전동기의 사용범위가 더욱 확대되고 있으며, 고속전철에 쓰이는 대형 견인전동기에도 대부분 유도전동기를 사용하고 있다. 그림 1.12는 LG산전에서 개발한 중형의 유도전동기와 벡터제어기법을 이용한 속도제어장치의 실물사진이며, 그림 1.13은 전동기 속도제어시스템의 구성도이다.

그림 1.12 유도전동기와 속도제어장치(LG산전 제공)

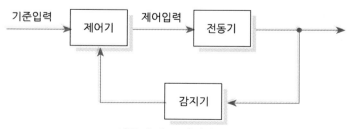

그림 1.13 전동기 속도제어시스템 블록선도

1.3.4 제철공정 제어시스템

제철공정(steel process)은 제선, 제강, 압연 등 3개 공정을 거쳐서 철강재를 만들어내는 대규모 공정이다. 이 가운데 제선공정은 철광석과 코크스, 석회석을 잘게 부수고 섞어서, 고온 용광로에서 태우면서 제련하여 선철을 얻어내는 공정이다. 제강공정은 선철을 제강로에 넣고 정련하여 용해상태의 강을 만든 다음, 이것을 모양틀에 넣거나 연속주조기에 넣어서 덩어리 모양의 강괴를 만드는 과정이다. 압연공정(rolling mill process)은 강괴를 균열로에 넣어 가열하여 무른 상태로 만든 다음 적당한 크기의 덩어리나 판 모양을 지닌 반제품 상태의 강편으로 만드는 분괴압연, 이 강편을 다시 가열하여 누르거나 늘려서 판이나 관, 선 모양으로 만드는 판압연 및 선재압연 또는 가열된 강편을 어떤 틀에 찍어서 특수형태로 만드는 조강압연 따위로 나누어진다. 그림 1.14는 압연공정의 실례이고, 그림 1.15는 압연공정을 포함하는 철강 제조공정 전체의 흐름을 보여 주는 개념도이다.

이러한 제철공정은 산업분야에서 대표적인 제어대상 시스템으로 많은 제어기법들이 개발되어 응용되어 왔다. 철강의 품질에 대한 요구가 높아질수록 대응하는 공정제어기법도 고도화되면서 지금도 이에 대한 많은 연구가 진행되고 있다. 이 가운데 제선과 제강공정에서 나타나는 제어문제는 주로 온도제어이다. 그러나 압연공정은 강괴를 다시 가열하여 이것을 누르거나 늘리거나 틀에 찍어서 원하는 두께와 모양을 만들면서 생산성을 고려하여 적절한 속도를 유지해야 하기 때문에, 온도제어, 위치제어, 속도제어 문제가 함께 나타나며, 다양한 제어기법을 필요로 한다.

그림 1.14 압연공정의 실례

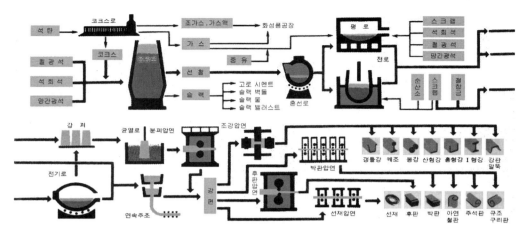

그림 1.15 철강 제조공정 흐름도

1.3.5 자동차 능동현가장치

자동차의 **현가장치(suspension)**는 차체(car body)를 차축(axle)에 연결하는 완충장치이다. 차량의 무게지지, 타이어가 노면으로부터 받는 충격의 흡수나 진동의 차단, 타이어와 노면과의 접지력 유지 등을 통해 차체의 진동을 줄여서 차량의 승차감과 안정성을 향상시키는 역할을 한다. 이러한 현가장치는 제어입력의 유무에 따라 능동형과 수동형으로 분류된다. 수동현가장치는 스프링과 댐퍼(damper)만으로 구성되어 있기 때문에 타이어가 노면으로부터 받는 충격을 완화시킬 수는 있지만, 갑작스런 외란에 대해서는 완충효과가 거의 없다. 반면에 능동방식은 스프링과 댐퍼 외에 유압에 의해 작동되는 구동기가 함께 붙어있어서, 지면에서 오는 충격이나 갑작스런 외란에 대해서도 최대한의 완충효과를 갖도록 제어할 수 있다. 능동현가장치는 제어력을 발생시키는 방법에 따라 반능동형과 완전능동형으로 구분

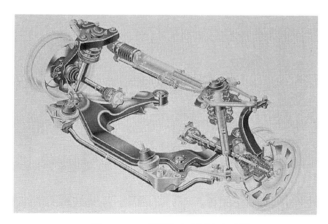

그림 1.16 자동차 능동현가장치

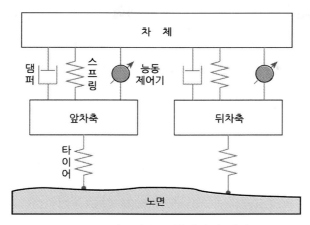

그림 1.17 자동차 능동현가장치 개념도

된다. 반능동형은 댐퍼관을 조절하여 감쇠력을 변화시킴으로써 제어력을 발생시키며, 완전 능동형은 별도의 구동기에 의해 제어력을 발생시키는 방식이다. 그림 1.16은 자동차 능동현 가장치의 입체도이다.

지면의 불규칙성 때문에 노면으로부터 외란이 들어오면 차체가 이 외란의 영향으로 흔들리게 되어 승차감을 나쁘게 한다. 능동현가장치 제어시스템의 첫 번째 목표는 탑승자가 불편함을 느끼지 않도록 외란에 의한 차체의 진동을 최대한 줄이는 것이다. 또한 차체의 모양이 유선형으로 높이가 낮아지는 추세에 따라 현가장치 자체의 진동폭을 일정 범위로 제한하는 것도 제어목표가 된다. 그리고 차량의 안정성 향상을 위해 차축의 진동을 줄여서 타이어와 노면의 접지력을 높이는 것도 제어목표 가운데 하나가 된다. 그림 1.17은 능동현가장치의 개념도이다. 이 그림은 승용차의 반차량 모델로서 2개의 바퀴 차축에 달린 댐퍼와 스프링 및 타이어의 완충작용을 보완하기 위해 현가장치에 병렬로 추가한 능동제어기를 보여주고 있다. 이 능동제어기는 노면에서 발생하는 외란에 대해 차체의 수직방향 변위나 가속도를 최소화하도록 작용한다.

1.3.6 빌딩자동화 시스템

고층 빌딩에는 대규모의 냉난방장치와 다량의 조명장치 및 전열장치들이 설치되어 있다. 이 설비들을 방이나 층별로 수동적으로 제어하는 경우에는 에너지 낭비가 심하고, 화재와 같은 비상사태가 발생할 때 적절한 조치를 신속히 처리하지 못하기 때문에 많은 문제를 일으키게 된다. 따라서 최근에 건설되는 고층 빌딩에는 냉난방과 조명 및 전열시설들을 중앙에서 집중 제어하는 이른바 **빌딩자동화 시스템(BAS, building automation system)**이 구축되어 있다. 빌딩자동화 시스템에는 빌딩 안의 온도와 습도를 일정하게 유지하는 온도제어장치,

사용자의 유무를 감지하여 전등을 자동으로 켜고 끄는 조명제어장치, 여러 대의 승강기 (elevator)를 운용하는 승강기 제어장치, 화재와 같은 비상시에 이를 감시하고 재난을 방지하기 위하여 적절한 조치를 취하는 방재용 제어장치들이 갖추어져 있으며, 이 장치들 하나하나가 대표적인 제어시스템들이다.

그림 1.18은 자동화 빌딩의 실례이고, 그림 1.19는 빌딩자동화 시스템의 구성개념도를 보여 주고 있다. 이 구성도에서 볼 수 있듯이 빌딩자동화 시스템에는 온도제어기, 프로그램형 루프제어기(PLC, programmable loop controller), 조명제어기, 방재제어기 등으로 구성되어 있는 중앙제어장치가 빌딩 안에 설치되어 있는 각종 감지기로부터 온도, 습도 및 각종 상태를 감지하여 각각 공조기, 승강기, 조명 및 방재장치들을 제어함으로써 빌딩 안의 상태를 쾌적하고 안전하게 유지한다. 빌딩자동화 시스템의 제어장치들은 따로 분리되어 구성되기

그림 1.18 자동화 빌딩

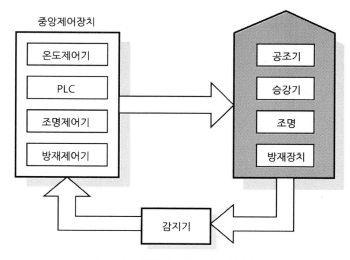

그림 1.19 빌딩자동화 시스템 구성도

보다는 대부분 중앙제어장치에 모듈별로 구현되며, 빌딩 안의 통신망을 통해 대상장치 및 감지기와 연결되어 되먹임시스템을 이룬다.

1.3.7 비행체 유도제어시스템

항공기와 미사일을 포함하는 비행체는 제어공학의 대표적인 제어대상이다. 제어공학의 초창기부터 많은 연구가 집중되어 왔으며, 우주항공 시대가 열리면서 위성 및 발사체, 위성 수거용 로봇, 화성 탐색기 등 제어대상이 더욱 다양하고 고성능이 요구되는 문제에까지 확대되고 있는 추세이다. 대기권 내에서 운동하는 비행체에는 민항기, 전투기와 같은 항공기 외에도 발사체, 미사일, 헬리콥터 등 여러 가지가 포함된다.

비행체 유도제어시스템(flight guidance and control system)이란 비행체가 목표위치에 도달하기 위해 항법 데이터로부터 유도명령을 계산하고, 이 명령에 따라 비행체가 운동하도록 제어하는 자동조종장치로 구성되는 계통을 말한다. 유도제어시스템의 대표적인 예로는 그림 1.20과 같은 유도미사일을 들 수 있으며, 비행체 유도제어시스템의 구성은 그림 1.21과 같다. 여기서 비행체의 출력은 비행체의 운동과 자세각이며, 구동기는 비행체 꼬리날개에 붙

그림 1.20 유도제어 미사일

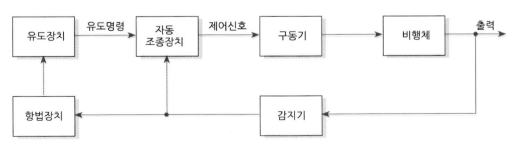

그림 1.21 비행체 유도제어시스템의 구성

어있는 승강타(elevator), 방향타(rudder), 주날개에 붙어있는 보조날개(ailerons)를 움직이는 전동기나 유압장치들이다. 감지기는 비행체의 운동과 자세각을 측정하는 자이로와 가속도계 따위로 이루어진다. 자동조종장치는 유도장치로부터 계산된 유도명령에 따라 승강타와 방향타, 보조날개가 움직이도록 제어하는 역할을 한다. 이러한 유도 및 제어장치들은 대부분의 경우 비행체에 탑재된 컴퓨터에 구현되어 있다.

1.3.8 발전소 분산제어시스템

분산제어시스템(DCS, distributed control system)은 제어기능을 분산시키고, 정보처리 및 운전·조작기능을 집중화시킴으로써 신뢰성을 향상시키면서 데이터 관리를 원활하게 하는 핵심적인 공정제어시스템이다. 이 시스템은 제어대상 접점의 수가 매우 많고, 다양한 제어기능을 필요로 하면서, 전체 시스템의 안전 운용을 위해 감시 및 통신기능을 필요로 하는 대규모 시스템에서 필요로 하는 복합적인 제어시스템이다. 국내에서는 발전소를 포함하는 전력계통의 제어에 이러한 분산제어시스템이 도입되어 성공적으로 운용되고 있으며, 핵심기술이 대부분 우리 기술로서 국산화되고 있다. 이러한 기술 축적을 바탕으로 분산제어시스템은 최근 공정의 대규모화에 따른 운전제어의 복잡화에 대응하고, 최적화 제어 등 고효율 운전법 적용 및 감시진단기능에 의한 안전운용을 목표로 하여 공장자동화를 선도하는 시스템으로 발전하고 있다. 이에 따라 분산제어시스템의 구성 자체가 공정단위의 분산제어 개념에서 플랜트 통합의 공정관리 및 정보제어시스템으로서 일원화된 시스템 구성을 제공하고 있다. 이와 같은 분산제어시스템의 효율적인 적용을 통하여 생산성 향상은 물론 에너지 절감, 생산원가 절감 등 여러 가지 효과를 함께 얻을 수 있어서, 국내 여러 산업계로 확산되는 추세이다. 분산제어시스템이 적용되는 플랜트들로는 발전소는 물론이고 제강 및 제철소(iron and steel plant), 석유화학공정, 시멘트·유리·펄프 및 제지 공정, 수처리 시스템 등이 있다.

분산제어시스템의 대표적인 예로는 그림 1.22의 발전소가 있으며, 일반적인 구조는 그림

그림 1.22 발전소의 증기터빈과 발전기

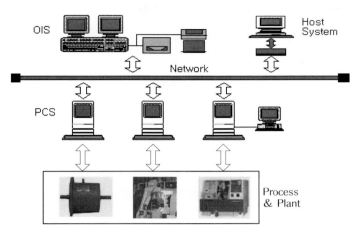

그림 1.23　분산제어시스템의 구조

1.23과 같이 운전부(operator interface station), 공정제어부(process control station), 통신네트워크(communication network) 등으로 구성된다. 운전부는 크게 세 가지 기능을 담당하는데, 플랜트 운전감시에 필요한 전체 계통 구성요소의 공정정보를 총괄적으로 관리하는 부분, 현재 공정의 상황을 다양한 그래픽 화면으로 나타내주는 MMI(man machine interface) 부분, 공정정보를 다양한 형태로 관리하는 데이터베이스 부분으로 구성된다. 공정제어부는 대상 공정에 연결되어 제어하는 부분으로서, 운전부의 지시나 계획에 따라 공정을 제어하고 제어상태를 네트워크를 통해 운전부에 전송한다.

공정제어부분(process control station)은 데이터 변환 및 제어연산을 담당한다. 분산제어시스템은 기존의 루프제어기 등에서 제공하는 아날로그 제어기능, PLC(programmable logic controller) 등에서 수행하는 순차논리 제어기능을 포함하여 다양한 제어기법을 제공한다. 통신네트워크는 공정관리 정보의 일원화를 위한 플랜트의 핵심 수단으로서 고속의 정보처리를 위한 실시간성, 대용량의 정보전송에 대한 고신뢰성, 충분한 확장성, 타기종 시스템과의 호환성, 유지보수의 용이성 등을 고려하여 설계된다.

분산제어시스템의 지속적인 보급 및 발전에 힘입어, 최근에는 조립가공을 중심으로 하는 이산공정분야, NC기계나 로봇 등 생산자동화 분야, 유연한 생산시스템을 지향하는 공장자동화(factory automation) 분야로 그 적용범위가 계속 확장되고 있다. 그리고 산업 전 부문에 걸쳐 컴퓨터의 사용이 일반화되고, 디지털 기기 간의 정보교환 및 네트워킹의 요구가 날로 증대됨에 따라 분산제어시스템은 CIM(computer integrated manufacturing)의 한 계층으로서 더욱 중요한 역할을 담당하게 되었다.

그림 1.24 PLL IC칩의 실례

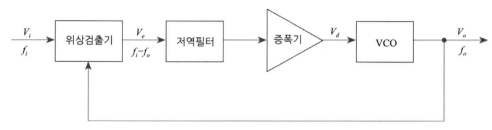

그림 1.25 PLL의 되먹임구조

1.3.9 위상고정 루프

전자회로 소자로서 증폭기가 등장하면서 초창기부터 되먹임방식이 쓰여왔는데, 그 대표적인 예가 **위상고정 루프(phase-locked loop)**이다. 위상고정 루프란 입력신호의 위상과 출력신호의 위상의 차를 없애거나 일정하게 유지하면서 출력신호의 주파수가 입력신호의 주파수를 따라가도록 제어하는 되먹임회로 시스템을 말한다. 흔히 영문약자로 PLL이라 하며, 그림 1.24는 PLL IC의 실례를 보여 주고 있다. 이 시스템은 위상검출기, 저역필터, 증폭기, 전압제어 발진기(VCO, voltage controlled oscillator)로 이루어지며, 그림 1.25와 같은 되먹임구조를 갖는다. PLL에서 VCO는 출력전압의 크기에 비례하는 주파수를 갖는 정현파를 만들어내며, 위상검출기는 입력주파수와 VCO 출력주파수의 위상차에 비례하는 오차전압을 발생한다. 저역필터는 이 오차전압 가운데 낮은 주파수 성분만 통과시킨다. 이 위상차에 비례하여 VCO에 출력주파수가 발생한다. 이 신호가 되먹임되면 출력주파수가 입력주파수를 따라가도록 제어된다. 따라서 PLL회로의 되먹임방식은 위상검출기가 덧셈기, 저역필터와 증폭기가 제어기, VCO가 플랜트의 역할을 하고 있는 단위되먹임 제어시스템으로 볼 수 있다. 실제로 PLL에서 사용하는 저역필터의 전달함수 형태는 8장에서 다룰 PI제어기나 PID제어기와 같은 꼴이기 때문에 설계과정도 비슷하다.

1.4 제어공학의 역사

제어공학의 기원은 고대 그리스와 이집트 문명에까지 거슬러 올라간다. 정확한 연대나 발명자는 알 수 없으나, 이 시대에 이미 물시계가 등장하여 유량제어기법을 사용하였으며, 술 만드는 공장에서 커다란 술통에 술을 채울 때 수위를 일정하게 유지하는 수위제어기법이 사용되었다는 기록이 있다. 이 기법 가운데 물시계의 유량제어에는 개로제어방식이 쓰였으나, 술통의 수위제어에는 되먹임제어방식이 쓰였으며, 이 기법은 오늘날까지 이어져서 우리 일상생활에서 사용하는 수세식 화장실의 물탱크 수위제어에 쓰이고 있다. 이제 문헌에 기록으로 남아있는 자료들을 근거로 하여 제어공학의 역사를 간략히 살펴보기로 한다.

1434년 조선 세종 16년에 장영실은 임금의 명을 받들어 물시계인 자격루를 제작하였다. 이 물시계는 시간의 흐름을 유량변화로 나타내기 위해 유량변화율이 일정하도록 되먹임제어방식을 사용하고 있다. 따라서 현존하는 문헌기록상으로 이 물시계가 최초의 되먹임제어시스템으로 여겨진다.

1620년 영국의 드레벨(C. Drebbel)은 달걀을 인공으로 부화시키는 인공부화기를 발명하였는데, 이 장치에서 사용하는 온도제어기법에 되먹임제어방식을 사용하고 있다. 서양의 문헌기록상으로는 이 장치가 최초의 되먹임제어시스템으로 기술되고 있다.

1788년 영국의 와트(J. Watts)는 증기기관을 발명하면서 이 장치의 속도조절에 조속기(speed governor)를 사용하였다. 이 조속기는 되먹임방식을 사용하고 있는데, 증기기관에 부하가 걸려서 속도가 떨어질 때에는 이 조속기가 속도 저하를 감지하여 증기밸브를 더 넓게 열어서 증기유입량을 늘림으로써 속도를 높여주고, 증기기관의 속도가 높아질 때에는 증기밸브를 더 좁혀서 증기유입량을 줄임으로써 속도를 낮춰주는 되먹임방식에 의해 기관의 속도를 일정하게 유지하였다. 이 조속기에 의해 증기기관의 큰 동력을 안정하게 쓰는 것이 가능해졌으며, 결국 이 제어장치에 의해 증기기관은 산업혁명의 원동력이 될 수 있었다. 따라서 증기기관에 사용한 조속기는 제어기법을 본격적으로 산업에 응용하여 커다란 성공을 거둔 장치로서, 제어기법의 중요성을 크게 부각시킨 발명품이라고 할 수 있다.

1868년에 영국의 맥스웰(J. C. Maxwell)은 안정성에 관한 초기이론을 제시하고 이것을 조속기에 적용하여 분석하였다. 와트가 조속기를 증기기관에 사용하여 성공을 거둔 이후에 산업혁명 시대를 거치면서 각종 산업공정에 자동제어장치를 사용하였으나, 이론적인 근거 없이 경험과 직관에 의존하여 제어시스템을 구성하였기 때문에 실패와 시행착오가 적지 않았다. 이러한 시점에서 맥스웰은 조속기의 운동특성을 나타내는 미분방정식을 개발하고, 이 방정식을 평형상태에서 선형화하여 분석하면서 조속기 시스템의 안정성을 규명하는 초기이론을 제시함으로써 제어공학의 이론적 출발점을 마련하였다.

1877년에 영국의 루쓰(E. J. Routh)는 선형시불변 시스템의 안정성을 판별하는 방법을 제시하였다. 맥스웰이 제시하였던 조속기의 안정성에 관한 이론은 안정성에 대한 초기이론으로서 제한된 범위에서만 결과를 제시하고 있었으나, 루쓰가 제시한 판별법은 선형시불변 시스템에는 모두 적용할 수 있는 일반적인 것이었다. 이 업적에 의해 루쓰는 애덤스상 (Adams prize)을 수상하였으며, 그의 안정성 판별법은 제어공학의 이론적 기초가 되었다(루쓰의 안정성 판별법은 4장에서 다룰 것이다).

1893년에 러시아의 리아푸노프(A. M. Lyapunov)는 안정성에 관한 일반적인 이론을 제시하였다. 이전에 루쓰가 제시한 안정성 이론은 선형시불변 시스템에 국한되는 것으로서, 시변시스템이나 비선형시스템에는 적용할 수 없다는 제약성을 지니고 있었다. 리아푸노프는 이러한 제약을 극복하고 선형시불변 시스템은 물론 비선형이나 시변시스템에까지 적용할 수 있는 가장 일반적인 안정성 해석법을 제시하였다. 그의 안정성 이론은 처음에는 러시아어로 출간되었으며 1958년에 영어로 소개되었고, 그 뒤에는 상태방정식으로 표현되는 시스템의 안정성 해석에 본격적으로 활용되었다.

1927년 미국의 블랙(H. S. Black)은 되먹임 증폭기를 발명하였다. 벨연구소(Bell Telephone Lab.)의 연구원이었던 그는 장거리전화에 사용하는 증폭기에서 나타나는 비선형 왜곡문제를 해결하기 위해 되먹임기법을 사용하였다.

1932년에 미국의 나이키스트(H. Nyquist)는 주파수영역에서의 안정성 판별법을 제시하였다. 되먹임 증폭기를 발명한 블랙과 같은 벨연구소의 연구원이었던 그는 되먹임 증폭기의 차수가 수십차 이상으로 높아지면 루쓰 안정성 판별법을 적용하기가 곤란하다는 문제점을 발견하고, 이 문제를 해결하기 위해 주파수응답으로부터 안정성을 해석하는 방법을 제시하였던 것이다(이 안정성 판별법에 대해서는 7장에서 다룰 것이다).

1936년에 영국의 캘린더(Callender) 등은 PID(proportional-integral-differential) 제어기법을 개발하고, 이것을 시간지연이 있는 공정의 제어에 활용하는 방법을 제시하였다. 이후에 PID 제어기는 각종 산업공정에 활발하게 응용되었으며, 오늘날에도 산업현장에서는 이 PID제어기가 주제어기로서 많이 쓰이고 있다(이 제어기에 대한 자세한 사항은 8장에서 다룰 것이다).

1938년에 미국의 보데(H. W. Bode)는 그림표에 의한 주파수응답 해석법을 제시하였다. 벨연구소에 재직 중이던 그는 블랙이 제시한 되먹임 증폭기를 설계하는 데에 주파수응답을 활용하는 기법을 제시하였으며, 이 기법은 지금도 되먹임 제어시스템 설계에 활용되고 있다(보데선도법에 대한 자세한 사항은 7장에서 다룰 것이다).

1942년 미국의 위너(N. Wiener)는 통계적 추정이론을 제안하고, 이를 근거로 주파수영역에서 최적필터를 설계하는 방법을 제시하였다. 이 기법은 제2차 세계대전 중에 미사일 표적의 위치추정 문제에 적용되어 성공을 거두었으며, 이후에 국방산업에 제어이론들이 활용되는 계기를 마련하였다. 한편 같은 해에 지글러(J. L. Ziegler)와 니콜스(N. B. Nichols)는 PID 제어기의 계수를 동조하는 간단한 실험적 방법을 제시하여 이 제어기의 산업적 응용을 더욱 활발하게 만들었다.

1948년에 미국의 에반스(W. R. Evans)는 근궤적법을 개발하였다. 그가 제시한 방법은 되먹임 제어시스템에서 한 개의 미지계수의 변화에 따라 폐로시스템 특성방정식의 근들이 변화해 가는 궤적을 그림으로 나타내는 규칙이다. 이 방법에 의하면 시스템의 안정성 해석뿐만 아니라 제어기 설계에도 적합하여 현재에도 주요 설계법으로 활용되고 있다(근궤적법에 대해서는 6장에서 다룰 것이다).

1960년은 제어공학의 역사에서 기록할 만한 해였다. 제어기법들이 산업공정에서 다양하게 활용되고 그 효용과 필요성이 깊이 인식되면서, 이 분야의 연구 및 산업인력들이 많이 배출되었다. 이 해에 제어공학 분야의 국제기구인 **국제자동제어연맹(IFAC, International Federation of Automatic Control)**이 창립되었던 것이다. 그리고 모스크바에서 열린 제1회 IFAC 세계학술대회에서는 미국의 벨만(R. Bellman), 칼만(R. E. Kalman), 러시아의 폰트리아긴(L. S. Pontryagin) 등이 제어시스템을 상태방정식으로 나타내고, 이 상태공간 표현법을 이용하여 시스템을 해석하거나 설계하는 방법을 제시하였다. 이 기법은 항공우주 산업분야에서 등장하는 최적제어 및 여러 가지 제어문제를 풀기에 적합한 방법으로 제시된 것인데, 그 배경에는 상태방정식을 수치해법으로 쉽게 풀 수 있는 디지털 컴퓨터의 등장이 있었다. 이 시기 이후에 약 20년 동안에는 제어공학 분야에서 상태공간기법이 주류를 이루게 된다. 그래서 흔히 이 시기 전후의 제어기법을 각각 **고전제어(classic control)**와 **현대제어(modern control)**라 한다.

1970년대 이후에 제어공학 분야에는 여러 가지 다양한 현대제어기법들이 수많은 연구자들에 의해 개발되었다. 큰 흐름을 살펴보면 1960~70년대에는 **최적제어(optimal control)**, 1970~80년대에는 **적응제어(adaptive control)** 그리고 1980~90년대에는 **견실제어(robust control)** 기법들이 주류를 이루면서 이어져 내려오고 있다. 현재에는 지금까지 제시된 다양한 제어이론과 기법들이 공존하고 있는데, 이 가운데 어떤 기법이 최고라고 단정할 수는 없으며, 대상 플랜트와 상황에 따라 적절한 기법들을 선정하여 사용하는 것이 최선이라고 할 수 있다.

앞에서 간략하게 살펴본 것과 같이 제어공학은 18세기 말 산업혁명의 원동력이 된 증기기관의 속력조절에 제어기법이 쓰이면서 주목받기 시작하였다. 현대의 산업과 문명이 빠른 속도로 발전하면서 각종 공정과 시스템들이 대형화되고 고도화됨에 따라 제어공학의 필요성은 더욱 높아지고 있다. 특히 고도의 정밀성과 안전이 요구되는 우주·통신·환경·생명 등의 미래산업분야에서 제어공학은 기반기술로서 더 큰 역할을 맡게 될 것이다.

1.5 제어시스템 설계과정

모델링 과정을 통해 제어대상시스템의 모델이 유도되고 제어목표가 설정되면 제어기를 설계하는 과정에 들어가게 된다. 제어시스템의 일반적인 설계과정은 그림 1.26과 같은 흐름도를 써서 나타낼 수 있다. 그림 1.26의 흐름도에 표시되는 제어시스템 설계과정을 단계별로 설명하면 다음과 같다.

1) 시스템 특성 파악 : 제어하고자 하는 대상시스템에 대해 먼저 상세하게 검토한다. 즉,

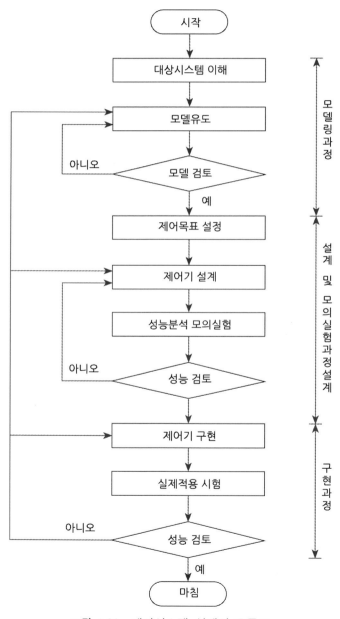

그림 1.26 제어시스템 설계의 흐름도

시스템의 성질을 분석하여 특성을 파악하고, 그 시스템을 제어하기 위해 입력과 출력에 해당하는 변수를 결정한다. 입력과 출력을 결정할 때에는 그것을 각각 구현할 수 있는 장치, 즉 제어기와 구동기 및 감지기를 함께 고려해야 한다.

2) **모델유도** : 대상시스템에 대해 알아낸 특성을 근거로 이것을 잘 나타낼 수 있는 수학적 모델을 결정한 다음, 이 모델을 해석하고 성질들을 규명한다. 그리고 이렇게 구한 모델이 실제 대상시스템을 표현하기에 적합한가를 검토하며, 적합하지 않으면 모델을 다시 구한다.

3) **문제설정** : 제어목표를 정하고 이 목표에 맞추어 성능기준을 결정함으로써 제어문제를 설정한다.

4) **제어기 설계** : 어떠한 제어기법을 사용할 것인지를 결정하고, 결정한 제어기법의 설계 절차에 따라 제어목표를 달성할 수 있도록 제어기의 계수들을 조정하고 제어알고리즘을 설계한다.

5) **성능분석 모의실험** : 설계된 제어 알고리즘을 대상시스템 모델에 적용하는 모의실험을 통해 성능을 분석한다. 성능해석 결과가 만족스럽지 못하면 단계 4)의 과정으로 되돌아가 제어기를 다시 설계한다.

6) **제어기 구현** : 모의실험을 통한 성능해석 결과가 만족스러우면 필요한 하드웨어 및 소프트웨어를 선정하여 제어기를 구현한다.

7) **적용시험** : 구현한 제어기를 실제 시스템에 연결하여 성능을 시험한다. 결과가 만족스럽지 못하면 앞의 단계 6), 4) 또는 2)의 과정으로 되돌아가 그 이후의 과정을 반복한다.

이상과 같이 여러 단계를 거쳐 하나의 제어시스템이 구성되는데, 이 단계를 좀더 단순화하면 단계 1)과 2)는 제어시스템의 **모델링과정**, 단계 3)~5)는 제어시스템의 **설계 및 모의실험과정**, 그리고 단계 6)과 7)은 **구현과정**으로 요약할 수 있다. 각 과정의 마지막 단계에서는 그 과정의 결과가 만족스러운가를 검토하여 만족스러우면 다음 과정으로 넘어가지만, 그렇지 않으면 그 과정을 반복하거나 앞의 과정으로 되돌아가야 한다. 특히 설계 및 모의실험과정은 제어기를 실제 시스템에 적용하기에 앞서 설계된 제어기의 성능을 검토하는 작업으로 세심한 주의가 필요하다. 이 과정이 제대로 이루어지지 않으면 뒤따르는 제어기 구현과정에서 제어성능이 목표한 만큼 나오지 않기 때문에 제어기를 다시 설계해야 하며, 그만큼 시행착오를 더하게 되고 제어시스템 개발에 비용이 더 들게 된다. 이러한 시행착오를 줄이려면 설계 및 모의실험과정에서 가능한 한 실제 시스템의 환경과 특성에 가까운 조건 아래에서 모의실험을 수행하여 제어성능을 검토해야 한다.

1.6 제어시스템 해석 및 설계 꾸러미

제어공학에서 다루는 대상시스템들은 대부분 미분방정식이나 행렬 등으로 표현되는데, 이러한 제어시스템의 해석 및 설계문제는 필산으로 풀기에는 너무나 복잡한 경우가 많다. 제어시스템의 해석에는 이러한 복잡한 계산뿐만 아니라 여러 가지의 그래프를 그리는 작업이 뒤따르는 경우가 많다. 더욱이 제어시스템의 설계과정 중에는 이러한 작업들을 반복적으로 수행해야 한다. 따라서 제어시스템의 해석과 설계문제에서 컴퓨터의 사용은 필수적이라고 할 수 있다. 그러나 이런 문제들을 풀기 위하여 C나 FORTRAN 따위의 범용언어를 써서 관련 프로그램을 직접 작성하는 것은 수치해석 과정은 물론이고, 데이터 입출력, 그래프 출력 등의 부가적인 일에 많은 시간을 들여야 하므로 쉬운 작업이 아니다. 따라서 제어공학 분야에서도 제어시스템 해석 및 설계문제를 쉽게 처리할 수 있도록 지원해주는 전문적인 컴퓨터 꾸러미들이 개발되었는데, MatLab, Matrix-X, Program CC 따위와 최근 국내에서 개발된 셈툴(CEMTool)이 대표적인 예들이다. 이와 같은 제어시스템 해석 및 설계용 꾸러미를 이용하여 문제들을 직접 풀어보고 실험해 보는 것이 세계적인 추세이다.

1.6.1 셈툴과 심툴

이 책에서는 제어시스템을 해석하고 설계하는 용도의 컴퓨터 꾸러미로서 셈툴과 심툴(SIMTool)을 활용하고 있다. 이 가운데 셈툴은 행렬과 미적분 연산을 위주로 하는 수학적인 문제들을 컴퓨터를 이용하여 쉽게 풀 수 있게 함으로써, 과학기술 분야의 문제 해석과 설계를 돕는 소프트웨어 꾸러미이다. 셈툴의 특징을 요약하면 다음과 같다.

첫째로, 셈툴은 신뢰성이 검증된 수치 라이브러리를 기반으로 하여 과학기술 분야에서 사용되는 많은 알고리즘들을 미리 갖고 있다. 따라서 사용자는 복잡한 알고리즘들을 직접 작성할 필요 없이 함수형태로 이를 쉽게 이용할 수 있다. 제공되는 알고리즘으로는 기본적인 수학관련 연산뿐만 아니라 제어시스템의 해석과 설계에 사용되는 각종 알고리즘들과 신호처리 분야에 사용되는 알고리즘 등도 포함한다.

둘째로, 셈툴은 뛰어난 그래프 기능을 갖추고 있다. 제어시스템의 해석 및 설계작업은 시스템의 성능을 나타내기 위하여 그래프를 많이 이용한다는 특징이 있다. 따라서 이러한 용도로 사용되는 프로그램은 뛰어난 그래픽 기능을 필수적으로 구비해야 한다. 셈툴은 다양한 형태의 그래프 선택기능을 제공하여, 사용자로 하여금 계산결과를 자신이 원하는 형태로 쉽고 빠르게 출력하여 볼 수 있게 한다.

셋째로, 셈툴은 명령어 입력방식의 사용자 접합기능과 매크로 파일을 이용한 확장성을 갖추고 있다. 셈툴에서는 다른 프로그래밍 언어처럼 for나 if와 같은 제어문이 명령어로 제공되므로 사용자가 쉽게 자신의 알고리즘을 작성할 수 있는 구조로 되어 있다. 또한 이러한 일련의 명령어들로 이루어진 알고리즘을 파일로 만들어서 사용할 수도 있다. 즉, 셈툴의 기능을 사용자가 확장시켜 나갈 수 있는 것이다.

또 한 가지 빼놓을 수 없는 것이 있는데, 셈툴은 모의실험 전용도구인 심툴을 제공한다는 점이다. 심툴은 블록선도(block diagram) 형태의 그래픽 모의실험 꾸러미이다. 심툴에서는 시스템을 형성하는 각종 요소들을 블록으로 나타내어 그 특성을 표현함으로써, 복잡한 시스템을 손쉽게 구성하여 모의실험을 할 수 있게 한다. 심툴의 그래픽 사용자 접합부(graphic user interface)는 시스템의 모델링과 모의실험을 보다 편하게 할 뿐만 아니라 기존의 프로그래밍 형태의 모의실험 소프트웨어에서는 나타내기 힘들었던 각종 비선형요소들도 쉽게 모델링할 수 있도록 해 준다. 그리고 연속시간과 이산시간에서의 모의실험이 모두 가능하다. 또한 심툴을 이용하여 실시간 모의실험(real-time simulation)을 할 수 있는데, 이것은 LAN(local area network) 통신망이나 PC에 기본으로 갖추어져 있는 직병렬 통신단을 통하거나, PC에 AD/DA(analog to digital/digital to analog)판이나 DSP(digital signal processing)판을 장착하여 심툴상에서 실제 외부신호를 이용하여 모의실험을 할 수 있는 기능이다. 따라서 사용자는 심툴을 이용하여 다양한 형태의 플랜트나 제어기를 구현하고, 이를 외부의 다른 시스템에 적용해봄으로써 제어에 관한 개념을 이해하고 실제적인 설계감각을 익힐 수 있다.

이러한 특징을 지니고 있는 셈툴과 심툴은 국내에서 개발된 꾸러미로서 셈웨어 홈페이지 www.cemware.com에서 제공되며, 도움말 기능을 갖추고 있기 때문에 이 책의 독자는 누구나 쉽게 사용할 수 있다.

1.6.2 기타 꾸러미

제어시스템 해석 및 설계문제를 지원해 주는 전문적인 컴퓨터 꾸러미들은 상당히 다양하게 개발되어 상용화되었다. 최근에 개발된 것 가운데 대표적인 것들로는 MatLab, Matrix-X, Program CC 따위가 있으며, 이 가운데 교육용으로 가장 많이 쓰이는 것은 MatLab이다. 이 소프트웨어 꾸러미도 제어시스템 해석 및 설계지원용 명령어와 그림표 지원 명령어를 제공하고 있다. 그러나 MatLab은 하드웨어와의 접합이나 통신관련 명령어가 아직 다양하지 않으며, 실시간 모의실험을 쉽게 구성하는 것이 가능하지는 않다. 최근에 하드웨어와의 접합 기능을 갖추어서 실시간 모의실험을 수행할 수 있는 꾸러미로서 dSPACE가 개발되었으나, 이것은 산업개발용으로 만들어진 것이기 때문에 상당히 고가여서 교육용으로 활용하기에는 부적합하다.

1.7 이 책에 대하여

이 책은 제어공학에 대해 이론을 중심으로 자세하게 다루는 기존의 교과서와는 다르다. 이론중심으로 제어공학에 접근하게 되면 마치 수학과 같아서 원리는 중요하지만, 많은 사람들이 흥미와 필요성을 잃게 된다. 최근에 제어시스템 해석 및 설계용 컴퓨터 꾸러미들이 제공되어 이것을 활용하면 제어공학을 이론 위주가 아니라 개념 위주로 익히고, 모의실험을 함께 하면서 보다 재미있는 학문으로 받아들일 수 있다.

이 책은 컴퓨터 꾸러미를 활용하여 제어공학을 보다 쉽게 접근하면서 개념을 보다 구체적으로 정확하게 전달하는 방식으로 구성되어 있다. 이를 위해 기본이론에 대해서는 간략한 유도과정만을 제시하고, 확장이론들에 대해서는 유도과정 없이 개념 위주의 간략한 설명을 넣고 주로 결과만을 활용하기로 한다. 제어이론에 대한 고급이론이나 상세한 유도과정이 필요한 경우에는 각 장 끝에 추가하여 상급 내용을 원하는 사람만 볼 수 있게 하였다.

이 책에서는 기본개념의 전달과 이해를 돕기 위해서 각 장의 첫째 절에 기초개념과 제어기 설계에 관한 기본방향에 대해서 요약하여 설명한다. 그리고 각 장의 마지막 절에는 그 장의 요점을 정리하여 핵심개념을 다시 반복하여 익히도록 배려하고 있다. 또한 각 장에서는 본문 설명과 예제들을 통해서 셈툴과 심툴을 활용하여 실제로 문제를 푸는 보기를 다양하게 제시하고 있다.

제어시스템의 해석과 설계법은 고전제어기법과 현대제어기법으로 나눌 수 있다. 고전제어기법에서 사용하는 대상플랜트와 방법들은 다음과 같이 요약된다.

- **제어대상 플랜트** : 입력과 출력이 각각 하나씩인 단일입출력(SISO, single input/single output) 선형시불변 시스템이 주로 다루어짐.
- **시스템 표현법** : 전달함수(transfer function)를 사용하며, 미분방정식으로부터 라플라스 변환을 통하여 얻어냄.
- **제어시스템 해석 및 설계법** : 극점(pole)과 영점(zero)을 통하여 안정성과 시간영역 성능지표를 해석하고, 설계하며, 주파수 특성을 활용하여 주파수영역에서 안정성과 주파수영역 성능지표 등을 해석하고 설계함.
- **특징** : 주로 개념과 직관에 의존하는 방식이며, 필산으로도 처리할 수 있는 기법임.

현대제어기법에서 사용하는 방법들은 다음과 같이 요약할 수 있다.

- **제어대상 플랜트** : 입력과 출력이 여러 개인 다입출력(MIMO, multi input/multi output) 시스템으로서, 선형시불변은 물론이고 시변이나 비선형시스템까지도 다룸.
- **시스템 표현법** : 미분방정식으로부터 상태변수를 정의하여 얻어지는 상태방정식(state equation)을 주로 쓰며, 경우에 따라서는 전달함수 행렬을 쓰기도 함.

- **제어시스템 해석 및 설계법** : 안정성과 성능지표를 고려하여 주로 시간영역에서 시스템의 특성을 해석하고 설계함.
- **특징** : 주로 최적화 기법에 의존하는 방식이며, 대부분 컴퓨터에 의한 수치해법으로 처리할 수 있는 기법임.

이 책에서는 우선 제어공학의 기초라고 할 수 있는 고전제어기법을 다루면서 제어공학의 기본적인 개념과 이론을 정리한 다음, 컴퓨터 꾸러미를 활용하여 제어시스템을 해석하고 설계하는 기법을 익히면서 제어공학의 이론과 응용에 대한 이해를 심화시킨다. 현대제어기법에 대해서는 시스템을 상태공간에서 표현하고 해석하는 기법을 다루고, 이것을 컴퓨터 꾸러미를 써서 처리하는 방법과 현대제어기법의 기본이라고 할 수 있는 상태되먹임 제어기, 상태관측기, 출력되먹임 제어기 설계법을 익힌다. 이 책의 구성은 다음과 같다.

2장 제어시스템의 기초수학에서는 제어시스템의 해석이나 설계에 필요한 수학적 방법의 기초를 다룬다. 제어공학의 기초수학은 미분방정식, 라플라스 변환, 전달함수, 행렬 등으로 이루어지는데, 2장에서는 이 세 가지 기초수학에 대해 정리하고 이것을 활용하는 방법들을 제시한다. 특히 라플라스 변환은 미분방정식의 해법뿐만 아니라 제어시스템을 전달함수로 나타내는 근거를 제시하는 유용한 기법이므로 중점적으로 다루며, 다양한 예제들을 통하여 이 기법의 기본원리 및 응용에 대해 깊이 있게 익히게 될 것이다.

3장 제어시스템의 모델링에서는 제어시스템을 표현하는 방법에 대해 다룬다. 제어시스템에서 대상 플랜트나 제어기를 미분방정식이나 이에 상응하는 어떤 모델로 나타내는 방법을 모델링이라고 하는데, 3장에서는 이러한 제어시스템의 모델링 기법을 설명한다. 우선 선형 시불변 시스템에 대한 전달함수 표현법, 상태방정식 표현법, 블록선도 표현법을 익힌 다음, 이 표현법들 사이의 관계 및 변환법을 제한적으로 다룬다. 비선형 미분방정식으로 표현되는 비선형시스템부터 선형화된 상태방정식을 유도하는 방법을 익히고, 이 기법들을 몇 가지 대표적인 실제의 플랜트에 적용하여 모델을 얻어내는 예제들을 풀어나갈 것이다.

4장 제어목표와 안정성에서는 제어목표를 상세히 설명하고 제어목표 중 가장 중요한 안정성에 대해 다룬다. 시간응답과 주파수응답을 정의하고, 시간영역과 주파수영역에서 제어목표를 정량적으로 표시하는 성능지표에 대해 설명한다. 제어목표를 이루기 위해서 거의 모든 제어시스템에는 되먹임을 쓰는데, 되먹임 효과에 대해 개괄적으로 분석한다. 그리고 안정성의 정의와 조건 및 이를 판별하는 방법도 다루며, 안정성과 시스템 극점·영점과의 관계를 정리한다.

5장 시간영역 해석 및 설계에서는 제어시스템의 시간영역에서의 응답특성을 분석하여 극점과 영점의 위치에 따른 과도응답과 성능지표의 관계를 다룬다. 특히 시스템의 모델이 1차나 2차의 표준형 전달함수인 경우에는 극점 및 영점과 시간영역 성능지표와의 관계를 공식으로 정리한다. 이러한 관계를 이용하여 극점과 영점의 위치를 선정하여 제어기를 설계하는 극영점 배치법의 기본개념을 설명한다. 그리고 정상상태 성능지표와 시스템형식간의 관계를 분석하여 정리한다.

6장 **근궤적과 설계응용**에서는 제어기의 이득이나 미정계수 하나가 바뀜에 따라 이동하는 극점의 위치를 그림으로 나타내는 기법인 근궤적법을 설명하고, 이것을 활용하여 극배치법에 따라 제어기를 설계하는 기법을 다룬다.

7장 **주파수영역 해석 및 설계**에서는 그림표로 안정성을 판별하는 나이키스트 안정성 판별법과 설계응용을 설명한다. 그리고 보데선도를 이용하여 제어시스템의 주파수영역 특성을 분석하는 방법을 설명하고, 이것을 제어기 설계에 활용하는 방법을 다룬다. 또한 폐로 주파수응답특성을 직접 그림표로 나타내는 니콜스선도에 대해 설명하고, 이 선도에서 주파수영역 성능지표와 안정성여유를 구하는 방법을 설명한다. 그리고 보데선도를 이용하여 고전제어기에 속하는 앞섬·뒤짐보상기를 설계하는 과정까지 익힌다.

8장 **PID제어기 설계법**에서는 고전제어기를 대표하는 PID제어기의 구조, 특성 및 설계법을 다룬다. 먼저 비례(P)제어, 적분(I)제어, 미분(D)제어 각각의 구조와 특성 및 장단점을 살펴보고, 이 제어기들의 장점을 조합하는 PID제어기의 특성을 예시한다. 그리고 PID제어기의 계수를 조정하는 방법을 정리하고, 이 제어기를 구현하기 위한 여러 가지 형태와 각 형태에서의 계수조정법을 살펴본다.

9장 **상태공간 해석 및 설계법**에서는 상태방정식으로 표시되는 시스템의 특성을 해석하는 방법을 익힌 다음, 이것을 기초로 하여 상태공간에서 제어기를 설계하는 방법으로서 극배치법을 이용하여 상태되먹임 제어기와 상태관측기 및 출력되먹임 제어기를 설계하는 방법을 다룬다. 먼저 출력을 0으로 만드는 조정기(regulator)를 상태되먹임 제어기와 출력되먹임 제어기로 구성하는 방법을 익히며, 출력이 기준입력을 따라가는 명령추종기를 구성하는 방법을 다룬다.

부록에서는 **라플라스 변환표, 행렬해석, 셈툴 사용법**을 요약하여 제시한다. 라플라스 변환표는 2장의 본문에서 기본적인 함수들에 대한 것은 제시하지만, 실제문제에서 사용하기에는 부족하기 때문에 더 많은 함수들을 포함하여 표형식으로 제시하는 것이다. 그리고 행렬해석은 2장의 기초수학에 속하지만 본문에서 자세히 다루기에는 지면이 넘치고, 이 이론은 9장의 상태공간 해석에서 주로 쓰이기 때문에 책 전체의 흐름을 보다 명확하게 하기 위해 본문보다는 부록에 필요한 주요 사항들만을 요약하였다. 셈툴 사용법은 본문 곳곳에서 등장하지만 이것을 보다 익히기 쉽고 찾아보기 쉽도록 하기 위해 한 군데 정리하여 모은 것이다.

1. **제어**란 어떤 시스템의 상태나 출력이 원하는 특성을 따라가도록 입력신호를 적절히 조절하는 방법을 말하며, 이 동작을 수행하는 장치를 **제어기**라 한다.

2. 제어기를 해석적으로 구하려면 플랜트의 수학적 모델을 사용하는데, 제어기 설계 및 구현이 가능하도록 하기 위해서 될 수 있는 한 간단하면서도 실제 시스템의 특성을 잘 나타내는 모델을 기본모델(nominal model)로 쓴다. 따라서 실제 시스템과 기본모델 사이에는 오차가 존재하는데, 이 **모델오차**는 기본모델을 간단하게 정하였기 때문이거나, 모델의 매개변수(parameter)가 변하기 때문에 생긴다고 볼 수 있다.

3. 제어기를 써서 이루고자 하는 대상 시스템의 특성을 **제어목표**라 한다. 제어기를 설계할 때에는 불확실한 성분들이 존재하는 실제 환경을 고려하여 **안정성** 유지, **명령추종** 등을 제어목표로 잡는다. 이 제어목표 가운데 안정성이 이루어지면 많은 경우에 성능목표도 어느 정도 달성되기 때문에, 안정성을 가장 중요한 목표로 하여 제어기를 설계한다. 따라서 제어기를 설계한다는 것은 안정성을 이루면서 나머지 제어목표들을 이루는 제어입력신호를 만들어내는 장치를 구성하는 것을 뜻한다. 그런데 이 제어목표들은 상충관계에 있기 때문에 제어기를 설계할 때에는 이 목표들 사이에 절충을 이룰 수 있도록 제어기의 구조와 설계변수들을 적절히 조정해야 한다.

4. 대상 시스템에 존재하는 모델링오차 따위의 불확실한 성분들이 있더라도 제어목표를 이루기 위해서는 그림 1.1과 같은 구조를 갖는 되먹임 제어시스템을 구성해야 한다. 제어기는 원하는 값과 제어대상변수(측정변수)를 사용하여 입력변수를 만들어내는데, 이 되먹임제어의 효과, 안정성 및 성능분석법, 여러 가지 설계법 등은 2장 이후에 체계적으로 다룰 것이다.

5. 현대의 산업과 문명이 빠른 속도로 발전하면서 각종 공정과 시스템들이 대형화되고, 고도화됨에 따라 제어공학의 필요성은 더욱 높아지고 있다. 특히 고도의 정밀성과 안전이 요구되는 우주·통신·환경·생명 등의 **미래산업분야**에서 제어공학은 기반기술로서 더 큰 역할을 맡게 될 것이다.

6. 실제 플랜트에는 불확실한 성분으로서 모델링오차 외에 외부에서 들어오는 **외란**이 있는 경우도 있으며, 출력신호를 측정하는 경우에 **측정잡음**이 발생하기도 한다. 외란 영향 축소나 측정잡음 영향 축소 등은 학부에서는 다루기 어려운 내용이라 실제 설계에서는 다루지 않는다.

1.1 그림 1.5의 되먹임 제어시스템에서 플랜트 G의 전달특성이 그림 1.6과 같은 비선형성을 지닐 때, 모델오차는 없다고 가정하고 다음 문제에 답하라.

    (1) 제어입력 u와 기준입력 r 사이의 관계식을 유도하라.

    (2) 이득이 $C = 100$ 인 상수이득 제어기를 사용할 때 $u = U_1 = 1$에 대응하는 r값을 계산하라.

1.2 그림 1.8의 자격루 유량제어시스템을 그림 1.1과 같은 되먹임 제어시스템으로 나타내고, 설명하라.

1.3 자동차를 플랜트로, 사람을 제어기로 생각하고 자동차 운전과정을 그림 1.1과 같은 되먹임 제어시스템으로 나타내고 설명하라.

1.4 한국경제를 되먹임 제어시스템으로 생각하여 플랜트, 제어기, 제어목표, 제어입력·출력, 잡음, 외란 등을 설명하라.

1.5 다음 플랜트들의 제어목표는 무엇이 될지를 설명하라.

    (1) 전동기

    (2) 승강기

    (3) 화력발전소

    (4) 압연공정

    (5) 빌딩

1.6 제어기를 설계하는 과정에서 셈툴 및 심툴이 활용되는 단계 및 활용방법을 설명하라.

제 어 상 식

◆ CACSD(Computer - aided Control System Design) 소프트웨어

CACSD 소프트웨어는 제어시스템을 설계하기 위해 사용되는 다양한 계산 도구와 계산환경을 포괄하는 개념으로, 컴퓨터의 우수한 계산능력을 바탕으로 한다. CACSD 기술은 제어시스템의 수학적 모델링, 시스템 동특성의 안정도 분석 그리고 제어기 알고리즘의 구현 등을 위한 도구를 제공함으로써 일반인들도 제어이론을 손쉽게 활용할 수 있게 한다. 더욱이 통합화된 CACSD 소프트웨어 환경은 여러 개의 성능지수와 제어계수 동조를 기반으로 한 반복적인 제어시스템 설계과정을 자동화할 수 있다. CACSD 소프트웨어를 통해서 할 수 있는 일들은 다양하지만, 통합화된 CACSD 소프트웨어는 기본적으로 다음과 같은 기능들을 제공한다.

- 툴박스 또는 내장함수를 기반으로 한 수치 및 대수 연산 기능
- 그래픽 기능
- 프로그램 기능
- 기능블록의 편집을 통한 시스템 모델링 및 시뮬레이션 기능
- 자동코드 생성기능

대표적인 통합 CACSD 소프트웨어에는 상업용인 MatLab, CEMTool 등을 들 수 있으며, 유사한 방식을 갖는 SciLab, Octave 등은 현재 무료로 공개되고 있다. 또한 Mathematica나 Maple 등은 수학과 관련된 쪽의 기능에 강점을 가지는 소프트웨어로서, 심볼릭 계산기능이 우수하다. 이러한 CACSD 소프트웨어는 다음의 공식 홈페이지를 통해 좀 더 많은 정보를 얻을 수 있다. 실험데이터를 통한 분석으로는 Labview가 많이 사용된다.

MatLab : http://www.mathworks.com/   CEMTool : http://www.cemtool.co.kr/
SciLab : http://www-rocq.inria.fr/scilab/   Octave : http://www.octave.org/
Maple : http://www.maplesoft.com/   Mathematica : http://www.wri.com/
Labview : http://www.ni.com

MatLab의 명령창

CEMTool의 명령창

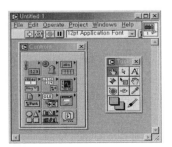

Labview의 창

CHAPTER 2 제어시스템의 기초수학

2.1 개 요

이 장에서는 제어시스템의 해석이나 설계에 사용하는 수학적 방법의 기초를 다룬다. 다음의 세 가지 기초수학은 제어공학에서 매우 중요하다.

- 라플라스 변환(Laplace transformation)
- 전달함수(transfer function)
- 행렬(matrix)

이 장에서는 이들 세 가지 가운데 라플라스 변환과 전달함수에 대해 정리하고, 이것을 활용하는 방법들을 제시한다. 특히 셈툴(CEMTool)이나 MatLab과 같은 꾸러미들에는 이와 관련된 명령어들이 여러 가지 제공되고 있는데, 이것들을 이용하면 이러한 기초수학들을 쉽게 적용할 수 있다.

1) 라플라스 변환은 프랑스 수학자 라플라스(Laplace, 1749~1827)에 의해 기초가 마련되고, 영국의 전기기사인 헤비사이드(Oliver Heaviside, 1850~1925)에 의해 실용화된 기법이다. 이 기법은 미분방정식을 쉽게 풀 수 있는 도구이기 때문에 제어공학뿐 아니라 공학의 거의 모든 분야에서 활용되고 있다. 라플라스 변환의 장점은 다음과 같다.
   - 미분방정식의 양변에 라플라스 변환을 적용하면 대수방정식으로 바뀌게 되어 덧셈, 뺄셈, 곱셈, 나눗셈의 대수 사칙연산에 의해 미분방정식의 해를 쉽게 구할 수 있다.
   - 라플라스 변환을 쓰면 미분방정식의 전체 해를 한 번에 구할 수 있다.
   - 라플라스 변환은 적분 및 중합적분(convolution integral) 연산도 간단한 대수곱 연산으로 바꿔주기 때문에, 입출력 신호들 사이의 관계가 중합적분으로 표시되는 선형 시스템의 해석을 쉽게 처리할 수 있게 해준다.

2) **전달함수**는 어떤 시스템의 출력신호 라플라스 변환함수를 입력신호 라플라스 변환함수로 나눈 함수로 정의된다. 이 함수는 대상 시스템의 입출력 신호들 사이의 관계를 표현해 주는 미분방정식이나 중합적분식의 양변에 라플라스 변환을 적용하여 구해지는데, 일반적으로 분수함수(rational function) 형태로 되기 때문에 미분방정식이나 중합적분식 표현에 비해 간결한 표현이 된다. 특히 미분방정식을 풀지 않고서도 이 함수의 분모부와 분자부 인수들로부터 시스템의 특성을 웬만큼 알아낼 수 있기 때문에 제어시스템의 해석과 설계에 많이 쓰이고 있다.

3) **행렬**은 어떤 두 신호집합들 사이의 1차변환을 간략한 곱연산으로 나타낼 수 있는 도구이다. 어떤 시스템의 특성을 행렬로 나타내는 것이 그 시스템을 해석할 때 필요한

계산량을 줄여주는 것은 아니지만, 컴퓨터를 이용하여 해석할 경우에 행렬표현은 시스템의 해석을 훨씬 쉽게 해준다. 특히 제어시스템의 입력신호와 출력신호 사이의 관계는 대부분 고차 미분방정식으로 표현되는데, 이 관계를 상태변수라는 적절한 변수들을 정의하고, 행렬을 써서 나타내면 1차 미분방정식꼴로 바뀌게 되어 해석이 훨씬 더 쉬워진다. 행렬은 9장의 상태공간 해석 및 설계에 직접적으로 쓰이는데, 편의상 행렬에 관한 사항들은 요약하여 부록에 싣는다.

2.2 라플라스 변환

라플라스 변환(Laplace transformation)은 선형 상미분방정식의 해를 구하거나 시스템의 전달함수를 구하는 데 쓰이는 수학적 방법이다. 이 방법을 쓰면 미분방정식이 대수방정식으로 바뀌어 쉽게 풀릴 뿐만 아니라, 시스템의 특성을 분수함수(rational function) 형태의 전달함수로 나타낼 수 있어서, 수학적으로 처리하기가 쉬워지고 제어시스템의 해석과 설계에 매우 많이 사용하는 방법이다. 이 장에서는 라플라스 변환을 수학적으로 엄밀하게 다루기보다는 이 변환의 활용에 초점을 맞추어 이 변환의 몇 가지 기본성질들만을 정리한 뒤에 이 성질들을 활용하는 방법을 예시할 것이다.

> **정의 2.1** 어떤 시간함수 $f(t)$에 대한 라플라스 변환함수는 다음과 같이 정의된다.
>
> $$F(s) = \mathcal{L}\{f(t)\} \triangleq \int_0^\infty f(t)e^{-st}dt, \; \Re\{s\} > R_c \tag{2.1}$$
>
> 여기서 s는 복소변수, $\mathcal{L}$는 라플라스 변환, $F(s)$는 라플라스 변환함수를 나타낸 것이다. $\Re\{s\}$는 s의 실수부를 뜻하며, R_c는 라플라스 적분이 존재하는 수렴경계(boundary of convergence)이다. 그리고 시간함수 $f(t)$는 시점 $t=0$ 이후에만 정의되는 조각연속(piecewise continuous)함수로서, $t < 0$에서는 값이 0인 것으로 가정한다.

위의 정의에서 시간함수에 대한 조건 가운데 **조각연속함수**란 불연속점의 수가 유한한 함수를 뜻하며, 모든 연속함수들은 여기에 속한다. 그리고 식 (2.1)에서 시간함수 $f(t)$에 대한 라플라스 변환은 적분핵(kernel) e^{-st}의 두 변수 s와 t 가운데 시간 t에 대한 정적분으로 정의되어 s의 함수가 되기 때문에 $F(s)$로 표기한 것이다. 변환변수 s의 단위는 시간의 역수가 되어 주파수 단위와 같기 때문에 s영역을 **주파수영역(frequency domain)**이라고도 한다.

라플라스 변환은 임의의 시간함수에 대해서 모두 존재하는 것은 아니며, 식 (2.1)의 라플라스 적분이 수렴하는 경우에만 존재한다. 즉, 수렴영역(region of convergence) $\Re\{s\} > R_c$ 에서 수렴경계 R_c가 유한한 경우에만 존재한다고 할 수 있다. 시간함수 $f(t)$가 $0 \leq t \leq \infty$ 구간에서 유한한 경우와 t^n 항들로 이루어지는 정함수의 경우에는 $R_c = 0$이 되고, e^{at}의 지수함수항을 포함하는 경우에는 $R_c = a$가 되어 수렴경계가 항상 존재하기 때문에 라플라스 변환을 구할 수 있다. 따라서 공학 분야에서 다루는 거의 모든 함수들에 대해서는 라플라스 변환이 존재한다. 그러나 e^{t^2}항을 포함하는 특수한 함수의 경우에는 $R_c = \infty$가 되어 수렴영역이 존재하지 않으므로 라플라스 변환은 존재하지 않는다.

그러면 앞으로 자주 쓰게 될 몇 가지 대표적인 시간함수들에 대한 라플라스 변환함수들을 식 (2.1)의 정의에 따라 구해보기로 한다.

예제 2.1

다음 시간함수의 라플라스 변환함수를 구하라.

$$u_s(t) = \begin{cases} 0, t < 0 \\ 1, t \geq 0 \end{cases} \tag{2.2}$$

풀이 라플라스 변환의 정의 식 (2.1)을 적용하면 다음과 같다.

$$
\begin{aligned}
U_s(s) = \mathcal{L}\{u_s(t)\} &= \int_0^\infty u_s(t) e^{-st} dt = \int_0^\infty 1 e^{-st} dt \\
&= \left[-\frac{1}{s} e^{-st} \right]_0^\infty = -\frac{1}{s} \left[e^{-\infty} - e^0 \right] \\
&= \frac{1}{s}, \quad \Re s > 0
\end{aligned}
\tag{2.3}
$$

그림 2.1은 식 (2.2)의 시간에 대한 함수관계를 보이고 있다. 이와 같이 함수형태가 계단 모양인 함수를 **계단함수(step function)**라 하고, 특히 크기가 1인 계단함수를 **단위계단함수 (unit step function)**라 한다. 이 함수는 시점 $t = 0$에서 시스템에 일정한 크기의 기준입력이 걸리는 경우를 묘사하기에 알맞기 때문에 제어시스템 분야에서 자주 사용된다.

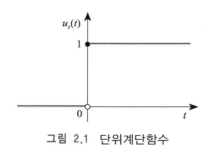

$$u_s(t)$$

그림 2.1 단위계단함수

예제 2.2

다음 지수함수의 라플라스 변환함수를 구하라. 여기서 a와 c는 상수이다.

$$f(t) = \begin{cases} 0, & t < 0 \\ ce^{-at}, & t \geqq 0 \end{cases}$$

📖 풀이   라플라스 변환의 정의 식 (2.1)을 $f(t)$에 적용하면 다음의 결과를 얻을 수 있다.

$$\begin{aligned}
F(s) = \mathcal{L}\{f(t)\} &= \int_0^\infty f(t)e^{-st}dt = \int_0^\infty ce^{-at}e^{-st}dt \\
&= \int_0^\infty ce^{-(s+a)t}dt = \left[-\frac{c}{s+a}e^{-(s+a)t} \right]_0^\infty \\
&= \frac{c}{s+a}, \quad \Re\{s\} > -a
\end{aligned} \tag{2.4}$$

앞의 두 예제에서 볼 수 있듯이 라플라스 변환함수의 수렴영역은 쉽게 구할 수 있기 때문에 이 영역은 필요한 경우에만 표시해도 된다. 따라서 앞으로는 이 책에서 라플라스 변환함수를 구할 때 필요한 경우 외에는 수렴영역의 표시를 생략하기로 한다.

2.2.1 라플라스 변환의 성질

정의 2.1에서 식 (2.1)로 정의한 라플라스 변환은 지수함수 e^{-st}를 핵(kernel)으로 하는 적분연산이기 때문에 다음과 같은 성질이 있다. 이 절에서 다루는 식들에서 $f(t)$, $g(t)$는 $t \geqq 0$에서 정의되는 시간함수들이고, 각각에 대응되는 라플라스 변환함수들은 $F(s)$, $G(s)$로 나타내기로 한다.

성질 2.1 : [함수의 상수곱]

어떤 시간함수에 상수 k를 곱한 함수의 라플라스 변환함수는 그 함수의 라플라스 변환함수에 상수 k를 곱한 것과 같다.

$$\mathcal{L}\{kf(t)\} = kF(s) \tag{2.5}$$

$\square$

성질 2.2 : [함수 간의 덧·뺄셈]

두 시간함수의 덧셈이나 뺄셈의 라플라스 변환함수는 각각의 라플라스 변환함수의 덧셈이나 뺄셈과 같다.

$$\mathcal{L}\{f(t) \pm g(t)\} = F(s) \pm G(s) \tag{2.6}$$

$\square$

식 (2.5), (2.6)의 성질은 라플라스 변환이 식 (2.1)에서 보듯이 적분연산으로 정의되기 때문에 적분연산의 성질로부터 쉽게 유도된다. 이 두 식을 통합하여 다음과 같이 한 식으로 나타낼 수 있다.

$$\mathcal{L}\{af(t) + bg(t)\} = aF(s) + bG(s) \tag{2.7}$$

여기서 a와 b는 임의의 상수들이다. 식 (2.7)과 같은 성질을 **선형성(linearity)**이라 하며, 이러한 성질을 갖는 변환이나 연산을 **선형변환(linear transformation)** 또는 **선형연산(linear operation)**이라고 한다. 미분, 적분연산과 라플라스 변환은 이러한 선형변환의 대표적인 예들이다. 또한 입출력신호들 사이의 전달특성이 이러한 선형연산들의 합으로 표시되는 시스템을 **선형시스템(linear system)**이라 한다. 선형시스템이 가지는 성질로서 식 (2.5)의 특성을 **동질성(homogeneity)**이라 하고, 식 (2.6)의 특성을 **중첩성(superposition property)** 또는 **중첩의 원리(principle of superposition)**라고 한다.

성질 2.3 : [미분]

시간함수의 1차도함수에 대한 라플라스 변환함수는 다음과 같다.

$$\mathcal{L}\left\{\frac{d}{dt}f(t)\right\} = sF(s) - f(0) \tag{2.8}$$

여기서 $f(0)$는 함수 $f(t)$의 초기시점 $t=0$에서의 함수값으로서 흔히 **초기값(initial value)**이라 한다.

증명 위의 성질은 라플라스 변환의 정의와 부분적분법을 이용하면 유도할 수 있다.

$$\int_0^\infty \left\{ \frac{d}{dt} f(t) \right\} e^{-st} dt = \left[f(t) e^{-st} \right]_0^\infty - \int_0^\infty f(t) \frac{d}{dt} e^{-st} dt$$

$$= -f(0) - \int_0^\infty f(t)(-s) e^{-st} dt$$

$$= s \int_0^\infty f(t) e^{-st} dt - f(0)$$

$$= sF(s) - f(0)$$

□

이 성질은 시간영역 t 에서의 미분연산이 라플라스 변환영역에서는 s 를 곱하고 초기값을 빼는 대수연산으로 바뀐다는 것을 뜻한다. 만일 초기 조건이 0이면, 즉 $f(0) = 0$ 이면 식 (2.8)은 다음과 같이 더 간단하게 표시된다.

$$\mathcal{L} \left\{ \frac{d}{dt} f(t) \right\} = sF(s)$$

이 경우에는 시간영역 t 에서의 시간함수에 대한 미분연산이 라플라스 변환영역에서는 변환함수에 s 를 곱하는 간단한 대수연산으로 바뀌게 된다.

시간함수의 2차도함수에 대한 라플라스 변환함수는 다음과 같다.

$$\mathcal{L} \left\{ \frac{d^2}{dt^2} f(t) \right\} = s^2 F(s) - sf(0) - f'(0)$$

(2.9)

여기서 $f(0)$, $f'(0)$는 각각 함수 $f(t)$와 1차도함수 $f'(t)$의 시점 $t = 0$ 에서의 초기값이다. 2차도함수는 1차도함수를 한 번 더 미분한 함수이므로 1차도함수에 대한 라플라스 변환의 성질인 식 (2.8)을 반복 적용하면 식 (2.9)의 성질을 다음과 같이 쉽게 유도할 수 있다.

$$\mathcal{L} \left\{ \frac{d^2}{dt^2} f(t) \right\} = \mathcal{L} \left\{ \frac{d}{dt} f'(t) \right\}$$

$$= s \mathcal{L} \{ f'(t) \} - f'(0)$$

$$= s \left[sF(s) - f(0) \right] - f'(0)$$

$$= s^2 F(s) - sf(0) - f'(0)$$

여기서도 초기값이 $f(0) = f'(0) = 0$이면 다음과 같은 성질이 성립한다.

$$\mathcal{L} \left\{ \frac{d^2}{dt^2} f(t) \right\} = s^2 F(s)$$

3차 이상의 고차도함수에 대해서도 필요하면 식 (2.8)~(2.9)의 라플라스 변환의 성질들을 활용하여 다음과 같이 대응되는 결과들을 구할 수 있다.

$$\mathcal{L}\left\{\frac{d^n}{dt^n}f(t)\right\} = s^n F(s) - \sum_{k=1}^{n} s^{n-k} f^{(k-1)}(0) \tag{2.10}$$

여기서 $f^{(k)}(0)$는 $f(t)$의 k차 도함수의 초기값이다.

도함수에 대한 라플라스 변환의 성질을 다시 한 번 요약하면, 시간영역 t에서 함수의 미분연산이 라플라스 변환영역에서는 s를 곱하고 초기값을 빼는 간단한 연산으로 바뀐다는 것이다. 이러한 성질은 라플라스 변환의 큰 장점으로서, 이 성질을 이용하면 복잡한 미분방정식을 간단한 대수연산으로 풀 수 있기 때문에, 제어시스템이나 회로이론 분야는 물론이고 대부분의 공학 분야에서 매우 유용하게 활용되고 있다.

성질 2.4 : [적분]

시간함수의 1차 적분함수에 대한 라플라스 변환함수는 다음과 같다.

$$\mathcal{L}\left\{\int_0^t f(\tau)d\tau\right\} = \frac{1}{s}F(s) \tag{2.11}$$

증명 이 성질은 라플라스 변환의 정의와 그림 2.2와 같이 이중적분에서 적분경로를 바꾸는 방법을 써서 다음과 같이 유도할 수 있다.

$$\mathcal{L}\left\{\int_0^t f(\tau)d\tau\right\} = \int_0^\infty \int_0^t f(\tau)d\tau \ e^{-st}dt = \int_0^\infty f(\tau)\int_\tau^\infty e^{-st}dt \ d\tau$$
$$= \int_0^\infty f(\tau)\left[-\frac{1}{s}e^{-st}\right]_\tau^\infty d\tau = \frac{1}{s}\int_0^\infty f(\tau)e^{-s\tau}d\tau$$
$$= \frac{1}{s}F(s)$$

$\square$

이 성질은 시간영역에서의 적분연산이 라플라스 변환영역에서는 변환변수 s로 나누는 간단한 연산으로 바뀐다는 것을 뜻한다. 식 (2.8)과 (2.11)을 비교해보면, 라플라스 변환의

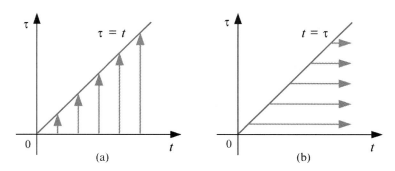

그림 2.2 **적분경로 변경** : (a) $0 \leq t \leq \infty$, $0 \leq \tau \leq t$, (b) $0 \leq \tau \leq \infty$, $\tau \leq t \leq \infty$

성질에 재미있는 규칙이 나타남을 알 수 있다. 시간영역에서 미분연산과 적분연산이 서로 역관계의 연산인데, 이에 대한 라플라스 변환도 각각 s를 곱하는 연산과 s로 나누는 연산으로서 서로 역의 연산관계를 유지하고 있는 것이다.

성질 2.5 : [중합적분, convolution integral]

두 개의 시간함수들 사이의 중합적분에 대한 라플라스 변환함수는 각 시간함수의 라플라스 변환함수의 곱과 같다.

$$\mathcal{L}\left\{\int_0^t f(t-\tau)g(\tau)d\tau\right\}= F(s)G(s) \tag{2.12}$$

증명 이 성질은 이중적분에서 적분경로를 바꾸고 적분변수 치환을 하면 다음과 같이 유도된다.

$$
\begin{aligned}
\mathcal{L}\left\{\int_0^t f(t-\tau)g(\tau)d\tau\right\} &= \int_0^\infty \int_0^t f(t-\tau)g(\tau)d\tau e^{-st}dt \\
&= \int_0^\infty \int_\tau^\infty f(t-\tau)e^{-st}dt \; g(\tau)d\tau \\
&= \int_0^\infty \int_0^\infty f(\rho)e^{-s(\tau+\rho)}d\rho\, g(\tau)d\tau \\
&= \int_0^\infty f(\rho)e^{-s\rho}d\rho \int_0^\infty g(\tau)e^{-s\tau}d\tau \\
&= F(s)G(s)
\end{aligned}
$$

$\square$

식 (2.12)의 좌변에 나오는 적분을 **중합적분**이라 한다. 이 적분은 선형시스템의 입력신호와 출력신호 사이의 전달특성을 나타낼 때 자주 쓰이는 표현으로서, 비교적 복잡한 연산에 속한다. 그런데 이러한 시간함수들 사이의 복잡한 연산인 중합적분이 라플라스 변환에 의해 주파수영역에서는 두 함수들 사이의 간단한 곱연산으로 바뀌게 된다. 이 성질은 라플라스 변환의 주요 장점 가운데 하나이다. 이러한 장점 때문에 라플라스 변환이 제어시스템 해석 및 설계뿐만 아니라 회로망, 전력계통, 통신, 유도제어 등의 공학 분야 다방면에서 편리하게 활용되고 있다.

성질 2.6 : [지수가중, exponential weighting]

시간함수에 지수함수가 곱해진 꼴의 함수에 대한 라플라스 변환함수는 주파수영역에서 평행이동한 함수가 된다.

$$\mathcal{L}\left\{e^{at}f(t)\right\}= F(s-a) \tag{2.13}$$

증명 익힘 문제 2.2

$\square$

2.7 : [시간지연, time delay]

시간지연이 있는 시간함수에 대한 라플라스 변환함수는 주파수영역에서 지수가중 함수가 곱해진 꼴로 바뀐다.

$$\mathcal{L}\{f(t-d)\} = e^{-ds}F(s) \tag{2.14}$$

증명 익힘 문제 2.3

□

식 (2.13)~(2.14)의 두 성질은 라플라스 변환의 정의와 적분의 성질을 이용하여 쉽게 유도할 수 있다. 시간지연도 평행이동의 한 가지로 볼 수 있으므로, 앞의 두 성질은 시간영역과 주파수영역에서 지수가중 연산이 평행이동 연산으로 바뀐다는 점에서 서로 대응되는 성질들이다. 다만 두 식에서 평행이동의 부호와 지수가중 함수 지수의 부호에 대해서는 혼동이 되지 않도록 주의해야 한다.

성질 **2.8** : [복소미분, complex differentiation]

시간함수에 t^n 을 곱한 함수에 대한 라플라스 변환함수는 복수변수 s 에 대한 미분과 같다.

$$\mathcal{L}\{t^n f(t)\} = (-1)^n \frac{d^n}{ds^n} F(s) \tag{2.15}$$

여기서 n 은 자연수이다.

증명 위의 성질은 라플라스 변환의 정의와 귀납법을 이용하여 유도할 수 있다. 우선 $n=1$ 일 때 다음이 성립한다.

$$\mathcal{L}\{tf(t)\} = \int_0^\infty tf(t)e^{-st}dt = -\int_0^\infty f(t)\frac{d}{ds}\{e^{-st}\}dt$$
$$= -\frac{d}{ds}\left\{\int_0^\infty f(t)e^{-st}dt\right\} = -\frac{d}{ds}F(s)$$

$n=k(k \geq 2$인 자연수$)$일 경우가 성립한다고 가정하면 다음 식이 성립하며,

$$\mathcal{L}\{t^k f(t)\} = (-1)^k \frac{d^k}{ds^k} F(s)$$

이 식을 사용하면 $n=k+1$일 때에도 성립하는 것을 보일 수 있다.

$$\mathcal{L}\{t^{k+1}f(t)\} = \int_0^\infty t^{k+1}f(t)e^{-st}dt = -\int_0^\infty t^kf(t)\frac{d}{ds}\{e^{-st}\}dt$$

$$= -\frac{d}{ds}\left\{\int_0^\infty t^kf(t)e^{-st}dt\right\} = -\frac{d}{ds}[\mathcal{L}\{t^kf(t)\}]$$

$$= (-1)^{k+1}\frac{d^{k+1}}{ds^{k+1}}F(s)$$

따라서 귀납법에 의해 식 (2.15)는 모든 자연수 n에 대해서 성립한다.

□

식 (2.15)로 표시되는 라플라스 변환의 복소미분에 대한 성질은 주파수영역에서 s에 대한 미분연산이 시간영역에서는 시간변수 t를 곱하는 연산으로 바뀐다는 것을 보여 주고 있다. 이 성질은 식 (2.10)으로 표시되는 미분함수에 대한 라플라스 변환과 대응되는 성질이다. 식 (2.10)에서는 시간영역에서의 미분연산이 주파수영역에서는 주파수 변수 s를 곱하는 연산으로 바뀌기 때문이다. 즉, 시간영역이나 주파수영역 어느 한 영역에서의 미분연산이 다른 영역에서는 변수를 곱하는 연산으로 바뀐다는 점에서 식 (2.10)과 (2.15)의 두 성질은 대응되는 것이다. 단, 주의할 점은 식 (2.10)에서는 초기값 항들이 추가되고, 식 (2.15)에서는 부호인수가 곱해진다는 것이다.

성질 2.9 : [초기값 정리, initial value theorem]

시간함수 $f(t)$의 초기값과 변환함수 $F(s)$는 다음과 같은 관계를 갖는다.

$$f(0^+) = \lim_{s \to \infty} sF(s) \tag{2.16}$$

여기서 $f(0^+) = \lim_{t \to 0^+} f(t)$ 이다.

증명 식 (2.8)에서 다음과 같은 관계를 얻을 수 있다.

$$\int_{0^+}^\infty f'(t)e^{-st}dt = sF(s) - f(0^+)$$

여기서 $s \to \infty$ 이면 $e^{-st} \to 0$ 이므로, $\lim_{s \to \infty}[sF(s) - f(0^+)] = \lim_{s \to \infty} sF(s) - f(0^+) = 0$ 이 되어 식 (2.16)이 성립한다.

□

식 (2.16)은 라플라스 변환이 존재하는 한에는 항상 성립한다. 그러나 한 가지 유의할 점은 초기값으로서 $f(0)$ 대신에 $f(0^+)$를 쓴다는 점이다. 연속함수에서는 항상 $f(0) = f(0^+)$ 이므로 구분할 필요가 없지만, 불연속함수에서는 $f(0) \neq f(0^+)$인 경우가 있을 수 있기 때문에 주의해야 한다. 성질 2.9는 시간함수의 초기값과 라플라스 변환함수와의 관계를 나타내주는 이론이기 때문에 흔히 **초기값 정리**라고 한다. 이에 대응하는 성질로서 **최종값 정리 (final value theorem)**가 있는데 이것을 살펴보면 다음과 같다.

성질 2.10 : [최종값 정리]

시간함수 $f(t)$의 최종값 $\lim_{t \to \infty} f(t)$가 존재할 때 이 최종값과 변환함수 $F(s)$는 다음과 같은 관계를 갖는다.

$$\lim_{t \to \infty} f(t) = \lim_{s \to 0} sF(s) \tag{2.17}$$

증명 익힘 문제 2.6

□

이 성질에서 주의할 점은 극한값 $\lim_{t \to \infty} f(t)$가 존재할 때에만 성립한다는 것이다. 따라서 $f(t)$가 발산하거나 삼각함수처럼 함수값이 계속 진동하는 경우에는 극한값이 존재하지 않으므로 이 최종값 정리는 성립하지 않는다. 지금까지 이 절에서 살펴본 라플라스 변환의 성질들을 요약하면 표 2.1과 같다.

표 2.1 라플라스 변환의 성질

성 질	관 련 식
선형성	$\mathcal{L}\{af(t) + bg(t)\} = aF(s) + bG(s)$
미 분	$\mathcal{L}\left\{\dfrac{d}{dt} f(t)\right\} = sF(s) - f(0)$
	$\mathcal{L}\left\{\dfrac{d^n}{dt^n} f(t)\right\} = s^n F(s) - \displaystyle\sum_{k=1}^{n} s^{n-k} f^{(k-1)}(0)$
적 분	$\mathcal{L}\left\{\displaystyle\int_0^t f(\tau) d\tau\right\} = \dfrac{1}{s} F(s)$
중합적분	$\mathcal{L}\left\{\displaystyle\int_0^t f(t-\tau) g(\tau) d\tau\right\} = F(s) G(s)$
지수가중	$\mathcal{L}\{e^{at} f(t)\} = F(s-a)$
시간지연	$\mathcal{L}\{f(t-d)\} = e^{-ds} F(s)$
복소미분	$\mathcal{L}\{tf(t)\} = -\dfrac{d}{ds} F(s)$
	$\mathcal{L}\{t^n f(t)\} = (-1)^n \dfrac{d^n}{ds^n} F(s)$
초기값 정리	$f(0^+) = \lim_{s \to \infty} sF(s)$
최종값 정리	$\lim_{t \to \infty} f(t) = \lim_{s \to 0} sF(s)$

2.2.2 라플라스 변환의 예

이 절에서는 라플라스 변환의 정의와 성질들을 이용하여 공학에서 자주 사용하는 대표적인 시간함수들의 라플라스 변환을 구해보기로 한다.

예제 2.3

다음과 같은 삼각함수의 라플라스 변환함수를 구하라.

$$f(t) = \begin{cases} 0, & t < 0 \\ A\sin\omega t, & t \geq 0 \end{cases} \tag{2.18}$$

여기서 A는 삼각함수의 진폭, ω는 각속도를 나타내는 상수이다.

풀이 오일러(Euler)의 정리에 의하면 삼각함수와 복소 지수함수 사이에는 다음의 등식이 성립한다.

$$e^{j\omega t} = \cos\omega t + j\sin\omega t$$
$$e^{-j\omega t} = \cos\omega t - j\sin\omega t$$

여기서 $j = \sqrt{-1}$ 이다. 위의 두 식으로부터 $\sin\omega t$는 다음과 같이 된다.

$$\sin\omega t = \frac{1}{2j}(e^{j\omega t} - e^{-j\omega t}) \tag{2.19}$$

이제 예제 2.2의 결과와 라플라스 변환의 선형성 식 (2.7)을 이용하면 $\sin\omega t$ 의 라플라스 변환함수는 다음과 같다.

$$\begin{aligned} F(s) &= \mathcal{L}\{f(t)\} = \mathcal{L}\{A\sin\omega t\} = \mathcal{L}\left\{\frac{A}{2j}(e^{j\omega t} - e^{-j\omega t})\right\} \\ &= \frac{A}{2j}\left[\frac{1}{s - j\omega} - \frac{1}{s + j\omega}\right] \\ &= A\frac{\omega}{s^2 + \omega^2} \end{aligned} \tag{2.20}$$

예제 2.4

다음과 같은 삼각함수의 라플라스 변환함수를 구하라.

$$g(t) = \begin{cases} 0, & t < 0 \\ A\cos\omega t, & t \geq 0 \end{cases}$$

여기서 A는 삼각함수의 진폭, ω는 각속도를 나타내는 상수이다.

이 함수는 다음과 같이 예제 2.3의 식 (2.18)로 정의되는 함수 $f(t)$를 미분한 함수로 볼 수 있다.

$$g(t) = \frac{1}{\omega} \frac{d}{dt} f(t)$$

따라서 라플라스 변환의 선형성 식 (2.5)와 미분함수의 라플라스 변환에 대한 성질인 식 (2.8)을 적용하면 다음과 같이 라플라스 변환함수를 구할 수 있다.

$$\begin{aligned} G(s) = \mathcal{L}\{g(t)\} &= \frac{1}{\omega} \mathcal{L}\left\{\frac{d}{dt} f(t)\right\} \\ &= \frac{1}{\omega}[sF(s) - f(0)] = A\frac{s}{s^2 + \omega^2} \end{aligned} \tag{2.21}$$

예제 2.5

다음 함수의 라플라스 변환함수를 구하라.

$$f(t) = \begin{cases} 0, & t < 0 \\ mt, & t \geq 0 \end{cases} \tag{2.22}$$

여기서 m은 기울기를 나타내는 상수이다.

 이 예제에서 식 (2.22)로 정의된 시간함수는 다음과 같이 식 (2.2)에서 계단의 크기가 m인 계단함수를 적분한 함수로 나타낼 수 있다.

$$f(t) = \int_0^t m\, u_s(\tau) d\tau$$

따라서 적분함수의 라플라스 변환에 대한 성질인 식 (2.11)을 적용하면 다음과 같이 라플라스 변환함수를 구할 수 있다.

$$\begin{aligned} F(s) = \mathcal{L}\{f(t)\} &= \frac{1}{s} \mathcal{L}\{m\, u_s(t)\} \\ &= \frac{1}{s}\left[\frac{m}{s}\right] = \frac{m}{s^2} \end{aligned} \tag{2.23}$$

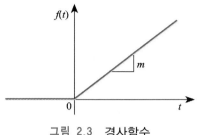

그림 2.3 경사함수

그림 2.3은 예제 2.5의 식 (2.22)의 함수관계를 그림표로 나타낸 것이다. 이 그림에서 보듯이 이 함수의 꼴이 초기시점 $t = 0$ 이후에 일정한 기울기를 갖는 모양이기 때문에 이 함수를 경사함수(ramp function)라 한다. 이 함수는 초기시점 $t = 0$ 이후에 일정한 비율로 증가하는 기준입력 함수를 묘사하는 데에 쓰인다.

예제 2.6

다음과 같은 지수가중 삼각함수의 라플라스 변환함수를 구하라.

$$f(t) = \begin{cases} 0, & t < 0 \\ e^{-at}\cos\omega t, & t \geq 0 \end{cases}$$

풀이 이 함수는 다음과 같이 예제 2.4의 함수 $g(t)$에 지수가중 함수를 곱한 꼴로 나타낼 수 있다.

$$f(t) = e^{-at}g(t), \quad A = 1$$

따라서 지수가중 함수에 대한 라플라스 변환의 성질인 식 (2.13)과 식 (2.21)로부터 다음과 같이 라플라스 변환함수를 구할 수 있다.

$$\begin{aligned} F(s) &= \mathcal{L}\{e^{-at}g(t)\} = G(s+a) \\ &= \frac{s+a}{(s+a)^2 + \omega^2} \end{aligned} \tag{2.24}$$

예제 2.7

다음과 같은 신호의 라플라스 변환함수를 구하라.

$$u_\Delta(t) = \begin{cases} 0, & t < 0 \\ \dfrac{1}{\Delta}, & 0 \leq t \leq \Delta \\ 0, & t > \Delta \end{cases} \tag{2.25}$$

여기서 Δ는 지속시간(duration)을 나타내는 상수이다.

📖 이 함수는 다음과 같이 식 (2.2)의 단위계단함수 $u_s(t)$의 조합으로 나타낼 수 있다.

$$u_\Delta(t) = \frac{1}{\Delta}[u_s(t)-u_s(t-\Delta)]$$

따라서 라플라스 변환의 선형성 식 (2.7)과 시간지연 함수에 대한 성질인 식 (2.14)를 적용하여 다음과 같이 라플라스 변환함수를 구할 수 있다.

$$\begin{aligned}U_\Delta(s) &= \frac{1}{\Delta}\mathcal{L}\{u_s(t)\}-\frac{1}{\Delta}\mathcal{L}\{u_s(t-\Delta)\}\\ &= \frac{1}{\Delta}\left[\frac{1}{s}-e^{-\Delta s}\frac{1}{s}\right] = \frac{1}{\Delta s}[1-e^{-\Delta s}]\end{aligned} \tag{2.26}$$

이 예제에서 다룬 식 (2.25)의 파형은 그림 2.4와 같다. 이 파형에서 지속시간이 점점 작아져서 0으로 수렴해갈 때, 즉 $\Delta \rightarrow 0$일 때의 신호를 **임펄스(impulse)**라 하고, 이렇게 정의되는 함수를 **델타함수(delta function)**라 하며, $\delta(t)$로 표기한다.

$$\delta(t) \triangleq \lim_{\Delta \to 0} u_\Delta(t) \tag{2.27}$$

이 함수의 라플라스 변환은 식 (2.25)로부터 다음과 같이 구할 수 있다.

$$\mathcal{L}\{\delta(t)\} = \lim_{\Delta \to 0}\frac{1}{\Delta s}[1-e^{-\Delta s}] = 1 \tag{2.28}$$

이 함수의 대표적인 성질은 식 (2.28)에서 확인할 수 있듯이 라플라스 변환함수가 1이 된다는 것이다. 이 델타함수의 정의는 수학적으로는 엄밀성이 부족하기는 하지만 공학 분야에서는 편리한 점이 많기 때문에 자주 쓰이고 있다.

이 절의 예제에서 다룬 함수들을 비롯하여 자주 다루게 될 기본적인 함수들의 라플라스 변환함수들을 정리하여 표로 만들면 표 2.2와 같다. 이 표는 앞으로 라플라스 변환과 역변환함수를 구하는 데 활용하게 될 것이다. 좀 더 자세한 라플라스 변환표는 부록A에 정리되어 있다.

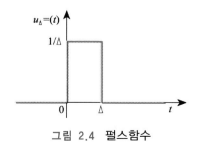

그림 2.4 펄스함수

2.2.3 라플라스 역변환

라플라스 역변환은 앞절에서 다룬 라플라스 변환의 역연산으로서, 라플라스 변환함수 $F(s)$로부터 시간함수 $f(t)$를 구하는 과정을 말한다.

정의 2.2 어떤 주파수함수 $F(s)$에 대한 라플라스 역변환은 다음과 같이 정의된다.

$$f(t) = \mathcal{L}^{-1}\{F(s)\} = \frac{1}{2\pi j} \int_{c-j\infty}^{c+j\infty} F(s)e^{st}ds, \quad c > R_c \tag{2.29}$$

여기서 $\mathcal{L}^{-1}\{\cdot\}$는 라플라스 역변환, j는 허수단위, R_c는 $F(s)$의 수렴영역 경계이며, $c > R_c$ 조건은 라플라스 역변환을 정의하는 적분이 존재하는 범위인 수렴영역을 나타낸다.

표 2.2 라플라스 변환 및 역변환

함수이름	시간함수 $f(t)$, $t \geq 0$	변환함수 $F(s)$
단위계단함수	$u_s(t)$	$\dfrac{1}{s}$
경사함수	t	$\dfrac{1}{s^2}$
지수함수	e^{at}	$\dfrac{1}{s-a}$
삼각함수	$\sin \omega t$	$\dfrac{\omega}{s^2+\omega^2}$
	$\cos \omega t$	$\dfrac{s}{s^2+\omega^2}$
지수가중 삼각함수	$e^{-at}\sin \omega t$	$\dfrac{\omega}{(s+a)^2+\omega^2}$
	$e^{-at}\cos \omega t$	$\dfrac{s+a}{(s+a)^2+\omega^2}$
델타함수	$\delta(t)$	1

주 : 좀 더 자세한 라플라스 변환표는 부록 A 참조

라플라스 역변환은 복소적분으로 정의되기 때문에 이 연산을 식 (2.29)의 정의에 따라 직접 계산할 경우에는 복소함수 적분법을 써야 한다. 간단한 함수의 경우에는 쉽게 처리될 수 있지만 대부분의 경우는 그렇지 못하다. 그러나 라플라스 변환과 역변환쌍은 서로 1:1 대응을 이루고 있으므로 표 2.2에 나오는 변환쌍을 이용하고, 라플라스 변환의 성질들을 활용하면 복소함수 적분과정을 거치지 않고서도 비교적 쉽게 역변환 함수를 구할 수 있다. 그러면 변환표를 이용하여 라플라스 역변환을 구하는 방법을 살펴보기로 한다.

▶▶◆ 부분분수 전개법

표 2.2에서는 자주 등장하는 몇 가지 기본적인 함수들만을 다루고 있기 때문에, 이 표에 나타나지 않는 일반함수들에 대한 역변환을 구하기 위해서는 이 함수들을 기본형의 꼴로 짜맞추는 분해과정이 필요하다. 그런데 표 2.2에 나오는 변환함수들은 분모부가 1차나 2차 인수들로 이루어진 분수함수의 꼴을 갖고 있다. 따라서 기본형에 속하지 않는 어떤 변환함 수의 라플라스 역변환을 구하기 위해서는 주어진 변환함수를 일차나 2차인수의 분모를 갖 는 부분분수 함수들의 합으로 분해해야 한다. 이러한 분해과정을 **부분분수 전개(partial fraction expansion)**라 하는데, 여기서 이 전개법에 대해 정리해보고 이것을 라플라스 역변환 에 활용하는 예를 살펴보기로 한다. 먼저 부분분수 전개에 관한 이론을 정리하기로 한다. 이 이론에서 다루는 변환함수들은 다음과 같은 형태를 갖는 분수함수들이다.

$$F(s) = \frac{N(s)}{D(s)}$$

여기서 $N(s)$, $D(s)$는 각각 s에 관한 m, n차 다항식이며, 분모다항식 $D(s)$의 차수 n이 분자다항식 $N(s)$의 차수 m보다 더 크다고 가정한다.

정리 2.1 : [1차인수 부분분수 전개]

분수함수 $F(s)$의 분모가 다음과 같이 서로 다른 실계수 $\{p_i\}_1^n$들로 이루어지는 1차인수 들로 분해될 때

$$F(s) = \frac{N(s)}{D(s)} = \frac{N(s)}{(s+p_1)(s+p_2)\cdots(s+p_n)}, \quad p_i \neq p_j \tag{2.30}$$

이 함수를 부분분수로 전개하면 다음과 같다.

$$F(s) = \frac{N(s)}{D(s)} = \frac{a_1}{s+p_1} + \frac{a_2}{s+p_2} + \cdots + \frac{a_n}{s+p_n} \tag{2.31}$$

$$a_i = \left[(s+p_i)F(s)\right]_{s=-p_i}, \quad i=1,2,\cdots,n \tag{2.32}$$

증명 식 (2.31)의 우변을 통분하면 분모부는 식 (2.30)의 분모부와 같고, 분자부는 $n-1$ 차 다 항식의 일반형이 되어 n차 분모다항식 $D(s)$보다 차수가 낮은 분자다항식인 $N(s)$를 항상 표시할 수 있으므로, 식 (2.30)은 항상 식 (2.31)로 나타낼 수 있다. 따라서 식 (2.32) 만 유도하면 증명은 완료된다.

식 (2.30)의 양변에 $s+p_i$를 곱하면 다음과 같이 전개된다.

$$(s+p_i)F(s) = (s+p_i)\frac{a_1}{s+p_1} + (s+p_i)\frac{a_2}{s+p_2} + \cdots$$
$$+ a_i + \cdots + (s+p_i)\frac{a_n}{s+p_n}$$

이 식의 양변에 $s=-p_i$를 대입하면 우변에서 a_i만 남고, 다른 항들은 모두 0이 되므로 다음과 같은 결과를 얻게 된다.

$$\left[(s+p_i)F(s) \right]_{s=-p_i} = a_i$$

즉, 식 (2.32)가 유도되므로 증명은 완료된다.

$\square$

식 (2.32)의 계수 a_i는 부분분수의 i번째 계수로서 함수 $F(s)$에서 i번째 분모인수 $s+p_i$를 제외한 나머지 부분에 $s=-p_i$를 대입하여 계산되기 때문에, 인수 $s+p_i$에 대응하는 **나머지수(residue)**라고 한다. 이 정리 2.1을 활용하면 분모다항식이 1차인수들로 이루어지는 분수함수 $F(s)$의 라플라스 역변환을 쉽게 계산할 수 있게 된다. 즉, $F(s)$가 식 (2.32)로 계산되는 나머지수를 계수로 갖는 식 (2.31)의 부분분수로 전개되면, 이 전개식에 라플라스 역변환을 적용하여 $F(s)$의 역변환 함수를 쉽게 구할 수 있다. 그 까닭은 식 (2.31) 우변의 각 항은 앞에서 이미 다루었던 지수함수에 대응하는 변환함수들로서 다음과 같이 역변환되기 때문이다.

$$\mathcal{L}^{-1}\left\{ \frac{a_i}{s+p_i} \right\} = a_i e^{-p_i t}$$

따라서 성질 2.2의 중첩의 원리로부터 $F(s)$의 역변환 $f(t)$는 다음과 같이 나타낼 수 있다.

$$f(t) = \mathcal{L}^{-1}\{F(s)\} = \sum_{i=1}^{n} a_i e^{-p_i t}$$

예제 2.8

다음의 라플라스 변환함수 $F(s)$의 역변환 $f(t)$를 구하라.

$$F(s) = \frac{s+4}{(s+2)(s+5)}$$

풀이 $F(s)$를 부분분수로 전개하면 다음과 같다.

$$F(s) = \frac{a_1}{s+2} + \frac{a_2}{s+5}$$

여기서 나머지수 a_1 , a_2 는 식 (2.32)로부터 간단히 계산된다.

$$a_1 = [(s+2)F(s)]_{s=-2} = \left[\frac{s+4}{s+5}\right]_{s=-2} = \frac{2}{3}$$

$$a_2 = [(s+5)F(s)]_{s=-5} = \left[\frac{s+4}{s+2}\right]_{s=-5} = \frac{1}{3}$$

따라서 $f(t)$ 는 다음과 같이 구해진다.

$$f(t) = \mathcal{L}^{-1}\{F(s)\} = \mathcal{L}^{-1}\left\{\frac{2/3}{s+2} + \frac{1/3}{s+5}\right\}$$
$$= \frac{1}{3}(2e^{-2t}+e^{-5t})$$

이제 $F(s)$ 의 분모부에 2차인수 $(s+a)^2+\omega^2$ 가 있는 경우, 즉 복소인수를 갖는 경우를 생각해 보자. 이 2차인수를 1차로 분해하면 $(s+a+j\omega)$ 와 $(s+a-j\omega)$ 로 나눌 수 있다. 정리 2.1에서는 $F(s)$ 의 분모다항식이 실계수 1차인수로 분해되는 것을 전제로 하고 있지만, 이와 같이 복소계수 1차인수로 분해되는 경우에도 적용할 수는 있다. 그러나 라플라스 역변환을 할 때 이러한 2차인수들은 표 2.2에서 볼 수 있듯이 지수가중 삼각함수에 대응되므로 1차인수로 분해하여 전개하는 것보다는, 다음과 같이 2차인수 표준형으로 전개하여 처리하는 것이 훨씬 더 편리하다.

정의 2.2 : [2차인수 부분분수 전개]

다음과 같이 분수함수 $F(s)$ 의 분모다항식의 인수 가운데 2차인수 $(s+a)^2+\omega^2$ 이 있을 때,

$$F(s) = \frac{N(s)}{D(s)} = \frac{N(s)}{(s+p_1)(s+p_2)\cdots[(s+a)^2+\omega^2]\cdots(s+p_{n-2})}, \quad p_i \neq p_j \quad (2.33)$$

이 함수를 부분분수로 전개하면 다음과 같다.

$$F(s) = \frac{N(s)}{D(s)} = \frac{a_1}{s+p_1} + \frac{a_2}{s+p_2} + \cdots + \frac{a_{n-2}}{s+p_{n-2}}$$
$$+ \frac{c_1\omega}{(s+a)^2+\omega^2} + \frac{c_2(s+a)}{(s+a)^2+\omega^2} \quad (2.34)$$

여기서 2차인수의 나머지수 c_1 , c_2 는 다음과 같이 계산된다.

$$c_1 = \frac{1}{2\omega}(F_r+F_r^*) = \frac{1}{\omega}\Re\{F_r\}$$
$$c_2 = \frac{1}{j2\omega}(F_r-F_r^*) = \frac{1}{\omega}\Im\{F_r\} \quad (2.35)$$
$$F_r = \{[(s+a)^2+\omega^2]F(s)\}_{s=-a+j\omega}$$

여기서 $\Re$, $\Im$는 각각 실수부와 허수부를, 위첨자 *는 켤레복소수를 나타낸다. $F(s)$의 1차인수들의 나머지수 a_i, $i = 1, 2, \cdots, n-2$ 들은 식 (2.32)와 같이 구해진다.

증명 식 (2.34)의 우변을 통분하면 식 (2.33)과 같은 꼴이 되므로 2차인수를 갖는 식 (2.33)은 식 (2.34)와 같이 전개될 수 있다. 이 전개식에서 1차인수들에 대한 나머지수는 정리 2.1에서와 같은 방법으로 구할 수 있음은 자명한 것이므로, 2차인수의 나머지수를 정하는 식 (2.35)만을 유도하면 된다. 식 (2.34)의 양변에 $(s+a)^2 + \omega^2$을 곱하고 $s = -a + j\omega$를 대입하면 다음과 같은 관계식을 얻을 수 있다.

$$
\begin{aligned}
F_r &= \omega c_1 + j\omega c_2 \\
F_r^* &= \omega c_1 - j\omega c_2
\end{aligned}
$$

이 식을 정리하면 식 (2.35)가 유도된다.

$\square$

$F(s)$에 대한 부분분수 전개식 (2.34)에서 2차인수 부분의 라플라스 역변환은 표 2.2에서 알 수 있듯이 지수가중 삼각함수에 대응된다.

$$
\mathcal{L}^{-1} \left\{ \frac{c_1 \omega}{(s+a)^2 + \omega^2} + \frac{c_2 (s+a)}{(s+a)^2 + \omega^2} \right\} = e^{-at} (c_1 \sin \omega t + c_2 \cos \omega t)
$$

따라서 전개식 (2.34)에 라플라스 역변환을 적용하면 $F(s)$의 역변환을 쉽게 구할 수 있다.

예제 2.9

다음 변환함수 $F(s)$의 역변환 $f(t)$를 구하라.

$$
F(s) = \frac{s+2}{(s+1)(s^2 + 4s + 5)}
$$

풀이 $F(s)$의 분모부 2차인수를 표준형으로 바꾸면 $s^2 + 4s + 5 = (s+2)^2 + 1$ 이므로 $F(s)$의 부분분수 전개식은 다음과 같다.

$$
F(s) = \frac{a}{s+1} + \frac{c_1 \cdot 1}{(s+2)^2 + 1} + \frac{c_2 (s+2)}{(s+2)^2 + 1}
$$

여기서 나머지수들은 다음과 같이 계산된다.

$$a = [(s+1)F(s)]_{s=-1} = 0.5$$

$$F_r = \{[(s+2)^2+1]F(s)\}_{s=-2+j} = \frac{1-j}{2}$$

$$c_1 = \frac{1}{1}\Re\{F_r\} = 0.5$$

$$c_2 = \frac{1}{1}\Im\{F_r\} = -0.5$$

따라서 역변환함수 $f(t)$는 다음과 같이 구해진다.

$$f(t) = \mathcal{L}^{-1}\{F(s)\} = 0.5\,e^{-t}+0.5\,e^{-2t}(\sin t-\cos t),\quad t\geq0.$$

이번에는 $F(s)$에 다중인수가 포함되는 경우를 생각해 보자. 이 경우에는 1차인수 전개가 불가능하기 때문에 정리 2.1을 적용할 수가 없고, 다중인수 부분을 처리하는 방법이 필요하다. 이 방법을 정리하면 다음과 같다.

정리 2.3 : [다중인수 부분분수 전개]

다음과 같이 분수함수 $F(s)$의 분모다항식의 인수 가운데 i번째 인수가 M중인수인 다음의 분수함수를 고려하자.

$$F(s) = \frac{N(s)}{D(s)} = \frac{N(s)}{(s+p_1)(s+p_2)\cdots(s+p_i)^M\cdots(s+p_{n-M})},\quad p_i\neq p_j \tag{2.36}$$

이 함수를 부분분수로 전개하면 다음과 같다.

$$
\begin{aligned}
F(s) = \frac{N(s)}{D(s)} = {} & \frac{a_1}{s+p_1} + \frac{a_2}{s+p_2} + \cdots + \frac{a_{n-M}}{s+p_{n-M}} \\
& + \frac{b_1}{(s+p_i)^M} + \frac{b_2}{(s+p_i)^{M-1}} + \cdots + \frac{b_M}{s+p_i}
\end{aligned}
\tag{2.37}
$$

여기서 M차인수의 나머지수 $b_k,\ k=1,2,\cdots,M$은 다음과 같이 계산된다.

$$b_k = \frac{1}{(k-1)!}\left[\frac{d^{k-1}}{ds^{k-1}}(s+p_i)^M F(s)\right]_{s=-p_i},\qquad k=1,2,\cdots,M \tag{2.38}$$

그리고 1차인수들의 나머지수 $a_j,\ j\neq i$들은 식 (2.32)와 같이 구해진다.

증명 식 (2.36)이 식 (2.37)과 같이 전개되고 이 가운데 1차인수 부분들의 나머지수가 정리 2.1에서와 같은 방법으로 구할 수 있음은 쉽게 증명할 수 있으므로, 다중인수의 나머지수를 정하는 식 (2.38)만을 유도하기로 한다. 식 (2.37)의 양변에 $(s+p_i)^M$을 곱하면 다음과 같은 관계식을 얻을 수 있다.

$$(s+p_i)^M F(s) = (s+p_i)^M \left[\frac{a_1}{s+p_1} + \frac{a_2}{s+p_2} + \cdots + \frac{a_{n-M}}{s+p_{n-M}} \right] + b_1 + \cdots + b_k(s+p_i)^{k-1} + \cdots + b_M(s+p_i)^{M-1}$$

이 식의 양변을 $k-1$번 ($k=1,2,\cdots,M$) 미분하고 $s=-p_i$를 대입하면, 우변에서 $k-2$차 이하의 항들은 미분과정을 통해 없어지고, k차 이상의 항들은 $s=-p_i$ 대입과정을 통해 없어지기 때문에 $(k-1)!\, b_k$만 남게 되어 식 (2.38)이 유도된다.

$\square$

다중인수에 대한 부분분수 전개식 (2.37)에서 다중인수에 대한 라플라스 역변환은 복소미분 성질 (2.15)를 이용하면 다음과 같이 구할 수 있다.

$$\begin{aligned} \mathcal{L}^{-1}\left\{ \frac{1}{(s+p_i)^k} \right\} &= \mathcal{L}^{-1}\left\{ \frac{-1}{k-1}\frac{d}{ds}\frac{1}{(s+p_i)^{k-1}} \right\} \\ &= \mathcal{L}^{-1}\left\{ \frac{(-1)^{k-1}}{(k-1)!}\frac{d^{k-1}}{ds^{k-1}}\frac{1}{s+p_i} \right\} \\ &= \frac{1}{(k-1)!}\, t^{k-1} e^{-p_i t} \end{aligned}$$

따라서 다중인수를 포함하는 전개식 (2.37)에서도 라플라스 역변환은 쉽게 구할 수 있다.

예제 2.10

다음 변환함수 $F(s)$의 역변환 $f(t)$를 구하라.

$$F(s) = \frac{s+2}{(s+1)(s+3)^2}$$

풀이 $F(s)$의 부분분수 전개식은 다음과 같다.

$$F(s) = \frac{a}{s+1} + \frac{b_1}{(s+3)^2} + \frac{b_2}{s+3}$$

여기서 나머지수들은 식 (2.32), (2.38)로부터 다음과 같이 계산된다.

$$\begin{aligned} a &= \left[(s+1)F(s) \right]_{s=-1} = \left[\frac{s+2}{(s+3)^2} \right]_{s=-1} = 0.25 \\ b_1 &= \left[(s+3)^2 F(s) \right]_{s=-3} = \left[\frac{s+2}{s+1} \right]_{s=-3} = 0.5 \\ b_2 &= \left[\frac{d}{ds}(s+3)^2 F(s) \right]_{s=-3} = \left[\frac{-1}{(s+1)^2} \right]_{s=-3} = -0.25 \end{aligned}$$

따라서 역변환함수 $f(t)$는 다음과 같이 구해진다.

$$f(t) = \mathcal{L}^{-1}\{F(s)\} = 0.25\, e^{-t} + (0.5\, t - 0.25)\, e^{-3t}, \quad t \geq 0.$$

2.3 선형 상미분방정식의 해법

이 절에서는 앞에서 정의한 라플라스 변환의 성질을 이용하여 선형 상미분방정식의 해를 구하는 방법을 살펴보기로 한다. 선형 상미분방정식이란 다음과 같이 어떤 시간함수와 그 시간함수의 도함수들로 이루어진 상수 계수를 갖는 방정식을 말한다.

$$a_2 \frac{d^2}{dt^2} y(t) + a_1 \frac{d}{dt} y(t) + a_0 y(t) \;=\; r(t) \tag{2.39}$$

여기서 계수 a_0, a_1, a_2들은 상수이고, $r(t)$는 입력함수이다. 미분방정식에서 최고차 도함수의 차수를 미분방정식의 차수(order)라 한다. 이 정의에 따르면 식 (2.39)의 차수는 2차이다. 2차 상미분방정식은 시스템의 특성을 시간함수로 묘사할 때 여러 가지 시스템에서 나타나는데, 대표적인 예로는 RLC 전기회로와 스프링—질량—댐퍼의 기계적 시스템을 들 수 있다.

2.3.1 1차 상미분방정식

우선 다음과 같은 1차 상미분방정식의 해를 라플라스 변환으로 구하는 방법을 살펴보자. 초기값은 편의상 0으로 가정한다.

$$a_1 \frac{d}{dt} y(t) + a_0 y(t) \;=\; r(t) \tag{2.40}$$

등식의 양변에 똑같은 연산을 적용하면 등식이 계속 성립하므로, 위의 미분방정식의 양변을 라플라스 변환시키면 다음과 같은 등식을 얻을 수 있다.

$$a_1 s Y(s) + a_0 Y(s) \;=\; R(s)$$

위의 방정식의 형태는 대수방정식이며, 그 해는 덧셈, 뺄셈, 곱셈, 나눗셈 등의 대수 사칙연산에 의해 쉽게 구할 수 있다. 위의 식을 $Y(s)$에 관하여 정리하면 다음과 같다.

$$(a_1 s + a_0) Y(s) \;=\; R(s)$$

따라서 $Y(s)$는 다음과 같이 구해진다.

$$Y(s) \;=\; \frac{1}{a_1 s + a_0} R(s)$$

여기서 찾고자 하는 해는 시간함수 $y(t)$인데, 이것은 위의 $Y(s)$를 라플라스 역변환하면 구할 수 있다.

$$y(t) = \mathcal{L}^{-1}\{Y(s)\} = \mathcal{L}^{-1}\left\{\frac{1}{a_1 s + a_0} R(s)\right\}$$

즉, 입력함수 $R(s)$가 주어지면 위의 라플라스 역변환으로부터 1차 미분방정의 해 $y(t)$를 구할 수 있는 것이다.

식 (2.40)에서 초기값이 0이 아닌 경우에는 식 (2.8)의 미분함수에 대한 라플라스 변환의 성질을 이용하면 다음의 과정을 거쳐 해를 구할 수 있다.

$$a_1[sY(s) - y(0)] + a_0 Y(s) = R(s)$$

$$Y(s) = \frac{1}{a_1 s + a_0}[R(s) + a_1 y(0)]$$

$$y(t) = \mathcal{L}^{-1}\{Y(s)\} = \mathcal{L}^{-1}\left\{\frac{1}{a_1 s + a_0} R(s)\right\} + \mathcal{L}^{-1}\left\{\frac{a_1 y(0)}{a_1 s + a_0}\right\} \tag{2.41}$$

예제 2.11

다음과 같은 1차 상미분방정식의 해를 구하라.

$$2\frac{d}{dt}y(t) + y(t) = u_s(t), \quad y(0) = 3$$

여기서 $u_s(t)$는 식 (2.2)로 정의되는 단위계단함수이다.

풀이 단위계단함수 $u_s(t)$의 라플라스 변환은 $\frac{1}{s}$이므로 주어진 미분방정식의 해는 식 (2.41)의 과정에 따라 다음과 같이 구해진다.

$$
\begin{aligned}
y(t) &= \mathcal{L}^{-1}\left\{\frac{1}{2s+1} \times \frac{1}{s}\right\} + \mathcal{L}^{-1}\left\{\frac{2\times 3}{2s+1}\right\} \\
&= \mathcal{L}^{-1}\left\{\frac{1}{s} - \frac{1}{s+1/2}\right\} + \mathcal{L}^{-1}\left\{\frac{3}{s+1/2}\right\} \\
&= 1 + 2e^{-t/2}, \quad t \geq 0
\end{aligned}
$$

2.3.2 2차 상미분방정식

2차 상미분방정식의 해도 위에서와 같이 라플라스 변환을 써서 쉽게 구할 수 있다. 여기서도 초기값은 편의상 0으로 가정한다. 식 (2.39)의 2차 상미분방정식을 다시 쓰면 다음과 같다.

$$a_2 \ddot{y}(t) + a_1 \dot{y}(t) + a_0 y(t) = r(t)$$

여기서 $\dot{y}(t)$, $\ddot{y}(t)$는 $y(t)$의 1차 및 2차 도함수이다. 앞의 미분방정식의 양변을 라플라스 변환시키면 다음과 같은 등식을 얻을 수 있다.

$$a_2 s^2 Y(s) + a_1 s Y(s) + a_0 Y(s) = R(s)$$

위의 식을 $Y(s)$에 관하여 정리하여 $Y(s)$를 구하면 다음과 같다.

$$Y(s) = \frac{1}{a_2 s^2 + a_1 s + a_0} R(s) \tag{2.42}$$

따라서 찾고자 하는 해 $y(t)$는 위의 $Y(s)$에 라플라스 역변환을 하면 다음과 같이 구할 수 있다.

$$y(t) = \mathcal{L}^{-1}\{Y(s)\} = \mathcal{L}^{-1}\left\{\frac{1}{a_2 s^2 + a_1 s + a_0} R(s)\right\}$$

식 (2.39)에서 초기값이 0이 아닌 경우에는 식 (2.9)의 미분함수에 관한 라플라스 변환의 성질을 이용하면 다음과 같은 과정을 거쳐 해를 구할 수 있다.

$$a_2[s^2 Y(s) - s y(0) - \dot{y}(0)] + a_1[s Y(s) - y(0)] + a_0 Y(s) = R(s)$$

$$Y(s) = \frac{1}{a_2 s^2 + a_1 s + a_0}[R(s) + a_2 y(0) s + a_2 \dot{y}(0) + a_1 y(0)] \tag{2.43}$$

$$y(t) = \mathcal{L}^{-1}\left\{\frac{1}{a_2 s^2 + a_1 s + a_0} R(s)\right\} + \mathcal{L}^{-1}\left\{\frac{a_2 y(0) s + a_2 \dot{y}(0) + a_1 y(0)}{a_2 s^2 + a_1 s + a_0}\right\}$$

예제 2.12

다음과 같은 2차 상미분방정식의 해를 구하라.

$$\ddot{y}(t) + 5\dot{y}(t) + 6y(t) = 6u_s(t), \quad y(0) = 2, \quad \dot{y}(0) = 1$$

여기서 $u_s(t)$는 식 (2.2)로 정의되는 단위계단함수이다.

풀이 식 (2.43)과 같은 유도과정에 따라 다음과 같이 구해진다.

$$
\begin{aligned}
y(t) &= \mathcal{L}^{-1}\left\{\frac{6}{(s+2)(s+3)} \times \frac{1}{s}\right\} + \mathcal{L}^{-1}\left\{\frac{2s+11}{(s+2)(s+3)}\right\} \\
&= \mathcal{L}^{-1}\left\{\frac{1}{s} - \frac{3}{s+2} + \frac{2}{s+3}\right\} + \mathcal{L}^{-1}\left\{\frac{7}{s+2} - \frac{5}{s+3}\right\} \\
&= 1 + 4e^{-2t} - 3e^{-3t}, \quad t \geq 0
\end{aligned}
$$

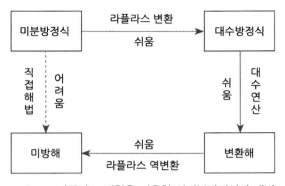

그림 2.5 라플라스 변환을 이용한 상미분방정식의 해법

지금까지 살펴본 라플라스 변환에 의한 상미분방정식의 해법을 요약하면 그림 2.5와 같다. 이 해법은 다음과 같은 세 단계로 이루어진다.

1) (라플라스 변환) 주어진 상미분방정식에 대해 라플라스 변환을 적용한다.
2) (대수연산) 대수연산에 의해 해의 변환함수를 구한다.
3) (라플라스 역변환) 라플라스 역변환을 통하여 최종적인 미분방정식의 해를 구한다.

이 과정 가운데 1)과 3)의 라플라스 변환 및 역변환 과정은 라플라스 변환의 성질과 변환표를 이용하여 어렵지 않게 수행할 수 있으며, 2)의 과정은 앞의 예제들에서 볼 수 있듯이 변환함수들 사이의 덧·뺄셈, 곱·나눗셈 따위의 대수연산에 의해 이뤄지는 단순한 과정이다. 따라서 라플라스 변환을 써서 미분방정식을 풀면 이것을 직접 푸는 방식에 비해 아주 간단한 1차 미분방정식의 경우를 제외하고는 대부분의 경우에 훨씬 더 쉽게 해를 구할 수 있다.

2.4 전달함수

시스템의 입력신호와 출력신호 사이의 전달특성은 시간영역에서 미분방정식으로 표시된다. 그런데 앞에서 살펴본 바와 같이 이 미분방정식의 계수가 상수일 경우에 미분방정식은 라플라스 변환으로 쉽게 풀리므로, 이 식의 입력과 출력신호를 라플라스 변환함수로 바꾸고, 이 변환함수들 사이의 비를 입출력 전달특성으로 삼을 수 있다. 이와 같이 시스템의 전달특성을 입력과 출력의 라플라스 변환의 비로 표시할 때 나타나는 분수함수를 시스템의 **전달함수(transfer function)**라 한다. 이 전달함수는 보통 영문 대문자로 나타내며, 라플라스 변환변수 s의 함수이므로 $G(s), C(s)$로 표시한다. 어떤 시스템을 전달함수로 나타낼 때 반드시 유의해야 할 점을 요약하면 다음과 같다.

• 전달함수는 선형 상계수 미분방정식으로 표시되는 선형시불변 시스템에만 적용할 수 있다.

- 시스템의 전달함수는 입력신호가 출력신호에 전달되는 특성을 표시하기 위한 것이기 때문에, 이 함수를 구할 때에는 시스템 안의 초기상태는 모두 0으로 놓는다.

식 (2.39)와 같은 2차 상미분방정식으로 표현되는 시스템의 전달함수는 초기상태를 모두 0으로 놓을 때 식 (2.42)의 입출력 변환함수 관계식으로부터 다음과 같이 구해진다.

$$G(s) = \frac{Y(s)}{R(s)} = \frac{1}{a_2 s^2 + a_1 s + a_0} \tag{2.44}$$

이 식에서 보는 바와 같이 전달함수는 입출력 변환함수들 사이의 비로 정의되기 때문에 일반적으로 분수함수의 꼴을 갖는다. 그리고 이 전달함수의 분모다항식 계수들은 시간영역의 대응식인 미분방정식 (2.39)의 출력함수 계수들과 서로 같게 된다.

예제 2.13

다음과 같은 상미분방정식으로 표시되는 시스템의 전달함수를 구하라.

$$\ddot{y}(t) + 5\dot{y}(t) + 6y(t) = \dot{r}(t) + r(t)$$

풀이 위의 식 양변을 라플라스 변환하면 다음의 등식을 얻을 수 있다.

$$(s^2 + 5s + 6)Y(s) = (s+1)R(s)$$

따라서 전달함수는 다음과 같이 구해진다.

$$G(s) = \frac{Y(s)}{R(s)} = \frac{s+1}{s^2 + 5s + 6} = \frac{s+1}{(s+2)(s+3)}$$

예제 2.13의 결과를 보면 미분방정식으로 표시되는 시스템의 전달함수 분모부는 이미 앞에서 언급하였듯이 미분방정식 출력함수의 계수들로 이루어지며, 분자부의 계수들은 입력함수 계수들과 서로 같음을 알 수 있다. 이와 같이 어떤 시스템의 전달함수는 그 시스템의 입출력특성을 나타내는 미분방정식과 밀접한 관계를 갖고 있으며, 두 가지 모두 시스템의 입출력신호들 사이의 전달특성을 표시하는 수단으로 쓰인다. 그리고 이 시스템을 표현하는 미분방정식에서 출력 도함수의 최고차수나 전달함수에서 분모부의 최고차수를 이 시스템의 **차수(order)**라 한다.

시간영역에서 어떤 시스템의 입출력 전달특성을 나타내는 또 다른 방법으로서 중합적분식이 있는데, 이 표현법이 어떻게 유도되는지 살펴보기로 한다. 식 (2.44)의 첫 번째 등식을 다시 쓰면 주파수영역에서 입출력 관계식을 다음과 같이 나타낼 수 있다.

$$Y(s) = G(s)R(s) \tag{2.45}$$

이 관계식의 우변은 전달함수 $G(s)$와 입력 변환함수 $R(s)$의 곱으로 표시되는데, 이 관계를 시간영역으로 바꿔서 나타내면 $G(s)$의 분모부를 양변에 곱한 다음 원래의 미분방정식으로 다시 표현할 수 있다. 그러나 식 (2.45)의 우변을 두 변환함수 $G(s)$와 $R(s)$의 곱의 꼴로 보고, 라플라스 변환의 성질인 식 (2.12)를 적용하여 라플라스 역변환하면 다음과 같은 중합적분의 꼴로 나타낼 수 있다.

$$\begin{aligned} y(t) &= \mathcal{L}^{-1}\{Y(s)\} = \mathcal{L}^{-1}\{G(s)R(s)\} \\ &= \int_0^t g(t-\tau)r(\tau)d\tau \end{aligned} \tag{2.46}$$

여기서 $g(t) = \mathcal{L}^{-1}\{G(s)\}$이다. 이 식에서 전달함수 $G(s)$의 라플라스 역변환 함수로 정의되는 함수 $g(t)$를 **임펄스응답(impulse response)**이라고 한다. 이러한 이름을 붙이는 까닭은 이 함수가 식 (2.27)의 임펄스 $\delta(t)$가 입력될 때의 시스템 응답으로서 출력되기 때문이다. 즉, 입력이 $r(t) = \delta(t)$일 때 $R(s) = 1$이므로, 식 (2.45)에서 $Y(s) = G(s)$이고, 이때의 출력은 $y(t) = g(t)$가 되는 것이다.

지금까지 살펴본 바와 같이 어떤 선형시불변 시스템의 입출력신호들 사이의 전달특성은 시간영역에서는 선형 상미분방정식 (2.39)나 중합적분식 (2.46) 따위로 표시되고, 주파수영역에서는 전달함수로 표시된다. 그런데 미분방정식이나 중합적분식은 모두 표현이 비교적 복잡한 관계식일 뿐만 아니라 이 식들로부터 대상 시스템의 특성을 알아내기 위해서는 이 식들을 직접 풀어서 출력신호를 구해보아야 한다는 단점이 있다. 반면에 이 식들을 라플라스 변환하여 입출력 변환함수들 사이의 비로 구해지는 전달함수는, 일반적으로 분수함수꼴이 되기 때문에 미분방정식이나 중합적분식 표현에 비해 매우 간결한 표현이 된다. 특히 이 전달함수를 이용하면 미분방정식이나 중합적분식을 풀지 않고서도 이 함수의 분모부와 분자부 인수들로부터 시스템의 주요 특성을 알아낼 수 있다는 장점이 있다. 따라서 선형시불변 시스템의 표현에는 전달함수를 많이 사용한다. 그러면 전달함수와 시스템 특성 사이의 관계에 대해 알아보기로 한다.

2.4.1 극점과 영점

전달함수는 복소수 s의 함수로서 대부분의 경우에 분수함수의 꼴을 갖는 복소함수이다. 따라서 s가 정해지면 전달함수는 복소수값을 갖는데, 그중에서도 전달함수값을 무한대(∞)가 되게 하는 s의 값을 **극점(pole)**이라 하며, 전달함수값을 0이 되게 하는 s의 값을 영점(zero)이라고 한다. 따라서 전달함수의 분모 및 분자다항식을 각각 $D(s)$ 및 $N(s)$라 할 때 $D(s)=0$을 만족하는 s들이 극점이 되고, $N(s)=0$을 만족하는 점들이 영점이 된다. 또한 $D(s)=0$을 **특성방정식(characteristic equation)**이라 하고, $N(s)=0$을 **영점다항식(zero polynomial)**이라 한다.

 예제 2.14

다음과 같은 전달함수로 표시되는 시스템의 극점 및 영점을 구하라.

$$G(s) = \frac{s^2-2s-3}{(s^2+3s-4)(s^2+4s+13)}$$

풀이 주어진 전달함수를 1차와 2차인수로 부분분수 분해하여 나타내면 다음과 같다.

$$G(s) = \frac{(s+1)(s-3)}{(s-1)(s+4)[(s+2)^2+9]}$$

따라서 다음과 같은 결과를 얻을 수 있다.
- 극점 : $s=1, \quad -2\pm j3, \quad -4$
- 영점 : $s=-1, \quad 3$

극점 및 영점들을 복소평면상에 나타내면 그림 2.6과 같다.

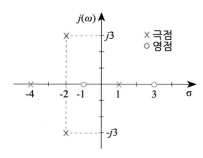

그림 2.6 예제 2.14의 극영점도

극점 및 영점에서 전달함수가 갖는 값이 ∞이거나 0으로 특수하듯이, 전달함수의 극점과 영점은 대상시스템의 고유한 특성을 나타내는 중요한 지표가 된다. 이러한 점들과 시스템의 특성은 어떤 관계를 갖는지 정리하기로 한다.

2.4.2 극점과 시스템 특성

극점은 시스템의 특성에 거의 결정적인 영향을 미친다. 정상상태와 과도상태 모두에서 극점의 위치에 따라 시스템 출력신호의 변화가 크게 달라지는데, 여기서 정상상태(steady state)란 시간이 충분히 지난 상태를, 과도상태(transient state)는 정상상태에 이르기 전의 상태를 뜻한다. 우선 극점의 위치가 s평면의 **우반평면(right half plane** : 허수축의 오른쪽 평면)에 있는 경우를 생각해 보자. 예제 2.12에서 극점 $s=1$과 같은 경우가 이에 해당된다. 이 경우에 시스템의 출력신호에는 어떤 현상이 나타날 것인지를 다음과 같은 단극점(single pole)을 갖는 전달함수의 예를 가지고 살펴보기로 한다.

$$G(s) = -\frac{p}{s-p}$$

여기서 p는 $p \neq 0$인 실수이며, 이 시스템의 극점은 $s=p$이다. 이 시스템에 입력신호로서 단위계단신호가 들어올 때 $R(s) = \frac{1}{s}$이므로 출력신호의 변환함수는 식 (2.45)로부터 다음과 같이 구해진다.

$$Y(s) = G(s)R(s) = -\frac{p}{s(s-p)} = \frac{1}{s} - \frac{1}{s-p}$$

이것을 라플라스 역변환하여 출력신호 $y(t)$를 구하면 다음과 같다.

$$y(t) = \mathcal{L}^{-1}\{Y(s)\} = 1 - e^{pt}, \quad t \geq 0 \tag{2.47}$$

이 출력신호 $y(t)$는 식 (2.47)의 우변에서 볼 수 있듯이 극점 p가 지수함수항의 지수부에 나타나기 때문에, 극점의 부호와 크기에 따라 그 값이 크게 달라진다. 극점 p의 부호와 크기에 따라 식 (2.47)의 출력신호 $y(t)$가 어떻게 변화하는가를 그려보면 그림 2.7과 같다.

그림 2.7(a)에서 볼 수 있듯이 극점이 우반평면에 있으면, 즉 $p > 0$이면 출력은 발산하게 된다. 그 까닭은 식 (2.47)에서 지수함수항의 지수부가 양수가 되어 시간 t가 커짐에 따라 이 항이 무한대로 커지면서 발산하게 되기 때문이다. 그리고 p값이 클수록 발산속도는 더욱 빨라진다. 이와 같이 어떤 시스템의 출력이 발산하게 되는 경우에 그 시스템은 **불안정 (unstable)**하다고 한다. 지금까지 살펴본 간단한 예에서 알 수 있듯이 시스템의 극점이 우반평면에 있으면 그 시스템은 불안정하다. 극점이 두 개 이상인 시스템에서는 극점 가운데 어느 하나라도 우반평면에 있으면 그 시스템은 불안정하다고 말할 수 있다. 왜냐하면 부분분수 전개과정에서 알 수 있듯이 출력신호에는 불안정 극점에 대응하는 지수함수항이 나타나며, 바로 이 항이 발산하기 때문이다.

그림 2.7(b)는 $p < 0$, 즉 극점이 좌반평면에 있는 경우도 함께 보여 주고 있다. 이 경우에

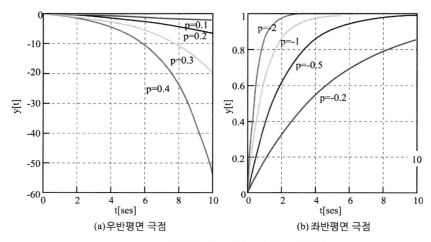

(a)우반평면 극점   (b)좌반평면 극점

그림 2.7 단극점 시스템의 단위계단응답

출력은 발산하지 않고 어떤 유한한 값으로 수렴하거나 한정된 범위에 있게 된다. 이렇게 출력이 제한되는 까닭은 식 (2.47)에서 지수함수항의 지수부가 음수가 되어 시간 t가 커짐에 따라 이 항이 0으로 수렴하기 때문이다. 그리고 p의 절대값이 클수록 수렴속도는 더욱 빨라진다. 이처럼 어떤 시스템의 출력이 유한하게 되는 경우에 그 시스템은 **안정(stable)**하다고 하는데, 시스템의 모든 극점이 좌반평면에 있으면 그 시스템은 안정하다고 할 수 있다.

이 절에서 지금까지는 실수축 위에 있는 단일극점만을 다루었는데, 복소극점의 경우에 대해 시스템의 특성을 살펴보기로 한다. 다음과 같은 복소극점을 갖는 2차시스템에서

$$G(s) \;=\; \frac{a^2+\omega^2}{(s-a)^2+\omega^2}, \quad a : 실수, \; \omega > 0$$

극점 $s = a{\pm}j\omega$의 위치에 따라 시스템의 단위계단응답이 어떻게 바뀌는지를 조사해 보자. 이때의 출력 변환함수는 식 (2.45)로부터 다음과 같이 구해진다.

$$\begin{aligned}
Y(s) \;=\; G(s)R(s) \;&=\; \frac{a^2+\omega^2}{s[\,(s-a)^2+\omega^2]} \\
&=\; \frac{c_0}{s} + \frac{c_1\omega}{(s-a)^2+\omega^2} + \frac{c_2(s-a)}{(s-a)^2+\omega^2}
\end{aligned}$$

여기서 부분분수 계수들은 다음과 같이 구해지므로,

$$\begin{aligned}
c_0 \;&=\; [\,sY(s)]_{\,s=0} \;=\; 1 \\
F_r \;&=\; \{\,[\,(s-a)^2+\omega^2]Y(s)\}_{\,s=a+j\omega} \;=\; \frac{a^2+\omega^2}{a+j\omega} \;=\; a-j\omega \\
c_1 \;&=\; \frac{1}{\omega}\Re\{F_r\} \;=\; \frac{a}{\omega} \\
c_2 \;&=\; \frac{1}{\omega}\Im\{F_r\} \;=\; -1
\end{aligned}$$

라플라스 역변환하여 출력신호 $y(t)$를 구하면 다음과 같다.

$$y(t) = \mathcal{L}^{-1}\{Y(s)\} = 1+e^{at}\left(\frac{a}{\omega}\sin\omega t - \cos\omega t\right), \quad t \geq 0 \qquad (2.48)$$

여기서 극점 $s = a \pm j\omega$ 의 위치에 따라 식 (2.48)의 출력신호 $y(t)$가 어떻게 변화하는 가를 그려보면 그림 2.8과 같다. 이 그림에서 보듯이 극점이 우반평면에 있으면 $(a > 0)$ 시 스템이 불안정하여 출력이 발산하고, 좌반평면에 있으면$(a < 0)$ 시스템이 안정하여 출력이 수렴한다. 그리고 이러한 발산과 수렴 특성은 극점의 위치가 허수축으로부터 멀어질수록 더 심해진다. 또한 복소극점에 대해서는 출력에 진동성분이 나타나는데, 진동주파수는 ω에 의해 결정되므로 ω가 클수록, 즉 극점이 실수축으로부터 멀어질수록 진동주파수는 높아짐 을 알 수 있다.

이 절에서 살펴본 극점과 시스템 특성 사이의 관계를 요약하면 다음과 같다.

- 극점이 좌반평면에 있으면 시스템은 안정하고, 우반평면에 있으면 불안정하다.
- 극점이 좌(우)반면에 있으면서 허수축으로부터 멀어질수록 출력신호의 수렴(발산) 속도가 빨라진다.
- 극점이 실수축으로부터 멀어질수록 출력신호의 진동주파수가 높아진다.

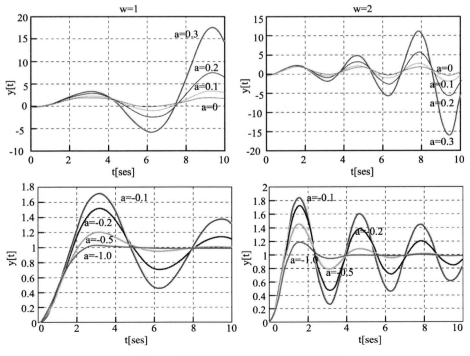

그림 2.8 복소극점에 대한 단위계단응답

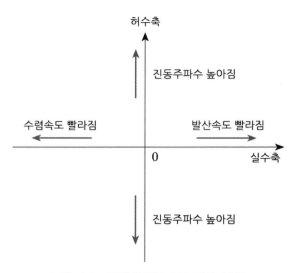

그림 2.9 극점위치와 시스템의 특성

그림 2.9는 이 관계를 요약해서 보여 주고 있다. 이 관계는 개략적인 성질을 설명하는 정성적인 것이며, 극점과 시스템 시간응답특성 사이의 관계를 보다 구체적이고 정량적으로 분석하는 것은 5장에서 다룰 것이다.

2.4.3 영점과 시스템 특성

앞절에서 이미 살펴보았듯이 극점은 시스템의 안정성에 직결되어 있으며, 정상상태와 과도상태 모두에서 시스템의 출력응답에 큰 영향을 미친다. 영점은 이러한 극점처럼 시스템의 특성에 결정적인 영향을 주지는 않는다. 그러나 영점도 위치에 따라서 시스템 출력에 적잖은 영향을 주는데, 다음과 같은 간단한 시스템을 보고 이 점에 대해 살펴보기로 한다.

$$G(s) \;=\; -\frac{2}{z}\frac{s-z}{(s+1)(s+2)}$$

이 시스템의 영점은 $s=z$이며, z는 $z \neq 0, -1, -2$인 실수라고 가정한다. 이 영점의 위치, 즉 크기와 부호에 따라 이 시스템에서의 단위계단응답이 어떻게 달라지는가를 살펴보자. 우선 단위계단응답을 구하기 위해 기준입력을 $R(s)=\frac{1}{s}$로 하면, 출력신호의 변환함수는 다음과 같이 구해진다.

$$Y(s) \;=\; G(s)R(s) \;=\; \frac{2}{z}\frac{s-z}{s(s+1)(s+2)}$$

이 함수는 다음과 같이 부분분수로 전개되므로

$$Y(s) = \frac{1}{s} - \frac{2(1+1/z)}{s+1} + \frac{1+2/z}{s+2}$$

이것을 라플라스 역변환하여 출력신호 $y(t)$를 구하면 다음과 같다.

$$y(t) = \mathcal{L}^{-1}\{Y(s)\} = 1 - 2(1+1/z)e^{-t} + (1+2/z)e^{-2t}, \quad t \geq 0 \qquad (2.49)$$

이 식의 우변에서 볼 수 있듯이 출력신호 $y(t)$에는 영점계수 z가 안정한 지수함수항의 계수부에 나타나기 때문에, $t \to \infty$인 정상상태에서는 안정한 극점들에 대응하는 이 지수함수항들이 영으로 수렴하여 없어지므로 출력에 영향을 주지 않는다. 그러나 과도상태에서는 영점의 부호와 크기에 따라 그 값이 상당히 달라진다. 영점 z의 부호와 크기에 따라 식 (2.49)의 출력신호 $y(t)$가 어떻게 변화하는가를 그려보면 그림 2.10(a)와 같다.

이 그림에서 볼 수 있듯이 영점이 좌반평면에 있으면서($z < 0$) 좌반평면 극점 가운데 허수축으로부터 가장 멀리 있는 것보다 더 멀리 떨어져 있으면, 즉 $|z| \geq 2$인 경우에는 과도상태에서 출력에 영점의 영향은 거의 나타나지 않는다. 이 경우의 응답은 극점만 있는 시스템, 즉 $G(s) = \frac{2}{(s+1)(s+2)}$ 의 응답과 거의 같아진다. 그러나 영점이 허수축에 가장 가까이 있는 극점보다 더 허수축에 가까이 놓이게 되면, 과도상태에서 시스템의 출력은 기준입력 1을 지나치는 현상이 나타난다. 이러한 현상을 **초과(overshoot)**라 하는데, 이 초과의 정도는 그림 2.10(a)에서 볼 수 있듯이 영점이 허수축에 가까워질수록 더 심해진다.

그림 2.10(b)는 $z > 0$, 즉 영점이 우반평면에 있는 경우의 단위계단응답을 보여 주고 있다. 이 경우에는 입력이 걸린 직후의 과도상태에서 출력이 기준입력과 반대방향으로 지나치는 현상이 나타난다. 이러한 현상을 **하향초과(undershoot)**라 하는데, 이 하향초과 현상은 그림 2.10(b)에서 알 수 있듯이 우반평면 영점이 있는 한 항상 나타나며, 그 크기는 영점이 허수축에 가까워질수록 더 커진다.

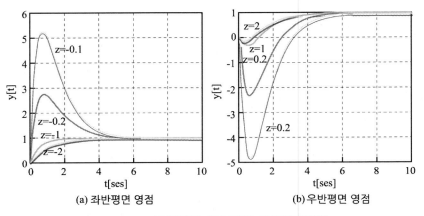

(a) 좌반평면 영점   (b) 우반평면 영점

그림 2.10 단일영점 시스템의 단위계단응답

이 절에서 살펴본 영점과 시스템 특성 사이의 관계를 요약하면 다음과 같다.

- 영점이 허수축으로부터 멀리 떨어져 있으면 영점은 시스템 출력에 거의 영향을 주지 않는다.
- 영점이 좌반평면에 있으면서 허수축에 가까워질수록 출력신호의 초과가 심해진다.
- 영점이 우반평면에 있으면 하향초과가 생기며, 하향초과의 크기는 영점이 허수축에 가까워질수록 더 커진다.

영점의 성질 가운데 허수축 가까이에 있는 우반평면 영점에 의한 하향초과 현상은 제어하기가 까다로운 대상이다. 그래서 이러한 우반평면 영점을 갖는 시스템의 제어문제는 지금도 제어공학 분야에서 연구과제로 남아 있다. 시스템의 수학적 모델을 이용하여 영점과 시스템 시간응답 특성 사이의 관계를 보다 구체적이고 정량적으로 분석하는 것은 5장에서 다룰 것이다.

2.5 요점 정리

1. 라플라스 변환을 미분방정식의 양변에 취하면 대수방정식으로 바뀌게 되어 덧셈, 뺄셈, 곱셈, 나눗셈의 대수 사칙연산에 의해 미분방정식의 해를 쉽게 구할 수 있다. 그리고 라플라스 변환을 이용하면 미분방정식의 전체 해를 한 번에 구할 수 있다. 또한 라플라스 변환은 복잡한 중합적분(convolution integral) 연산도 간단한 대수곱 연산으로 바꿔주기 때문에, 입출력 신호들 사이의 관계가 중합적분으로 표시되는 선형시스템의 해석을 쉽게 처리할 수 있게 해준다. 이러한 장점들 때문에 라플라스 변환은 공학의 거의 모든 분야에서 활용되고 있다.

2. 전달함수는 선형시불변 시스템의 입출력 전달특성을 나타내는 데 편리하다. 이 함수는 일반적으로 분수함수 형태로 되기 때문에 미분방정식이나 중합적분식 표현에 비해 간결한 표현이 된다. 특히 미분방정식을 풀지 않고서도 이 함수의 분모부와 분자부 인수들로부터 시스템의 특성을 웬만큼 알아낼 수 있기 때문에 제어시스템의 해석과 설계에 많이 쓰인다.

3. 선형시불변 시스템에서 극점은 시스템의 특성에 거의 결정적인 영향을 미친다. 극점이 좌(우)반면에 있으면 시스템은 (불)안정하다. 그리고 극점이 좌(우)반면에 있으면서 허수축으로부터 멀어질수록 수렴(발산)속도가 빨라지며, 실수축으로부터 멀어질수록 진동주파수가 증가한다.

4. 선형시불변 시스템에서 허수축에 가깝게 있는 영점은 과도응답특성에 영향을 준다. 영점이 좌(우)반면에 있으면서 허수축에 가까워질수록 (하향)초과가 커지며, 허수축으로부터 멀어질수록 영점의 영향은 줄어든다.

2.6 익힘 문제

2.1 다음 시간함수들의 라플라스 변환함수들을 구하라.

(1) $f(t) = \alpha + \beta t^2 + \delta(t)$

(2) $f(t) = \alpha \sin \omega t + \beta \cos \omega t + e^{-at} \sin \omega t$

(3) $f(t) = te^{-at} + 3t \cos t$

(4) $f(t) = \alpha \sin^2 t + \beta \cos^2 t$

2.2 지수가중 함수에 대한 라플라스 변환에서 다음과 같은 성질이 성립함을 보여라.

$$\mathcal{L}\{e^{at}f(t)\} = F(s-a)$$

여기서 $\mathcal{L}\{f(t)\} = F(s)$이다.

2.3 시간지연 함수에 대한 라플라스 변환에서 다음과 같은 성질이 성립함을 보여라.

$$\mathcal{L}\{f(t-d)\} = e^{-ds}F(s)$$

2.4 다음 시간함수들의 라플라스 변환함수들을 구하라.

(1) $f(t) = t \cos t$

(2) $f(t) = t \sin at$

(3) $f(t) = t^2 + e^{-at} \cos bt$

(4) $f(t) = \sin t \sin 2t$

(5) $f(t) = (t+2)^2$

(6) $f(t) = \sinh t$

2.5 다음과 같은 시간함수 $f(t)$에서

(1) 라플라스 변환함수 $F(s)$를 구하라.

(2) 이 함수에서 초기값 정리가 성립함을 보여라.

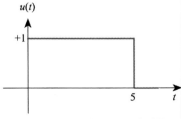

그림 2.5p 예제2.5의 시간함수

2.6 식 (2.17)로 표시되는 최종값 정리를 증명하라.

2.7 다음 그림과 같은 함수 $f(t)$의 식을 구하고 라플라스 변환함수 $F(s)$를 구하라.

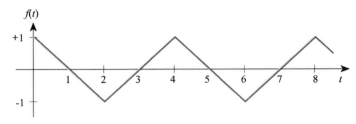

그림 2.7p

2.8 다음 함수들에 대한 라플라스 변환을 구하라.

(1) $f(t) = \begin{cases} 0, & \text{for } t < 0 \\ e^{-0.4t}\cos 12t, & \text{for } t \geq 0 \end{cases}$

(2) $f(t) = \begin{cases} 0, & \text{for } t < 0 \\ \sin\left(4t + \dfrac{\pi}{3}\right), & \text{for } t \geq 0 \end{cases}$

2.9 다음 라플라스 변환함수들에 대한 각각의 시간함수들을 구하라.

(1) $F(s) = \dfrac{3}{s^2+9}$

(2) $F(s) = \dfrac{2}{s(s+1)}$

(3) $F(s) = \dfrac{e^{-Ts}}{s^2+1}$

(4) $F(s) = \dfrac{10}{s(s+2)(s+5)}$

(5) $F(s) = \dfrac{s+2}{s^2}$

2.10 라플라스 변환을 이용하여 다음 미분방정식에 대한 해를 구하라.

(1) $\ddot{y}(t) + 2\dot{y}(t) + 3y(t) = 0$; $\quad y(0) = \alpha, \quad \dot{y}(0) = \beta$

(2) $\ddot{y}(t) + \dot{y}(t) = \cos t$; $\quad y(0) = \alpha, \quad \dot{y}(0) = \beta$

(3) $\ddot{y}(t) + \dot{y}(t) = t + e^t$; $\quad y(0) = 1, \quad \dot{y}(0) = -1$

2.11 문제 2.1의 변환함수에 대한 극점 및 영점을 구하라.

2.12 문제 2.8의 변환함수에 대한 극점 및 영점을 구하라.

2.13 다음의 표준형 2차시스템에서

$$G(s) = \frac{Y(s)}{U(s)} = \frac{\omega_n^2}{s^2 + 2\zeta\omega_n s + \omega_n^2}$$

(1) 계단입력 $u(t) = u_s(t)$에 대한 출력 $y(t)$의 최종값을 구하라.

(2) $\zeta = 0.5$, $\omega_n = 1$일 때 그림 2.13p의 입력에 대한 출력 $y(t)$를 구하라.

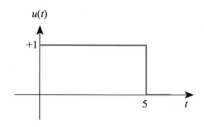

그림 2.13p

2.14 다음 라플라스 변환함수들에 대해 각각 역변환을 구하라.

(1) $F(s) = \dfrac{1}{(s+5)^3}$ (2) $F(s) = \dfrac{1}{s^3(s+1)}$

(3) $F(s) = \dfrac{10}{s(s+5)^2}$ (4) $F(s) = \dfrac{5}{s(s^2+2)}$

2.15 다음 라플라스 변환에 대해 각각 역변환을 구하라.

(1) $F(s) = \dfrac{1}{s(s+3)^2}$ (2) $F(s) = \dfrac{s^2-2}{(s^2+2)^2}$

(3) $F(s) = \dfrac{s+2}{(s+1)(s^2+2)}$ (4) $F(s) = \dfrac{2(s+1)}{s(s^2+s+2)}$

(5)* $F(s) = \tan^{-1}\dfrac{1}{s}$ [**힌트** : $\mathcal{L}\left\{\dfrac{f(t)}{t}\right\} = \displaystyle\int_s^\infty F(\alpha)\,d\alpha$ 이용]

2.16 다음 라플라스 변환함수에 대해서

$$F(s) = \frac{10}{s(s+1)}$$

(1) 최종값 정리를 적용해서 대응하는 시간함수 $f(t)$의 최종값을 구하라.

(2) $F(s)$의 라플라스 역변환을 구한 다음, $t \to \infty$일 때의 값을 구하여 앞에서 구한 값과 일치하는지 확인하라.

2.17 다음 표준형 1차 시스템에서

$$G(s) \;=\; \frac{Y(s)}{U(s)} \;=\; \frac{K}{Ts+1}$$

(1) 정현파 입력 $u(t) = A\sin\omega t$에 대한 출력 변환함수 $Y(s)$를 구하라.

(2) $Y(s)$로부터 $y(t)$를 구하고 최종값 정리가 성립하는지 확인하라.

(3) 만일 최종값 정리가 성립하지 않는다면 그 까닭은 무엇인지 설명하라.

2.18[*] 다음 미분방정식의 해를 구하라.

$$\ddot{x} + 2\zeta\omega_n\dot{x} + \omega_n^2 x = 0, \quad x(0) = a, \quad \dot{x}(0) = b$$

여기서 a, b, ζ, ω_n은 상수이며, $\zeta < 1$이다.

2.19[*] 다음 미분방정식의 해를 구하라.

$$\ddot{x} + ax = A\sin\omega t, \quad x(0) = b, \quad \dot{x}(0) = c$$

여기서 a, b, c, A, ω는 상수이며, $\omega^2 \neq a > 0$이다.

2.20 다음의 라플라스 변환함수에서

$$Y(s) = \frac{4s+1}{s(s^2+2s+1)}$$

(1) 라플라스 역변환을 하여 시간함수 $y(t)$를 구하라.

(2) $y(t)$의 초기값을 구하고 초기값 정리가 성립하는지 확인하라.

제 어 상 식

▶ 감지기(sensor)

감지기란 어떤 물리량을 다루기 쉬운 형태의 신호로 변환하는 소자나 장치들을 말한다. 지금까지 각종 물리현상을 이용한 다양한 감지기들이 개발되었으며, 감지기의 출력신호로는 전압이나 저항 등의 전기 신호인 것이 많다. 대표적인 감지기를 요약하면 다음과 같다.

종 류	특 징	실 례
온도센서	센서 중에서 가장 역사가 오래된 것으로서, 온도계측과 온도제어에 널리 사용된다. 온도센서의 원리는 온도변화에 따라서 센서 양단에 나타나는 열기전력 차이나 저항값의 변화를 이용하여 온도변화를 감지하는 것이다.	
압력센서	공업계측, 자동제어, 자동차 엔진제어, 의료장비, 가전제품 등 그 용도가 다양하고 폭넓게 사용하는 센서 중 하나이다. 압력센서의 원리는 센서에 가해지는 압력에 의한 변형에 의해 저항, 기전력, 열전도율, 진동수 등이 변화하는 것을 이용하여 압력을 측정하는 것이다.	
레벨센서	소규모의 저수탱크에서부터 화학, 철강, 사료플랜트 등의 대형 저장기에서 해당 액체나 재료의 저장수준을 검출하는 데 쓰이는 센서이다. 각종 배관이나 용기 내에서 저장물질의 액면검출, 유동의 진행유무 및 계측제어에 사용된다.	
속도·가속도 센서	대상물체의 자세나 동작을 감지하기 위한 센서로서 대상체에 부착하여 회전운동이나 직선운동에 따른 속도 및 가속도를 전기적 신호로 변환하여 측정한다. 비행체나 자동차의 자동항법장치, 자세제어장치, 로봇 제어장치 등은 물론 전자팬까지 활용되고 있다.	

CHAPTER **3**

제어시스템의 모델링

3.1 개 요

이 장에서는 제어시스템을 나타내는 방법에 대하여 공부한다. 제어시스템에서 플랜트나 제어기를 미분방정식이나 전달함수 등으로 나타내는 것을 "제어시스템을 모델링한다"고 한다. 제어시스템의 해석 및 설계는 플랜트의 수학적 모델에 기초하여 이루어지므로, 모델링은 제어시스템을 분석하고 설계하는 데 있어서 첫 번째 단계라고 할 수 있다.

1) **모델링(modelling)**이란 시스템의 특성을 수학적으로 표현하는 과정으로서, 시스템의 성질 및 수학적인 표현 방법에 따라서 여러 가지 방법이 있을 수 있다. 시스템은 크게 선형시스템(linear system)과 비선형시스템(nonlinear system)으로 분류되고, 각각의 시스템은 시불변시스템(time invariant system)과 시변시스템(time varying system)으로 구별된다. 선형시스템은 시스템의 입출력 관계에서 중첩의 원리(principle of super-position)가 성립하는 시스템이며, 비선형시스템은 그렇지 않은 시스템을 말한다. 시변시스템은 시스템의 성질이 시간에 따라서 변화하는 시스템이며, 시불변시스템은 그 성질이 시간에 따라 변화하지 않는 동일한 특성을 유지하는 시스템을 말한다.

2) 선형시불변 시스템의 경우에는 전달함수 또는 상태방정식을 써서 시스템을 표현할 수 있고, 비선형이나 시변시스템의 경우에는 상태방정식을 써서 시스템을 표현한다. 전달함수는 입력과 출력이 각각 하나씩인 비교적 단순한 시스템의 입출력 관계를 표현하는 방법으로서, 고전적인 제어기 설계에 많이 사용되고 있다. 상태방정식은 단일입출력 선형시불변 시스템은 물론이고 다변수(multi-variable) 시변 비선형시스템까지도 표현할 수 있는 방법이다. 상태공간(state space)에서 제어기를 설계할 때 사용되는데, 컴퓨터를 사용하여 제어기를 설계하거나 성능분석을 할 때 특히 유용한 시스템 표현방법이다.

3) 실제 플랜트는 여러 개의 작은 시스템들이 서로 복잡하게 연결되어 하나의 시스템을 이루고 있다. 이러한 복잡한 시스템을 효과적으로 표시할 수 있는 시각적인 표현법으로서 블록선도(block diagram)가 있다. 블록선도는 시스템의 구조를 개념적으로 분명하게 나타낼 뿐만 아니라, 이 선도와 똑같이 부시스템들을 서로 연결하여 모의실험을 수행할 수 있는 컴퓨터꾸러미들이 있어서 제어기 설계에 매우 효과적으로 사용되고 있다.

4) 선형시스템의 경우 시스템의 해석 및 제어기 설계방법이 많이 알려져 있지만, 비선형시스템의 경우에는 해석 및 설계방법이 매우 제한되어 있다. 따라서 비선형시스템에

대해서는 대부분의 경우에 평형점(equilibrium point) 및 적절한 동작점(operating point) 근방에서 시스템을 선형시스템으로 근사화하여 시스템을 해석하고, 제어기를 설계한다.

5) 모델링의 근본적인 목적은 시스템을 완벽하게 표현하는 것이지만, 시스템을 완벽하게 표현한다는 것은 실제로는 불가능하다. 그러나 모델링 과정에서 생기는 어느 정도의 오차는 시스템의 해석 및 제어기 설계에 큰 영향을 주지 않는다. 따라서 공학적인 입장에서 좋은 모델은 허용된 모델오차 안에서 시스템을 가장 단순하게 표현하는 것이다. 시스템을 복잡하게 표현하면 시스템의 해석 및 제어기설계가 오히려 어려워질 수 있기 때문이다. 또한 모든 공학적인 연산이 컴퓨터로 이루어지므로 컴퓨터를 사용하여 해석 및 설계하기 쉬운 모델일수록 좋은 모델이라고 할 수 있다.

이 장의 구성은 다음과 같다. 2절에서는 동적 시스템의 모델을 유도하는 방법을 간략히 소개한다. 3절에서는 상태변수를 정의하고, 상태방정식을 이용한 시스템 표현법을 살펴본다. 4절에서는 임펄스응답과 전달함수를 사용한 모델링 방법에 대하여 살펴본다. 그리고 시스템을 블록선도로 표시하는 방법을 5절에서 익힌다. 6절에서는 비선형시스템을 선형화하는 방법을 정리한다. 그리고 7절에서는 몇 가지 기본적인 시스템과 국내외에서 발췌한 대표적인 플랜트 및 제어시스템의 모델링 사례들을 소개한다.

3.2 모델링 및 동적 시스템(dynamical systems)

제어대상이 되는 플랜트를 제어하기 위해서는 우선 수학적으로 분석하는 것이 도움이 될 때가 많다. 일단 플랜트의 동작방식이나 특성을 수학적으로 표현하는 과정을 **모델링**이라 하며, 이 과정에서 얻어진 수학적 관계식을 **모델(model)**이라 한다. 제어시스템의 해석 및 설계는 플랜트의 수학적 모델에 기초하여 이루어지므로, 모델링은 제어시스템을 분석하고 설계하는 데 있어서 첫 번째 단계라고 할 수 있다.

모델링의 근본적인 목적은 실험을 통하지 않고 컴퓨터 모의실험만으로 시스템의 특성을 예측하려는 것이다. 이러한 모델이 구해진다면 이 모델을 써서 시스템의 특성을 분석하고 이를 바탕으로 제어기를 설계한다. 그러나 어떤 시스템을 모델링 오차 없이 완벽하게 표현한다는 것은 실제로는 거의 불가능하다. 그런데 모델링 과정에서 생기는 어느 정도의 오차는 시스템의 해석 및 제어기 설계에 큰 영향을 주지 않거나, 영향이 있다 하더라도 이를 감소시키는 방법도 존재한다. 따라서 공학적인 관점에서 볼 때 좋은 모델이란 완벽한 모델이기보다는 허용된 오차 범위 안에서 시스템을 될 수 있는 대로 단순하게 표현하는 모델이다. 시스템을 완벽하게 표현하면 할수록 모델이 복잡해지며, 이렇게 시스템을 복잡하게 표현하면 시스템의 해석 및 제어기설계가 오히려 어려워질 수 있기 때문이다. 한편 모델을 구현하는 관점에서 볼 때 요즈음은 대부분의 공학적인 연산이 컴퓨터로 이루어지므로, 모델링 분야에서도 컴퓨터를 사용하여 해석하고 설계하기 쉬운 모델일수록 좋은 모델이라고 할 수 있다.

대상이 되는 플랜트는 아주 다양하다. 스프링－댐퍼시스템, RLC 회로시스템, 서보모터, 유압모터, 역진자시스템, 물탱크시스템, 공조기시스템, 자동차 현가장치, 자동차엔진, 컨테이너 기중기, 발전용 보일러, 비행기, 인공위성, 철강 압연공정 등 다양하다. 플랜트를 지배하는 변수로는 위치, 속도, 각위치, 회전속도, 온도, 열, 압력, 유량, 유속, 전기, 전압, 전하 등 다양하다. 이러한 변수는 플랜트를 작동시키는 원인을 제공하는 입력변수, 플랜트의 동작이나 특성을 나타내는 데 필요한 내부상태 변수 그리고 외부에 영향을 미치는 출력변수 등으로 구별할 수 있다. 이러한 입력변수와 내부상태 변수와의 역학관계(dynamics)는 여러 학문적인 원리를 따라 묘사된다. 예를 들면, 동역학, 유체역학, 열역학, 고체역학, 전자기역학 등 다양하다. 변수 사이의 역학관계는 보통 미분방정식으로 표시되며, 이러한 관계식을 동적 시스템(dynamical system)이라 하기도 한다. 대상 시스템이 자연적이 아닌 인간이 만든 컴퓨터, 통신시스템, 사회경제시스템, 교통시스템 등일 경우에는 다른 방식으로 묘사되기도 한다. 이 책에서는 자연시스템을 다루기로 하며, 모델링하는데 필요한 각종 역학은 인용하여 사용하는 것으로 한다.

일반적으로 플랜트는 거의 선형시스템으로 묘사되며, 복잡한 플랜트는 비선형시스템으로 묘사된다. 우선 선형시스템을 철저히 조사하여 성질을 충분히 이해한 후에 비선형시스템을 연구하는 것이 도움이 될 때가 많다. 비선형 해석이 어려우면 나중에 배우는 선형화 과정을 거쳐 선형시스템 결과를 일부 활용할 수도 있다. 역학에서 나오는 선형적인 기초 물리소자들의 특성은 표 3.1에 나타나 있다.

표 3.1 선형 기본소자들의 특성

구 분	소자 종류	특성식	관련 규칙	표시법
유도성 소자	직선스프링	$v_{21} = \dfrac{1}{K}\dfrac{dF}{dt}$ $F = Kx_{21}$	후크의 법칙	
	비틀림스프링	$\omega_{21} = \dfrac{1}{K}\dfrac{dT}{dt}$ $T = K\theta_{21}$	후크의 법칙	
	유도용량	$v_{21} = L\dfrac{di}{dt}$	전자유도법칙	
	유체관성	$P_{21} = I\dfrac{dQ}{dt}$		
용량성 소자	직선질량	$F = M\dfrac{dv_2}{dt}$	가속도법칙	
	회전질량	$T = J\dfrac{d\omega_2}{dt}$		
	정전용량	$i = C\dfrac{dv_{21}}{dt}$		
	유체용량	$Q = C_f\dfrac{dP_{21}}{dt}$		
	열용량	$q = C_t\dfrac{d\theta_2}{dt}$		
에너지 소모성 소자	직선감쇠기	$F = bv_{21}$		
	회전감쇠기	$T = f\omega_{21}$		
	전기저항	$i = \dfrac{1}{R}v_{21}$	옴의 법칙	
	유체저항	$Q = \dfrac{1}{R_f}P_{21}$		
	열저항	$q = \dfrac{1}{R_t}\theta_{21}$		

주 : $v_{21} = v_2 - v_1$: 전위차(전기소자) 또는 속도차(기계소자)

$x_{21} = x_2 - x_1$: 변위차 $\qquad$ $\omega_{21} = \omega_2 - \omega_1$: 각속도차

$P_{21} = P_2 - P_1$: 압력차 $\qquad$ $\theta_{21} = \theta_2 - \theta_1$: 온도차

그러면 간단한 플랜트 몇 가지를 예를 들어서 모델링하는 과정을 살펴보기로 한다. 복잡한 플랜트들에 대한 모델링 사례는 이 장의 후반부에 제시한다.

3.2.1 질량 – 스프링 – 댐퍼시스템

이 절에서는 그림 3.1의 질량-스프링-댐퍼시스템(mass-spring-damper system)을 예제로 하여 뉴턴역학에 의한 방법으로 운동방정식을 유도하기로 한다. 여기서 m은 질량, k는 스프링상수, b는 댐퍼의 감쇠계수, f는 외력, x는 평형상태로부터의 변위를 나타낸다.

힘의 관계식을 표현하기 위해서 질량에 대한 자유물체도를 그리면 그림 3.2와 같다. 여기에 뉴턴의 제2법칙을 적용하여 다음과 같이 힘의 관계식을 유도한 다음

$$힘의\ 합 = ma \ : \ -kx - b\dot{x} + f \ = \ m\ddot{x}$$

이 식을 정리하면 질량-스프링-댐퍼시스템의 운동방정식을 구할 수 있다.

$$m\ddot{x} + b\dot{x} + kx \ = \ f \tag{3.1}$$

3.2.2 *RLC* 회로시스템

R, L, C 회로소자들은 표 3.1에서 볼 수 있듯이 선형특성을 갖고 있다. 따라서 이 소자들로 이루어지는 전기회로는 대표적인 선형시스템 가운데 하나이다. 그림 3.3과 같은 **RLC 직렬회로**의 입출력 모델을 구해보기로 한다.

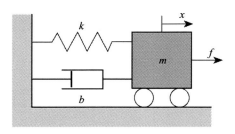

그림 3.1 질량 – 스프링 – 댐퍼시스템

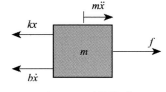

그림 3.2 자유물체도

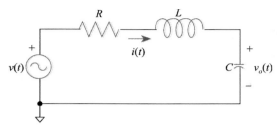

그림 3.3 RLC 직렬회로

여기서 R은 저항, L은 유도용량, C는 정전용량이다. 이 회로에서 입력전압 $v(t)$, 전류 $i(t)$, 출력전압 $v_o(t)$는 다음과 같은 식을 만족한다.

$$v(t) = Ri(t)+L\frac{d}{dt}i(t)+v_o(t)$$

$$i(t) = C\frac{d}{dt}v_o(t)$$

위 두 식에서 $i(t)$를 소거하여 입력전압 $v(t)$와 출력전압 $v_o(t)$ 사이의 관계를 구하면 다음과 같이 표시된다.

$$LC\frac{d^2}{dt^2}v_o(t)+RC\frac{d}{dt}v_o(t)+v_o(t) = v(t) \tag{3.2}$$

따라서 이 시스템의 전달함수는 다음과 같이 구해진다.

$$G(s) = \frac{V_o(s)}{V(s)} = \frac{\frac{1}{LC}}{s^2+\frac{R}{L}s+\frac{1}{LC}}$$

이 모델은 전형적인 2차시스템으로서 앞으로 이 책에서 2차시스템의 대표적인 예로 자주 쓰이게 될 것이다.

3.2.3 직류서보모터

직류서보모터(DC servo motor)는 여러 가지 기계·전기시스템에서 구동기로 쓰이고 있다. 1장에서 살펴본 SCARA 로봇의 관절에 쓰이는 것도 바로 이 모터이다. 직류서보모터의 구성은 전기자를 중심으로 그림 3.4와 같이 나타낼 수 있다. 이 개념도에서 전기자회로의 입력전압 e와 전기자전압 e_a, 전기자 전류 i_a 사이의 전압전류방정식은 다음과 같이 나타낼 수 있다.

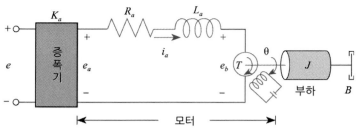

그림 3.4 직류서보모터의 개념도

$$e_a = K_a e = R_a i_a + L_a \frac{di_a}{dt} + e_b \tag{3.3}$$

여기서 K_a는 증폭기이득, R_a는 전기자저항, L_a는 전기자의 유도용량이며, e_b는 역기전력 (back electromotive force)이다. 역기전력은 전기자가 회전할 때 생기는 전압으로서 항상 입력전압에 역방향으로 작용하며, 전기자 회전각속도 ω에 비례한다.

$$e_b = K_b \omega = K_b \frac{d\theta}{dt}$$

모터의 회전각속도 ω는 회전부에 부착되어 있는 회전속도계(tachometer)로 직접 측정하거나 또는 **인코더(encoder)**로 출력되는 회전각 θ를 이용하여 검출한다. 서보모터의 전기자 회전축에 대한 운동방정식은 다음과 같이 표시할 수 있다.

$$T = J\frac{d\omega}{dt} + B\omega + T_d = J\frac{d^2\theta}{dt^2} + B\frac{d\theta}{dt} + T_d \tag{3.4}$$

여기서 T는 모터에서 생기는 토크, T_d는 토크 외란, J는 회전축에 대한 모터와 부하의 관성, B는 회전축에 대한 모터와 부하의 점성마찰계수이다. 전기자 전류와 토크와의 관계는 다음과 같다.

$$T = K_t i_a$$

K_t는 모터 토크상수이다. 이 모델에서 관성 J는 일정하다고 가정하고, 외란은 $T_d = 0$ 으로 한다. 위 식들로부터 입력전압 e와 회전각 θ 사이의 전달함수를 구하면 다음과 같다.

$$G(s) = \frac{\Theta(s)}{E(s)} = \frac{K_t K_a}{s(L_a s + R_a)(Js + B) + K_t K_b s} \tag{3.5}$$

3.2.4 역진자시스템

지금까지 이 장에서 다룬 시스템들은 모두 선형이었는데, 이 절에서는 비선형시스템의 예로서 역진자(inverted pendulum)의 운동방정식을 세우고 이로부터 선형화모델을 유도하는 과정을 살펴보기로 한다. 역진자시스템은 그림 3.5(a)에서 보듯이 막대 꼭대기에 거꾸로 연결된 진자와 수레로 구성된 장치로서, 수레바퀴에 연결된 모터를 이용하여 수레를 움직여서 진자가 수직위치를 유지하도록 조절하는 동작을 수행한다. 이 장치는 제어시스템 분야에서 시험표준(benchmark) 시스템으로 많이 쓰이고 있다. 이 시스템의 대표적인 예로는 이륙 직전 상황에 있는 우주선 발사체의 자세제어시스템을 들 수 있다. 발사체의 자세제어 문제도 상단에 우주선이 부착된 발사체가 발사 전까지 수직위치를 유지하는 것으로서 역진자 문제와 비슷하다. 실제로 이러한 시스템들은 불안정하기 때문에 제어입력이 없는 상황에서는 중력에 의해 어느 한쪽 방향으로 넘어지므로 수직상태를 유지하기 위해서는 적절한 제어기법의 적용이 필수적이다. 이 시스템에서 진자에 연결된 막대의 질량과 수레를 구동시키는 모터 자체의 동특성은 무시하고 단순화된 모델을 구해보기로 한다.

그림 3.5(a)에서 막대와 수직선이 이루는 각의 크기를 θ라고 정의한다. 수레의 질량을 M, 진자의 질량을 m, 막대의 길이를 l이라 하고, 진자의 질량은 진자가 달려 있는 막대 끝에 집중되어 있으며, xy 평면의 2차원 운동만 한다고 가정한다. 그리고 진자질량 m의 무게중심 좌표를 (x_G, y_G)라고 하면 다음과 같은 관계식이 성립한다.

$$x_G = x + l\sin\theta, \quad y_G = l\cos\theta$$

그림 3.5(b)의 자유물체도에서 보듯이 진자에 대한 수평방향과 수직방향의 관성력을 각각

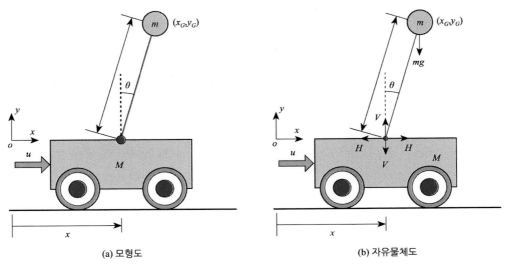

(a) 모형도   (b) 자유물체도

그림 3.5 역진자시스템의 모형도

H, V라 하고, 뉴턴의 제2법칙을 적용하면 진자에 대한 수평 및 수직방향 운동방정식과 수레에 대한 수평방향 운동방정식은 다음과 같이 구해진다.

$$m\ddot{x}_G = m\frac{d^2}{dt^2}(x+l\sin\theta) = H$$
$$m\ddot{y}_G = m\frac{d^2}{dt^2}(l\cos\theta) = V - mg \qquad (3.6)$$
$$M\frac{d^2}{dt^2}x = u - H$$

여기서 g는 중력가속도이다. 그리고 진자막대의 질량을 무시할 때 진자와 막대의 무게중심은 진자의 무게중심과 같으므로, 이를 중심으로 한 관성모멘트는 $I = 0$이며, 진자의 무게중심을 기준으로 하는 회전운동방정식을 구하면 다음과 같다.

$$I\ddot{\theta} = Hl\cos\theta - Vl\sin\theta = 0 \qquad (3.7)$$

위에 구한 식들은 비선형 미분방정식이다. 그런데 역진자는 수직위치를 유지하는 것을 목적으로 하므로 제어가 정상적으로 되고 있는 경우에 θ는 아주 작은 값으로, 즉 $\theta \approx 0$이라고 가정할 수 있다. 따라서 이 경우에 $\cos\theta \approx 1, \sin\theta \approx \theta$ 이므로, 식 (3.6)과 (3.7)에 적용하면 다음과 같이 전개되고

$$m\ddot{x} + ml\ddot{\theta} \approx H, \quad 0 \approx V - mg, \quad M\ddot{x} = u - H, \quad H \approx V\theta$$

이 식들을 정리하면 다음과 같은 선형방정식을 얻을 수 있다.

$$(M + m)\ddot{x} + ml\ddot{\theta} = u$$
$$m\ddot{x} + ml\ddot{\theta} = mg\theta \qquad (3.8)$$

이 선형화모델은 θ와 $\dot{\theta}$가 작은 범앞에서 변화할 때에만 근사적으로 성립하는 것에 유의해야 한다.

3.2.5 물탱크시스템

물탱크시스템(water tank system)은 두 개의 물탱크, 탱크 사이의 유량조절밸브, 오른쪽 물탱크의 물을 밖으로 내보내는 유출량 조절밸브 그리고 왼쪽 물탱크에 물을 공급하는 급수장치의 유량조절밸브 등 세 개의 밸브로 구성되어 있는 유량조절장치이다. 그림 3.6은 이러한 물탱크시스템의 간단한 구성도이다. 이 장치에서는 왼쪽 물탱크에 들어가는 물유입량을 조절하여 오른쪽 물탱크로 흘려 보내면서 오른쪽 물탱크의 수위를 원하는 상태로 조절한다. 이 유량 입력장치에도 밸브가 달려 있어서 물의 유입량을 조절할 수 있다. 따라서 이 플랜트에 대한 입력은 유량 입력장치에서 흘러나오는 물의 유량이고, 출력은 오른쪽 물탱

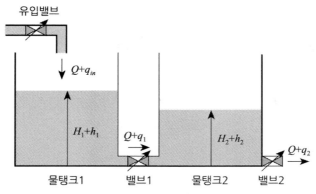

유입밸브

$Q+q_{in}$

H_1+h_1

$Q+q_1$

H_2+h_2

$Q+q_2$

물탱크1　　밸브1　　물탱크2　　밸브2

그림 3.6　물탱크시스템의 구성도

크의 수위가 되며, 제어의 목적은 오른쪽 물탱크의 수위가 원하는 기준입력값에 도달하여
일정하게 유지되도록 조정하는 것이다.

　물탱크시스템에서 사용하는 밸브의 특성은 다음과 같이 정의되는 **밸브저항(valve resis-
tance)**으로 나타낸다.

$$밸브저항 : R = \frac{수위차 \ 변화[\mathrm{m}]}{유량 \ 변화[\mathrm{m^3/sec}]}$$

즉, 밸브로 연결된 두 탱크에서 밸브에 단위유량 변화를 일으키기 위해 필요한 수위차가 밸
브저항이며, 단위는 [sec/m²]가 된다. 그리고 물탱크의 특성은 단위수위 변화를 일으키는 데
필요한 탱크 저장액체량의 변화로 정의되는 **탱크용량(tank capacitance)**으로 표시되는데, 용
량의 정의를 수식으로 나타내면 다음과 같다.

$$탱크용량 : C = \frac{저장액체량 \ 변화[\mathrm{m^3}]}{수위변화[\mathrm{m}]}$$

따라서 용량의 단위는 [m²]가 되며, 탱크의 단면적과 같음을 알 수 있다.

　그림 3.6에서 이 시스템이 정상상태에 있을 때 유량과 물탱크 1, 2의 수위를 Q, H_1,
H_2, 물탱크의 용량을 C_1, C_2 라 하면, C_1, C_2 가 일정하기 때문에 물유입량 Q가 일정한
동안에는 수위 H_1, H_2도 일정한 값을 유지한다. 그러나 유입량 조절밸브의 유량이 q_{in} 만
큼 변화한다면 물탱크의 수위가 각각 h_1, h_2만큼 변화하고, 밸브의 유량은 q_1, q_2만큼씩
변화하게 된다. 밸브저항이 각각 R_1, R_2 일 때, 이 변량들 사이에 다음과 같은 유량방정식
이 성립한다.

$$\frac{h_1 - h_2}{R_1} = q_1$$

$$\frac{h_2}{R_2} = q_2$$

$$C_1 \frac{dh_1}{dt} = q_\in - q_1$$

$$C_2 \frac{dh_2}{dt} = q_1 - q_2$$

여기서 $u = q_{in}$, $y = h_2$로 잡고 위 식을 전달함수로 나타내면 다음과 같다.

$$G(s) = \frac{Y(s)}{U(s)} = \frac{\dfrac{1}{R_1 C_1 C_2}}{s^2 + \left(\dfrac{1}{R_1 C_1} + \dfrac{1}{R_1 C_2} + \dfrac{1}{R_2 C_2}\right)s + \dfrac{1}{R_1 R_2 C_1 C_2}} \tag{3.9}$$

이상의 몇 가지 예를 통해서 보듯이 플랜트의 동적특성은 연립미분방정식으로 나타난다. 현대 수학 및 컴퓨터의 발전으로 시스템을 선형 1차 연립미분방정식으로 표시하면 해석하기가 아주 편리해진다. 이러한 선형 1차 연립미분방정식을 다음 절에서는 상태방정식으로 소개할 것이다.

3.3 상태방정식과 전달함수

식 (3.1)에서 초기조건 $x(0)$와 $\dot{x}(0)$가 주어지면 그 일반해가 구해진다. 즉, 임의의 시점 t에서 $x(t)$와 $\dot{x}(t)$를 알면 시점 t 이후의 시스템의 동특성을 완전히 파악할 수 있다. 이같이 주어진 시스템의 동특성을 완전하게 나타낼 수 있는 시스템 변수들을 **상태변수(state variable)**라 하고, 그 집합을 **상태벡터(state vector)**라 한다. 질량-스프링-댐퍼시스템의 경우 위치와 속도가 상태변수가 되고, 상태벡터는 $[x(t) \; \dot{x}(t)]^T$가 된다. 이제 다음의 상태변수를 사용하여 식 (3.1)을 새로운 형태로 나타내 보자.

$$x_1(t) = x(t) \quad : \text{위치}$$

$$x_2(t) = \dot{x}(t) \quad : \text{속도}$$

위 식을 미분하면

$$\dot{x}_1(t) = \dot{x}(t) = x_2(t)$$
$$\dot{x}_2(t) = \ddot{x}(t) = -\frac{k}{m}x_1 - \frac{b}{m}x_2 + \frac{f}{m}$$

의 관계가 성립한다. 이를 행렬로 나타내면 다음과 같다.

$$\begin{bmatrix} \dot{x}_1(t) \\ \dot{x}_2(t) \end{bmatrix} = \begin{bmatrix} 0 & 1 \\ -\dfrac{k}{m} & -\dfrac{b}{m} \end{bmatrix} \begin{bmatrix} x_1(t) \\ x_2(t) \end{bmatrix} + \begin{bmatrix} 0 \\ \dfrac{1}{m} \end{bmatrix} f$$

따라서 식 (3.1)의 2차 미분방정식은 2개의 1차 미분방정식의 연립형태로 바뀌게 된다.

위의 질량-스프링-댐퍼시스템의 예에서 알 수 있듯이, 전기·기계 시스템을 포함하는 대부분의 동적 시스템의 특성은 다음과 같은 연립 1차 미분방정식으로 표시할 수 있다.

$$\begin{aligned} \dot{x}_1(t) &= f_1[x_1(t),x_2(t),\cdots,x_n(t),u_1(t),\cdots,u_m(t),t] \\ \dot{x}_2(t) &= f_2[x_1(t),x_2(t),\cdots,x_n(t),u_1(t),\cdots,u_m(t),t] \\ &\vdots \quad \vdots \quad \vdots \\ \dot{x}_n(t) &= f_n[x_1(t),x_2(t),\cdots,x_n(t),u_1(t),\cdots,u_m(t),t] \perp \end{aligned} \tag{3.10}$$

식 (3.10)에서 x_1, $\cdots$, x_n은 미분방정식을 풀기 위해 초기조건이 필요한 변수로서, 어떤 시점에서 시스템의 동적 상태를 나타내주기 때문에 상태변수라고 한다. u_1, $\cdots$, u_m은 시스템에 영향을 주는 외부입력들을 의미하며, 시스템에 들어오는 기준입력, 외란, 잡음 등을 모두 포함한다.

동적 시스템 식 (3.10)의 모든 상태변수들은 초기조건과 입력변수의 값이 주어지는 경우 미분방정식을 풀어서 얻을 수 있다. 동적 시스템의 출력 $y(t)$는 인위적인 신호로서, 필요한 곳에 감지기(sensor)를 설치하여 얻는 **측정출력(measured output)**과 제어목적에 의해 임의로 설정한 **제어출력(controlled output)** 두 가지 종류가 있다. 어느 경우에나 출력은 시스템의 상태변수와 입력변수의 함수로 표시되므로 y_1, $\cdots$, y_q를 출력변수라고 할 때, 이 변수는 다음과 같이 표현할 수 있다.

$$\begin{aligned} y_1(t) &= g_1[x_1(t),x_2(t),\cdots,x_n(t),u_1(t),\cdots,u_m(t),t] \\ y_2(t) &= g_2[x_1(t),x_2(t),\cdots,x_n(t),u_1(t),\cdots,u_m(t),t] \\ &\vdots \quad \vdots \quad \vdots \\ y_q(t) &= g_q[x_1(t),x_2(t),\cdots,x_n(t),u_1(t),\cdots,u_m(t),t] \end{aligned} \tag{3.11}$$

만일 대상시스템이 선형시스템인 경우에는 식 (3.10)과 (3.11)은 다음과 같은 선형식으로 표시된다.

$$\begin{aligned} \dot{x}_1(t) &= a_{11}x_1(t) + \cdots + a_{1n}x_n(t) + b_{11}u_1(t) + \cdots + b_{1m}u_m(t) \\ \dot{x}_2(t) &= a_{21}x_1(t) + \cdots + a_{2n}x_n(t) + b_{21}u_1(t) + \cdots + b_{2m}u_m(t) \\ &\vdots \quad \vdots \quad \vdots \\ \dot{x}_n(t) &= a_{n1}x_1(t) + \cdots + a_{nn}x_n(t) + b_{n1}u_1(t) + \cdots + b_{nm}u_m(t) \end{aligned} \tag{3.12}$$

$$
\begin{aligned}
y_1(t) &= c_{11}x_1(t) + \cdots + c_{1n}x_n(t) + d_{11}u_1(t) + \cdots + d_{1m}u_m(t) \\
y_2(t) &= c_{21}x_1(t) + \cdots + c_{2n}x_n(t) + d_{21}u_1(t) + \cdots + d_{2m}u_m(t) \\
&\qquad\qquad \vdots \qquad \vdots \qquad \vdots \\
y_q(t) &= c_{q1}x_1(t) + \cdots + c_{qn}x_n(t) + d_{q1}u_1(t) + \cdots + d_{qm}u_m(t)
\end{aligned}
\tag{3.13}
$$

여기서 상태벡터 $x(t)$와 입력 및 출력벡터 $u(t)$와 $y(t)$를 다음과 같이 정의한다.

$$
x(t) = \begin{bmatrix} x_1(t) \\ \vdots \\ x_n(t) \end{bmatrix}, \quad
u(t) = \begin{bmatrix} u_1(t) \\ \vdots \\ u_m(t) \end{bmatrix}, \quad
y(t) = \begin{bmatrix} y_1(t) \\ \vdots \\ y_q(t) \end{bmatrix}
\tag{3.14}
$$

여기서 행렬 $A,\ B,\ C$를 각각 다음과 같이 정의하면,

$$
A = \begin{bmatrix} a_{11} & \cdots & a_{1n} \\ \vdots & \ddots & \vdots \\ a_{n1} & \cdots & a_{nn} \end{bmatrix}, \quad
B = \begin{bmatrix} b_{11} & \cdots & b_{1m} \\ \vdots & \ddots & \vdots \\ b_{n1} & \cdots & b_{nm} \end{bmatrix}
\tag{3.15}
$$

$$
C = \begin{bmatrix} c_{11} & \cdots & c_{1n} \\ \vdots & \ddots & \vdots \\ c_{q1} & \cdots & c_{qn} \end{bmatrix}, \quad
D = \begin{bmatrix} d_{11} & \cdots & d_{1m} \\ \vdots & \ddots & \vdots \\ d_{q1} & \cdots & d_{qm} \end{bmatrix}
\tag{3.16}
$$

식 (3.12)와 (3.13)의 연립 미분방정식으로 표시되는 선형시스템은 다음과 같이 간단한 꼴로 나타낼 수 있다.

$$
\begin{aligned}
\dot{x}(t) &= Ax(t) + Bu(t) \\
y(t) &= Cx(t) + Du(t)
\end{aligned}
\tag{3.17}
$$

이와 같은 형태의 미분방정식을 **상태방정식(state equation)**이라고 하며, $A,\ B,\ C$를 각각 **시스템행렬, 입력행렬, 출력행렬**이라고 한다. 앞절에서 얻은 모델들의 상태방정식을 구하면 다음과 같다.

3.3.1 상태방정식의 예

(1) RLC 회로시스템

상태변수를 $x(t) = [v_o(t)\ i(t)]^T$, 입력을 $u(t) = v(t)$, 출력을 $y(t) = v_o(t)$로 두고 식 (3.2)를 상태방정식으로 변환하면 다음과 같다.

$$\dot{x}(t) = \begin{bmatrix} 0 & \dfrac{1}{C} \\ -\dfrac{1}{L} & -\dfrac{R}{L} \end{bmatrix} x(t) + \begin{bmatrix} 0 \\ \dfrac{1}{L} \end{bmatrix} u(t) \tag{3.18}$$

$$y(t) = \begin{bmatrix} 1 & 0 \end{bmatrix} x(t)$$

(2) 직류서보모터

직류서보모터에서 상태벡터를 $x = [i_a\,\dot{\theta}\,\theta]^T$, 입력 및 출력을 각각 e와 θ로 선정하여 식 (3.3)~(3.5)를 상태방정식으로 나타내면 다음과 같다.

$$\frac{d}{dt} \begin{bmatrix} i_a \\ \dot{\theta} \\ \theta \end{bmatrix} = \begin{bmatrix} -R_a/L_a & -K_b/L_a & 0 \\ K_t/J & -B/J & 0 \\ 0 & 1 & 0 \end{bmatrix} \begin{bmatrix} i_a \\ \dot{\theta} \\ \theta \end{bmatrix} + \begin{bmatrix} K_a/L_a \\ 0 \\ 0 \end{bmatrix} e \tag{3.19}$$

$$y = \begin{bmatrix} 0 & 0 & 1 \end{bmatrix} \begin{bmatrix} i_a \\ \dot{\theta} \\ \theta \end{bmatrix}$$

(3) 역진자 시스템

식 (3.8)에서 상태변수를 $[\theta\,\dot{\theta}\,x\,\dot{x}]^T$, 출력변수를 $y = \theta$로 지정하면 선형화된 시스템의 상태방정식은 다음과 같다.

$$\frac{d}{dt} \begin{bmatrix} \theta \\ \dot{\theta} \\ x \\ \dot{x} \end{bmatrix} = \begin{bmatrix} 0 & 1 & 0 & 0 \\ \dfrac{M+m}{Ml}g & 0 & 0 & 0 \\ 0 & 0 & 0 & 1 \\ -\dfrac{m}{M}g & 0 & 0 & 0 \end{bmatrix} \begin{bmatrix} \theta \\ \dot{\theta} \\ x \\ \dot{x} \end{bmatrix} + \begin{bmatrix} 0 \\ -\dfrac{1}{Ml} \\ 0 \\ \dfrac{1}{M} \end{bmatrix} u \tag{3.20}$$

$$y = \begin{bmatrix} 1 & 0 & 0 & 0 \end{bmatrix} \begin{bmatrix} \theta \\ \dot{\theta} \\ x \\ \dot{x} \end{bmatrix}$$

이 모델에서 출력방정식은 제어대상 변수인 θ가 직접 측정되어 출력되는 것으로 본 것인데, 실제로는 θ가 역진자 하단 회전부에 붙어있는 인코더에 의해 측정되며, 여기서는 편의상 인코더의 이득을 1로 본 것이다. 선형화된 모델은 θ와 $\dot{\theta}$가 작은 범앞에서 변화할 때에만 근사적으로 성립하는 것에 유의해야 한다.

(4) 물탱크 시스템

h_1, h_2를 상태변수로 하고, q_{in}을 입력변수, h_2를 출력변수로 하여 식 (3.9) 위의 식을 상태방정식꼴로 나타내면 물탱크 시스템의 모델은 다음과 같이 정리된다.

$$\frac{d}{dt}\begin{bmatrix} h_1 \\ h_2 \end{bmatrix} = \begin{bmatrix} -\dfrac{1}{R_1 C_1} & \dfrac{1}{R_1 C_1} \\ \dfrac{1}{R_1 C_2} & -\dfrac{1}{R_1 C_2} - \dfrac{1}{R_2 C_2} \end{bmatrix}\begin{bmatrix} h_1 \\ h_2 \end{bmatrix} + \begin{bmatrix} \dfrac{1}{C_1} \\ 0 \end{bmatrix} u$$
$$y = \begin{bmatrix} 0 & 1 \end{bmatrix}\begin{bmatrix} h_1 \\ h_2 \end{bmatrix}$$

(3.21)

3.3.2 전달함수 유도법

선형시불변 시스템의 경우에는 시스템의 특성을 전달함수로 나타낼 수 있는데, 필요에 따라 상태방정식으로부터 전달함수를 구할 수 있다. 그러면 여기에서 상태방정식으로부터 전달함수를 구하는 방법을 알아보기로 한다. 식 (3.17)의 양변에 라플라스 변환을 하면 다음과 같은 식을 얻을 수 있다.

$$sX(s) - x(0) = AX(s) + BU(s)$$
$$Y(s) = CX(s) + DU(s)$$

(3.22)

전달함수는 초기상태가 0일 때 입력 $U(s)$와 출력 $Y(s)$ 사이의 전달비이므로, 이를 얻기 위해 초기조건을 $x(0) = 0$으로 놓고 먼저 식 (3.22)의 첫째 등식에서 $U(s)$와 $X(s)$ 사이의 관계를 얻는다.

$$(sI - A)X(s) = BU(s)$$
$$X(s) = (sI - A)^{-1}BU(s)$$

이 결과를 식 (3.22)의 둘째 등식에 대입하면 다음과 같이 $U(s)$와 $Y(s)$ 사이의 관계를 얻는다.

$$Y(s) = [C(sI - A)^{-1}B + D]U(s)$$

따라서 상태방정식 (3.17)에 대응하는 전달함수는 다음과 같이 구해진다.

$$G(s) = \frac{Y(s)}{U(s)} = C(sI - A)^{-1}B + D$$

(3.23)

예제 3.1

다음과 같은 상태방정식으로 표시되는 시스템의 전달함수를 구하라.

$$\dot{x}(t) = \begin{bmatrix} -1 & -2 \\ 1 & 0 \end{bmatrix} x(t) + \begin{bmatrix} 1 \\ 1 \end{bmatrix} u(t)$$
$$y(t) = \begin{bmatrix} 2 & 1 \end{bmatrix} x(t) + 3u(t)$$

(3.24)

상태방정식의 계수행렬들이 다음과 같으므로

$$A = \begin{bmatrix} -1 & -2 \\ 1 & 0 \end{bmatrix}, \quad B = \begin{bmatrix} 1 \\ 1 \end{bmatrix}$$
$$C = [\,2\ \ 1\,], \qquad D = 3$$

식 (3.23)에 대입하면 전달함수를 구할 수 있다.

$$G(s) = C(sI - A)^{-1}B + D$$

$$= [\,2\ 1\,]\begin{bmatrix} s+1 & 2 \\ -1 & s \end{bmatrix}^{-1}\begin{bmatrix} 1 \\ 1 \end{bmatrix} + 3$$

$$= \frac{1}{s^2 + s + 2}[\,2\ 1\,]\begin{bmatrix} s & -2 \\ 1 & s+1 \end{bmatrix}\begin{bmatrix} 1 \\ 1 \end{bmatrix} + 3$$

$$= \frac{3s - 2}{s^2 + s + 2} + 3$$

어떤 선형시불변 시스템에서 상태방정식으로부터 구한 전달함수는 미분방정식으로부터 직접 구한 것과 같다. 이와 같이 선형시불변 시스템을 표현하는 방법에는 미분방정식, 상태방정식, 전달함수 등 세 가지가 있다. 각각의 표현법은 다르다 할지라도 같은 시스템특성을 나타내는 것이며, 이 가운데 어느 한 형태를 알고 있으면 필요에 따라 다른 형태로 변환할 수 있다.

3.4 임펄스응답과 전달함수

선형시스템(linear system)이란 **중첩의 원리**를 만족하는 시스템을 뜻한다. 즉, 어떤 시스템에서 입력신호 u_1에 대한 출력신호가 y_1이고, 입력신호 u_2에 대한 출력신호가 y_2일 때 임의의 실수 a_1과 a_2에 의하여 구성되는 입력신호 $a_1 u_1 + a_2 u_2$에 대한 출력신호가 $a_1 y_1 + a_2 y_2$이면 이 시스템을 선형시스템이라고 한다. 이러한 중첩의 원리는 선형시스템에서 임의의 입력신호에 대한 출력을 쉽게 구할 수 있도록 해준다. 즉, 입력신호를 몇 가지 기본적인 신호의 합으로 표시할 수 있으면 출력신호는 이 기본적인 신호에 대한 출력신호들의 합으로써 구할 수 있기 때문이다. 이 기본적인 신호로는 임펄스 $\delta(t)$ 및 지수함수 e^{at}가 많이 사용된다.

임펄스는 2장의 식 (2.27)로 정의되는데, 이 정의에서 알 수 있듯이 이 신호는 수학적으로만 존재하는 가상의 신호이며, 임의의 연속신호 $u(t)$에 대해 다음과 같은 성질을 갖는다.

$$u(t) = \int_{-\infty}^{\infty} \delta(t - \tau)u(\tau)d\tau \tag{3.25}$$

즉, $u(t)$는 τ시점에 $u(\tau)d\tau$ 크기의 임펄스, 즉 $\delta(t-\tau)u(\tau)d\tau$를 모든 시점 τ에 대하여 더한 (적분한) 신호로 생각할 수 있다. 따라서 시점 τ에서의 임펄스에 대한 시점 t에서의 응답을 $g(t,\tau)$라고 할 때, 중첩의 원리를 사용하면 입력신호 $u(t)$에 대한 t시점의 출력신호값 $y(t)$는 τ시점의 임펄스응답(impulse response) $g(t,\tau)$에 τ시점의 입력신호 크기 $u(\tau)d\tau$를 곱한 값을 모두 더해서 다음 식과 같이 구할 수 있다.

$$y(t) = \int_{-\infty}^{\infty} g(t,\tau)u(\tau)d\tau \tag{3.26}$$

실제의 시스템에서는 시점 τ에 들어오는 입력에 대한 응답은 시점 τ 이후에만 나타난다. 즉, 임펄스응답 $g(t,\tau)$의 값은 다음과 같이 $t<\tau$인 경우 항상 0의 값을 갖는다.

$$g(t,\tau) = \begin{cases} g(t,\tau), & t \geq \tau \\ 0, & t < \tau \end{cases} \tag{3.27}$$

따라서 식 (3.26)은 다음과 같이 다시 쓸 수 있다.

$$y(t) = \int_{-\infty}^{t} g(t,\tau)u(\tau)d\tau \tag{3.28}$$

식 (3.28)과 같은 성질을 갖는 시스템에서는 현재의 출력이 과거 및 현재의 입력들에 의해서만 결정된다. 따라서 이러한 시스템을 **인과시스템(causal system)**이라고 한다.

주어진 선형시스템이 시불변이면 시점 τ에서 입력되는 임펄스 $\delta(\tau)$에 대한 시점 t에서의 임펄스응답은 입력시점 τ와 응답시점 t와의 시간차 $t-\tau$에만 의존하므로, 선형시불변 시스템의 임펄스응답은 $g(t-\tau)$의 형태가 된다. 그리고 입력신호는 $u(t)=0$, $t<0$이므로 출력신호 $y(t)$는 식 (3.28)로부터 다음과 같이 나타낼 수 있다.

$$\begin{aligned} y(t) &= \int_{0}^{t} g(t-\tau)u(\tau)d\tau \\ &= \int_{0}^{t} g(\tau)u(t-\tau)d\tau \end{aligned} \tag{3.29}$$

식 (3.29)의 적분은 2장에서 다룬 식 (2.12)의 중합적분과 같은 형태로서 $y=h*u$로 표시하기도 한다. 식 (3.29)의 양변을 라플라스 변환하면 다음을 얻는다.

$$\begin{aligned} Y(s) &= \int_{0}^{\infty} \int_{0}^{t} g(\tau)u(t-\tau)d\tau\, e^{-st}dt \\ &= \int_{0}^{\infty} \int_{0}^{\infty} g(\tau)e^{-s\tau}u(t-\tau)e^{-s(t-\tau)}dt\, d\tau \\ &= \int_{0}^{\infty} g(\tau)e^{-s\tau}\left[\int_{0}^{\infty} u(t-\tau)e^{-s(t-\tau)}dt\right]d\tau \\ &= \left[\int_{0}^{\infty} g(\tau)e^{-s\tau}d\tau\right]U(s) \end{aligned} \tag{3.30}$$

식 (3.30)의 입출력 관계로부터 임펄스응답과 전달함수 사이의 관계를 유도할 수 있다. 입출력신호의 라플라스 변환이 각각 $U(s)$, $Y(s)$인 시스템의 전달함수는 $G(s) = Y(s)/U(s)$로 정의되므로, 이 정의에 의해 식 (3.30)으로부터 $G(s)$를 구하면 다음과 같다.

$$G(s) = \frac{Y(s)}{U(s)} = \int_0^\infty g(\tau) e^{-s\tau} d\tau \tag{3.31}$$

즉, 전달함수는 임펄스응답의 라플라스 변환이라는 것을 알 수 있다.

만일 임펄스응답이 $g(t)$인 시불변시스템에 지수함수 형태의 입력신호 $u(t) = e^{at}$가 들어오면 출력신호는 식 (3.29)를 써서 다음과 같이 얻을 수 있다.

$$\begin{aligned} y(t) &= \int_0^t g(\tau) u(t-\tau) d\tau = \int_0^t g(\tau) e^{a(t-\tau)} d\tau \\ &= \int_0^t g(\tau) e^{-a\tau} d\tau \; e^{at} \\ &\rightarrow G(a) e^{at}, t \rightarrow \infty \end{aligned} \tag{3.32}$$

식 (3.32)에서 알 수 있듯이 선형시불변 시스템에 지수함수 $u(t) = e^{at}$가 들어오면 정상상태에서, 즉 $t \rightarrow \infty$일 때 출력신호 $y(t)$도 같은 지수계수를 가지면서 크기만 다른 지수함수 $G(a)e^{at}$가 된다. 이때 출력 지수함수의 입력에 대한 크기변화 이득은 $G(a)$로서 $s = a$에서의 전달함수값과 같다. 식 (3.32)에서 지수계수 a는 실수로 한정하였지만 a가 복소수인 경우에도 이 식은 성립한다. a가 복소수인 경우에도 성립하는 식 (3.32)는 4장의 주파수영역 해석법에서 다시 활용될 것이다.

3.5 블록선도

3.5.1 블록선도 개요

대부분의 시스템은 여러 개의 부시스템(subsystem)들이 모여 하나의 시스템을 구성하게 된다. 예를 들면, 자동차는 핸들, 엔진, 브레이크 등이 서로 결합되어 하나의 시스템을 이루게 된다. 이러한 시스템을 모델링하는 경우 전체 시스템을 한꺼번에 모델링하는 것보다는 각각의 작은 부시스템을 모델링하고, 이 부시스템의 모델들을 사용하여 전체 시스템을 표현하는 것이 바람직하다. 이러한 모델링 방법에 사용되는 것이 **블록선도(block diagram)**이다. 블록선도는 전체 시스템을 여러 부시스템들로 나누어 표현하는 방법으로서, 그림 3.7과 같이 입력 및 출력신호가 연결된 시스템을 나타내는 **블록(block)**, 신호들이 더해지는 **합산점(summing point)**, 신호가 나누어지는 **분기점(branch point)** 따위의 기본구성요소를 갖는다. 블록에는 대개의 경우 부시스템의 전달함수를 표시하며, 합산점에서 더하는 신호는 +, 빼는 신호는 − 부호를 신호선 옆에 표시한다.

그림 3.8에서는 두 개의 블록 $G_1(s)$, $G_2(s)$가 서로 연결되어 시스템을 구성하는 것을 보여 주고 있다. (a)의 직렬연결 시스템의 경우에 전체 전달함수는 $G_s(s)=G_1(s)G_2(s)$로 구해지고, (b)의 병렬연결 시스템의 경우에 전달함수는 $G_p(s)=G_1(s)+G_2(s)$로 구해진다. (c)의 되먹임시스템에서는 1장에서도 이미 다루었듯이 다음의 관계식들로부터

$$
\begin{aligned}
U_1(s) &= R(s)-Y_2(s) \\
Y_2(s) &= G_2(s)Y_1(s) \\
Y_1(s) &= G_1(s)U_1(s)
\end{aligned}
\tag{3.33}
$$

폐로전달함수를 구할 수 있다.

$$
G_c(s) = \frac{G_1(s)}{1+G_1(s)G_2(s)}
\tag{3.34}
$$

그림 3.7 블록선도의 기본 구성요소

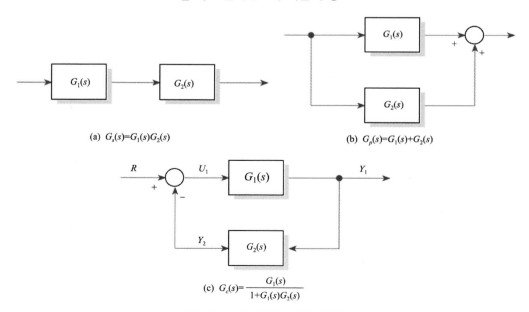

(a) $G_s(s)=G_1(s)G_2(s)$

(b) $G_p(s)=G_1(s)+G_2(s)$

(c) $G_c(s)=\dfrac{G_1(s)}{1+G_1(s)G_2(s)}$

그림 3.8 기본적인 블록연결법

되먹임시스템의 전달함수를 나타내는 이 관계식은 제어시스템 분야에서 아주 많이 쓰이므로 기억해두는 것이 편리하다.

일반적인 블록선도는 적당한 변형을 통하여 직렬, 병렬, 되먹임블록 등의 결합으로 분해하여 나타낼 수 있으며, 이러한 분해과정을 통하여 전달함수도 쉽게 구할 수 있다. 표 3.2는 많이 사용되는 몇 가지 변형방법을 정리한 것이다.

표 3.2 블록선도 변형법

변형 전	변형 후
$U \xrightarrow{} \boxed{G} \xrightarrow{} \underset{-}{\overset{+}{\bigcirc}} \xrightarrow{GU-V}$, V	$U \xrightarrow{+}{\bigcirc} \boxed{G} \xrightarrow{GU-V}$, $\boxed{\frac{1}{G}} \leftarrow V$
$U \xrightarrow{+}{\bigcirc} \boxed{G} \xrightarrow{GU-GV}$, V	$U \xrightarrow{} \boxed{G} \xrightarrow{+}{\bigcirc} \xrightarrow{GU-GV}$, $V \xrightarrow{} \boxed{G}$
$U \xrightarrow{} \boxed{G} \xrightarrow{GU} , \xrightarrow{GU}$	$U \xrightarrow{} \boxed{G} \xrightarrow{GU}$, $\boxed{G} \xrightarrow{GU}$
$U \xrightarrow{+}{\bigcirc} \xrightarrow{U-V} , \xrightarrow{U-V}$, V	$-V$ 관련 도식

예제 3.2

블록선도 변형법을 써서 그림 3.9의 전달함수 $G(s) = Y(s)/R(s)$를 구하라.

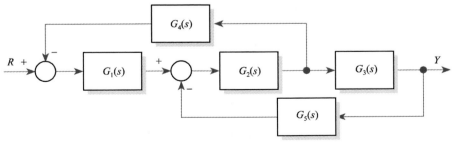

그림 3.9 예제 3.2의 블록선도

그림 3.9의 블록선도는 그림 3.8과 표 3.2를 이용하여 그림 3.10과 같이 변형할 수 있으며, 최종적인 전달함수는 다음과 같이 구해진다.

$$G(s) = \frac{G_1 G_2 G_3}{1 + G_1 G_2 G_4 + G_2 G_3 G_5}$$

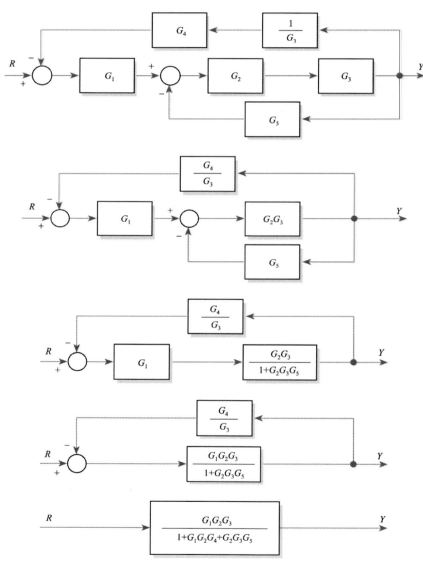

그림 3.10   예제 3.2의 블록선도 단순화 과정

이 절에서 익힌 블록선도는 시스템을 효과적으로 표시할 수 있는 시각적인 표현법으로서, 시스템의 구조를 개념적으로 분명하게 나타내기 때문에 복잡한 시스템의 경우에도 이 선도를 써서 표시하면 구조를 쉽게 파악할 수 있다. 최근에는 이 선도를 써서 부시스템들을 표현한 다음, 서로 연결하여 모의실험을 수행할 수 있는 컴퓨터꾸러미들이 제공되고 있어서 제어시스템 해석 및 설계에 매우 효과적으로 사용되고 있다. 보다 일반화된 것은 다음 절에서 다루는데, 상급내용이므로 강의내용에 포함시키지 않아도 된다.

3.5.2* 블록선도의 일반적 합성 : 신호흐름도

앞에서 다룬 블록선도를 좀 더 단순하게 나타내는 방법으로 신호흐름도(signal flow graph)가 있다. 신호흐름도는 대수방정식으로 표현되는 선형시스템을 인과적으로 나타내기 위해 메이슨(S. J. Mason)에 의해 처음 제안되었다. 연립 대수방정식을 구성하는 변수들 간의 입출력 관계를 그림으로 나타내는 방법 가운데 하나이다.

N개의 대수방정식으로 표현되는 다음과 같은 선형시스템을 생각해 보자.

$$y_j = \sum_{k=1}^{N} a_{kj} y_k, \qquad j = 1, 2, \cdots, N \tag{3.35}$$

이때 N개의 방정식은 인과관계의 형태로 주어진다.

$$j번째\ 효과 = \sum_{k=1}^{N} (\ k로부터\ j로의\ 이득) \times k번째\ 원인 \tag{3.36}$$

또는 단순하게 다음과 같이 나타낸다.

$$출력 = \sum 이득 \times 입력 \tag{3.37}$$

연립 미분·적분방정식으로 표현되는 시스템을 신호흐름도로 나타낼 경우에는 라플라스 변환을 먼저 적용해야 하며, 변환된 식은 다음과 같이 표현된다.

$$Y_j(s) = \sum_{k=1}^{N} G_{kj}(s) Y_k(s) \qquad j = 1, 2, \cdots, N \tag{3.38}$$

신호흐름도를 구성할 때 변수를 나타내기 위해 **마디(node)**가 사용된다. 각각의 마디는 인과관계식에 따라 **가지(branch)**라고 하는 선에 의해 연결된다. 각각의 가지는 이득과 방향을 가진다. 신호는 가지를 통해서만 전달되며, 방향은 가지에 화살표로 표시한다. 일반적으로 식 (3.35)나 식 (3.38)과 같은 연립식이 주어지면 신호흐름도를 구성하는 것은 각각의 변수를 그 변수 또는 다른 변수를 이용하여 나타내는 인과관계를 따르게 된다. 예를 들어, 선형시스템이 다음과 같은 간단한 대수방정식에 의해 표현된다고 하자.

$$y_2 = a_{12} y_1 \tag{3.39}$$

여기서 y_1은 입력, y_2는 출력 그리고 a_{12}는 두 변수 간의 이득을 나타낸다. 식 (3.39)를 신호흐름도로 나타내면 그림 3.11과 같다. 여기서 입력마디 y_1으로부터 출력마디 y_2로 향하는 가지는 y_2의 y_1에 대한 종속관계를 나타낸다. 따라서 대수적으로는 식 (3.39)를 다음과 같이 나타낼 수 있지만

$$y_1 = \frac{1}{a_{12}} y_2 \tag{3.40}$$

그림 3.11의 신호흐름도가 이 식을 나타내지는 않는다. 식 (3.40)이 인과관계로서 의미를 지니려면 y_2를 입력으로 하고, y_1을 출력으로 하는 신호흐름도를 다시 작성해야 한다.

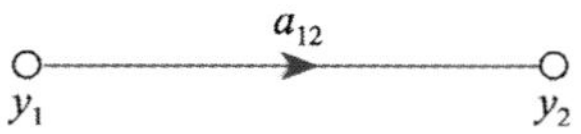

그림 3.11 $y_2 = a_{12} y_1$의 신호흐름도

지금까지 살펴본 신호흐름도의 중요한 성질들을 다음과 같이 요약할 수 있다.
1. 신호흐름도는 선형시스템에만 적용된다.
2. 신호흐름도로 나타내기 위한 식은 반드시 인과관계를 갖는 대수식이어야 한다.
3. 마디는 변수를 나타내기 위해 사용된다. 보통 입력변수는 왼쪽에 출력변수는 오른쪽에 배치한다.
4. 신호는 가지를 통해 전달되며 가지의 화살표방향으로만 전달된다.
5. y_k 마디에서 y_j 마디로 향하는 가지는 y_j의 y_k에 대한 종속성을 나타내지만, 그 반대는 성립하지 않는다.
6. y_k와 y_j를 연결하는 가지를 따라 이동하는 신호 y_k는 그 가지가 갖는 이득 a_{kj}가 곱해져 y_j로 $a_{kj} y_k$의 신호가 전달된다.

앞서 살펴본 가지와 마디라는 용어 이외에도 신호흐름도에서 대수관계를 정의하고, 시행하기 위해 다음의 용어들이 사용된다.

• **입력마디(input node)** : 밖으로 나가는 방향의 가지만을 가지는 마디
• **출력마디(output node)** : 안으로 들어오는 방향의 가지만을 가지는 마디
• **경로(path)** : 같은 방향으로 진행하는 가지의 연속적인 모임
• **순경로(forward path)** : 입력마디에서 시작해서 어떤 마디도 한 번씩만 거치고 출력

마디에서 끝나는 경로

- **루프(loop)** : 같은 마디에서 시작하고 끝나며, 어떤 마디도 한 번만 거치는 경로
- **경로이득(path gain)** : 경로를 이동하며 거치게 되는 가지의 이득을 모두 곱한 값
- **순경로 이득(forward path gain)** : 순경로의 경로이득
- **루프이득(loop gain)** : 루프의 경로이득

신호흐름도에서 때로는 위의 정의를 만족하는 출력마디가 없을 수 있다. 예를 들어, 그림 3.12(a)에는 출력마디의 정의를 만족하는 마디가 하나도 없다. 이 경우 입력에 의해 발생하는 효과를 알아보려면 y_2나 y_3를 출력마디로 만들 필요가 있다. y_2를 출력마디로 만들기 위해서는 그림 3.12(b)와 같이 기존의 마디 y_2에 단위이득을 갖는 가지로 새 마디를 연결하면 된다. 그러면 이 새 마디는 변수가 y_2인 출력마디로 된다. 이 방법은 y_3에 대해서도 똑같이 적용할 수 있으며, 일반적으로 신호흐름도 내의 어떤 비입력마디도 이와 같은 과정을 통해 출력마디로 만들 수 있다. 그러나 이 과정에서 단위이득 가지의 방향을 반대로 하는 방식을 써서 비입력마디를 입력마디로 전환할 수는 없다.

신호흐름도의 성질에 근거하여 다음과 같이 대수관계를 정리할 수 있다.

1. 마디변수는 해당 마디로 들어오는 모든 신호들의 합과 같다. 신호흐름도 그림 3.13의 경우 y_1의 값은 연결된 모든 가지들을 통해 전달되는 신호들의 합과 같다.

$$y_1 \;=\; a_{21}y_2 + a_{31}y_3 + a_{41}y_4 + a_{51}y_5$$

2. 마디변수는 그 마디를 떠나는 가지들에 의해 연결마디에 전달된다. 신호흐름도 그림 3.13의 경우 다음과 같다.

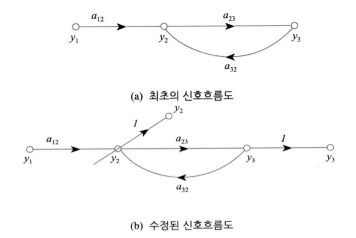

(a) 최초의 신호흐름도

(b) 수정된 신호흐름도

그림 3.12

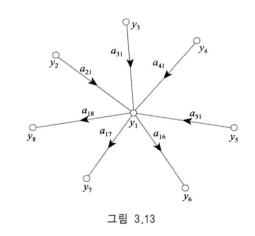

그림 3.13

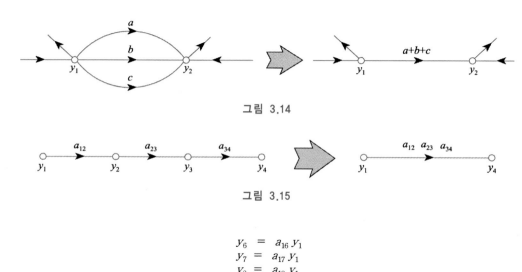

그림 3.14

그림 3.15

$$y_6 = a_{16}\,y_1$$
$$y_7 = a_{17}\,y_1$$
$$y_8 = a_{18}\,y_1$$

3. 2개의 마디를 연결하는 같은 방향의 평행한 가지들은 가지이득을 합한 값을 이득으로 가지는 단일 가지로 대체할 수 있다. 이에 대한 예는 그림 3.14에서 볼 수 있다.

4. 그림 3.15에서 보듯이 같은 방향을 갖는 가지들의 직렬연결은 가지이득의 곱을 이득으로 갖는 단일가지로 대체할 수 있다.

　어떤 시스템의 신호흐름도나 블록선도가 주어졌을 때 대수적인 연산을 통해서 이 시스템의 입출력 관계를 얻는 것은 매우 복잡하다. 메이슨은 신호흐름도의 입출력 관계식을 계산하는 일반적인 이득공식을 제시하였는데, 이 공식을 이용하면 입출력식을 어렵지 않게 구할 수 있다. 메이슨의 공식은 다음과 같이 요약할 수 있다.

▶ 메이슨의 공식(Mason's formula)

N개의 순경로와 L개의 루프를 가지는 신호흐름도가 주어졌을 때 입력마디 y_i로부터 출력마디 y_o 사이의 이득은 다음과 같다.

$$M = \frac{y_o}{y_i} = \sum_{k=1}^{N} \frac{M_k \Delta_k}{\Delta} \tag{3.41}$$

여기서 y_i : 입력마디 변수

    y_o : 출력마디 변수

    M : y_i에서 y_o 사이의 이득

    M_k : y_i와 y_o 사이의 k번째 순경로의 이득

$$\Delta = 1 - \sum_i L_{i\,1} + \sum_j L_{j\,2} - \sum_k L_{k\,3} + \cdots \tag{3.42}$$

    L_{mr} : 서로 만나지 않는 $r\,(1 \leq r \leq L)$개의 조합 중 $m\,(m = i, j, k, \cdots)$번째 조합의 이득곱

    Δ : $1 - \sum$ 모든 단일 루프의 이득

       $+ \sum$ 서로 만나지 않는 두 개 루프의 이득곱

       $- \sum$ 서로 만나지 않는 세 개 루프의 이득곱

       $+ \cdots$

    Δ_k : 신호흐름도 중 k번째 순경로와 만나지 않는 부분에 대해 얻어진 Δ

메이슨의 공식을 사용할 때 주의할 점은 반드시 입력마디와 출력마디 사이의 이득을 계산할 때에만 유효하다는 것이다. 이 공식은 언뜻 보기에는 사용하기가 매우 어렵게 보인다. 그렇지만 Δ와 Δ_k는 신호흐름도가 많은 수의 루프와 서로 접하지 않는 루프를 가질 경우에만 복잡해지는 항이며, 대부분의 경우 간단하게 구할 수 있기 때문에 쉽게 적용할 수 있다.

예제 3.3

그림 3.16에 나타나는 신호흐름도에서 전달이득 y_7/y_1과 y_2/y_1를 구하라.

풀이 y_1에서부터 y_7로 2개의 순경로가 존재하고 순경로 이득은 다음과 같다.

$$
\begin{aligned}
M_1 &= G_1\,G_2\,G_3\,G_4, &\quad \text{순경로} : \quad y_1 \to y_2 \to y_3 \to y_4 \to y_5 \to y_6 \to y_7 \\
M_2 &= G_1\,G_5, &\quad \text{순경로} : \quad y_1 \to y_2 \to y_3 \to y_6 \to y_7
\end{aligned}
$$

그림 3.16에는 4개의 루프가 존재하며, 루프이득은 다음과 같다.

$$L_{11} = -G_1 H_1, \quad L_{21} = -G_3 H_2, \quad L_{31} = -G_1 G_2 G_3 H_3, \quad L_{41} = -H_4$$

서로 만나지 않는 두 쌍의 루프는 다음과 같이 4개가 존재한다.

$$y_2 \rightarrow y_3 \rightarrow y_2, \quad y_4 \rightarrow y_5 \rightarrow y_4, \quad y_6 \rightarrow y_6 \ : \ 3\text{개의 루프가 서로 만나지 않음}$$

$$y_2 \rightarrow y_3 \rightarrow y_4 \rightarrow y_5 \rightarrow y_2, \quad y_6 \rightarrow y_6 \ : \ 2\text{개의 루프가 서로 만나지 않음}$$

따라서 서로 만나지 않는 두 쌍의 루프이득곱의 합은 다음과 같다.

$$L_{12} + L_{22} + L_{32} + L_{42} \ = \ G_1 H_1 G_3 H_2 + G_1 H_1 H_4 + G_3 H_2 H_4 + G_1 G_2 G_3 H_3 H_4$$

그리고 서로 만나지 않는 세 쌍의 루프이득곱의 합은 다음과 같다.

$$L_{13} \ = \ -G_1 H_1 G_3 H_2 H_4$$

모든 루프는 경로 M_1과 만나므로 $\Delta_1 = 1$이고, 루프 $y_4 \rightarrow y_5 \rightarrow y_4$는 순경로 M_2와 만나지 않으므로 $\Delta_2 = 1 + G_3 H_2$이다. 이 식들을 식 (3.42)에 대입하면 다음 결과를 얻게 된다.

$$
\begin{aligned}
\Delta \ &= \ 1 - (L_{11} + L_{21} + L_{31} + L_{41}) + (L_{12} + L_{22} + L_{32} + L_{42}) - L_{13} \\
&= \ 1 + (G_1 H_1 + G_3 H_2 + G_1 G_2 G_3 H_3 + H_4) + (G_1 H_1 G_3 H_2 \\
&\quad + G_1 H_1 H_4 + G_3 H_2 H_4 + G_1 G_2 G_3 H_3 H_4) + G_1 H_1 G_3 H_2 H_4
\end{aligned}
$$

$$\frac{y_7}{y_1} \ = \ \frac{M_1 \Delta_1 + M_2 \Delta_2}{\Delta} \ = \ \frac{1}{\Delta}\left[G_1 G_2 G_3 G_4 + G_1 G_5 (1 + G_3 H_2) \right]$$

위와 같은 방법으로 y_2를 출력으로 정할 경우 다음과 같은 이득관계를 얻는다.

$$\frac{y_2}{y_1} \ = \ \frac{1 + G_3 H_2 + H_4 + G_3 H_2 H_4}{\Delta}$$

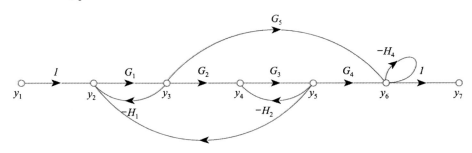

그림 3.16 예제 3.3의 신호흐름도

3.6 비선형시스템의 선형화

플랜트의 운동방정식은 실제의 경우 대부분 비선형 미분방정식으로 표현된다. 3.2.1절의 질량－스프링－댐퍼시스템의 경우에도 스프링변위가 선형구간을 넘어선다든가 쿨롱마찰 (Coulomb friction) 등이 있다면 운동방정식은 비선형이 된다. 일반적으로 비선형 미분방정식에 대한 해를 구하기는 쉽지 않을 뿐만 아니라, 해의 존재성이나 안정성 등을 분석하는 것도 매우 어렵다. 따라서 비선형시스템(nonlinear system)은 선형시스템과는 달리 해석하기가 쉽지 않고, 이 시스템에 대한 제어기를 직접 설계하는 문제는 상당히 까다롭고 어려운 문제에 속한다. 이러한 비선형시스템을 제어하기 위한 비선형제어기 설계법에 대해서 지금까지 많은 연구들이 진행되고 있지만, 아직까지도 특수한 형태의 비선형시스템에 대해서만 적용할 수 있는 제한적인 결과만 제시되고 있을 뿐이다. 실제 산업현장에서는 비선형시스템에 대한 비선형제어기를 직접적으로 설계하기보다는 어떤 동작점(operating point) 부근에서 선형모델로 근사화한 다음 이 선형모델을 근거로 선형제어기가 설계되곤 한다. 이러한 선형근사화에 의한 제어기 설계방법은 대상시스템의 비선형성이 심하지 않은 경우에는 잘 동작하게 된다. 그러면 비선형시스템을 선형화(linearization)하는 방법에 대해 살펴보기로 한다.

어떤 시스템의 특성이 다음의 비선형 미분방정식으로 표현된다고 하자.

$$\dot{x}(t) = f(x,u)$$
$$y = g(x,u) \tag{3.43}$$

여기서 $x,\ u,\ y$는 각각 상태벡터, 제어입력, 출력을 나타내며, $f(x,u),\ g(x,u)$는 x와 u에 대해서 연속이고 미분 가능한 함수라고 가정한다. 식 (3.43)에서 다음 조건을 만족하는 상수벡터쌍 (x_0,u_0,y_0)가 존재한다면

$$f(x_0,u_0) = 0, \qquad y_0 = g(x_0,u_0) \tag{3.44}$$

(x_0,u_0,y_0)를 **평형점(equilibrium point)** 혹은 **동작점(operating point)**이라고 한다. 평형점이라는 의미는 (x_0,u_0)을 식 (3.43)의 오른편에 넣게 되면 $\dot{x}(t)=0$이 되어, 상태벡터와 출력이 상태공간상에서 바뀌지 않고 x_0와 y_0의 위치에 계속해서 머물게 된다는 뜻이다. 또한 $\frac{d}{dt}(x_0)=0$이므로 벡터쌍 (x_0,u_0)는 식 (3.43)의 해가 됨도 알 수 있다. 따라서 입력 u가 바뀌지 않고 $u=u_0$를 유지하는 한에는 식 (3.43)의 해도 바뀌지 않고 일정상태 $x=x_0$와 출력 $y_0=g(x_0,u_0)$를 유지한다. 동작점이라고 하는 이유는 식 (3.44)의 관계를 만족하는 점 (x_0,u_0,y_0) 근방에서 선형화한다는 의도이다.

동작점 부근에서 입력 u가 δu만큼 미세하게 변화하면 상태 x와 출력 y도 δx와 δy만큼 미세하게 변화한다고 볼 수 있다. 따라서 식 (3.43)을 동작점 (x_0,u_0,y_0) 부근에서 다음과 같이 테일러(Taylor)급수로 전개할 수 있다.

$$\frac{d}{dt}\left[x_0 + \delta x(t)\right] = f(x_0 + \delta x, u_0 + \delta u)$$

$$= f(x_0, u_0) + \frac{\partial}{\partial x}f(x_0, u_0)\delta x(t) + \frac{\partial}{\partial u}f(x_0, u_0)\delta u(t) + O(\delta x, \delta u)$$

$$\approx f(x_0, u_0) + \frac{\partial}{\partial x}f(x_0, u_0)\delta x(t) + \frac{\partial}{\partial u}f(x_0, u_0)\delta u(t)$$

여기서 둘째 등식의 $O(\delta x, \delta u)$는 δx, δu에 관한 2차 이상의 고차항을 말하며, $\|\delta x\| \ll 1$, $\|\delta u\| \ll 1$일 때에는 $O(\delta x, \delta u) \approx 0$으로 무시할 수 있기 때문에 셋째 식으로 근사화할 수 있다. 출력방정식도 위와 같은 절차를 거쳐 근사화할 수 있으며,

$$y_0 + \delta y(t) \approx g(x_0, u_0) + \frac{\partial}{\partial x}g(x_0, u_0)\delta x(t) + \frac{\partial}{\partial u}g(x_0, u_0)\delta u(t)$$

식 (3.44)를 이용하여 위의 식들을 정리하면 다음과 같이 선형화된 상태방정식을 얻을 수 있다.

$$\delta \dot{x}(t) \approx A_0 \delta x(t) + B_0 \delta u(t)$$
$$\delta y(t) \approx C_0 \delta x(t) + D_0 \delta u(t) \tag{3.45}$$

여기서 계수행렬은 다음과 같이 정의된다.

$$A_0 = \frac{\partial}{\partial x}f(x_0, u_0), \qquad B_0 = \frac{\partial}{\partial u}f(x_0, u_0)$$
$$C_0 = \frac{\partial}{\partial x}g(x_0, u_0), \qquad D_0 = \frac{\partial}{\partial u}g(x_0, u_0)$$
$$\delta u = u - u_0, \quad \delta x = x - x_0, \quad \delta y = y - y_0$$

식 (3.45)의 선형모델에서 주의해야 할 점은 이 모델이 동작점 부근에서만 유효하다는 점이다. 동작점이 바뀌면 선형모델의 계수행렬도 함께 바뀐다는 것이다. 또한 선형화 상태방정식 (3.45)에서 입출력과 상태변수로는 $u(t)$, $y(t)$, $x(t)$ 대신에 $\delta u(t)$, $\delta y(t)$, $\delta x(t)$가 쓰인다는 점에도 유의해야 한다. 즉, 선형화 상태방정식은 입출력과 상태의 미세 변화성분에 대해 성립한다는 것이다.

비선형시스템의 선형화에 대한 개념을 요약하면 그림 3.17과 같다. 그림 (a)는 비선형플랜트를 선형제어기로 제어할 때 동작점을 포함한 구성도이며, 그림 (b)는 이 동작점에서의 선형화모델을 나타내고 있다. 선형제어기의 설계과정에서는 그림 (b)의 선형화모델을 써서 제어기를 설계하고, 이렇게 설계된 제어기를 플랜트에 적용할 때에는 그림 (a)와 같은 구성을 사용한다. 이 구성에서 주의할 점은 선형제어기의 출력 δu를 플랜트에 입력할 때에는 입력동작점 u_0를 더하여 제어신호 u를 만들어 사용하고, 플랜트의 출력 y를 선형제어기에 입력할 때에는 출력동작점 y_0를 빼서 δy를 만들어 사용한다는 것이다.

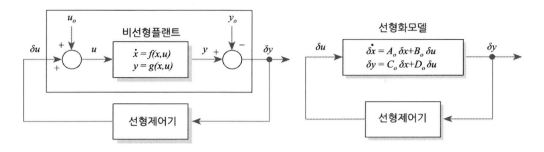

(a) 비선형플랜트와 동작점   (b) 등가 선형화 시스템

그림 3.17 비선형시스템의 선형화

다음과 같은 비선형 상태방정식으로 표시되는 시스템의 동작점을 구하고, 그 동작점에서 선형화모델을 구하라.

$$\dot{x}(t) = -x^2(t) - u^2(t) + 1$$
$$y(t) = x(t)u(t)$$

 선형화모델을 구하려면 먼저 동작점을 구해야 한다. 동작점은 식 (3.44)를 만족하므로 다음의 관계식으로부터

$$f(x_0, u_0) = -x_0^2 - u_0^2 + 1 = 0$$

동작점은 $x_0 - u_0$ 평면에서 원점을 중심으로 하는 단위원을 이루는 것을 알 수 있다. 이 동작점 가운데 하나인 $(x_0, u_0, y_0) = (1, 0, 0)$에서 주어진 비선형 상태방정식을 선형화하면 다음과 같은 결과를 얻을 수 있다.

$$\dot{\delta x}(t) \approx A_0 \delta x(t) + B_0 \delta u(t)$$
$$\delta y(t) \approx C_0 \delta x(t) + D_0 \delta u(t)$$

$$A_0 = \frac{\partial f}{\partial x}(1, 0) = -2, \quad B_0 = \frac{\partial f}{\partial u}(1, 0) = 0$$
$$C_0 = \frac{\partial g}{\partial x}(1, 0) = 0, \quad D_0 = \frac{\partial g}{\partial u}(1, 0) = 1$$

동작점을 $(x_0, u_0, y_0) = (0, 1, 0)$으로 잡은 경우 선형화모델의 계수는 다음과 같다.

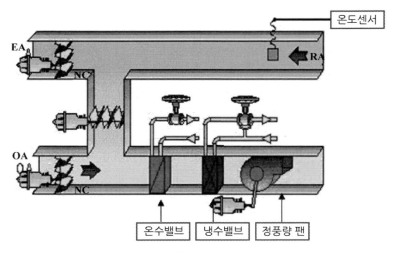

그림 3.18 정풍량방식 공조기시스템 구성도

$$A_0 = \frac{\partial f}{\partial x}(0, 1) = 0, \qquad B_0 = \frac{\partial f}{\partial u}(0, 1) = -2$$

$$C_0 = \frac{\partial g}{\partial x}(0, 1) = 1, \qquad D_0 = \frac{\partial g}{\partial u}(0, 1) = 0$$

위 예제에서 보듯이, 비선형 시스템에서 동작점은 2개 이상 있을 수 있다. 이 경우에는 선형모델도 각 동작점마다 따로 구해야 한다. 실제로 비선형시스템을 제어할 때에는 대상 시스템의 동작점을 미리 찾아서 각 동작점마다 선형모델을 구하여 그 모델로부터 선형제어 기를 구해놓은 다음, 동작점이 바뀌면 그에 따라 제어기를 교체하면서 전체 동작범위에 걸쳐서 제어동작을 수행하게 된다.

3.7* 모델링 사례 추가

3.7.1 열 · 유체공학 분야

공조기시스템

공조기(air conditioner)는 실내의 공기온도를 미리 설정된 값으로 일정하게 유지하는 장치로서, 지능형 빌딩의 자동화 시스템에서 필수적인 기본장치이다. 최근에 사용되고 있는 공조기들은 냉난방 겸용으로서 여름철에는 냉방용으로, 겨울철에는 난방용으로 쓰인다. 이 공조기시스템 가운데 풍량을 일정하게 유지하면서 온도를 조절하는 정풍량방식이 빌딩 자동화시스템에 가장 많이 사용되는 공조방식이다.

그림 3.18은 정풍량방식 공조기의 간단한 구성도이다. 이 공조기시스템의 오른쪽은 빌딩 안의 실내이고, 왼쪽은 빌딩 외부공간이다. 여기서 냉수밸브와 온수밸브는 냉방과 난방으로 쓰일 때 독립적으로 사용하며, 밸브를 여닫는 정도에 의해 수도관을 통과하는 냉수와 온수량을 조절하여 수도관 외부의 공기온도를 제어하는 역할을 한다. 밸브를 여닫는 정도를 개도율이라고 하는데, 개도율이 0%이면 완전히 닫힌 상태이고, 100%이면 완전히 열린 상태를 뜻한다. 정풍량 팬은 일정한 속도로 회전하면서 냉온수관을 통과한 공기를 일정한 양으로 실내에 공급한다. 그리고 온도센서는 실내온도를 측정하기 위해 쓰인다. 이 그림에서는 공기관 안에 있는 것으로 나타냈지만 보통 실내공기가 공기관으로 나가는 실내위치에 설치한다. 따라서 공조기 플랜트의 입력은 밸브의 개도율이고, 출력은 센서로 측정되는 실내온도로 볼 수 있다. 그러면 이 공조기시스템의 모델을 구해보자.

공조기시스템의 정확한 모델을 수식으로 표현하는 것은 어려움이 있으므로 몇 가지 가정을 하기로 한다. 공조기 공기관은 단열이 완벽히 되어 있어서 주위로 열손실이 없으며, 실내공기 온도는 균일하다고 가정한다. 이 공조기시스템에서 실내공간의 열유입률과 열유출률을 각각 q_i, q_o[kcal/sec]라 하고, 실내온도를 θ [℃], 실내공간의 열용량을 C_t[kcal/℃]라고 하면, 표 3.1에서 정리하였듯이 다음과 같은 관계를 만족하게 된다.

$$C_t \frac{d\theta}{dt} = q_i - q_o$$

여기서 실내공간의 열저항을 R[℃ sec/kcal]라 하면 표 3.1로부터 $q_o = \theta/R$이므로, 위의 식은 다음과 같이 표시된다.

$$R C_t \frac{d\theta}{dt} + \theta = R q_i \tag{3.46}$$

열유입량 q_i는 제어밸브의 열린 정도인 개도율 u에 의해 다음과 같이 나타낼 수 있다.

$$q_i(t) = Ku(t - L_p) \tag{3.47}$$

여기서 L_p[sec]는 밸브와 열유입량 사이의 시간지연을 나타내며, K는 비례상수로서 단위는 [kcal/sec]이다. 따라서 식 (3.46)과 (3.47)로부터 공조기 모델은 다음과 같이 표시된다.

$$R C_t \frac{d\theta}{dt} + \theta = R Ku(t - L_p) \tag{3.48}$$

이 모델을 전달함수로 표시하면 다음과 같다.

$$G(s) = \frac{\Theta(s)}{U(s)} = K_p \frac{e^{-L_p s}}{T_p s + 1} \tag{3.49}$$

여기서 $K_p = RK$[℃]로서 플랜트 직류이득(DC gain)이고, $T_p = R C_t$[sec]로서 플랜트의 시

상수(time constant)를 나타낸다. 공조기의 시상수는 보통 수십 초 이상으로서 응답속도가 무척 느린 플랜트라고 할 수 있다. 따라서 이 플랜트의 제어목표는 반응이 느린 플랜트에 되먹임제어입력을 주어 설정온도에 빠른 시간 안에 안정하게 도달할 수 있도록 하는 데 있다.

3.7.2 자동차공학 분야

(1) 1/4차량 현가장치 모델

자동차의 현가장치(suspension)는 차량의 무게지지, 노면으로부터 발생하는 진동의 차단, 타이어와 노면과의 접지력 유지 등의 역할을 한다. 이러한 현가장치는 제어입력의 유무에 따라 능동 현가장치와 수동 현가장치로 분류된다. 능동 현가장치는 제어력을 발생시키는 방법에 따라 반능동형과 완전능동형으로 구분된다. 반능동형은 댐퍼의 오리피스의 조절에 의한 감쇠력의 변화로 제어력을 발생시키며, 완전능동형은 구동기에 의해 제어력을 발생시킨다. 이러한 능동/반능동 현가장치의 구현을 위한 자동차의 현가장치 모델에는 4개의 바퀴를 모두 고려한 전차량(full-car) 모델, 2개의 바퀴를 고려한 반차량(half-car) 모델 그리고 하나의 바퀴만을 고려한 1/4차량(quarter-car) 모델이 있다.

그림 3.19는 1/4차량 모델을 나타낸다. 이 모델은 3.2.1절에서 설명한 스프링 – 댐퍼시스템을 확장한 시스템으로 볼 수 있다. 능동 현가장치의 제어문제는 불규칙한 노면에서 발생하여 차체에 전달되는 진동을 줄이는 것이다. 노면으로부터의 진동을 w, 차체의 변위를 z_s, 차축의 변위를 z_u라 하자. 아래첨자 s와 u는 각각 스프링 위 질량(sprung mass), 스프링 아래 질량(unsprung mass)을 의미한다. 차체의 진동은 그림 3.19에서 보는 것과 같이 현가장치부에 추가로 부착되는 능동/반능동 제어입력 u에 의해 조절된다. 이때 차량의 탑승자는 수시로 바뀔 수 있으므로, 차량 탑승자의 하중 f_d는 외란으로 볼 수 있다.

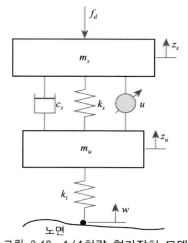

그림 3.19 1/4차량 현가장치 모델

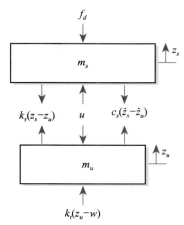

$$f_d$$

$$m_s \quad \uparrow z_s$$

$$k_s(z_s-z_u) \qquad u \qquad c_s(\dot{z}_s-\dot{z}_u)$$

$$m_u \quad \uparrow z_u$$

$$k_t(z_u-w)$$

그림 3.20 1/4차량의 자유물체도

1/4차량 현가장치의 운동방정식을 유도하기 위하여 그림 3.20과 같은 자유물체도를 그린다. 자유물체도에 대하여 뉴턴의 제2법칙을 적용하면 다음과 같은 운동방정식을 유도할 수 있다.

$$
\begin{aligned}
m_s \ddot{z}_s &= -k_s(z_s-z_u)-c_s(\dot{z}_s-\dot{z}_u)+u-f_d \\
m_u \ddot{z}_u &= k_s(z_s-z_u)+c_s(\dot{z}_s-\dot{z}_u)-k_t(z_u-w)-u
\end{aligned}
\tag{3.50}
$$

여기서 계수들은 다음과 같이 정의된다.

m_s : 스프링 위 질량(차체 질량의 1/4) [kg]

m_u : 스프링 아래 질량(차축의 질량) [kg]

c_s : 댐퍼의 감쇠계수(damping coefficient) [Nsec/m]

k_s : 코일 스프링 상수(spring constant) [N/m]

k_t : 타이어의 스프링 상수(tire spring constant) [N/m]

식 (3.50)을 상태방정식으로 표시하기 위해 다음과 같은 상태변수를 정의한다.

$x_1 = z_s - z_u$ 현가장치의 변위

$x_2 = \dot{z}_s$ 차체의 속도

$x_3 = z_u - w$ 타이어의 변형

$x_4 = \dot{z}_u$ 차축의 속도

$$\tag{3.51}$$

3.3절의 방법을 따라 구한 식 (3.50)의 상태방정식은 다음과 같다.

$$
\dot{x}(t) = Ax(t)+Bu(t)+Ef_d(t)+\Gamma \dot{w}(t), \qquad x(0)=x_0
\tag{3.52}
$$

여기서

$$A = \begin{bmatrix} 0 & 1 & 0 & -1 \\ -\dfrac{k_s}{m_s} & -\dfrac{c_s}{m_s} & 0 & \dfrac{c_s}{m_s} \\ 0 & 0 & 0 & 1 \\ \dfrac{k_s}{m_u} & \dfrac{c_s}{m_u} & -\dfrac{k_t}{m_u} & -\dfrac{c_s}{m_u} \end{bmatrix}, \quad B = \begin{bmatrix} 0 & \dfrac{1}{m_s} & 0 & -\dfrac{1}{m_u} \end{bmatrix}^T$$

$$E = \begin{bmatrix} 0 & \dfrac{1}{m_s} & 0 & 0 \end{bmatrix}^T, \qquad \qquad \Gamma = \begin{bmatrix} 0 & 0 & -1 & 0 \end{bmatrix}^T$$

이다. 이제 1/4차량 현가시스템의 입출력관계를 살펴보자. 입력변수는 제어입력 u와 외란입력으로서 노면의 진동 w와 탑승자의 무게 f_d 등이다. 제어의 대상이 되는 출력변수는 차체의 가속도 $\ddot{z}_s$, 현가장치의 변위 $z_s - z_u = x_1$ 그리고 타이어의 변형 $z_u - w = x_3$ 등이 될 수 있다. 이 절에서는 출력변수로서 차체의 가속도만을 살펴보기로 한다. 따라서 출력방정식은 식 (3.50)을 이용할 때 다음과 같다.

$$y(t) = Cx(t) + Du(t) + Ff_d(t) \tag{3.53}$$

여기서

$$C = \begin{bmatrix} -\dfrac{k_s}{m_s} & -\dfrac{c_s}{m_s} & 0 & \dfrac{c_s}{m_s} \end{bmatrix}, \quad D = \dfrac{1}{m_s}, \quad F = -\dfrac{1}{m_s}$$

이다.

전달함수를 구하기 위하여 식 (3.52)와 (3.53)의 양변을 라플라스 변환하면 다음과 같다.

$$sX(s) - x(0) = AX(s) + BU(s) + EF_d(s) + \Gamma \dot{W}(s)$$
$$Y(s) = CX(s) + DU(s)$$

$x(0) = 0$으로 두고 정리하면

$$X(s) = (sI - A)^{-1}BU(s) + (sI - A)^{-1}EF_d(s) + (sI - A)^{-1}\Gamma\dot{W}(s)$$
$$Y(s) = CX(s) + DU(s) \tag{3.54}$$

가 된다. 따라서 입력변수 u, f_d, $\dot{w}$로부터의 차체의 가속도 $\ddot{z}_s$로의 출력관계식은 다음과 같다.

$$Y(s) = [C(sI - A)^{-1}B + D]U(s) + C(sI - A)^{-1}EF_d(s) + C(sI - A)^{-1}\Gamma\dot{W}(s) \tag{3.55}$$

구체적으로 노면입력 $\dot{w}$로부터 차체의 가속도로의 전달함수는 다음과 같다.

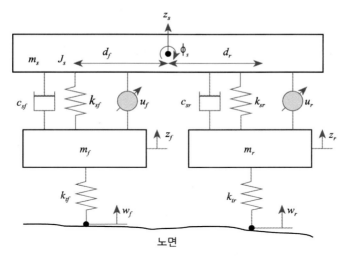

그림 3.21 반차량 현가장치 모델

$$H_1(s) = \frac{\text{차체의 가속도}}{\text{노면의 수직방향 속도성분}} = \frac{Y(s)}{\dot{W}(s)} = \frac{\ddot{Z}_s(s)}{\dot{W}(s)}$$

$$= \frac{k_t s(c_s s + k_s)}{d(s)}$$

여기서

$$d(s) = m_u m_s s^4 + (m_u + m_s)c_s s^3 + [(m_u + m_s)k_s + m_s k_t]s^2 + k_t c_s s + k_t k_s$$

이다. 또한 제어입력 u에 대한 차체 가속도의 전달함수는 다음과 같다.

$$H_2(s) = \frac{\text{차체의 가속도}}{\text{제어입력}} = \frac{Y(s)}{U(s)} = \frac{\ddot{Z}_s(s)}{U(s)}$$

$$= -\frac{1}{m_s}\frac{c_s(m_s + m_u)s^3 + k_s k_t(m_s + m_u)s^2 + c_s k_t s + k_s k_t}{d(s)}$$

(2) 반차량 현가장치 모델

이 절에서는 앞절에서 다룬 1/4차량 모델을 확장한 반차량 현가장치 모델을 유도한다. 1/4차량 모델을 사용하면 노면으로부터의 진동이 차체의 상하운동에 미치는 영향만을 분석할 수 있는 반면에, 반차량 모델에서는 앞바퀴 및 뒷바퀴에서 들어오는 노면입력이 차체의 상하운동뿐만 아니라 피치운동(pitch motion)에까지 미치는 영향을 분석할 수 있게 된다. 그림 3.21은 반차량 현가장치의 기구학 모델이다. 그림에서 z_s는 차체의 상하방향 변위, φ_s는 차체의 회전각, m_s와 J_s는 차체의 질량 및 관성모멘트, d_f와 d_r은 차체의 질량중심에서 앞쪽 차축 및 뒤쪽 차축까지의 거리를 나타낸다. 아래첨자 f와 r은 각각 앞쪽(front)과 뒤쪽(rear)을 나타낸다. 1/4차량 모델에서와 마찬가지로 차축의 변위는 z, 노면의 변위는 w 그리고 제어입력은 u로 나타내며, 앞뒤쪽을 아래첨자로 구별한다.

운동방정식은 1/4차량 현가장치에서와 같이 차체와 차축에 대한 자유물체도를 그리면 쉽게 구할 수 있으며, 유도된 운동방정식은 다음과 같다.

$$
\begin{aligned}
m_f \ddot{z}_f &= k_{tf}(w_f - z_f) - [\,k_{sf}(z_f - z_s - d_f \varphi_s) + c_{sf}(\dot{z}_f - \dot{z}_s - d_f \dot{\varphi}_s) + u_f\,] \\
m_r \ddot{z}_r &= k_{tr}(w_r - z_r) - [\,k_{sr}(z_r - z_s - d_r \varphi_s) + c_{sr}(\dot{z}_r - \dot{z}_s - d_r \dot{\varphi}_s) + u_r\,] \\
\\
m_s \ddot{z}_s &= k_{sf}(z_f - z_s - d_f \varphi_s) + c_{sf}(\dot{z}_f - \dot{z}_s - d_f \dot{\varphi}_s) + u_f \\
&\quad + k_{sr}(z_r - z_s - d_r \varphi_s) + c_{sr}(\dot{z}_r - \dot{z}_s + d_r \dot{\varphi}_s) + u_r \\
J_s \ddot{\varphi}_s &= d_f [\,k_{sf}(z_f - z_s - d_f \varphi_s) + c_{sf}(\dot{z}_f - \dot{z}_s - d_f \dot{\varphi}_s) + u_f\,] \\
&\quad - d_r [\,k_{sr}(z_r - z_s - d_r \varphi_s) + c_{sr}(\dot{z}_r - \dot{z}_s + d_r \dot{\varphi}_s) + u_r\,]
\end{aligned}
$$

(3.56)

위의 운동방정식에서 다음과 같이 8개의 성분으로 정의되는 상태변수를 정의하면,

$$
x = [\, z_f - z_s - d_f \varphi_s \quad z_r - z_s + d_r \varphi_s \quad w_f - z_f \quad w_r - z_r \quad \dot{z}_f \quad \dot{z}_r \quad \dot{z}_s \quad \dot{\varphi}_s \quad]^T
$$

반차량 현가장치의 상태방정식을 구할 수 있다. 유도되는 상태방정식은 8차로서 이 책에 표시하기에는 복잡하기 때문에 생략하기로 한다.

(3) 가솔린엔진의 공연비제어 모델

공연비(air-fuel ratio)제어란 엔진에 흡입되는 공기량에 대하여 연료의 양을 변화시켜 공연비를 제어하는 것이다. 환경오염 문제를 최소화시키기 위해서는 삼원촉매장치가 최적으로 작동하는 **이론공연비**에서 혼합기를 연소시킬 필요가 있다. 이론상으로 연료가 완전히 연소되는 데 필요한 공연비를 이론공연비라고 하며, **가솔린엔진**의 이론공연비는 14.7이다. 촉매변환기는 배기가스 중에 포함된 일산화탄소(CO), 탄화수소(HC), 질소산화물(NO_x)을 이산화탄소(CO_2), 수증기(H_2O), 산소(O_2), 질소(N_2)로 환원시켜 대기 중으로 방출한다. 그러나 실제 공연비가 이론공연비에서 1% 이상 차이가 나면 촉매 변환기의 효율이 현저히 떨어지므로, 되먹임제어시스템에서는 공연비가 이론공연비에서 ±1% 내로 유지될 수 있도록 해야 한다. 그림 3.22는 공연비제어를 위한 엔진의 되먹임제어시스템을 보여 준다.

그림 3.23은 그림 3.22의 엔진공연비 되먹임시스템을 선형화하여 블록선도로 표시한 엔진공연비 제어시스 모델을 나타낸 것이다. 이 모델에서 r_{af}는 기준공연비, y_{af}는 엔진공연비이다. 연료분사장치를 통해 흡기다기관(inlet manifold)에 분사된 연료는 일반적으로 기체상태인 연료(gaseous fuel, fast fuel)와 액체필름 상태의 연료(liquid fuel film, slow fuel)로 구분할 수 있다. 이 두 가지 형태의 연료가 연소실 내로 들어갈 때 액체필름 상태의 연료는 기체상태의 연료보다 어느 정도 시간이 지연된 후에 들어가게 된다. 이와 같은 연료 상태에 따른 시간지연 특성이 각각 T_1과 T_2로 고려되어 있다. 배기다기관에 부착된 산소감지기

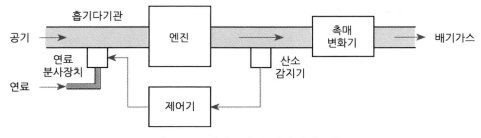

그림 3.22 엔진공연비 되먹임시스템

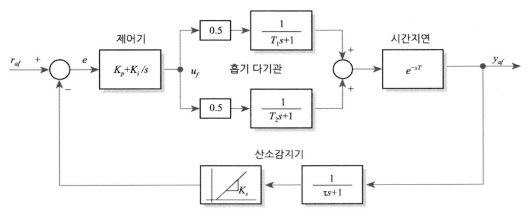

그림 3.23 엔진공연비 제어시스템의 블록선도

는 감지기이득 K_S와 함께 시간지연 τ를 갖는다. 산소감지기의 시상수 τ는 **엔진 제어부 (ECU, engine control unit)**에서 연료량이 계산된 후 연료분사 명령부터 분사기가 작동할 때까지의 시간지연을 나타낸다.

엔진 구동상태가 변함에 따라 이론공연비에 맞도록 연료량을 조절하기 위해 ECU에서 명령되는 연료유량 u_f는 비례적분(PI) 제어기를 통해 계산된다. 여기서 적분요소는 정상상태에서 오차 e를 0으로 유지시키고, 비례요소는 시스템의 대역폭을 증가시킴으로써 응답속도를 빠르게 해준다. 제어기 전달함수는 다음과 같이 표현될 수 있다.

$$C(s) = K_P + \frac{K_I}{s} = \frac{K_P}{s}(s+z) \tag{3.57}$$

여기서 $z = K_I/K_P$이다. 따라서 산소감지기의 동특성이 선형이고, 이득이 K_S라는 가정하에 시스템의 안정성과 응답성이 최적의 상태가 되도록 z의 값을 선정할 수 있다.

3.7.3 구동기(actuator) 분야

유압모터 모델

유압모터(hydraulic motor)는 기름을 매체로 하여 동력을 전달하는 시스템으로, 파스칼의 원리를 이용한다. 따라서 유압모터는 큰 힘을 얻을 수 있고, 과부하 방지가 용이하며, 힘의 조정이 쉽고, 무단변속이 간단하고, 진동이 적고, 내구성이 크다는 등의 장점이 있다. 그러나 유압모터에는 별도의 배관이 필요하고, 전동기를 직접 사용하는 것보다는 마력 손실이 있고, 기름의 온도 상승에 따라서 모터의 속도 및 효율이 저하될 수 있다는 단점도 있다.

그림 3.24는 서보밸브, 유압모터, 관성부하 및 점성부하로 구성된 유압모터시스템을 보이고 있다. 감속기어가 구동기구에 포함되어 있는 경우에는 부하를 모터축상의 부하로 환산한다. 서보밸브의 스풀변위로부터 유압모터의 각변위(라디안)로의 전달특성을 구하고자 한다. 유압모터의 출력인 각변위(유압모터의 배제용적에 비례한다고 가정됨)는 서보밸브의 스풀변위에 비례하고, 부하압력에 반비례하며, 유압작동유의 압축률에 반비례하기 때문에 다음과 같은 관계로 나타난다.

$$D_m \frac{d(\Delta\theta)}{dt} = k_1 \Delta x - k_2 \Delta p_l - \frac{\beta V_m}{2} \Delta p_l \tag{3.58}$$

여기서 D_m은 유압모터 1라디안당 배제용적(유압모터 1회전당 배제용적을 D'으로 하면 $D_m = D'/2\pi$), Δx는 서보밸브의 스풀변위(입력), $\Delta\theta$는 유압모터의 미소각변위(출력), β는 작동유의 압축률(체적탄성계수의 역수), V_m은 유압모터의 편측 내 용적과 서보밸브와 유

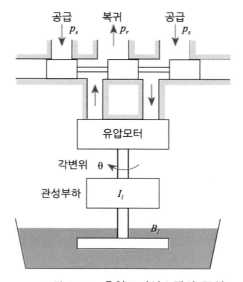

그림 3.24 유압모터시스템의 구성

압모터 사이의 배관 내 용적의 합, $k_1 = \partial Q(p_l^*, x^*)/\partial x$ (서보밸브의 스풀변위에 대한 유량이득), $k_2 = \partial Q(p_l^*, x^*)/\partial p_l$ (서보밸브의 부하 압력변화에 대한 유량이득), p_l은 부하압력 그리고 *는 임의의 동작점을 나타낸다. 또한 부하의 운동방정식은 뉴턴의 제2법칙에 의하여 다음과 같이 나타난다.

$$D_m \Delta p_l = (I_l + I_m)\frac{d^2(\Delta\theta)}{dt^2} + (B_l + B_m)\frac{d(\Delta\theta)}{dt} \tag{3.59}$$

여기서 I_l은 유압모터축상으로 환산한 부하의 등가관성모멘트, I_m은 유압모터의 관성모멘트, B_l은 부하의 점성마찰계수, B_m은 유압모터의 점성마찰계수이다.

식 (3.58) 및 식 (3.59)에서 Δp_l을 소거하고, $\Delta x, \Delta\theta$의 라플라스 변환함수를 $\Delta X, \Delta\Theta$라 하면, 스풀밸브 변위로부터 유압모터 각변위로의 전달함수 $G(s)$는 다음과 같다.

$$G(s) = \frac{\Delta\Theta(s)}{\Delta X(s)} = \frac{k_1}{D_m s + \frac{1}{D_m}\left(k_2 + \frac{\beta V_m}{2}s\right)(Is^2 + Bs)} \tag{3.60}$$

여기서 $I = I_l + I_m$, $B = B_l + B_m$이다. 이 전달함수는 3차다항식이나 스풀밸브의 동특성이 부하의 동특성보다 매우 빠르기 때문에, 필요에 따라서 2차다항식으로 간단히 할 수 있다. 또한 점성마찰계수 B를 무시하거나, 작동유의 압축률 β를 무시하여 모델을 단순화할 수 있다.

3.7.4 산업응용 분야

발전용 보일러 모델

발전용 보일러는 터빈발전기를 회전시키기 위한 증기를 발생시키는 장치이다. 그림 3.25는 한국전력(주)에서 보유하고 있는 드럼형 발전용 보일러 – 터빈 시스템의 구성도를 나타내고 있다. 이 시스템은 3입력, 3출력의 비선형 다변수시스템으로서 동작은 다음과 같다. 먼저 급수밸브를 통해 물이 드럼(drum)으로 들어오면 이 물은 드럼에 가해지는 보일러의 열에 의하여 끓는 온도까지 데워지게 된다. 끓는 온도에까지 도달한 물은 증기로 변하여 위로 상승하면서 물과 분리되어 드럼 밖으로 나와 증기터빈으로 가게 된다. 증기터빈으로 보내진 이 고압의 증기가 분출되어 터빈을 돌리면 발전기의 회전자가 회전하면서 전기를 발생하게 된다. 이때 드럼으로 들어오는 물은 급수밸브에 의해, 보일러에 공급되는 연료의 양은 연료밸브에 의해 그리고 터빈으로 보내지는 증기의 양은 증기조절밸브에 의해 조절된다. 이러한 보일러시스템의 입출력특성은 다음과 같은 비선형 상태방정식으로 표시된다.

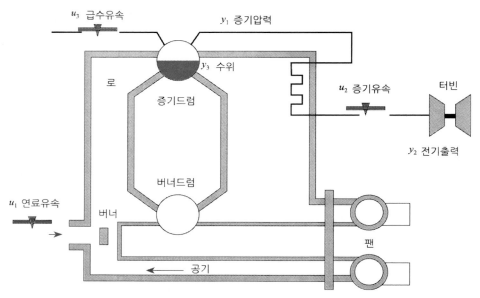

그림 3.25 160 MW급 발전용 보일러

$$\dot{x_1} = -0.0018u_2 x_1^{9/8} + 0.9u_1 - 0.15\,u_3$$

$$\dot{x_2} = [\,(0.73u_2 - 0.16)x_1^{9/8} - x_2\,]/10$$

$$\dot{x_3} = [\,141u_3 - (1.1u_2 - 0.19)x_1\,]/85$$

(3.61)

$$y_1 = x_1$$

$$y_2 = x_2$$

$$y_3 = 0.05\,(\,0.13073\,x_3 + 100\,a_{cs} + q_e/9 - 67.975\,)$$

여기서 a_{cs}와 q_e는 각각 증기의 질과 증발률(evaporation rate)을 나타내는 변수로서 다음과 같이 정의되며,

$$a_{cs} = \frac{(1 - 0.001538\,x_3)(0.8\,x_1 - 25.6)}{x_3(1.0394 - 0.0012304\,x_1)}$$

$$q_e = (0.85u_2 - 0.147)\,x_1 + 45.59u_1 - 2.514u_3 - 2.096$$

상태변수 x_1, x_2, x_3는 각각 드럼의 증기압력[kg/cm²], 전기적 출력[MW], 드럼 내의 유체 밀도[kg/m³]를 나타내고, 입력변수 u_1, u_2, u_3는 각각 연료밸브, 증기조절밸브, 급수밸브의 위치를 나타내는 값들이다. y_1, y_2, y_3는 시스템의 출력변수로서 $y_1 = x_1$, $y_2 = x_2$이고, y_3는 드럼수위[m]를 나타낸다. 밸브의 위치는 완전히 닫힌 상태를 0, 완전히 열린 상태를 1로 표시하여 정규화하기 때문에 입력변수들은 밸브의 물리적 특성에 따라 다음과 같이 크기

표 3.3 보일러시스템의 동작점

	φ_1	φ_2	φ_3
u_1^0	0.2517	0.4508	0.6489
u_2^0	0.4702	0.7138	0.9026
u_3^0	0.2785	0.5699	0.8541
y_1^0 [kg/cm²]	120	135	150
y_2^0 [MW]	40	90	140
y_3^0 [m]	0.5	0.5	0.5
x_3^0 [kg/m³]	545.48	494.2	428.75

및 변화율에 대한 제약조건을 갖는다.

$$0 \le u_1, u_2, u_3 \le 1$$

$$|\dot{u}_1| \le 0.007/\sec, \quad -2/\sec \le \dot{u}_2 \le 0.02/\sec, \quad |\dot{u}_3| \le 0.05/\sec$$

식 (3.61)과 같이 표현되는 비선형 모델을 선형화하기 위하여 동작점을 구해보면 표 3.3 과 같다. x^0, u^0, y^0는 보일터-터빈 모델 동작점에서의 상태변수와 입출력값들이다. 표 3.3의 동작점에 대해 선형화 상태방정식을 구하면 표 3.4와 같은 계수행렬을 얻는다.

표 3.4 보일러시스템의 선형화모델

동작점	선형화모델 계수행렬
φ_1	$A_1 = \begin{bmatrix} -0.0017 & 0 & 0 \\ 0.0375 & -0.10 & 0 \\ -0.0038 & 0 & 0 \end{bmatrix}, B_1 = \begin{bmatrix} 0.9 & -0.393 & -0.15 \\ 0 & 15.9368 & 0 \\ 0 & -1.5529 & 1.6588 \end{bmatrix}$ $C_1 = \begin{bmatrix} 1 & 0 & 0 \\ 0 & 1 & 0 \\ 0.0029 & 0 & 0.0052 \end{bmatrix}, D_1 = \begin{bmatrix} 0 & 0 & 0 \\ 0 & 0 & 0 \\ 0.2533 & 0.5667 & -0.014 \end{bmatrix}$
φ_2	$A_2 = \begin{bmatrix} -0.0027 & 0 & 0 \\ 0.075 & -0.10 & 0 \\ -0.007 & 0 & 0 \end{bmatrix}, B_2 = \begin{bmatrix} 0.9 & -0.4486 & -0.15 \\ 0 & 18.1948 & 0 \\ 0 & -1.7471 & 1.6588 \end{bmatrix}$ $C_2 = \begin{bmatrix} 1 & 0 & 0 \\ 0 & 1 & 0 \\ 0.0051 & 0 & 0.0046 \end{bmatrix}, D_2 = \begin{bmatrix} 0 & 0 & 0 \\ 0 & 0 & 0 \\ 0.2533 & 0.6375 & -0.014 \end{bmatrix}$
φ_3	$A_3 = \begin{bmatrix} -0.0034 & 0 & 0 \\ 0.105 & -0.1 & 0 \\ -0.0094 & 0 & 0 \end{bmatrix}, B_3 = \begin{bmatrix} 0.9 & -0.5051 & -0.15 \\ 0 & 20.4845 & 0 \\ 0 & -1.9412 & 1.6588 \end{bmatrix}$ $C_3 = \begin{bmatrix} 1 & 0 & 0 \\ 0 & 1 & 0 \\ 0.0078 & 0 & 0.0035 \end{bmatrix}, D_3 = \begin{bmatrix} 0 & 0 & 0 \\ 0 & 0 & 0 \\ 0.2533 & 0.7083 & -0.014 \end{bmatrix}$

3.7.5 항공우주공학 분야

(1) 비행체 운동모델

비행체는 공기역학적인 구조와 추진방식이 다양하지만, 병진운동과 회전운동으로 이루어지는 역학적인 운동방정식의 기본형은 똑같다. 다만 구조와 추진방식의 차이에 따라 공력계수와 변수들 사이의 결합계수들이 서로 다를 뿐이다. 비행체 가운데 항공기의 공기역학적 구조는 그림 3.26과 같이 나타낼 수 있다. 이 구조에서 **승강타(elevator)**, **방향타(rudder)**, **보조날개(ailerons)**의 편각은 비행체 회전운동을 제어하는 입력으로 작용하며, **피치각(pitch angle)**, **요각(yaw angle)**, **롤각(roll angle)**이 회전운동의 출력으로 나타난다.

항공기에서 입출력 변수들 사이에는 일대일 대응이 아니고 서로 결합(coupling)되어 있어서, 항공기의 입출력 전달특성은 한 입력의 변화가 모든 출력에 영향을 미치는 비교적 복잡한 비선형미방으로 표현된다. 그러나 이 비선형미방을 항공기의 동작점에서 선형화하면 승강타, 보조날개 및 방향타의 작은 변화 δe, δa, δr에 대한 비행체의 위치 및 속도변화 사이의 관계를 선형미방으로 나타낼 수 있기 때문에 비행체의 선형모델을 얻을 수 있다. 이렇게 얻어지는 선형모델은 보조날개와 방향타의 변화에 대응되는 움직임, 즉 가로운동(lateral motion)과 승강타의 변화에 대응되는 움직임, 즉 세로운동(longitudinal motion)으로 분리하여 표현할 수 있다. 실제로는 승강타의 변화가 가로운동에도 영향을 주고, 보조날개와 방향타의 변화가 세로운동에 영향을 주지만, 그 영향은 무시할 수 있을 정도이기 때문에 비행체 모델은 두 개의 선형시스템으로 분해하여 표현할 수 있다.

출력을 요각속도(yaw rate)로 선택하는 경우에 가로방향의 운동방정식을 특정한 동작점 부근에서 선형화하여, 방향타의 작은 각변위에 대응하는 선형화모델을 구해보면 다음과 같

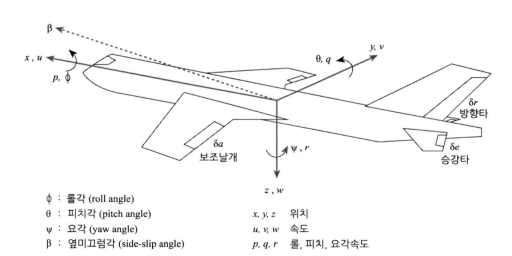

ϕ : 롤각 (roll angle)	
θ : 피치각 (pitch angle)	x, y, z 위치
ψ : 요각 (yaw angle)	u, v, w 속도
β : 옆미끄럼각 (side-slip angle)	p, q, r 롤, 피치, 요각속도

그림 3.26 항공기의 구조 모형도

이 구해진다.

$$\begin{bmatrix} \dot{\beta} \\ \dot{r} \\ \dot{p} \\ \dot{\varphi} \end{bmatrix} = \begin{bmatrix} -0.056 & -0.997 & 0.08 & 0.042 \\ 0.60 & -0.12 & -0.03 & 0 \\ -3.05 & 0.39 & -0.46 & 0 \\ 0 & 0.08 & 1 & 0 \end{bmatrix} \begin{bmatrix} \beta \\ r \\ p \\ \varphi \end{bmatrix} + \begin{bmatrix} 0.007 \\ -0.48 \\ 0.15 \\ 0 \end{bmatrix} \delta r$$

$$y = \begin{bmatrix} 0 & 1 & 0 & 0 \end{bmatrix} \begin{bmatrix} \beta \\ r \\ p \\ \varphi \end{bmatrix}$$

(3.62)

그리고 입력을 승강타 편위, 출력을 피치각으로 할 때 승강타의 작은 변화에 대응하는 특정한 동작점 부근의 선형화모델의 예는 다음과 같이 구해진다.

$$\begin{bmatrix} \dot{u} \\ \dot{w} \\ \dot{q} \\ \dot{\theta} \end{bmatrix} = \begin{bmatrix} -0.0064 & 0.026 & 0 & -32.2 \\ -0.094 & -0.62 & 820 & 0 \\ -0.0002 & -0.00015 & -0.067 & 0 \\ 0 & 0 & 1 & 0 \end{bmatrix} \begin{bmatrix} u \\ w \\ q \\ \theta \end{bmatrix} + \begin{bmatrix} 0 \\ -33 \\ -2 \\ 0 \end{bmatrix} \delta e$$

$$y = \begin{bmatrix} 0 & 0 & 1 & 0 \end{bmatrix} \begin{bmatrix} u \\ w \\ q \\ \theta \end{bmatrix}$$

(3.63)

(2) 표적의 운동모델

레이더는 비행하는 표적을 관측하는 항공분야에서의 대표적인 감지기이다. 그림 3.27과 같은 현대의 무기체계에서 레이더시스템은 표적을 탐지하는 기능뿐만 아니라, 표적을 추적하고, 더 나아가 표적의 이동방향, 속도, 가속도 등을 예측하는 기능을 갖추고 있어야 한다. 표적을 추적할 때에는 표적운동의 수학적 모델을 바탕으로 그 이동경로를 추적하게 되는데, 이 절에서는 이와 같은 표적의 추적에 쓰이는 기구학적 운동모델을 살펴보기로 한다.

먼저 표적이 등속도운동을 한다고 가정해 보자. x축상에서 등속도운동을 나타내는 관계식은 다음과 같다.

그림 3.27 표적추적용 레이더시스템

$$\ddot{x}(t) = 0 \tag{3.64}$$

공정잡음이 없다면, 즉 표적이 정확하게 등속도운동만 한다면 위 식은 표적의 등속운동을 표현하는 정확한 모델이 된다. 그러나 실제의 표적은 대기 중에 바람이 있는 가운데 비행하고, 감지기 자체에 측정잡음이 발생할 수 있으므로 공정잡음 v를 식 (3.64)에 다음과 같이 포함시키는 것이 더 좋은 추적모델이 된다.

$$\ddot{x}(t) = v(t) \tag{3.65}$$

여기서 v는 영평균 백색잡음이고, $E[v(t)]=0$, $E[v(t)v(\tau)]=q(t)\delta(t-\tau)$의 관계를 만족한다고 가정한다. E는 기대치(expectation)를 나타낸다. 상태벡터를 $X=[x \quad \dot{x}]^T$로 정의할 때 위 식의 상태방정식은 다음과 같다.

$$\dot{X}(t) = AX(t)+Gv(t) \tag{3.66}$$

여기서 계수행렬은 다음과 같다.

$$A = \begin{bmatrix} 0 & 1 \\ 0 & 0 \end{bmatrix}, \quad G = \begin{bmatrix} 0 \\ 1 \end{bmatrix}$$

식 (3.65)의 1축 방향의 등속모델은 표적이 평면운동을 하거나 공간운동을 할 경우에도 똑같이 적용된다. 그리고 각 방향의 표적운동은 독립적으로 다룰 수 있다고 가정한다. 또한 각 축에 가해지는 잡음은 서로 독립이며, 잡음의 강도(intensity)는 시간에 따라 변한다고 가정한다.

표적이 등가속도운동을 하는 경우를 살펴보자. x축에 대한 등가속도운동은 다음과 같이 표현할 수 있다.

$$\frac{d\ddot{x}(t)}{dt}=0$$

그러나 실제의 표적운동은 잡음의 영향 때문에 가속도가 정확히 상수가 아니므로, 영평균 백색잡음에 의해 가속도는 다음과 같이 모델링될 수 있다.

$$\frac{d\ddot{x}(t)}{dt}=v(t) \tag{3.67}$$

$v(t)$의 분산이 작으면 작을수록 가속도는 상수에 가까워진다. 상태방정식을 구하면 다음과 같다.

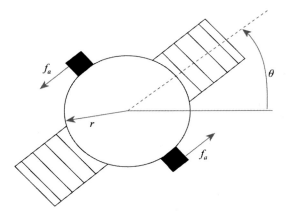

그림 3.28 인공위성 자세제어 모델

$$\dot{X}(t) = AX(t) + Gv(t) \tag{3.68}$$

$$X(t) = \begin{bmatrix} x \\ \dot{x} \\ \ddot{x} \end{bmatrix}, \quad A = \begin{bmatrix} 0 & 1 & 0 \\ 0 & 0 & 1 \\ 0 & 0 & 0 \end{bmatrix}, \quad G = \begin{bmatrix} 0 \\ 0 \\ 1 \end{bmatrix}$$

(3) 인공위성 자세제어 모델

지구 주위를 회전하는 인공위성의 자세(attitude)를 제어하기 위한 모델을 구해 보자. 그림 3.28은 2개의 추진기를 가진 인공위성의 회전운동을 보이고 있다. 인공위성의 자세는 2개의 추진기에서 분출하는 추력에 의해 제어된다. 운동방정식은 강체의 회전운동과 동일하게 유도될 수 있다. 제어입력은 인공위성의 중심에서 r만큼 떨어진 추진기에 의해 발생되는 추력 f_a이며, 외란으로 f_d가 존재한다고 가정한다. 시스템출력은 인공위성의 회전각 θ가 된다. 인공위성의 질량관성모멘트를 J라 할 때, 운동방정식은 뉴턴의 제2법칙에 의하여 다음과 같다.

$$J\ddot{\theta} = 2r(f_a + f_d) \tag{3.69}$$

위 식의 양변을 라플라스 변환하여

$$Js^2\theta(s) = 2r[F_a(s) + F_d(s)]$$

회전각에 대해 정리하면 다음과 같은 전달특성이 구해진다.

$$\theta(s) = \frac{2r}{Js^2}[F_a(s) + F_d(s)]$$

3.7.6 철강제어 분야

압연공정

제철공정(steel process)은 산업분야에서 대표적인 제어대상 시스템으로 많은 제어기법들이 개발되어 응용되고 있다. 철강의 품질에 대한 요구가 높아질수록 대응하는 공정제어기법도 고도화되면서 이에 대한 많은 연구가 진행되고 있다. **압연공정(rolling mill process)**은 제철공정 가운데 마지막 과정으로서, 강괴를 다시 가열하여 이것을 누르거나 늘리거나 틀에 찍어서 원하는 두께와 모양을 만든다. 생산성을 고려하여 적절한 속도를 유지해야 하기 때문에 온도제어, 위치제어, 속도제어 문제가 함께 나타나며, 다양한 제어기법을 필요로 한다. 압연공정의 종류는 원하는 모양과 강판 두께에 따라 조강압연, 후판압연, 박판압연, 선재압연 등이 있으며, 처리온도에 따라 열간압연과 냉간압연으로 분류하기도 한다. 그림 3.29는 포항제철에 설치되어 있는 열간압연 공정의 실물사진이다. 여기서는 이 **열간압연기(hot rolling mill)**의 모델을 유도하기로 한다.

압연기는 여러 대가 일렬로 설치되어 단계적 처리과정을 거치는 시스템이지만, 수학적 모델을 구하기 위해 압연기 한 대만을 간략화하여 나타내면 그림 3.30과 같이 표시할 수 있다. 열간압연에서는 압연기에 압연하중을 주는 유압에 의하여 소재의 두께가 결정되며, 압연기 롤은 모터로 구동되어 회전하며, 롤의 회전에 의해 소재가 진행된다. 진행되고 있는 소재의 두께는 다음 식과 같은 원리에 의하여 제어된다.

$$\Delta h = \Delta s + \frac{\Delta P}{M_m} \tag{3.70}$$

여기에서 Δh는 두께변동분, Δs는 압연 롤간격의 변동분, ΔP는 압연하중 변동분, M_m은

그림 3.29 열간압연 공정(포항제철)

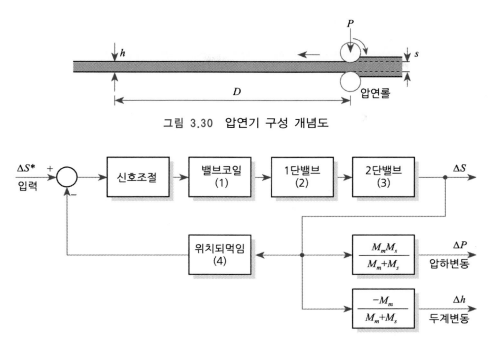

그림 3.30 압연기 구성 개념도

그림 3.31 유압식 압연기의 구성

압연기 강성(mill modulus)이다. 소재의 두께를 일정하게 유지하려면 $\Delta h = 0$이 되도록 해야 하는데, 이를 위해서는 식 (3.70)에서 $\Delta s = -\Delta P/M_m$이 되도록 제어하여 압연하중 변화 ΔP에 따라 롤간격 Δs를 변화시켜야 한다. 원하는 두께 변동분을 입력으로 하고, 롤간격을 출력으로 하여 유압식 압연기의 구성을 블록선도로 나타내면 그림 3.31과 같다.

여기서 압연기 강성은 $M_m = 1.039 \, 10^6$ N/mm이고, M_s는 소재의 소성계수로 소재마다 다르나 대표값은 $M_s = 0.981 \, 10^7$ N/mm이다. 그림 3.31에서 각 블록을 이루는 근사 물리모델은 (1)이 1차, (2)가 2차, (3)이 3차, (4)가 1차로 전체는 7차로 구성되지만, 현장의 제어를 위하여 여러 가지 근사화 방법에 의해 2차 모델로 축소하면 다음과 같은 전달함수를 얻을 수 있다.

$$G(s) = \frac{\Delta S}{\Delta S^*} = \frac{6775.08}{s^2 + 33.42s + 6888} \tag{3.71}$$

여기서 Δs^*는 롤간격에 대한 기준입력으로서 원하는 롤간격을 말한다. 따라서 원하는 두께를 얻기 위해서는 $\Delta h = 0$이 되도록 조절하면 되므로, 압하변동 ΔP를 되먹임하여 제어기를 통해 $\Delta s^* = -\Delta P/M_m$이 되도록 기준입력을 발생하여 압연기에 입력시킨다.

● 3.8 요점 정리

1. 선형시스템은 시스템의 입출력 관계에서 중첩의 원리가 성립하는 시스템이며, 비선형 시스템은 그렇지 않은 시스템을 말한다. 시변시스템은 시스템의 성질이 시간에 따라서 변화하는 시스템이며, 시불변시스템은 그 성질이 시간에 따라 변화하지 않고 일정한 시스템을 말한다. 고전제어 분야에서는 선형시불변 시스템을 주로 다룬다.

2. 선형시불변 시스템을 표현하는 방법에는 미분방정식, 전달함수, 상태방정식 및 블록선도가 있다. 한 시스템에 대해서 이 표현법들은 서로 등가이기 때문에 이 표현법 사이에는 변환을 쉽게 할 수 있다. 따라서 이 가운데 어느 한 형태를 알고 있으면 필요에따라 다른 형태로 쉽게 변환할 수 있다.

3. 전달함수는 입력과 출력이 각각 하나씩인 비교적 단순한 시스템의 입출력관계를 주파수영역에서 표현하는 방법으로서, 고전적인 제어기 설계에 많이 사용되고 있다. 상태방정식은 시스템의 특성을 시간영역에서 나타내는 방법으로서 선형시불변 시스템은 물론이고 시변이나 비선형시스템까지 표현할 수 있다. 이 표현법은 컴퓨터를 사용하여 제어기를 설계하거나 성능분석을 할 때 특히 유용하며, 현대적인 제어기 설계에 많이 쓰이고 있다.

4. 블록선도는 시스템을 효과적으로 표시할 수 있는 시각적인 표현법이다. 시스템의 구조를 개념적으로 분명하게 나타낼 수 있기 때문에 복잡한 시스템의 경우에도 이 선도로 나타내면 구조를 쉽게 파악할 수 있다. 최근에는 블록선도로 부시스템들을 표현한다음에 이것을 서로 연결하여 모의실험을 수행할 수 있는 컴퓨터꾸러미들이 제공되고 있다. 또한 제어시스템 해석 및 설계에 매우 효과적으로 사용되고 있다.

5. 비선형시스템의 경우에는 해석 및 설계방법이 매우 제한되어 있다. 따라서 비선형시스템에 대해서는 대부분의 경우에 적절한 동작점 근방에서 선형시스템으로 근사화하여 시스템을 해석하고, 선형화모델을 이용하여 선형제어기를 설계한다. 이렇게 설계된제어기를 비선형플랜트에 적용할 때에는 그림 3.27(a)와 같이 구성하여 사용한다.

6. 공학적인 관점에서 볼 때 좋은 모델이란 완벽한 것보다는 허용된 모델링 오차 범위안에서 시스템을 될 수 있는 대로 단순하게 표현하는 모델이다. 또한 모델을 구현하는관점에서 볼 때는 컴퓨터를 사용하여 해석하고, 설계하기 쉬운 모델일수록 좋은 모델이라고 할 수 있다.

3.1 다음의 상미분방정식을 상태방정식 형태로 나타내어라.

$$\frac{dx_1(t)}{dt} = -x_1(t)+4x_2(t)$$
$$\frac{dx_2(t)}{dt} = -2x_2(t)+3x_1(t)+u(t)$$

3.2 다음과 같이 표현되는 시스템방정식이 있다.

$$\frac{d^3y(t)}{dt^3}+10\frac{d^2y(t)}{dt^2}+6\frac{dy(t)}{dt}+y(t)+7\int_0^t y(\tau)d\tau = \frac{dr(t)}{dt}+3r(t)$$

여기서 $r(t)$는 입력, $y(t)$는 출력을 나타낸다.
(1) 전달함수 $G(s)=Y(s)/R(s)$를 구하라.
(2) 이에 대응하는 상태방정식을 구하라.

3.3 어떤 시스템의 전달함수를 결정하기 위해 입력 $r(t)$로 단위계단입력을 넣었을 때, 출력 $y(t)$가 다음과 같은 함수식으로 나타났다.

$$y(t) = (8t-4e^{-4t}-2e^{-5t})u_s(t)$$

여기서 $u_s(t)$는 단위계단함수이다. 이 시스템의 전달함수 $G(s)=Y(s)/R(s)$를 구하라.

3.4 다음과 같은 2차 전달함수에서

$$G(s) = \frac{Y(s)}{U(s)} = \frac{b_1s+b_2}{s^2+a_1s+a_2}$$

(1) 상태변수를 다음과 같이 정의할 때 대응하는 상태방정식을 구하라(제어표준형).

$$X_1(s) = sQ(s), \quad X_2(s) = Q(s)$$
$$Q(s) = \frac{Y(s)}{b_1s+b_2} = \frac{U(s)}{s^2+a_1s+a_2}$$

(2) 상태변수를 다음과 같이 정의할 때 대응하는 상태방정식을 구하라(관측표준형).

$$X_1(s) = \frac{1}{s}[b_1U(s)-a_1Y(s)+X_2(s)]$$
$$X_2(s) = \frac{1}{s}[b_2U(s)-a_2Y(s)]$$

(3) 상태변수를 $x=[y \ \dot{y}]^T$로 지정하고 대응하는 상태방정식을 유도하라.

3.5 식 (3.2)의 *RLC* 직렬회로시스템에서

(1) 제어표준형 상태방정식을 구하고 대응하는 상태변수를 제시하라.

(2) 관측표준형 상태방정식을 구하고 대응하는 상태변수를 제시하라.

3.6 3.3절의 물탱크시스템의 식 (3.21)로부터 전달함수식 (3.9)를 유도하라.

3.7 3.3절의 물탱크시스템에서 상태변수를 다음과 같이 잡을 때 대응하는 상태방정식을 구하라.

$$x_1 = q_2, \quad x_2 = \dot{q}_2, \quad y = q_2$$

3.8 어떤 제어시스템의 근사 선형방정식이 다음과 같다.

$$L_1(t) = I\ddot{\theta}_1(t) + \omega I\dot{\theta}_3(t)$$

$$L_2(t) = I\ddot{\theta}_2(t)$$

$$L_3(t) = I\ddot{\theta}_3(t) + \omega I\dot{\theta}_1(t)$$

여기서 $\theta_1, \theta_2, \theta_3$ 는 출력변수, L_1, L_2, L_3는 입력변수를 나타내며, ω 와 I는 시스템과 관련된 상수이다. 이 식을 상태방정식으로 나타내어라.

3.9 다음과 같은 미분방정식으로 표시되는 시스템의 관측표준형 상태방정식을 구하라.

$$\frac{d^3y(t)}{dt^3} + 2\frac{d^2y(t)}{dt^2} + 8\frac{dy(t)}{dt} + 2y(t) = 3r(t) + 2n(t)$$

여기서 $r(t)$는 기준입력을, $n(t)$는 시스템에 들어가는 잡음을 나타낸다.

3.10 다음의 전기회로에서

(1) $i(t)$와 $v_i(t)$, $v_o(t)$의 관계를 시간영역에서 나타내어라.

(2) $i(t)$와 $v_o(t)$의 관계를 주파수영역에서 나타내어라.

(3) 전달함수 $V_o(s)/V_i(s)$를 구하라.

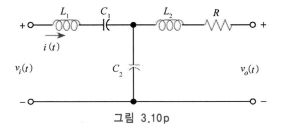

그림 3.10p

3.11 다음과 같은 연산증폭기 회로에서 연산증폭기는 이상적이라고 가정한다.

(1) 전달함수 $V_o(s)/V_i(s)$를 구하라.

(2) $R_1 = R_2 = 10 \ k\Omega$, $C_1 = 1 \ \mu F$, $C_2 = 5 \ \mu F$ 일 때 전달함수를 구하라.

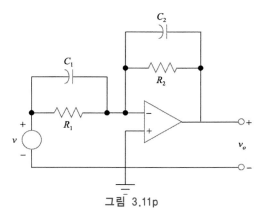

그림 3.11p

3.12 다음과 같은 전달함수를 갖는 2차 시스템에 대해서

$$G(s) = \frac{4}{s^2 + 3s - 4}$$

(1) 직류이득을 구하라.
(2) 단위계단 입력에 대해서 출력의 최종값을 구하라.

3.13 식 (3.8)의 역진자시스템 근사모델로부터 식 (3.20)의 상태방정식을 유도하고 그 전달함수를 구하라.

3.14 식 (3.48)의 공조기 미분방정식으로부터 이 시스템의 전달함수 식 (3.49)를 유도하라.

3.15 3.2.3절의 직류서보모터 모델에서 식 (3.3)~(3.4)를 이용하여 전달함수식 (3.5)와 상태방정식 (3.19)를 유도하라.

3.16 어떤 제어시스템이 다음의 블록선도와 같이 표시된다. 여기서 $R(s)$는 기준입력이며, $D(s)$는 외란을 나타낸다.

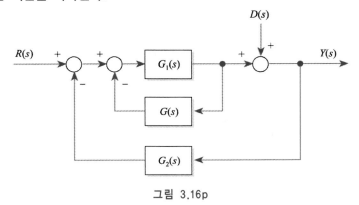

그림 3.16p

(1) 전달함수 $G(s) = Y(s)/R(s)$를 구하라.

(2) 외란에 대한 전달함수 $G_d(s)=Y(s)/D(s)$를 구하라.

(3) 외란 $D(s)$가 출력 $Y(s)$에 영향을 미치지 않도록 만드는 되먹임제어기 $C(s)$를 결정하라.

3.17 다음과 같은 LC회로망에서 가지전류 $I_1(s)$, $I_2(s)$와 마디전압 $V_i(s)$, $V_1(s)$, $V_o(s)$ 사이의 관계식은 다음과 같다.

$$I_1(s)=\frac{V_i(s)-V_1(s)}{Z_1(s)}, \quad I_2(s)=\frac{V_1(s)-V_o(s)}{Z_2(s)}$$

$$V_1(s)=[I_1(s)-I_2(s)]Z_3(s)$$

$$V_o(s)=I_2(s)Z_4(s)$$

(1) 이 회로망을 나타내는 블록선도를 그려라.

(2) 이 블록선도로부터 전달함수 $V_o(s)/V_i(s)$를 구하라.

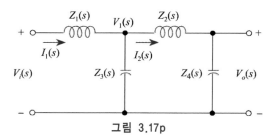

그림 3.17p

3.18 다음 그림과 같은 시스템에 단위 계단입력을 넣었을 때, 초기값 정리와 최종값 정리를 써서 초기값과 최종값을 구하라.

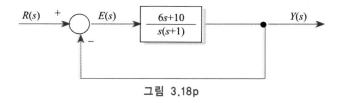

그림 3.18p

3.19 다음 블록선도로 표시되는 시스템의 제어표준형 상태방정식을 구하라.

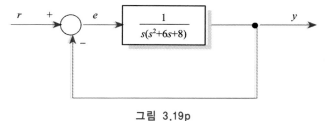

그림 3.19p

3.20 다음 블록선도를 단순화하여 전달함수 $Y(s)/R(s)$를 구하라.

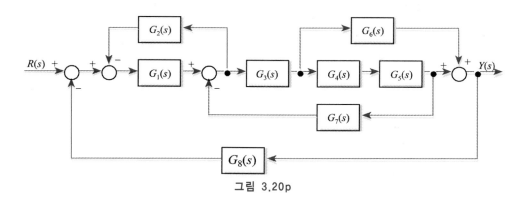

그림 3.20p

3.21 다음 블록선도를 단순화하여 전달함수 $Y(s)/R(s)$를 구하라.

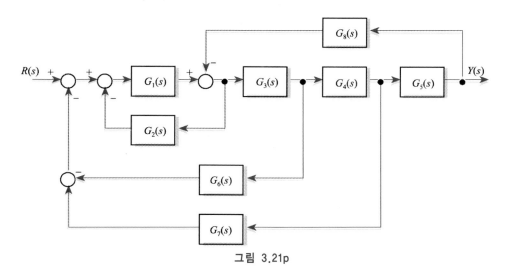

그림 3.21p

3.22 다음 블록선도에서

(1) 전달함수를 구하라. 단 a_i와 b_i는 상수값들이다.

(2) y와 u에 관한 2차 미분방정식으로 표현하라.

(3) 블록선도에 지정된 x_1과 x_2를 이용해서 상태방정식으로 나타내어라.

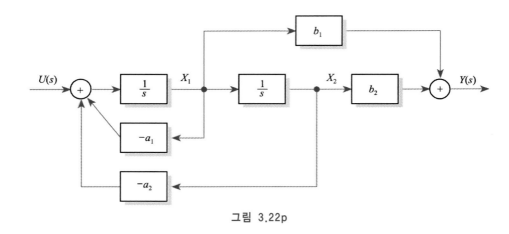

그림 3.22p

3.23 다음과 같은 블록선도에서

(1) 전달함수를 $T(s) = Y(s)/R(s)$를 구하라. 단 a_i와 b_i는 상수값들이다.

(2) 블록선도에 지정된 x_1, x_2, x_3를 이용해서 상태방정식으로 나타내어라.

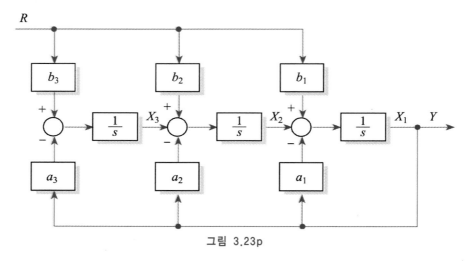

그림 3.23p

3.24 그림 3.20p의 블록선도에 대응하는 신호흐름도를 그린 다음 메이슨의 공식을 써서 전달함수 $T(s) = Y(s)/R(s)$를 구하라.

3.25 그림 3.21p의 블록선도에 대응하는 신호흐름도를 그린 다음 메이슨의 공식을 써서 전달함수 $T(s) = Y(s)/R(s)$를 구하라.

3.26 그림 3.23p의 블록선도에 대응하는 신호흐름도를 그린 다음 메이슨의 공식을 써서 전달함수 $T(s) = Y(s)/R(s)$를 구하라.

3.27 다음의 신호흐름도에서 전달함수 $T(s) = Y(s)/R(s)$를 구하라.

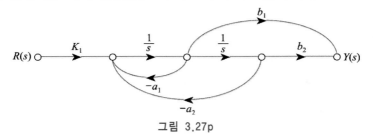

그림 3.27p

3.28 다음의 신호흐름도에서 전달함수 $T(s) = Y(s)/R(s)$를 구하라.

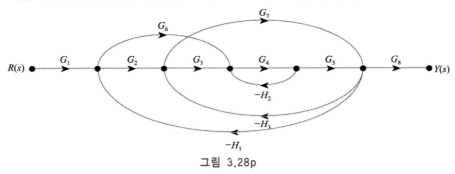

그림 3.28p

3.29 2원1차 연립방정식의 해를 신호흐름도를 써서 구하고자 한다.

$$a_{11}x_1 + a_{12}x_2 = u_1 , \quad a_{21}x_1 + a_{22}x_2 = u_2$$

(1) 연립방정식을 다음과 같이 변형하여 신호흐름도로 나타내고, 해 x_1, x_2를 구하라.

$$x_1 = -(a_{11}-1)x_1 - a_{12}x_2 + u_1$$
$$x_2 = -a_{21}x_1 - (a_{22}-1)x_2 + u_2$$

(2) 연립방정식을 다음과 같이 변형하여 신호흐름도로 나타내고, 해 x_1, x_2를 구하라.

$$x_1 = -\frac{a_{12}}{a_{11}}x_2 + \frac{1}{a_{11}}u_1$$
$$x_2 = -\frac{a_{21}}{a_{22}}x_1 + \frac{1}{a_{22}}u_2$$

3.30 2차시스템에서

$$\ddot{y} + 2\zeta w_n\dot{y} + w_n^2 y = 0, \quad y(0)=y_0, \quad \dot{y}(0)=0$$

응답이 다음과 같음을 보여라.

$$y(t) = y_0\frac{e^{-\sigma t}}{\sqrt{1-\zeta^2}}\sin(w_d t + \cos^{-1}\zeta)$$

여기서 $\sigma = \zeta \omega_n$, $\omega_d = \omega_n \sqrt{1 - \zeta^2}$ 이다.

3.31 바퀴 달린 두 개의 질량이 그림과 같이 연결되어 있다. 가해지는 힘은 $u(t)$이고, 구름 마찰은 무시한다고 할 때,

(1) 이 시스템의 운동방정식을 구하고, 상태방정식으로 나타내어라.

(2) $u(t)$와 $q(t)$ 사이의 전달함수를 구하라.

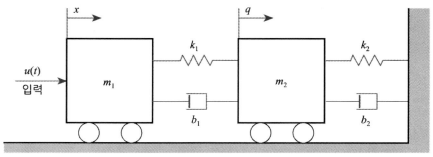

그림 3.31p

3.32 식 (3.6)~(3.7)의 역진자시스템에서 유도된 2개의 비선형 연립방정식에서

(1) $\ddot{x}$을 없앤 θ와 u에 관한 비선형 미분방정식을 구하라.

(2) 상태변수를 $\underline{x} = [\theta \ \dot{\theta}]^T$로 지정하고, (1)에서 구한 비선형 미분방정식을 다음의 꼴로 나타내어라.

$$\underline{\dot{x}} = f(\underline{x}, u)$$

(3) 2)의 비선형 미분방정식에서 $(\underline{x}_o, u_o) = (0, 0)$이 동작점이 되는 것을 보이고, 이 동작점에서 선형모델을 구하라.

3.33 다음 그림과 같은 막대형 역진자시스템에서 진자막대의 무게중심에 대한 관성모멘트를 I라 할 때,

(1) 수평 및 수직운동과 회전운동 방정식을 유도하라(**힌트** : 식 (3.7)에서 $I \neq 0$ 임).

(2) $\theta \approx 0$ 라고 가정하여 선형화 방정식을 유도하라.

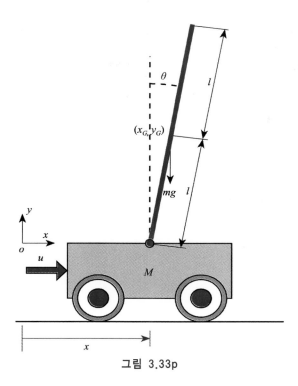

그림 3.33p

3.34*다음의 스프링- 부하 진자시스템에서 진자가 수직이거나 $\theta = 0$일 때 진자에 동작하는 스프링 힘은 0이다. 마찰은 무시하고 진동각 θ가 매우 작다고 가정한다.

(1) 이 시스템의 수학적 모델을 구하라.

(2) $\theta = 0$ 부근에서 선형화모델을 구하라.

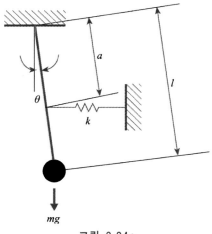

그림 3.34p

3.35 비선형 플랜트에 대한 선형제어기를 설계하여 그림 3.17(a)와 같이 구성할 때, 기준 입력을 넣을 경우에는 어떻게 처리하는지를 이 블록선도에 나타내고 간략히 설명하라.

3.36* 3.7.2절의 1/4차량 현가장치 모델에서

   (1) 식 (3.50)을 이용하여 출력방정식 (3.53)을 구하라.

   (2) 식 (3.55)에서 행렬 $(sI-A)^{-1}$를 구하라.

   (3) 식 (3.53)에서 출력변수를 현가장치의 변위(z_s-z_u)로 하였을 때, 입력변수 u와 w에 대한 전달함수를 구하라.

   (4) 식 (3.53)에서 출력변수를 타이어의 변형(z_u-w)으로 하였을 때, 입력변수 u와 w에 대한 전달함수를 구하라.

3.37 식 (3.61)로 표시되는 보일러 비선형모델에서

   (1) 표 3.3의 동작점 ϕ_1이 동작점 조건을 만족하는가를 확인하라.

   (2) 동작점 ϕ_1에서 선형화하여 선형 상태공간모델의 계수행렬을 계산하라.

제 어 상 식

▶ 구동기(actuator)

구동기는 제어신호에 따라 플랜트에 들어갈 입력을 만들어내는 동력장치이다. 제어기의 출력신호는 대개의 경우 전기적 신호인데, 이 신호로 플랜트를 직접 구동할 수 없는 경우에는 구동기를 사용한다. 구동기에는 다음과 같은 서보모터와 밸브 등이 있다.

1) 서보모터(servo motors)

종류	특징	실례
DC 서보모터	구동방식의 응답성이 좋고, 부하 마찰 토크가 국부적으로 변화하므로 다관절 로봇과 같이 관성이 크게 변하는 계에서도 충분히 안정된 제어를 할 수 있다. 크기에 비해 토크가 크고, 효율이 좋으며, 비교적 가격이 싸다는 장점이 있지만, 브러시 마찰로 기계적 손실이 크다는 단점이 있다.	
AC 서보모터	위치제어가 어려운 AC모터의 한 종류이지만, 전용 제어장치와 조합시켜 제어성이 우수한 DC 서보모터와 동등 이상의 성능을 내는 모터이다. 브러시와 정류자가 없어서 보수가 용이하고, 고장이 적으며, 고속 고토크의 출력을 얻을 수 있다는 장점이 있다. 반면에 시스템이 복잡하여 가격이 비싸고 회전검출기가 필요하다는 단점이 있다.	
유압 서보모터	파일럿밸브로 제어되는 유압동력증폭기로서 유압제어회로의 기본을 형성한다. 파일럿밸브는 매우 작은 동력으로 제어되지만, 이 파일럿밸브에 의해 매우 큰 동력출력을 제어할 수 있다.	

2) 밸브(valves)

종 류	특 징	실 례
압력제어 밸브	회로 내의 압력을 설정값 이하로 유지하는 기능과 회로 내의 압력이 설정값에 도달하면 회로의 전환을 행하는 기능을 한다. relief 밸브, unloading relief 밸브 등이 있다.	
유량제어 밸브	구동기의 속도에 변화를 주기 위하여 사용되는 밸브이다. 가변교축인 교축밸브와 밸브 전후의 차압에 의해 유량이 변동하지 않도록 압력보상을 부가시킨 유량조정밸브가 있다.	
방향제어 밸브	흐름의 방향을 제어하는 밸브로서 기능, 구조, 제어수단 등에 따라 분류하며, 한 방향으로만 보내는 체크 밸브, 유로의 형태 및 접속수에 따라 2, 3, 4 방향형으로 구분한다. 수동식, 기계식, pilot(유압, 공압)식, 전자식, 전자 pilot식 등이 있다.	

CHAPTER **4**

제어목표와 안정성

4.1 개 요

제어란 어떤 시스템의 상태나 출력이 원하는 특성을 따라가면서 제어목표를 만족하도록 입력신호를 적절히 조절하는 방법이다. 이러한 제어동작을 수행하는 장치인 제어기를 구성하는 과정을 **제어시스템 설계(control system design)**라고 한다. 어떤 제어시스템을 설계하기 위해서는 먼저 대상 시스템을 분석하여 특성을 알아내는 작업이 이루어져야 한다. 이러한 과정을 **제어시스템 해석(control system analysis)**이라고 한다. 제어시스템 해석과정은 제어시스템 설계 전뿐만 아니라 설계 중이나 설계 후에도 제어기의 성능을 분석하고, 제어목표가 달성되었는가를 확인하기 위해 수시로 수행된다.

이 장에서는 제어목표를 상세히 설명한다. 제어목표를 분산시켜 설명하면 통일성이 없고, 상호관계를 이해하기 어렵기 때문에 이 장에서 전부 다루기로 한다. 시간응답과 주파수응답을 설명하고, 시간영역과 주파수영역에서 성능지표도 설명한다. 제어목표를 이루기 위해서 거의 모든 제어시스템에는 되먹임을 쓰는데 되먹임의 효과에 대해 개괄적으로 분석한다.

제어시스템 설계목표 가운데 제일의 목표는 안정성이다. 어떤 시스템이든 불안정할 경우에는 출력이 발산하게 되어 다른 제어목표를 수행할 수 없기 때문에, 안정성을 이루는 것이 제어의 최우선 목표가 되는 것이다. 이 장에서는 이러한 안정성의 정의와 조건 및 이를 판별하는 방법을 다루며, 안정성과 시스템 극점·영점과의 관계를 정리한다.

1) 제어기를 써서 얻고자 하는 시스템 특성을 **제어목표(control objective)**라 한다. 제어목표에는 **안정성(stability)**과 **명령추종 성능(command following performance)**이 있다. 명령추종 성능은 보통 성능이라고 간단히 표기하기도 한다. 모델불확실성의 영향을 축소하는 것도 필요한데, 이 경우에 대응하는 제어목표를 **견실안정성(robust stability)**과 **견실성능(robust performance)**이라 한다.

2) 제어목표 가운데 가장 중요한 목표는 안정성이다. 제어기를 설계한다는 것은 제어시스템의 안정성을 이루면서 나머지 목표들을 달성하는 제어입력신호를 만들어내는 장치를 구성하는 것을 뜻한다. 그런데 여러 제어목표들은 상충관계에 있기 때문에 제어기를 설계할 때에는 제어목표를 절충시켜야 한다.

3) 대상시스템에 되먹임을 쓰면 안정성을 확보하면서 명령추종 성능을 향상시킬 수 있다. 또한 입출력 전달특성에 비선형성이 있을 때 되먹임을 쓰면 전달특성을 선형에 가깝도록 개선할 수 있다.

4) 명령추종 성능은 시간영역 **성능지표(performance index)**를 써서 나타낼 수 있다. 이 성능지표로는 주로 단위계단응답에서 정의되는 지표들을 사용한다. 상승시간, 초과, 마루시간 따위의 과도상태 특성을 표시하는 성능지표와 정착시간, 정상상태 오차 따위의 정상상태 특성을 표시하는 성능지표들이 있다. 명령추종 성능의 제어목표는 성능지표의 범위를 지정하는 **성능기준(performance specification)**으로써 나타낸다.

5) 정현파 입력을 가정하여 입력주파수 변화에 대한 전달함수의 크기와 위상변화를 나타내는 주파수응답으로 명령추종 성능을 나타낼 수도 있다. 이 경우 성능지표로는 주파수 대역폭, 대역이득, 차단주파수, 공진주파수 따위가 쓰이며, 상대안정성을 나타내는 지표로서 이득여유와 위상여유를 사용한다. 이 주파수응답 특성은 전달함수 $G(s)$에서 변환변수 s 대신에 $j\omega$를 대입한 $G(j\omega)$에 의해 결정된다.

6) 안정성에 관한 정의로는 **유한입출력 안정성(BIBO stability)**과 리아푸노프 안정성(Lyapunov stability) 두 가지가 주로 쓰인다. 유한입출력 안정성은 유한한 입력이나 외란에 대해 출력의 크기가 항상 유한한 응답을 보이는 시스템의 성질을 말한다. 리아푸노프 안정성은 시스템의 내부 상태변수를 기준으로 정의하는데, 내용이 학부 수준을 넘어서기 때문에 이 책에서는 다루지 않기로 한다. 따라서 이 책에서 다루는 안정성은 유한입출력 안정성에 한정된다.

7) 선형시불변 시스템에서 안정성에 대한 필요충분조건은 전달함수의 모든 극점들이 s평면의 좌반평면에 놓여있는 것이다. 어느 한 극점이라도 s평면의 허수축이나 우반평면에 있으면 시스템은 불안정하여 출력이 발산하게 된다.

8) 안정성을 판별하는 방법으로는 특성방정식을 풀어서 극점을 구하여 조사하는 직접적인 방법과 우반평면 극점의 존재 여부만을 조사하는 간접적인 방법이 있다. 이 가운데 직접적인 방법은 대수방정식을 풀어야 하기 때문에 필산으로 풀 경우에는 2차 이하의 저차 시스템에만 적용할 수 있다. 그러나 최근에는 컴퓨터 꾸러미를 이용하여 고차방정식의 근을 쉽게 구할 수 있기 때문에 이 방법도 많이 쓰이고 있다.

9) 간접적인 안정성 판별법으로는 **루쓰-허위츠 안정성 판별법(Routh-Hurwitz stability criterion)**이 있다. 루쓰-허위츠 안정성 판별법은 간단한 연산을 사용하여 구성되는 표를 써서 특성방정식의 근 가운데 불안정한 근의 개수를 찾아낸다.

4.2 제어목표

제어란 어떤 플랜트나 공정의 출력신호나 제어대상 변수가 원하는 응답을 갖도록 입력신호를 적절히 조절해 주는 행위이다. 이러한 제어동작을 수행하는 장치인 제어기를 설계할 때에는 먼저 제어대상 시스템의 모델을 구하고, 원하는 제어목표가 무엇인가를 정해야 한다. 그리고 이 제어목표를 달성하도록 제어기를 설계하는 과정과 적용시험을 거쳐서 제어시스템을 구성한다. 이 절에서는 이러한 제어목표와 제어시스템 설계과정에 대한 개념을 살펴보기로 한다. 1.2절에서 시스템을 상수로 가정하여 개념을 간단하게 설명하였는데, 여기서는 시스템을 전달함수로 표시하여 체계적으로 설명할 것이다.

4.2.1 기본 제어목표

제어시스템을 설계하기 위해서는 플랜트를 수학식으로 표현해야 하는데, 이때 실제 플랜트는 기본수식 모델과 다소 차이가 있다. 이러한 차이를 모델오차(model error) 또는 모델불확실성(model uncertainty)이라고 한다. 앞에서 언급하였듯이 제어란 제어목표를 만족하도록 플랜트의 입력신호를 적절히 조절하는 방법이며, 제어시스템에는 출력신호가 따라가기를 원하는 값이 있는데, 이를 기준입력이나 명령입력이라 한다.

제어목표란 대상 시스템에서 제어기를 써서 달성하려는 특성을 말한다. 그러므로 제어목표는 대상 플랜트에 따라 다르며, 플랜트의 특성을 고려하여 적절한 목표를 설정해야 한다. 따라서 플랜트에 따라 여러 가지로 다양한 목표가 있을 수 있는데, 주로 사용하는 목표들을 요약하면 다음과 같다.

1) 안정성 : 제어기를 포함하는 전체 시스템이 발산하지 않고 안정해야 한다. 제어목표 가운데 첫 번째로 중요한 목표이다.

2) 성능 : 제어대상 변수가 기준입력을 빨리 잘 따라가야 한다. 명령추종 성능이라고도 한다.

위의 항목들은 제어목표를 정성적으로 나타낸 것이며, 실제 제어시스템 설계에서는 정량적 지표로서 구체적인 목표를 설정한다. 특히 명령추종 성능은 정량적인 지표로 나타내야 하는데, 이 지표로는 시간영역 특성계수나 주파수영역 특성계수들을 활용한다. 시간영역 성능지표로 최대초과, 상승시간, 정상상태 오차, 정착시간 등과 같은 특성계수를 사용한다. 주파수영역의 성능지표로 대역폭, 이득여유, 위상여유, 공진최대값 등과 같은 특성계수를 사용한다(이 지표들에 대한 자세한 정의는 4.3절에서 다룰 것이다). 명령추종 성능의 제어목표는 성능지표들의 범위를 지정하는 **성능기준(performance specification)**으로 표현된다. 예를 들면, 명령추종 성능목표를 표시할 때 '상승시간 5초 이내, 초과 20% 이하, 정상상태 오차

2% 이하'라든지, '대역폭 10 rad/sec 이내, 이득여유 6 dB 이상, 위상여유 30° 이상' 따위와 같이 성능지표의 범위를 명시하는 성능기준을 써서 정량적으로 나타내는 것이다.

실제 제어기 구성은 디지털시스템으로 할 경우가 많은데, 이 경우에는 다음과 같은 목표가 추가된다.

3) 실시간 구현성 : 제어기를 구현할 때 구조가 간단하고 제어신호의 계산시간이 적게 걸려서 실시간 처리를 할 수 있어야 한다.

이 목표는 응답속도가 빠른 플랜트에 제어기를 디지털 시스템으로 구현할 때 고려되는 것인데, 이 책에서 다루는 범위를 벗어나므로 생략한다.

앞에서 나열한 안정성과 성능목표는 실제 플랜트에서 성립해야 하며, 모델이 정확하든 부정확하든 성립해야 한다. 그런데 모델이 부정확한 경우 모델오차는 최대크기 정도만 알 수 있고 정확히 알 수 없기 때문에, 제어목표를 설정할 때 모델오차의 고려 여부를 구분하여 설계할 필요가 있다.

모델오차와 제어목표

전술한 바와 같이 제어대상 시스템에서 실제 시스템과 모델 사이에는 항상 오차가 존재한다. 따라서 실제 시스템은 기본특성을 나타내는 기본모델(nominal model)과 이 모델에 표현되지 않은 모델불확실성(model uncertainty, 또는 모델오차)의 합으로 분리하여 생각할 수 있다. 이 경우 기본모델의 수식은 알고 있으며 불확실성에 대해서는 크기의 한계만 안다고 간주할 수 있다. 이처럼 기본모델과 불확실성을 구별하면 제어목표도 좀 더 구분할 수 있다. 모델불확실성이 있더라도 안정성이나 성능이 유지되는 성질을 **견실성(robustness)**이라 하는데, 제어목표는 이러한 견실성을 포함하는가의 여부에 따라 다음과 같이 세분화할 수 있다.

S1) 안정성 : 기본모델에서 제어기를 사용할 때 전체 시스템이 안정되어야 한다.
S2) 성능 : 기본모델에서 제어기를 사용할 때 출력과 기준입력 사이의 추종오차가 작아야 한다. 이 목표를 명령추종 성능목표라고도 한다.
S3) 견실안정성 : 기본모델에 불확실성이 있더라도 안정성이 성립해야 한다.
S4) 견실성능 : 기본모델에 불확실성이 있더라도 명령추종 성능을 만족해야 한다.

이 중에서도 S1의 안정성을 유지하는 것이 가장 중요하고, 다음으로 중요한 목표가 S2의 명령추종 성능이며, S3의 견실안정성이 성립하는 것도 중요하다. S4의 제어목표는 설계하기가 어렵기 때문에 S1, S2, S3의 제어목표가 만족되면 무시할 때가 많다. 보통 학부과정에서는 주로 단입출력(SISO, Single Input/Single Output) 시스템에 대하여 S1~S3의 제어목표를 달성하는 제어기 설계문제를 다룬다.

4.2.2 단위되먹임 시스템의 전달함수로 표시된 제어목표

앞에서와 같은 제어목표를 달성하기 위해서는 제어대상 변수를 측정하여 입력단에 되먹여서 기준입력과 출력의 차인 추종오차를 구한 다음, 이 오차가 최소화되도록 제어기를 설계하는 되먹임방식을 많이 사용하게 된다. 1.2절에서 간단한 상수이득시스템을 보기로 하여 되먹임의 효과에 대해 살펴보았다. 그런데 1장에서 다루었던 상수이득시스템은 설명의 편의를 위해 사용한 가상적인 것으로서, 동특성을 갖는 실제적인 시스템을 나타내지는 못한다. 이 절에서는 전달함수로 표시되는 동특성을 갖는 시스템을 대상으로 하여 되먹임의 효과를 분석하기로 한다. 이 효과를 알게 되면 제어기를 설계할 때 주요지침으로 활용할 수 있다.

(1) 모델오차가 없는 경우

제어목표 S1과 S2를 달성하는 제어기 설계문제를 설정하면서 먼저 모델불확실성이 없는 단위되먹임(unity feedback) 시스템의 경우를 다루기로 한다. 단위되먹임 제어시스템의 일반적인 구조는 그림 4.1과 같다. 여기서 $G(s)$와 $C(s)$는 각각 플랜트 모델과 제어기의 전달함수이며, $R(s)$, $E(s)$, $U(s)$, $Y(s)$는 각각 기준입력 r, 오차 e, 제어입력 u, 출력 y의 라플라스 변환함수들이다. 이 되먹임 시스템에서 입출력 전달특성을 전달함수를 사용하여 표시하면 다음과 같다.

$$Y(s) \;=\; \frac{G(s)C(s)}{1+G(s)C(s)} R(s) \tag{4.1}$$

여기서 제어시스템 해석에 자주 쓰이는 전달함수 용어들을 정의하면 다음과 같다.

- $G_c(s) = G(s)C(s)$: 개로전달함수 또는 루프전달함수(loop transfer function) (4.2)

- $1+G(s)C(s)$: 되돌림차(return difference) 전달함수 (4.3)

- $S(s) \;=\; \dfrac{1}{1+G(s)C(s)}$: 감도함수(sensitivity function) (4.4)

- $T(s) \;=\; \dfrac{G(s)C(s)}{1+G(s)C(s)}$: 상보감도함수(complementary sensitivity function),

  또는 폐로전달함수 (4.5)

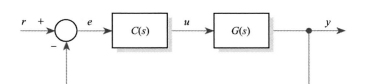

그림 4.1 단위되먹임 제어시스템의 구조

식 (4.1)로부터 오차 $E(s)$는 다음과 같이 나타낼 수 있다.

$$Y(s) \;=\; \frac{G(s)C(s)}{1+G(s)C(s)}R(s) \;=\; T(s)R(s) \tag{4.6}$$

$$E(s) \;=\; \frac{1}{1+G(s)C(s)}R(s) \;=\; S(s)R(s) \tag{4.7}$$

제어기 설계목표는 시스템을 안정화하면서 출력 $Y(s)$가 기준입력 $R(s)$와 가능하면 같아지도록 하는 것이다. 그러면 제어목표에 따른 제어기 설계지침을 정리하면 다음과 같다.

S1) 안정성 : 기본모델 $G(s)$에 대한 폐로전달함수 $T(s)$가 안정하도록 제어기 $C(s)$를 선택해야 한다.

되먹임을 쓰면 폐로전달함수가 식 (4.5)로 되면서 시스템의 극점이 다음과 같은 특성방정식의 근에 의해 결정되므로 극점의 위치를 바꿀 수 있다.

$$1+G(s)C(s) = 0 \tag{4.8}$$

따라서 플랜트 전달함수 $G(s)$의 극점이 우반평면에 있는 불안정한 경우이거나 허수축 가까이 있어서 안정성이 나쁜 경우에 제어기 전달함수 $C(s)$를 적절히 조절하여 폐로극점이 좌반평면 안에 원하는 위치에 오도록 설계하면 안정성을 확보할 수 있다. 안정성을 확보하는 것은 제어기 설계에서 제일의 목표인데, 되먹임제어기를 쓰면 되먹임의 안정성 개선효과에 의해 이러한 목표를 달성할 수 있다.

S2) 성능 : 기본모델 $G(s)$에 대한 추종오차이득 $S(s)$가 작도록 $C(s)$를 선택해야 한다.

되먹임제어를 하면서 제어기를 적절히 설계하면 안정성을 개선할 수 있을 뿐만 아니라 성능개선도 함께 이룰 수 있다. 성능은 **명령추종(command following)** 성능이라고도 하며, 출력이 기준입력을 따라가도록 제어하는 것이다. 제1장에서 살펴보았듯이 개로 제어시스템의 경우에는 모델링오차 따위에 의해 이 목표를 이룰 수가 없다. 그러나 되먹임을 사용하여 제어기 $C(s)$를 설계할 수 있으면 명령추종 성능목표를 이룰 수 있다. 되먹임 시스템에서 기준입력과 출력의 차이로 정의되는 오차는 식 (4.7)로 표시된다. 따라서 $S(s)$가 아주 작은 값이나 $G(s)C(s)$가 큰 값이 되도록 설계하면 된다. 여기서 전달함수가 크고 작다는 표현은 개괄적으로 설명한 것이며, 구체적으로는 7장에서 자세히 설명할 것이다.

(2) 모델오차가 있는 경우

모델오차가 플랜트에 포함되는 경우를 살펴보자. 모델오차는 $\Delta G(s)$로 표시하되 미지함수로서 최대 크기만 알고 있는 것으로 가정한다. 대상시스템은 그림 4.2와 같으며 식 (4.6)과 식 (4.7)에서 $G(s)$ 대신 $G(s)+\Delta G(s)$를 대입하여 출력과 오차를 얻을 수 있다.

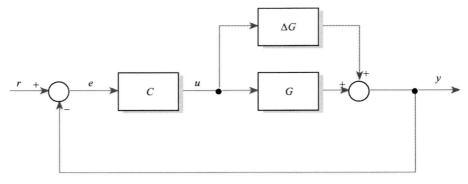

그림 4.2 모델오차를 포함하는 단위되먹임 제어시스템

$$Y(s) = \frac{[G(s)+\Delta G(s)]C(s)}{1+[G(s)+\Delta G(s)]C(s)} R(s) \qquad (4.9)$$

$$E(s) = \frac{1}{1+[G(s)+\Delta G(s)]C(s)} R(s) \qquad (4.10)$$

여기서 제어목표는 모델에 오차가 있더라도 제어기 $C(s)$를 잘 설계해서 폐로시스템이 안정해야 하며, 오차 $E(s)=R(s)-Y(s)$의 값이 될수록 0에 가깝도록 하는 것이다. 이 시스템의 입출력 전달특성인 식 (4.9)와 (4.10)을 근거로 하여 앞에서 제시한 제어목표를 달성하기 위한 제어기 설계지침을 구체적으로 정리하면 다음과 같다.

S3) **견실안정성** : 기본모델 $G(s)$에 모델오차 성분 $\Delta G(s)$가 포함되어 실제 플랜트의 전달함수가 $G(s)+\Delta G(s)$인 경우에도 폐로전달함수 $\frac{[G(s)+\Delta G(s)]C(s)}{1+[G(s)+\Delta G(s)]C(s)}$가 안정하도록 $C(s)$를 선택해야 한다.

S4) **견실성능** : 기본모델 $G(s)$에 불확실성이 있어서 전달함수가 $G(s)+\Delta G(s)$인 경우에도 추종오차이득 $\frac{1}{1+[G(s)+\Delta G(s)]C(s)}$이 작도록 $C(s)$를 선택해야 한다.

모델오차가 있을 때 되먹임을 쓰면 시스템의 폐로극점이 식 (4.8)과 비슷하게 다음과 같은 특성방정식에 의해 결정되므로 극점의 위치를 바꿀 수 있다.

$$1+[G(s)+\Delta G(s)]C(s) = 0 \qquad (4.11)$$

이 경우 모델오차의 가능한 모든 범앞에서 제어기 전달함수 $C(s)$를 적절히 조절하여 폐로극점이 좌반평면의 원하는 위치에 오도록 설계하면 견실안정성을 확보하거나 개선할 수 있다.

앞에서 언급한 바와 같이 학부과정에서는 단입출력시스템에 S1~S3을 제어목표로 하여 제어기를 설계하는 방법을 다루며, 이 책에서도 이러한 범위의 문제만을 다룰 것이다. 이

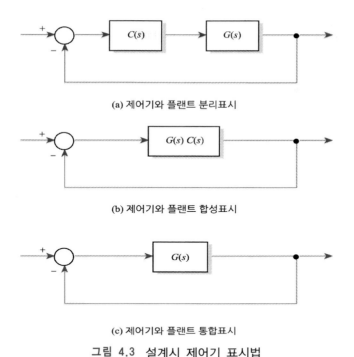

(a) 제어기와 플랜트 분리표시

(b) 제어기와 플랜트 합성표시

(c) 제어기와 플랜트 통합표시

그림 4.3 설계시 제어기 표시법

가운데 명령추종 성능목표를 달성하기 위한 제어기 설계문제는 다루기가 쉽지 않으나, 안정성 목표달성을 위한 제어기 해석과 설계는 비교적 쉬운 편이다. 또한 안정성이 달성되면 성능은 어느 정도 달성되기 때문에 제어기 설계에서는 우선적으로 안정성을 고려한다.

위의 목표를 위하여 제어기를 설계할 때 서로 상충하는 경우가 자주 생긴다. 성능을 달성하기 위해서는 $C(s)$를 크게 해야 하지만, 이 경우 안정성이나 견실안정성을 깨뜨릴 위험이 있다. 따라서 안정성이나 견실안정을 유지하는 범앞에서 제어기를 잘 설계해야 한다. 이러한 내용은 이 책에서 자주 제시될 것이다.

(3) 제어기 설계 주의사항

지금까지 다루어온 앞의 식들에서 보듯이 제어기를 설계할 경우 $G(s)$와 $C(s)$는 항상 $G(s)C(s)$ 곱의 형태로 수식에 나타난다. 따라서 제어기를 표시할 때 그림 4.3(a)의 경우처럼 제어기가 플랜트와 분리되어 있지만, 설계 시에는 (b)와 같이 $G(s)C(s)$로 같이 합성하여 표시할 수 있다. 때에 따라 간단히 나타내기 위하여 둘을 결합된 하나의 시스템으로 간주하여 (c)에서 보는 바와 같이 간단하게 $G(s)$로 표시하기도 한다. 이 경우 $G(s)$에 제어기가 포함되어 있는 것으로 간주하며, 정확히 구분하려면 $G_c(s) = G(s)C(s)$를 사용한다.

4.2.3* 외란, 측정잡음과 제어목표

제어대상이 되는 플랜트에는 불확실성으로서 모델오차 외에 외란과 잡음이 있을 수 있다. 외란(disturbance)이란 시스템의 외부에서 알 수 없는 시간에 발생하여 입력이나 출력에 나쁜 영향을 미치는 크기를 알 수 없는 신호를 가리킨다. 잡음(noise)이란 제어를 위하여 출력을 측정할 때 생기는 측정잡음(measurement noise)을 말한다. 측정잡음(measurement noise)은 진폭이 크지 않지만 주파수 성분이 높은 특성을 갖고 있으며, 대부분의 시스템에 항상 존재하는 것으로 본다. 이처럼 대상 시스템에 외란과 잡음이 있는 경우에는 다음과 같은 제어목표가 추가된다.

> **외란제거(disturbance rejection)** : 시스템 외부로부터 외란이 들어오더라도 출력에 미치는 영향이 미리 차단되거나 빨리 제거되어 명령추종 성능이 만족되어야 한다.
> **잡음축소(noise reduction)** : 측정잡음이 있어도 출력에 미치는 영향이 억제되고, 명령추종 성능이 만족되어야 한다.

(1) 기본모델과 모델오차가 구분된 성능목표

실제 플랜트에서 알고 있는 기본모델과 최대크기 정도만 알려져 있는 모델오차가 있는 경우 외란과 잡음에 관련된 제어목표를 다음과 같이 구분할 수 있다.

S5) 외란제거 : 기본모델에 외란이 있더라도 명령추종 성능을 만족해야 한다.
S6) 잡음축소 : 기본모델에 잡음이 있더라도 명령추종 성능을 만족해야 한다.
S7) 외란과 잡음에 대한 견실성능 : 기본모델에 불확실성이 있을 때에도 외란과 잡음의 영향이 축소되어 명령추종 성능이 만족되어야 한다.

S7을 제어목표로 하는 경우에는 기본모델에 불확실성이 있고, 동시에 외란이나 잡음이 있는 복잡한 상황이라 제어기 설계가 어렵다. 그러나 중요한 제어목표인 견실안정성(S3)이나 외란제거(S5) 또는 잡음축소(S6)가 만족된다면 S7 목표도 대략 만족되기 때문에 대부분의 경우에는 S7을 제어기 설계 시 고려하지 않는다.

(2) 단위되먹임 시스템의 전달함수로 표시된 성능목표

그림 4.4와 같이 전달함수로 표시된 단위되먹임 제어시스템에서 출력을 구하면 다음 식과 같이 유도된다.

$$Y(s) = \frac{G(s)C(s)}{1+G(s)C(s)}R(s) + \frac{1}{1+G(s)C(s)}D(s) - \frac{G(s)C(s)}{1+G(s)C(s)}V(s)$$

$$= T(s)R(s) + S(s)D(s) - T(s)V(s) \tag{4.12}$$

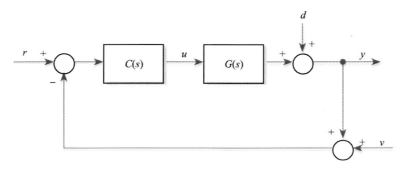

그림 4.4 단위되먹임 제어시스템의 일반적인 구조

$$E(s) = R(s) - Y(s) = \frac{1}{1+G(s)C(s)}[R(s) - D(s)] + \frac{G(s)C(s)}{1+G(s)C(s)} V(s)$$

$$= S(s)[R(s) - D(s)] + T(s)V(s) \tag{4.13}$$

개로제어 시스템에서는 플랜트가 안정하더라도 외란이 들어올 경우에는 출력에 직접적인 영향을 주기 때문에, 출력이 기준신호를 크게 벗어나서 명령추종 성능이 나빠지는 현상이 나타난다. 이 경우에도 되먹임을 쓰면 외란의 영향을 없애거나 크게 줄여서 명령추종 성능을 유지할 수 있다. 즉, 식 (4.12)에서 알 수 있듯이 외란 전달이득인 $S(s) \to 0$이 되도록 제어기 $C(s)$를 설계하면 외란의 영향을 크게 줄일 수 있다. 이것을 요약하면 다음과 같다.

S5) 외란제거 : 기본모델에서 추종오차의 외란성분이득 $S(s)$가 작도록 $C(s)$를 설계해야 한다.

앞에서 살펴보았듯이 안정성을 개선하고 명령추종 성능과 외란제거 목표를 달성하기 위해서는 되먹임을 사용해야 한다. 그런데 이 되먹임 시스템을 실현하기 위해서는 출력신호를 측정하는 장치가 필수적이다. 그러나 측정장치에는 측정잡음으로부터 생기는 오차가 항상 존재하며, 이 측정잡음은 되먹임 경로를 통하여 출력에 영향을 미치게 된다. 따라서 되먹임 제어시스템에서는 측정잡음의 영향을 축소시키는 것도 제어기의 설계목표로서 고려해야 한다.

S6) 잡음축소 : 기본모델에서 추종오차의 잡음성분이득 $T(s)$가 작도록 $C(s)$를 설계해야 한다.

$T(s) \to 0$ $V(s)$이 되거나 $G(s)C(s)$가 작도록 제어기 $C(s)$를 설계하면 출력에 나타나는 잡음의 영향을 줄일 수 있다. 여기서는 이 정도로 간략히 언급하며 구체적인 내용은 7장에서 설명할 것이다.

제어기 설계목표 가운데 명령추종 성능과 외란제거 목표를 달성하기 위한 제어기 설계지침은 식 (4.13)에서 보는 바와 같이 $S(s)$를 작게 하는 것이고, 잡음축소 목표를 달성하기 위한 제어기 설계지침은 $T(s)$를 작게 하는 것이다. 그런데 이 두 가지 설계지침은 상충관계에 있기 때문에 어느 한쪽을 달성하려면 다른 쪽이 이루어질 수 없게 되어 있다. 이러한 현상이 나타나는 근본적인 이유는 명령추종 성능과 외란제거의 지침이 되는 감도전달함수 $S(s)$와 잡음축소의 지침이 되는 폐로전달함수 $T(s)$의 합이 다음과 같이 항상 1이 되기 때문이다.

$$S(s)+T(s) \;=\; \frac{1}{1+G(s)C(s)} + \frac{G(s)C(s)}{1+G(s)C(s)} \;=\; 1 \qquad\qquad (4.14)$$

여기에서 명령추종 성능과 외란제거 목표를 위해 $S(s)$를 작게 하려면 $T(s)$가 커지게 되어 잡음축소 목표를 이루기가 어려우며, 거꾸로 잡음축소를 위해 $T(s)$를 작게 하려면 $S(s)$가 커지게 되어 명령추종과 외란제거 목표달성이 어려워진다. 이러한 상충관계는 외란의 주파수 성분은 낮고 잡음의 주파수 성분은 높은 점을 고려하여 주파수 s의 영역을 분할해서 저주파에서는 $S(s)$가 작게, 고주파에서는 $T(s)$가 작게 되도록 함으로써 절충할 수 있다(자세한 사항은 고급이론에 속하므로 생략한다). 따라서 되먹임제어기 설계문제는 이러한 상충관계를 적절히 절충하는 제어기 $C(s)$를 결정하는 것이라 할 수 있다.

모델오차가 있으면 식 (4.12)나 식 (4.13)에서 $G(s)$ 대신에 $G(s)+\Delta G(s)$를 대입하면 출력과 출력오차를 얻을 수 있다. 이 경우에도 견실성능이 만족되어야 한다.

S7) 외란과 잡음에 대한 견실성능 : 기본모델에 모델오차가 있고, 시스템에 외란과 잡음이 있을 때에도 추종오차가 작도록 $C(s)$가 설계되어야 한다. 이 목표를 이루기 위해서는 $\dfrac{1}{1+G(s)C(s)}[R(s)-D(s)] + \dfrac{G(s)C(s)}{1+G(s)C(s)}V(s)$의 값이 작도록 $C(s)$가 설계되어야 한다.

단입출력 시스템에서 S4~S6의 제어목표나 대상시스템이 다입출력 시스템인 경우의 S1~S6의 제어기 설계문제는 대학원 수준의 연구과제가 된다. 특히 S7의 외란과 잡음 시의 견실성능 문제는 고급 연구과제에 속하며, S1~S3, S5, S6가 만족하면 S7은 대략 만족한다고 생각하여 다루지 않는다.

4.2.4* 비단위되먹임 시스템의 제어목표

지금까지 단위되먹임 시스템만을 다루었지만 비단위되먹임 시스템에 대해서도 비슷한 방법으로 제어목표를 설정할 수 있다. 그림 4.5와 같이 비단위되먹임 이득을 가지며 외란과 잡음을 포함하는 시스템의 제어목표를 다루기로 한다.

그림 4.5의 비단위되먹임 제어시스템에서 출력을 구하면 다음 식과 같이 유도된다.

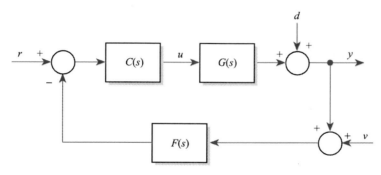

그림 4.5 비단위되먹임 제어시스템의 구조

$$Y(s) = \frac{G(s)C(s)}{1+G(s)C(s)F(s)}R(s) + \frac{1}{1+G(s)C(s)F(s)}D(s)$$

$$-\frac{G(s)C(s)F(s)}{1+G(s)C(s)F(s)}V(s) \tag{4.15}$$

$$E(s) = R(s)-Y(s)$$

$$= \left[1-\frac{G(s)C(s)}{1+G(s)C(s)F(s)}\right]R(s)-S(s)D(s)+T(s)V(s) \tag{4.16}$$

여기서 감도함수 $S(s)$와 상보감도함수 $T(s)$는 다음과 같다.

$$S(s) = \frac{1}{1+G(s)C(s)F(s)}, \quad T(s) = \frac{G(s)C(s)F(s)}{1+G(s)C(s)F(s)}$$

위의 결과를 살펴보면 비단위되먹임을 사용함으로써 폐로 특성방정식은 다음과 같고

$$1+G(s)C(s)F(s) = 0 \tag{4.17}$$

명령추종을 달성하기 위해서는 다음 조건이 만족되도록 설계하는 것으로 바뀐다.

$$1-\frac{G(s)C(s)}{1+G(s)C(s)F(s)} \rightarrow 0$$

그렇지만 외란이득과 측정잡음의 이득이 각각 $S(s)$와 $T(s)$로서 다음과 같은 구속조건이 여전히 성립하기 때문에

$$S(s)+T(s) = \frac{1}{1+G(s)C(s)F(s)} + \frac{G(s)C(s)F(s)}{1+G(s)C(s)F(s)} = 1 \tag{4.18}$$

외란제거와 잡음축소 제어목표 간에 상충관계는 여전히 남게 된다. 다만 $C(s)$와 $F(s)$를 함께 조정함으로써 단위되먹임에 비해 설계상의 자유도가 증가하므로 제어목표 간의 절충을 더 유연하게 시킬 수 있다. 여기서는 설명의 편의상 모델링오차를 제외하였지만, 모델링

오차가 포함되는 경우에 견실 안정성 및 견실성능 문제에 대해서도 비슷한 방법으로 제어목표를 전달함수로써 나타낼 수 있다.

4.3 성능지표

성능지표(performance index)는 좁은 의미로는 앞에서 설명한 바와 같이 주로 명령추종 성능지표를 의미하지만, 넓은 의미로는 그 외의 지표도 성능이라 부르기도 한다. 대상시스템의 수학적 모델을 아는 경우에는 이 모델과 제어기로부터 폐로시스템의 특성을 계산하고 그 값을 성능지표로 정한다. 이 방법에는 시간영역에서 시스템 출력신호의 과도상태와 정상상태 특성을 나타내는 시간영역 성능지표와 입력신호의 주파수 변화에 대한 시스템 출력의 주파수응답 특성을 나타내는 주파수영역 성능지표가 있다. 시간영역 성능지표와 주파수영역 성능지표와는 상호관계가 있는데, 이 관계에 대해서는 7장에서 논의한다.

4.3.1 시간응답과 시간영역 성능지표

(1) 시간응답

시간응답(time response)이란 특정한 꼴의 입력신호에 대하여 대상시스템의 출력신호가 시간에 따라 변화하는 양을 나타낸다. 여기에 사용하는 입력신호로는 단위 계단신호, 경사신호 등이 있으며, 각 신호에 대하여 시스템의 출력신호를 각각 계단응답, 경사응답이라 한다. 시간응답 중에 초기시간부터 값이 변하는 과정에 있는 응답을 과도응답(transient response)이라 하고, 시간이 충분히 지나 일정한 값이나 상태가 된 것을 정상상태 응답(steady-state response)이라고 한다.

(2) 계단응답과 시간영역 성능지표

그림 4.1과 같은 폐로시스템에서 입력신호로서 단위 계단입력을 사용하는 경우 계단응답은 다음과 같이 계산할 수 있다.

$$y(t) \ = \ \mathcal{L}^{-1}\{T(s)R(s)\} \ = \ \mathcal{L}^{-1}\left\{\frac{T(s)}{s}\right\} \tag{4.19}$$

$T(s)$가 1차나 2차의 간단한 시스템인 경우에는 식 (4.19)로부터 계단응답을 쉽게 구할 수 있다. 이 방법은 계단입력이 실제 문제에서 기준입력으로 많이 쓰이기 때문에 시간영역 특성해석 가운데 가장 많이 쓰인다. 계단응답의 전형적인 파형은 그림 4.6과 같은데, 여기서 시간영역 응답특성을 나타내는 성능지표로서 다음과 같은 것들을 정의하여 사용한다.

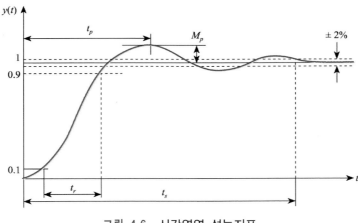

그림 4.6 시간영역 성능지표

상승시간(rise time) t_r : 출력이 정상상태값의 10%에서부터 90%에 도달하는 데 걸리는 시간

마루시간(peak time) t_p : 출력이 최대값에 도달하는 시간

최대초과(maximum overshoot) M_p : 과도상태에서 출력의 최대값이 최종값을 초과할 때 초과 정도를 나타내는 지표. 줄임말로 **초과**라고도 한다. 최종값의 크기가 Y_s 일 때 초 과는 $M_p = y\,(t_p) - Y_s$ 로 정의하며, 다음과 같은 백분율로 나타내기도 한다.

$$M_p\,[\%] \quad = \quad \frac{y\,(t_p) - Y_s}{Y_s} \times 100\%$$

정착시간(settling time) t_s : 출력 변화성분이 정상상태값의 2% 범위 안에 들기 시작하는 시점. 상승시간의 약 4배 정도로 나타난다. 엄밀하게 적용하는 경우에는 1%를 기준 으로 정의하기도 하는데, 이 경우에는 상승시간의 약 5배 정도가 된다.

정상상태값 Y_s : 정착시간 이후에 출력의 평균값 또는 최종값

정상상태 오차(steady-state error) E_s : 기준입력과 출력 정상상태값의 오차 $R - Y_s$.

그림 4.6은 위와 같이 정의한 시간영역 성능지표를 함께 나타내고 있다. 이 성능지표 가 운데 상승시간, 초과, 마루시간 따위는 **과도상태 특성**이라고 하며, 정착시간, 정상상태값과 정상상태 오차 따위는 **정상상태 특성**이라고 한다. 이 지표들은 대상시스템의 특성을 해석할 때 특성지표로 쓰이며, 제어시스템 설계 시에는 성능기준 표시에 쓰이기도 한다.

대상시스템이 1차나 2차의 전달함수로 표시되는 표준형인 경우에는 앞에서 정의한 시간 영역 성능지표와 전달함수의 극점이나 시상수와의 관계를 나타내는 공식을 식 (4.19)로부터 유도할 수 있는데, 이 사항에 대해서는 5장에서 다룰 것이다. 계단응답법은 대상시스템의

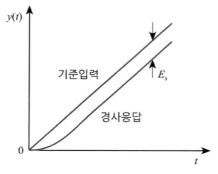

그림 4.7 전형적인 경사응답파형

전달함수가 주어진 경우에 적용하는 수학적 해석법이지만, 전달함수를 모르는 경우에도 대상시스템에 계단입력을 넣고서 출력을 측정하는 방식의 측정실험에 의해 구할 수 있다.

(3) 경사응답과 시간영역 성능지표

경사신호(ramp signal)를 입력신호로 사용하는 시간영역 해석법을 **경사응답법(ramp response method)**이라 한다. 여기서 쓰는 경사신호는 식 (2.22)로 정의되는 신호로서 이 신호는 출력을 일정한 비율로 변화시키고자 할 때 기준신호로 쓰인다. 단위경사신호의 라플라스 변환은 예제 2.5에서 알 수 있듯이 $1/s^2$이므로 전달함수가 $G(s)$인 시스템의 경사응답은 다음과 같이 구할 수 있다.

$$y(t) = \mathcal{L}^{-1}\{T(s)R(s)\} = \mathcal{L}^{-1}\left\{\frac{T(s)}{s^2}\right\} \tag{4.20}$$

경사응답의 전형적인 파형은 그림 4.7과 같다. 경사응답의 특성을 나타내는 성능지표로는 정상상태 오차를 사용하는데, 이것은 그림 4.7에서와 같이 정상상태에서 기준입력인 경사입력과 출력신호와의 차이로 정의된다. 이러한 오차는 **경사 오차상수(ramp error constant)**라 하며, 시간영역 목표지수로 활용된다. 대상시스템이 몇 가지 유형의 전달함수로 표시되는 경우에는 경사응답에서의 정상상태 오차를 간단한 공식에 의해 구할 수 있는데, 이 사항에 대해서는 5장에서 다룰 것이다. 경사응답법은 대상시스템의 전달함수가 주어진 경우에 적용하는 해석법이지만, 전달함수를 모르는 경우에도 대상시스템에 경사입력을 넣고 출력을 측정하는 방식의 측정실험에 의해 구할 수 있다.

이 절에서는 시간영역 해석법으로서 계단응답법, 임펄스응답법, 경사응답법에 대해 살펴본다. 포물선응답법도 가능하며 **포물선오차 상수**도 비슷하게 정의할 수 있다. 이 방법들을 제어시스템 해석에 활용하는 구체적인 사항들은 5장에서 다룰 것이다.

4.3.2 주파수응답과 주파수영역 성능지표

(1) 주파수응답

제어시스템의 입력신호는 일반적으로 임의의 함수가 될 수 있다. 시간영역 성능지표를 검토할 때에는 일반적인 임의의 함수를 사용하지 않고, 대표적인 단위계단 입력이나 경사입력 등을 사용하여 출력특성을 검토한다. 그 까닭은 계단입력이나 경사입력이 실제로 자주 쓰이기 때문이기도 하지만, 임의의 입력신호로는 시간영역 특성해석이 너무 복잡하기 때문이다. 그런데 임의의 시간함수는 푸리에급수(Fourier series) 또는 푸리에변환(Fourier transform)에 의해 크기와 위상이 다른 여러 주파수의 정현파들의 합으로 나타낼 수 있다. 따라서 임의의 입력은 여러 주파수의 정현파들의 합이라고 생각할 수 있다. 이 경우 선형시스템에서 출력은 각 주파수의 입력정현파에 대한 각 응답의 합으로 표시되므로, 여기서 단위크기의 어떤 주파수의 정현파 입력에 관한 응답만 알면 여기에 입력신호의 같은 주파수 성분의 진폭을 곱하여 그 주파수의 출력신호를 쉽게 계산할 수 있다. 따라서 단위크기의 어떤 주파수의 정현파 입력에 관한 응답이 중요한데, 이를 **주파수응답(frequency response)**이라고 하며, 출력의 크기와 위상을 각각 **크기응답(magnitude response)**과 **위상응답(phase response)**이라고 한다. 주파수응답은 크기와 위상응답을 따로 그림들로 나타낼 수도 있고, 복소평면 위에 한 개의 궤적으로 나타낼 수도 있다. 이에 대한 자세한 사항은 7장에서 언급할 것이다.

위에 언급한 내용을 구체적으로 살펴보자. 전달함수가 $G(s)$인 안정한 선형시스템에 입력 $U(s)$가 정현파이면 정상상태에서 출력도 같은 주파수의 정현파가 된다. 이러한 주파수응답 특성은 전달함수 $G(s)$에서 s 대신에 $j\omega$를 대입한 $G(j\omega)$에 의해 결정되는데, 이 때 출력의 진폭은 전달함수 $G(j\omega)$의 크기 $A(\omega)$만큼 증폭되고, 위상은 전달함수의 편각 $\varphi(\omega)$만큼 더해진다. 되먹임시스템에서는 $G(s)$ 대신 $T(s)$, $U(s)$ 대신 $R(s)$를 대입하면 된다. 이러한 성질은 몇 가지 방식을 사용하여 유도할 수 있으며, 여기서는 다음과 같이 나타낼 수 있다.

전달함수가 $G(s)=Y(s)/U(s)$인 시스템에 정현파 $u(t)=U_o\sin\omega t$가 입력되면 입력의 라플라스 변환함수는 $U(s)=\mathcal{L}\{u(t)\}=\dfrac{U_o\omega}{s^2+\omega^2}$ 이므로, 출력의 라플라스 변환함수는 다음과 같다.

$$Y(s)=G(s)U(s)=G(s)\frac{U_o\omega}{s^2+\omega^2}$$

여기서 대상시스템이 단일 극점으로 구성되어 있으며, 안정하다고 가정하고 우변을 부분분수로 전개하면 다음과 같이 나타낼 수 있다.

$$Y(s) = \sum_{i=1}^{N_1} \frac{a_i}{s-p_i} + \sum_{i=1}^{N_2} \frac{b_i s + c_i}{(s-\sigma_i)^2 + \omega^2_{di}} + \frac{\alpha}{s-j\omega} + \frac{\alpha^*}{s+j\omega} \tag{4.21}$$

여기서 p_i는 1차극점, σ_i와 ω_{di}는 2차극점의 실수부와 허수부이고, N_1과 N_2는 각각 1차극점과 2차극점의 개수를 나타내며, α^*는 복소수 α의 켤레복소수이다. α는 2.2.3절의 부분분수 전개법에 의해 다음과 같이 구해진다.

$$\alpha = \frac{U_o}{2j} G(j\omega)$$

식 (4.21)에 라플라스 역변환을 적용하면 $Y(s)$의 첫째 항과 둘째 항은 각각 $e^{p_i t}$와 $e^{\sigma_i t}$를 포함하는 항으로 바뀐다. 안정한 시스템에서는 $p_i < 0, \sigma_i < 0$이므로 이 항들은 감쇠 지수함수가 되어 정상상태에서 0으로 수렴한다. 따라서 정상상태에서 출력 $y(t)$는 다음과 같다.

$$
\begin{aligned}
y(t) &= U_o[\Re\{G(j\omega)\}\sin\omega t + \Im\{G(j\omega)\}\cos\omega t] \\
&= U_o A(\omega)\sin[\omega t + \varphi(\omega)]
\end{aligned}
\tag{4.22}
$$

여기서 $A(\omega) = |G(j\omega)|$, $\varphi(\omega) = \angle G(j\omega) = \tan^{-1}[\Im\{G(j\omega)\}/\Re\{G(j\omega)\}]$로서 정현파 입력에 대한 전달함수 $G(s)$의 크기와 위상을 나타내는 함수이다. 따라서 식 (4.22)에서 볼 수 있듯이 정현파가 입력될 때 입력주파수 변화에 따라 전달함수의 크기와 위상이 바뀌는 특성에 의해 시스템의 출력이 결정된다.

전달함수의 크기를 나타낼 때에는 절대값보다는 종종 **데시벨(decibel)[dB]**을 사용하는데, 전달함수 $G(s)$의 크기를 데시벨로 표현하는 것은 다음과 같이 정의된다.

$$G_{dB} = 10\log|G(j\omega)|^2 = 20\log|G(j\omega)| \, [\text{dB}] \tag{4.23}$$

데시벨은 ' 1/10 벨'을 뜻하는 단위이며, 여기에서 벨[B] 단위는 식 (4.23)의 우변에서 10을 곱하지 않을 때의 단위로 정의된다. 전달함수 절대크기에 대응하는 데시벨 표현 가운데 자주 사용하는 값들을 정리하면 표 4.1과 같다.

(2) 주파수응답과 주파수영역 성능지표

그림 4.1과 같은 되먹임 시스템에서 폐로전달함수가 $T(s)$일 때 이 시스템의 주파수응답

표 4.1 대표적인 이득의 데시벨값

절대크기	1	2	3	10	100
데시벨[dB]	0	6	9.5	20	40

특성은 그림 4.8과 같은 전형적인 주파수 응답곡선으로 표시된다. 이 응답곡선에서 주파수 영역의 특성을 나타내는 성능지표들은 다음과 같이 정의된다.

대역이득(band-pass gain) G_B : 폐로전달함수의 크기가 일정하게 나타나는 통과대역 주파수범위에서의 전달함수 이득. 대개의 경우 데시벨로 나타냄.

차단주파수(cutoff frequency) ω_c : 크기가 대역이득 크기의 $1/\sqrt{2}$이 되거나 대역이득보다 3[dB] 감소하는 주파수. 통과대역의 윗부분과 아랫부분에서 나타나는 고역 차단주파수와 저역 차단주파수가 있음. 제어시스템에서는 대부분의 경우 고역 차단주파수만 있으며, 저역 차단주파수는 0임.

주파수대역폭(bandwidth) ω_B : 시스템을 통과하는 주파수 범위. 고역 차단주파수와 저역 차단주파수의 차이로 정의됨. 제어시스템에서는 대부분의 경우 저역 차단주파수가 0이므로 주파수 대역폭은 고역 차단주파수와 같음.

공진(resonance) : 주파수 대역폭 안의 어떤 특정 주파수에서 이득이 다른 주파수에서보다 눈에 띄게 더 커지는 현상. 주극점이 2차인 시스템에서 감쇠비가 $\zeta < 0.707$인 경우에 나타남.

공진주파수(resonant frequency) ω_r : 주파수응답에서 공진이 일어나는 주파수. 주극점이 2차인 시스템에서 감쇠비가 $\zeta < 0.707$인 경우에 생기며, 감쇠비 ζ가 0에 가까워질수록 공진주파수는 고유진동수에 수렴함.

공진최대값(resonant peak) M_r : 공진주파수에서 이득의 최대값으로 정의되며, 대개의 경우 데시벨로 나타냄.

7장에서 배우겠지만, 주파수영역에서는 시간영역에서 다루기 어려운 견실안정성을 다룰 수 있는 장점이 있다. 이것은 다음과 같이 안정성이 보장되는 범위 안에서 허용 가능한 모델오차의 크기를 나타낼 수 있는 지표를 정의해서 사용할 수 있기 때문이다.

안정성여유(stability margin) : 안정성을 보장하는 모델오차의 범위. 이득과 위상의 최대 허용범위를 **이득여유(GM, gain margin)**와 **위상여유(PM, phase margin)**로 표시하여 견실

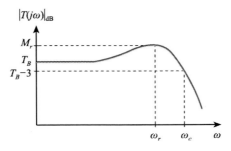

그림 4.8 주파수응답곡선과 성능지표

안정성을 나타냄.

안정성여유는 견실안정성에 관한 지표이며, 명령추종 성능지표는 아니다. 이 절의 서두에서 언급하였듯이 성능지표는 좁은 의미로는 명령추종 성능지표를 의미하나 넓은 의미로는 그 외의 지표도 가끔 성능지표라 부르기도 하는데, 안정성여유가 이러한 경우에 해당한다.

4.4 안정성

안정성(stability)이란 시스템의 출력이 발산하지 않고 유한한 범위 안에 한정되는 성질을 말한다. 안정성은 제어시스템이 지녀야 할 가장 기본적인 성질이다. 또한 안정성이 이루어지면 성능목표도 어느 정도 달성되기 때문에 제어기는 시스템의 안정성을 이루는 것을 제일의 목표로 하여 설계된다.

2.4절에서 다루었듯이 선형시불변 시스템의 입출력 전달특성은 전달함수로 나타낼 수 있다. 이 전달함수는 복소변수 s를 독립변수로 갖는 복소함수로서, 대부분의 경우에 분자·분모부가 각각 다항식의 형태로 표시되는 분수함수의 꼴을 갖는다. 이 중에서 전달함수 분모부와 분자부를 0이 되게 만드는 s값을 각각 극점과 영점이라 한다. 이 극점과 영점은 시스템의 시간영역에서 과도상태 및 정상상태 특성과 밀접한 관련을 갖고 있다.

이 절에서는 먼저 안정성의 정의를 살펴보고, 안정성과 극점·영점의 관계를 정리한다. 그리고 극점과 영점의 위치에 따라 시간영역에서 과도상태와 정상상태 특성이 어떻게 달라지는지 살펴보기로 한다.

4.4.1 안정성의 정의

어떤 시스템이 유한한 입력이나 외란에 대해 크기가 항상 유한한 응답을 보이면 그 시스템은 **안정(stable)**하다고 말한다. 이와 같이 모든 유한한 입력에 대해 유한한 응답을 갖는 시스템의 성질을 **안정성(stability)**이라고 한다. 안정성은 모든 시스템이 갖춰야 할 기본적인 성질이다. 왜냐하면 시스템이 불안정하면 응답이 발산하게 되는데, 이것은 기계적 시스템의 경우에는 속도나 변위가, 전기적 시스템의 경우에는 전압이나 전류가, 화공이나 열역학 시스템의 경우에는 온도나 압력 등의 크기가 발산하는 것을 뜻하므로 시스템이 손상되거나 파괴되는 아주 위험한 상황이 일어나기 때문이다. 이렇게 시스템이 불안정할 경우에는 응답이 발산하게 되어 어떤 성능목표도 달성할 수 없다. 따라서 안정성을 이루는 것은 제어시스템 설계목표 가운데 가장 우선하는 제일의 목표가 된다. 그리고 실제 문제에서도 많은 경우에 안정성이 이루어지면 성능목표는 어느 정도 달성되기 때문에 제어기 설계에서는 안정성을 우선적으로 고려한다.

안정성은 시스템 내의 어떤 변수나 대상을 기준으로 하는가에 따라 여러 가지로 정의할 수 있다. 유한한 '응답'을 보일 때 안정하다고 하는데, 여기에서 '응답'을 어느 것으로 하는지 기준을 정해야 한다. 많은 경우에 출력을 응답으로 보지만 내부상태 가운데 하나를 응답으로 볼 수 있고, 이 기준에 따라 안정성이 달라질 수 있다. 출력만을 응답의 기준으로 하여 정의하는 것으로서 **유한입출력(BIBO, Bounded Input/Bounded Output)** 안정성이 있는데, 다음과 같이 정의된다.

정의 4.1 어떤 시스템에서 모든 유한입력에 대해 출력이 유한한 크기의 응답을 보이면 그 시스템은 **유한입출력 안정하다**고 말하며, 이러한 성질을 **유한입출력 안정성(BIBO stability)** 이라고 한다.

정의 4.1의 유한입출력 안정성에서 유의할 점은 **모든 유한한 입력에 대해** 출력이 유한해야 한다는 것이다. 만일 출력을 발산시키는 유한입력이 하나라도 있으면 그 시스템은 불안정(unstable)하다고 한다. 학부과정에서는 주로 유한입출력 안정성만을 다루는데, 이 책에서도 안정성 문제를 유한입출력 안정성에 한정하여 다룰 것이다. 따라서 이 책에서는 유한입출력 안정성을 간략히 줄여서 **안정성**이라고 부르기로 한다.

전달함수가 $G(s)$인 어떤 시스템에서 입력의 라플라스 변환함수를 $U(s)$라 하면 출력의 라플라스 변환함수는 $Y(s) = G(s)U(s)$로 표시되며, 이것을 시간영역에서 나타내면 다음과 같은 중합적분으로 표시된다.

$$y(t) = \int_0^\infty g(\tau)u(t-\tau)\,dt \tag{4.24}$$

여기서 $g(t)$는 전달함수 $G(s)$의 라플라스 역변환인 임펄스응답이다. 식 (4.24)로부터 입력이 $|u(t)| \le M$으로서 상한 M을 갖는다면 출력의 상한은 다음과 같이 구할 수 있다.

$$
\begin{aligned}
|y(t)| &= \left| \int_0^\infty g(\tau)u(t-\tau)\,dt \right| \\
&\le \int_0^\infty |g(\tau)||u(t-\tau)|\,dt \le M\int_0^\infty |g(\tau)|\,dt
\end{aligned}
\tag{4.25}
$$

따라서 유한입출력 안정성에 대한 조건은 다음과 같이 정리된다.

임펄스응답이 $g(t)$인 어떤 시스템이 유한입출력이 안정하기 위한 필요충분조건은 다음과
같다.

$$\int_0^\infty |g(\tau)|d\tau < \infty \qquad (4.26)$$

증명 (필요조건) 식 (4.26)이 성립하면 식 (4.25)에 의해 출력이 유한한 크기로 한정되어 시스
템은 유한입출력이 안정하다.

(충분조건) 대우명제가 성립하는 것을 보임으로써 증명할 수 있다. 즉, 다음과 같이 식
(4.26)이 성립하지 않는다고 가정하면,

$$\int_0^\infty |g(\tau)|d\tau = \infty \qquad (4.27)$$

이 가정으로부터 어떤 유한입력에 대해 출력이 발산함을 보이면 된다. 식 (4.24)에서
$g(\tau) \geq 0$일 때에는 $u(t-\tau) = 1$, $g(\tau) < 0$일 때에는 $u(t-\tau) = -1$인 값을 갖는 유한
입력 $u(t)$에 대해 출력은 다음과 같이 된다.

$$y(t) = \int_0^\infty |g(\tau)|d\tau$$

이것은 식 (4.27)의 좌변과 같으므로 출력은 발산한다. 따라서 대우명제에 의해 충분조건이
성립한다.

□

정리 4.1은 식 (4.26)에서 보는 바와 같이 임펄스응답을 써서 안정성 조건을 제시하고 있
다. 그런데 이 정리를 써서 안정성을 판별하려면 임펄스응답이 주어지지 않은 경우에는 이
것을 직접 구해야 하기 때문에 실제로 안정성 판별에 사용하기에는 적합하지 않다. 그러면
이 정리로부터 실제 사용하기에 적합한 꼴의 안정성 조건을 유도하기로 한다.

임펄스응답 $g(t)$는 전달함수 $G(s)$의 라플라스 역변환이다. 그런데 전달함수는 분수함수
이므로 이것은 2.2.3절에서 살펴보았듯이 극점인수를 분모로 하는 부분분수의 합으로 표시
할 수 있다. 극점인수들은 1차, 2차 및 다중인수들로 분해되므로 전달함수는 일반적으로 다
음과 같이 부분분수 합의 꼴로 나타낼 수 있다.

$$G(s) = \sum_{i=1}^{N_1} \frac{a_i}{s-p_i} + \sum_{i=1}^{N_2} \frac{c_i(s-\sigma_i)+d_i\omega_i}{(s-\sigma_i)^2+\omega_i^2} + \sum_{k=1}^{M} \frac{b_k}{(s-q_i)^k}$$

여기서 p_i는 1차극점, σ_i, ω_i는 2차극점의 실수부와 허수부, q_i는 M중인수를 나타내는 실
수들이다. 이 식에서 다중인수는 q_i 한 가지만 있는 것으로 가정하였는데, 두 가지 이상이

있을 경우에는 세 번째 항과 같은 꼴의 항을 추가하면 된다. 이 식에 라플라스 역변환을 적용하면 임펄스응답 $g(t)$의 일반형은 다음과 같이 구해진다.

$$g(t) = \mathcal{L}^{-1}\{G(s)\} \tag{4.28}$$

$$= \sum_{i=1}^{N_1} a_i e^{p_i t} + \sum_{i=1}^{N_2} e^{\sigma_i t}(c_i \cos\omega_i t + d_i \sin\omega_i t) + \sum_{k=1}^{M} \frac{b_k}{(k-1)!} t^{k-1} e^{q_i t}$$

이 식으로부터 임펄스응답 $g(t)$는 지수함수항과 지수가중 삼각함수 및 정함수항들로 이루어짐을 알 수 있다. 식 (4.28)에서 지수항의 지수들 p_i, σ_i, q_i 가운데 어느 하나라도 0보다 크면 그 항은 시간이 지남에 따라 발산하게 되어 식 (4.26)의 안정성 조건을 만족시키지 못하므로 시스템은 불안정하게 된다. 그러나 $p_i < 0, \sigma_i < 0, q_i < 0, \forall i$이면, 즉 극점이 s평면 왼쪽에 있으면 진동이 있더라도 시간이 지나가면 임펄스응답이 0으로 수렴하면서 시스템은 안정하게 된다. 따라서 유한입출력 안정성에 대한 조건은 극점을 써서 다음과 같이 나타낼 수 있다.

정리 4.2

전달함수가 $G(s)$인 어떤 시스템이 유한입출력을 안정하기 위한 필요충분조건은 전달함수의 극점들이 모두 s평면 좌반평면에 있는 것이다.

정리 4.2에서 제시하는 안정성 영역은 원점과 허수축을 제외한다. 만일 원점이나 허수축에 극점이 있는 경우에는 임펄스응답에 상수항이나 삼각함수항이 나타나면서 안정성 조건인 식 (4.26)이 성립하지 않기 때문에 시스템은 불안정하다. 그러나 극점이 s평면 좌반평면에 있기만 하면 다중극점이라 하더라도 시스템은 안정하다. 지금까지 다룬 안정성 조건에 관한 사항들을 다음의 몇 가지 예제를 통해서 확인해 보기로 한다.

예제 4.1

다음과 같은 전달함수로 표시되는 시스템의 안정성을 판별하라.

$$G(s) = \frac{s+1}{(s+2)^2(s^2+s+1)}$$

풀이 이 시스템의 극점은 $s = -2$(이중근), $s = -1/2 \pm j\sqrt{3}/2$으로서 모두 좌반평면에 있다. 그러므로 정리 4.2에 따라서 시스템은 안정하다. 실제로 이중극점 인수 $(s+2)^2$에 대응하는 임펄스응답을 구해보면 te^{-2t}인데, 이 항은 시간이 지남에 따라 0으로 수렴하여 안정한 반응을 나타낸다.

다음과 같은 전달함수로 표시되는 시스템의 안정성을 판별하라. 만일 불안정하다면 출력을 발산시키는 입력 $u(t)$를 구하라.

$$G(s) = \frac{Y(s)}{U(s)} = \frac{1}{s}$$

풀이 이 시스템의 극점은 $s=0$으로서 원점에 있으므로 정리 4.2에 따라서 시스템은 불안정하다. 이 시스템의 출력을 발산시키는 입력으로는 식 (2.2)의 단위계단 신호 $u_s(t)$를 예로 들 수 있다. 실제로 $u(t)=u_s(t)$일 때 $U(s)=1/s$이므로 $Y(s)=G(s)U(s)=1/s^2$이 되어 출력은 $y(t)=\mathcal{L}^{-1}\{Y(s)\}=t,\ t\geq0$으로서 시간이 지남에 따라 무한대로 발산하게 된다.

다음과 같은 전달함수로 표시되는 시스템의 안정성을 판별하라. 만일 불안정하다면 출력을 발산시키는 입력 $u(t)$를 구하라.

$$G(s) = \frac{Y(s)}{U(s)} = \frac{s}{s^2+\omega_n^2}$$

풀이 이 시스템의 극점은 $s=\pm j\omega_n$으로서 허수축에 있으므로 정리 4.2에 따라서 시스템은 불안정하다. 이 시스템의 출력을 발산시키는 입력으로는 극점주파수 ω_n과 같은 주파수를 갖는 정현파를 예로 들 수 있다. 입력이 $u(t)=\sin\omega_n t$일 때 $U(s)=\omega_n/(s^2+\omega_n^2)$이므로 $Y(s)=G(s)U(s)=\omega_n s/(s^2+\omega_n^2)^2$이 되어 출력은 $y(t)=\mathcal{L}^{-1}\{Y(s)\}=\frac{1}{2}t\sin\omega_n t,\ t\geq0$으로서 시간이 지남에 따라 무한대로 발산하게 된다.

위의 예제들에서는 일반적인 전달함수에 대하여 논의하였으며, 되먹임시스템에서는 $G(s)$ 대신 $T(s)$, $U(s)$ 대신 $R(s)$를 사용하면 똑같이 해석할 수 있다.

지금까지 다룬 안정성은 정의 4.1의 유한입출력 안정성이다. 이 안정성은 내부상태를 고려하지 않고 입력과 출력변수만을 기준으로 하여 정의되기 때문에 **외부안정성(external stability)**이라고도 한다. 이 안정성은 임의의 유한입력에 대해 출력변수가 유한하기만 하면 시스템이 안정하다고 보는 것인데, 출력변수는 유한하더라도 내부상태가 발산하는 경우가 있을 수 있기 때문에, 이 안정성은 엄밀한 의미에서는 시스템 전체의 안정성을 보장하는 것은 아니다. 이 유한입출력 안정성과는 달리 시스템 안의 모든 내부상태를 기준으로 하여 안정성을 정의할 수 있는데, 이러한 안정성을 **내부안정성(internal stability)**이라 한다. 내부안정성에서는 유한한 입력에 대해 모든 내부상태가 유한한 응답을 보이는 경우에 시스템이 안정하다고 정의한다. 그런데 출력은 내부상태의 선형결합으로 나타낼 수 있기 때문에 내부안정 시스템에서 외부안정성은 항상 보장된다. 그러나 역은 성립하지 않을 수 있으므로 내부안정성이 외부안정성보다 더 엄밀한 안정성이라 할 수 있다. 내부안정성으로서 주로 사용되는 것은 **리아푸노프(Lyapunov) 안정성**인데, 이 안정성은 1892년 러시아의 수학자인 리아푸노프(A. M. Lyapunov)가 정의한 것이다. 리아푸노프는 안정성 해석법도 제시하였는데, 그가 제시한 안정성 이론은 선형은 물론이고 비선형시스템에까지 적용할 수 있는 일반적인 것이다. 그러나 이 안정성 이론은 대학원 과정에 속하는 것으로서 학부과정에서 다루기는 어렵기 때문에 이 책에서는 다루지 않기로 한다.

4.4.2 루쓰-허위츠 판별법 및 설계응용

앞절에서 살펴보았듯이 안정성은 특성방정식의 근인 극점의 위치에 의해 결정된다. 그런데 특성방정식이 2차 이하의 저차일 경우에는 극점 위치를 필산에 의해 직접 구하여 안정성을 판별할 수 있다. 그러나 고차의 경우에는 특성방정식을 필산으로는 풀기가 어렵기 때문에 컴퓨터를 이용하지 않고서는 직접적인 방법에 의한 안정성 판별은 쉽지 않다. 그러나 특성방정식을 풀지 않고서도 필산이 가능할 정도의 간단한 연산에 의해 불안정한 극점의 개수를 알아냄으로써 안정성을 판별할 수 있는 간접적인 방법이 있는데, 이 방법이 루쓰-허위츠(Routh-Hurwitz) 안정성 판별법이다. 먼저 루쓰-허위츠 판별법을 다루고, 이어서 컴퓨터 꾸러미를 활용하여 극점을 직접 구하여 안정성을 판별하는 방법을 다룬다.

선형시불변 시스템의 경우에 시스템이 안정하기 위한 필요충분조건은 시스템 전달함수의 모든 극점이 s복소평면의 좌반평면에 있는 것이다. 루쓰-허위츠 안정성 판별법은 특성방정식의 불안정 극점의 개수를 알아낼 수 있는 방법으로서, 안정성의 필요충분조건에 의해 불안정 극점의 개수가 0이냐 아니냐에 따라서 안정성을 판별할 수 있다.

루쓰-허위츠 판별법에서 제시하는 절차에 따라 다음과 같은 특성방정식에서 모든 근이 복소평면상에서 왼쪽에 있을 필요충분조건을 구해보기로 한다.

$$Q(s) = a_0 s^n + a_1 s^{n-1} + a_2 s^{n-2} + \cdots + a_{n-1} s + a_n = 0 \tag{4.29}$$

위의 특성방정식에 대해 다음과 같은 루쓰-허위츠 표를 작성한다.

$$s^n \quad : \quad a_0 \quad a_2 \quad a_4 \quad a_6 \quad \cdots$$
$$s^{n-1} \quad : \quad a_1 \quad a_3 \quad a_5 \quad a_7 \quad \cdots$$
$$s^{n-2} \quad : \quad b_1 \quad b_2 \quad b_3 \quad b_4 \quad \cdots$$
$$s^{n-3} \quad : \quad c_1 \quad c_2 \quad c_3 \quad c_4 \quad \cdots$$
$$\vdots \quad \vdots \quad \vdots$$
$$s^2 \quad : \quad e_1 \quad e_2$$
$$s^1 \quad : \quad f_1$$
$$s^0 \quad : \quad g_1$$

여기서 계수 b_i, $i = 1, 2, 3, \cdots$는 a_i계수들로부터 다음과 같이 계산한다.

$$b_1 = \frac{a_1 a_2 - a_0 a_3}{a_1}, \quad b_2 = \frac{a_1 a_4 - a_0 a_5}{a_1}, \quad b_3 = \cdots$$

b_i의 계산은 그 뒤의 것들이 모두 0이 될 때까지 계산한다. c_i, $i = 1, 2, 3, \cdots$는 b_i계수로부터 구하며, 다음과 같이 a_i로부터 b_i를 구할 때와 똑같은 방법으로 계산한다.

$$c_1 = \frac{b_1 a_3 - a_1 b_2}{b_1}, \quad c_2 = \frac{b_1 a_5 - a_1 b_3}{b_1}, \quad c_3 = \cdots$$

이러한 과정을 수행하여 위의 표를 완성한다.

루쓰와 허위츠는 위의 표에서 첫 번째 열계수의 부호가 바뀌는 횟수와 특성방정식의 양의 실수부를 갖는 근의 개수가 서로 같다는 사실을 증명하였다. 따라서 이 사실에 근거하여 루쓰-허위츠 표로부터 불안정 극점의 개수를 알아낼 수 있는 것이다. 이 표를 만들 때 제1열이 0이 되어 이후의 계수를 계산할 수 없는 특수한 경우가 있는데, 이 문제는 이 책에서 다루지 않기로 한다.

 예제 4.4

다음 특성방정식에서 불안정 극점의 개수를 구하라.

$$Q(s) = s^3 + s^2 + 2s + 24 = 0$$

주어진 특성방정식에 대한 루쓰-허위츠 표는 다음과 같다.

$$s^3 \quad : \quad 1 \quad 2$$
$$s^2 \quad : \quad 1 \quad 24$$
$$s^1 \quad : \quad -22 \quad 0$$
$$s^0 \quad : \quad 24 \quad 0$$

이 표의 첫째 열을 보면 부호변화가 두 번 나타난다. 이것은 특성방정식의 근 가운데 두 개가 우반평면에 존재함을 뜻하며, 이 특성방정식에는 불안정 극점이 두 개 있다.

셈툴(CEMTool)의 명령어 가운데에는 다항식의 근을 구하는 'roots'라는 함수가 있다. 이를 사용하여 특성방정식의 근을 조사해보면 실제로 다음과 같이 우반평면에 근 두 개가 존재함을 알 수 있다.

$$-3.0000$$
$$1.0000 + 2.6458i$$
$$1.0000 - 2.6458i$$

이 명령어의 사용법에 대해서는 다음 절에서 다룰 것이다.

루쓰-허위츠 판별법은 앞에서 살펴본 것과 같이 특성방정식의 모든 계수가 주어진 경우에 안정성을 판별하는 데 쓰이지만, 특성방정식에 하나의 미정계수가 있을 때 안정성을 보장하는 미정계수의 범위를 찾는 데에도 사용할 수 있다. 간단한 예제를 통하여 활용법을 살펴보기로 한다.

예제 4.5

다음 특성방정식에서 안정성을 보장하는 계수 K의 범위를 구하라.

$$Q(s) = s^3 + s^2 + 4s + K = 0$$

 주어진 특성방정식에 루쓰-허위츠 판별법을 적용하면 다음과 같은 표를 얻을 수 있다.

$$
\begin{array}{llll}
s^3 : & 1 & 4 \\
s^2 : & 1 & K \\
s^1 : & 4-K & 0 \\
s^0 : & K & 0
\end{array}
$$

이 시스템이 안정하기 위해서는 이 표에서 제1열은 모두 양수가 되어야 한다. 즉, $4-K > 0$, $K > 0$ 이어야 하므로 이 조건으로부터 시스템이 안정하기 위한 K의 범위는 $0 < K < 4$ 이다.

이 절에서 다룬 루쓰-허위츠 안정성 판별법은 특성방정식이 주어진 경우에 간단한 계산에 의해 표를 만들어 시스템의 안정성을 판별해준다. 이 방법은 특성방정식이 고차인 경우에도 필산에 의해 수행할 수 있고, 안정성을 보장하는 미정계수의 범위를 계산해낼 수 있는 유용한 방법이다. 그러나 이 방법은 안정성에 대한 판별만 해주고 근의 정확한 위치는 알려주지 않는다. 근의 정확한 위치를 알기 위해서는 특성방정식을 직접 풀어야 하므로 필산으로 하기는 어렵지만, 컴퓨터 꾸러미를 활용할 경우에 이 과정은 쉽게 처리할 수 있다. 그러면 컴퓨터 꾸러미를 이용하여 특성방정식의 근을 직접 계산하는 방법을 다루기로 한다.

꾸러미 활용법

이 절에서는 컴퓨터 꾸러미를 이용하여 특성방정식의 근을 구하는 방법을 제시한다. 특성방정식의 계수가 모두 알려진 간단한 문제인 경우에는 셈툴의 작업창에서 셈툴 명령어 가운데 하나인 'roots'를 사용하면 쉽게 근의 위치를 알아낼 수 있다. 이 명령어의 사용법은 다음과 같다.

    roots(den)

여기서 'roots' 명령어 안에 쓰이는 변수 den은 특성방정식의 계수들을 내림차순으로 나열하여 이루어지는 행벡터이다. 예제 4.4를 이 명령어로 풀 경우에 처리과정을 살펴보면 다음과 같다.

    CEM>>den = [1 1 2 24];
    CEM>>roots(den)

    - 3.0000
    1.0000 - 2.6458i
    1.0000 + 2.6458i

특성방정식에 미정계수가 들어있는 경우에는 'roots' 명령어를 직접 사용할 수 없다. 이 경우에는 미정계수값을 여러 가지로 바꿔가면서 근을 계산하는 방식으로 문제를 풀어나갈 수 있다. 이 과정은 몇 단계를 거쳐야 하기 때문에 셈툴 작업창에서 직접 처리하기보다는 묶음(macro)파일을 만들어 사용하는 것이 더 편리하다. 묶음파일로 만들어 두면 필요한 경우에 또 다시 같은 작업을 반복하지 않아도 되고, 중간과정을 수정하여 다른 비슷한 작업도 처리할 수 있기 때문에 편리하다. 따라서 다루는 문제가 아주 간단한 경우가 아니라면 될 수 있는 대로 묶음파일을 만들어서 처리하는 방식을 권장한다. 예제 4.5를 처리하는 묶음파일을 만들어보면 다음과 같다.

    // ex1.cem   (묶음파일의 이름)
    // 특성방정식 Q(s)=s^3 + s^2 + 4s + K (0<K<20) 근계산

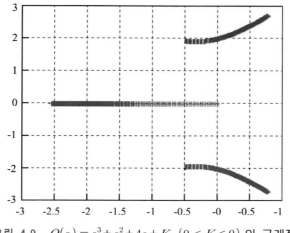

그림 4.9 $Q(s) = s^3 + s^2 + 4s + K, \ (0 < K < 0)$ 의 근궤적

```
K=0:20:0.1;
p=[];
for(i=1;i<=length(K);i=i+1){
    q=[1  1  4  K(i)];
    r=roots(q);
    p=[p  r];
    }
// 근궤적을 그리기 위한 부분
p=p';
pa=[p(:,1);p(:,2);p(:,3)];
pr=real(pa);
pi=imag(pa);
plot(pr,pi,"+");
```

이 묶음파일 작성에는 셈툴 편집기(editor)나 컴퓨터에서 제공하는 적절한 편집기를 쓰면 된다. 이와 같은 묶음파일을 만든 뒤에 'ex1.cem'이란 이름으로 저장한 뒤 셈툴 작업창에서 이것을 실행시킬 때에는 다음과 같이 묶음파일의 이름만 입력하면 된다.

CEM≫ex1

묶음파일 'ex1'을 위와 같이 실행시키면 그 결과는 그림 4.9와 같다.

이 장에서는 제어목표와 안정성에 대해 살펴보았다. 기본 제어목표로서 안정성과 성능을 제시하고, 모델오차가 있는 경우에는 견실성을 포함하여 견실안정성과 견실성능을 구분하였다. 이러한 제어목표 중에 성능을 정량적으로 표시할 때 사용하는 시간영역 성능지표와 주파수영역 성능지표들에 대해 정의하였다. 그리고 안정성에 대한 정의와 조건을 정리하고, 안정성을 판별하는 방법으로서 루쓰-허위츠 안정성 판별법을 다루었다. 이 장에서 다룬 제어목표와 성능지표 및 안정성을 제어시스템 해석과 설계에 적용하는 구체적인 활용법에 대해서는 5장부터 익히게 된다.

1. **제어목표**란 대상시스템에 제어기를 써서 달성하려는 특성을 말한다. 이 책에서는 단 입출력 대상시스템에서 안정성, 명령추종 성능, 견실안정성을 제어목표로 하는 제어기 설계문제를 다룬다. 이 가운데 명령추종 성능목표를 달성하기 위한 제어기 설계문제는 쉽지 않으나, 안정성 목표달성을 위한 제어기 해석과 설계는 비교적 쉬우며, 안정성이 달성되면 대부분의 경우 성능은 어느 정도 달성되기 때문에 제어기 설계에서는 우선적으로 안정성을 고려한다.

2. 제어목표 가운데 명령추종 성능을 정량적으로 표시할 때에는 상승시간, 초과, 정착시간, 정상상태 오차 따위의 시간영역 성능지표를 주로 사용하며, 견실안정성을 표시할 때에는 이득여유와 위상여유 같은 주파수영역 성능지표를 사용한다.

3. 제어시스템에 되먹임을 쓰면 안정성 향상과 명령추종 성능개선, 외란제거 및 잡음축소 따위의 특성이 개선되는 효과를 얻을 수 있다. 그런데 제어목표들 사이에는 상충관계가 있기 때문에 이 목표들을 절충하면서 제어기를 설계해야 한다.

4. 어떤 시스템이 유한한 입력이나 외란에 대해 출력의 크기가 항상 유한한 응답을 보이면 그 시스템은 **안정하다**고 말한다. 이와 같이 모든 유한한 입력에 대해 유한한 응답을 갖는 시스템의 성질을 **안정성**이라고 한다. 선형시불변 시스템에서 안정성에 대한 필요충분조건은 전달함수의 모든 극점들이 s평면의 좌반평면에 놓여있는 것이다. 어느 한 극점이라도 s평면의 허수축을 포함하는 우반평면에 있으면 시스템은 불안정하여 출력이 발산하게 된다.

5. 시스템이 안정하지 않으면 출력이 발산하기 때문에 제어시스템 설계를 할 때 안정성은 제일의 설계목표가 된다. 시스템이 안정화되면 많은 경우에 성능이 어느 정도 달성되

고, 잡음이 있거나 계수에 변화가 있더라도 성능이 유지되는 견실한 경향을 나타낸다.

6. 안정성을 판별하는 방법으로는 특성방정식을 풀어서 극점을 구하여 조사하는 직접적인 방법과 우반평면 극점의 존재 여부만을 조사하는 간접적인 방법이 있다. 이 가운데 직접적인 방법은 대수방정식을 풀어야 하기 때문에 필산으로 풀 경우에는 2차 이하의 저차 시스템에만 적용할 수 있다. 그러나 최근에는 컴퓨터 꾸러미를 이용하여 고차방정식의 근을 쉽게 구할 수 있기 때문에 이 방법도 많이 쓰이고 있다.

7. **루쓰–허위츠 안정성 판별법**은 특성방정식에 대해 간단한 연산을 적용하여 구성되는 표를 작성하고, 이 표의 첫째 열의 계수부호가 바뀌는 횟수가 불안정한 근의 개수와 같다는 원리에 의해 안정성을 판별하는 방법이다. 이 판별법은 특성방정식에 미정계수가 하나 있을 때 안정성이 보장되는 미정계수의 범위를 결정하는데 응용할 수 있기 때문에 이 방식으로 제어기 설계에 활용할 수도 있다.

● 4.6 익힘 문제

4.1   그림 4.4의 일반적인 되먹임 제어시스템에서 입출력 전달특성이 식 (4.12)와 같이 표시됨을 유도하라.

4.2*   그림 4.5의 비단위되먹임 제어시스템에서 식 (4.15)~(4.17)로부터 (S1) 안정성, (S2) 성능, (S5) 외란제거, (S6) 잡음축소의 제어목표 각각을 이루기 위한 제어기 $C(s)$, $F(s)$에 대한 설계지침을 유도하라.

4.3*   그림 4.5의 비단위되먹임 제어시스템에서 모델오차가 포함되는 경우에 식 (4.15)~(4.17)에 대응하는 관계식을 유도하고, 이로부터 (S3) 견실안정성, (S4) 견실성능, (S7) 외란 및 잡음에 대한 견실성을 이루기 위한 제어기 설계지침을 유도하라.

4.4   제어기 $C(s)$를 구현하면서 발생하는 수치오차와 같은 제어기의 불확실성 ΔC는 그림 4.4p와 같이 덧셈형으로 나타낼 수 있다. 이 제어기의 불확실성이 전체 되먹임 시스템에 주는 영향을 해석하라.

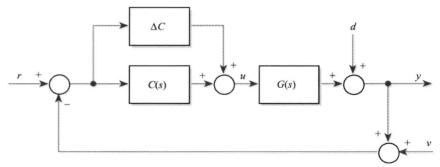

그림 4.4p 제어기에 불확실성이 있는 되먹임시스템

4.5 특성방정식이 $s^3 + 3Ks^2 + (K+2)s + 4 = 0$으로 주어진 시스템이 안정하기 위한 미정계수 K의 범위를 구하라.

4.6 특성방정식이 다음과 같은 시스템에서

$$a(s) = s^6 + 7s^5 + 30.76s^4 + 61.35s^3 + 68.74s^2 + 15.55s + 17 = 0$$

(1) 루쓰 – 허위츠 판별법을 사용하여 이 시스템의 안정성을 판별하라.
(2) 위 특성방정식의 해를 구하라(셈툴 활용).

4.7 다음과 같은 전달함수를 갖는 시스템에서 안정성을 판별하라.

$$G(s) = \frac{21(s+1)}{s^4 + 5s^3 + 1.5s^2 + 3s + 2}$$

4.8 루쓰 – 허위츠 판별법을 써서 다음 특성다항식들의 안정성을 판별하고, 불안정한 경우에는 우반평면 극점의 개수를 구하라.

(1) $s^2 + 3.74s + 2.15$
(2) $s^3 + 5.6s^2 + 6.7s + 5.4$
(3) $s^3 + 2.45s^2 - 3.27s + 43$
(4) $s^4 + s^3 + 2.34s^2 + 3.89s + 11$
(5) $s^5 + s^4 + 2s^3 + 3s - 5.7$

4.9 다음의 특성다항식이 안정하게 될 K의 범위를 구하라.

(1) $s^4 + 2s^3 + 3s^2 + 4.2s + K$
(2) $s^5 - 3s^4 + 1.2s^3 + s^2 + 7s + K$

4.10 다음과 같이 두 개의 미지계수를 가진 단위되먹임 시스템에서

$$G(s)H(s) = \frac{K(s + 3.5)}{s(1 + \tau s)(1 + 1.35s)}$$

이 시스템이 안정하게 될 미지계수 K와 τ의 영역을 구하고 그림으로 나타내어라.

4.11 루쓰-허위츠 판별법을 써서 다음 폐로시스템들의 안정성을 판별하라.

(1) $T(s) = \dfrac{13(s + 0.94)}{s^3 + 2.46s^2 + 8s}$ (2) $T(s) = \dfrac{s - 1.16}{(s + 6.45)(s^2 + 1.69)}$

(3) $T(s) = \dfrac{K}{s^3 + 4.3s + 4.3}$ (4) $T(s) = \dfrac{120(s - 2)}{(s + 4.76)(s^2 + 2.3s + 2.3)}$

(5) $T(s) = \dfrac{115}{s^3 - 2s^2 + 5.47s + 31}$

(6) $T(s) = \dfrac{12(s + 16.575)}{s^4 + 3.25s^3 + 64s^2 + s + 10^6}$

4.12 오일러 공식에 의하면 $\sin \omega t$는 다음과 같이 나타낼 수 있다.

$$\sin \omega t = \frac{e^{j\omega t} - e^{-j\omega t}}{2j}$$

이 공식과 식 (3.32)의 성질을 이용하여 식 (4.22)의 주파수응답에 관한 식을 유도하라.

제 어 상 식

▶ AD/DA 변환기(Analog‑to‑Digital/Digital‑to‑Analog Converter)

1) AD변환기

아날로그 신호를 디지탈 수치신호로 변환하는 장치이다. AD변환기는 센서를 통하여 그 크기나 세기, 밝기 등을 전압값으로 나타낸 아날로그 입력전압을 N비트의 이진값으로 변환해준다. 종류에 따라 입력전압의 범위와 출력 비트수 그리고 변환하는 데 소요되는 시간이 다르다. AD변환기의 분해능(resolution)은 출력 비트수가 결정한다. 예를 들어, 전압범위: 0~5 V, 출력 비트수가 8비트인 변환기는 $5\,V/2^8 = 0.0195\,V$가 구별할 수 있는 전압의 최소 단위가 되며, 이때 2^8을 분해능이라 한다. 출력 비트수가 클수록 분해능은 커지고 이 경우에는 0.0195 V가 디지털값으로 1에 해당한다.

AD변환기 구성방식에는 병렬비교기형, 단경사형, 쌍경사형, 축차근사형 등의 종류가 있다. 종류에 따라 내부구성은 다르나 대부분 저항과 OP‑AMP로 구성한다. 대표적인 AD변환기로는 5 V 범위, 100 μs, 8비트 변환기인 ADC0808이 있으며, 10, 12, 16비트 및 고속의 변환기들이 쓰이고 있는데, 용도에 따라 수치표(Datasheet)를 참고하여 알맞는 것을 골라 써야 한다.

(a) 10비트   (b) 12비트   (c) 16비트

ADC의 실례

2) DA변환기

컴퓨터나 디지털시스템에서 연산처리를 끝낸 이산신호를 연속신호로 변환하는 장치이다. 2진수로 표시되는 유한개수로 정의된 수준이나 상태를 가지는 신호를 2진수 크기에 대응하는 아날로그 신호로 변경해주는 기능을 한다. 내부구성은 사다리 저항회로망과 OP‑AMP로 구성되는 전압가산형과 전류가산형의 종류가 있다.

AD변환기와 마찬가지로 8, 12, 16, 20비트 등의 변환기가 있으며, 변환속도는 ADC와 달리 정착시간(settling time)으로 표현하고 있다. 대표적인 변환기로는 8비트, 정착시간 100 ns의 DAC0800이 있으며, 제조회사마다 변환성능 및 시간에 따라 종류가 많으므로 수치표를 참조하여 용도에 알맞는 IC를 선정하여 사용하는 것이 중요하다.

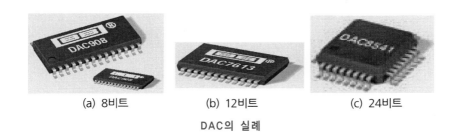

(a) 8비트   (b) 12비트   (c) 24비트

DAC의 실례

CHAPTER **5**

시간영역
해석 및 설계

5.1 개 요

이 장에서는 제어시스템의 특성을 시간영역에서 해석하는 방법에 대해서 익힌다. 시간영역 해석은 몇 가지 특정한 입력신호에 대해 대상시스템이 어떻게 응답하는가를 살펴봄으로써 이루어진다. 이 장에서는 먼저 시간응답 성능지표를 정의하고, 1차 및 2차 표준형 시스템에서 이 지표들을 구하는 방법을 익힌 다음, 3차 이상의 고차 시스템에서 처리하는 방법을 다룬다.

1) 시간응답(time response)은 대상시스템의 성능을 분석하거나 평가하기 위해서 사용된다. 시간응답을 살펴보기 위해 사용하는 기준입력으로는 단위계단신호, 임펄스신호, 경사신호 등이 있는데, 대부분의 경우 단위계단신호를 사용한다. 그 까닭은 이 신호가 시스템의 설정값이 바뀌는 상황을 묘사하기에 적합하여 실제의 제어시스템에서 기준입력으로 많이 쓰이며, 단위계단응답을 알면 임펄스 및 경사응답은 쉽게 구할 수 있기 때문이다.

2) 시간응답은 크게 **과도응답(transient response)**과 **정상상태 응답(steady-state response)** 두 가지로 구별된다. 과도응답은 기준입력이 걸린 직후의 시간응답이며, 정상상태 응답은 기준입력이 걸린 다음에 충분한 시간이 지난 후의 시간응답을 말한다.

3) 시간영역 해석은 과도응답과 정상상태 응답을 분석하는 것이다. 이 응답특성을 분석하는 데에는 주로 단위계단응답에서 수치로 나타낼 수 있는 몇 가지 지표를 정의하고, 이 지표를 계산하거나 측정으로 구하는 방법을 사용한다. 이 시간응답특성 가운데 과도응답은 폐로시스템의 극점·영점의 위치와 관련이 있으며, 정상상태 응답은 루프전달함수의 성질과 관련이 있다.

4) 1차나 2차 표준형 시스템의 경우에는 극점 위치와 시간영역 성능지표와의 상관관계를 간단한 공식으로 나타낼 수 있다. 그러나 일반적인 경우에는 관계가 복잡하게 얽혀 있기 때문에 공식으로 나타내기는 어려우며, 모의실험을 통해 성능을 확인해야 한다.

5) 극점 및 영점의 위치와 시간응답과의 관계를 이용하면 시간응답 성능기준이 주어지는 경우에, 이를 만족시킬 수 있는 폐로 극점과 영점의 위치를 선정하는 방식으로 제어기를 설계할 수 있다. 이 방식으로 제어기를 설계하는 것을 **극영점배치(pole-zero allocation)**라 하며, 극배치법과 극영점 상쇄법 등이 이에 속한다. 이 기법들은 대상시스템의 전달함수를 상당히 정확하게 알고 있는 경우에 적용할 수 있다.

5.2 시간응답과 성능지표

시간영역에서 제어시스템의 성능을 해석하기 위해서는 시간응답을 잘 이해해야 한다. 어떤 시스템에서 시간응답이란 입력에 대한 출력의 시간에 따른 반응을 말하는데, 이 시간응답을 구하는 방법은 개로시스템이나 폐로시스템에 똑같이 적용되며, 이 장에서는 제어시스템의 성능을 다루므로 폐로시스템을 다룰 것이다. 4장에서는 플랜트 전달함수를 $G(s)$로 표시했지만, 폐로전달함수도 혼동이 없을 때는 $G(s)$로 사용하기로 한다. 그리고 시간응답특성을 나타내는 성능지표들에 대해서는 4.3.1절에서 다루었는데, 이 절에서는 구체적으로 대상시스템이 1차나 2차일 때 성능지표들이 어떻게 구해지는가를 다룰 것이다.

대상시스템의 전달함수가 $G(s)$로 주어지고 기준입력의 라플라스 변환이 $R(s)$로 주어지는 경우 출력의 라플라스 변환은 $Y(s)=G(s)R(s)$이므로, 시간응답은 라플라스 역변환에 의해 다음과 같이 구할 수 있다.

$$y(t) = \mathcal{L}^{-1}\{Y(s)\} = \mathcal{L}^{-1}\{G(s)R(s)\}$$

시간응답을 구할 때 기준입력으로는 임펄스신호 $\delta(t)$, 단위계단신호 $u_s(t)$, 경사신호 $tu_s(t)$ 등을 쓰는데, 표 2.2에서 알 수 있듯이 이러한 기준신호들에 대한 라플라스 변환은 다음과 같다.

$$R(s) = \begin{cases} 1, & r(t)=\delta(t) \\ \dfrac{1}{s}, & r(t)=u_s(t) \\ \dfrac{1}{s^2}, & r(t)=tu_s(t) \end{cases}$$

따라서 각각의 기준신호에 대한 시간응답은 다음과 같이 구할 수 있다.

$$y(t) = \begin{cases} \mathcal{L}^{-1}\{G(s)\}, & r(t)=\delta(t) \\ \mathcal{L}^{-1}\left\{\dfrac{G(s)}{s}\right\}, & r(t)=u_s(t) \\ \mathcal{L}^{-1}\left\{\dfrac{G(s)}{s^2}\right\}, & r(t)=tu_s(t) \end{cases} \tag{5.1}$$

어떤 시스템의 단위계단신호에 대한 응답이 다음과 같이 $y_s(t)$로 구해진다면

$$y_s(t) = \mathcal{L}^{-1}\left\{\frac{G(s)}{s}\right\} \tag{5.2}$$

식 (5.1)과 (5.2)로부터 임펄스응답은 다음과 같이 단위계단응답(unit step response)을 미분하여 얻을 수 있고, 경사응답은 단위계단응답을 적분하여 얻을 수 있다.

$$\mathcal{L}^{-1}\{G(s)\} = \mathcal{L}^{-1}\left\{s\frac{G(s)}{s}\right\} = \frac{d}{dt}y_s(t)$$

$$\mathcal{L}^{-1}\left\{\frac{G(s)}{s^2}\right\} = \mathcal{L}^{-1}\left\{\frac{1}{s}\frac{G(s)}{s}\right\} = \int_0^t y_s(\tau)d\tau \qquad (5.3)$$

따라서 많은 경우 시간응답 특성으로 단위계단응답 특성만을 살펴보게 된다.

시간응답은 크게 **과도응답(transient response)**과 **정상상태 응답(steady-state response)** 두 가지로 구별된다. 과도응답은 기준입력이 걸린 직후의 시간응답이며, 정상상태 응답은 기준입력이 걸린 다음에 충분한 시간이 지난 후의 시간응답을 말한다. 이러한 응답들은 식(5.1)과 (5.2)나 (5.3)을 이용하여 2장에서 익힌 라플라스 역변환을 써서 필산으로 풀 수 있지만, 대상시스템의 전달함수가 3차 이상만 되더라도 필산으로 풀기에는 너무 어려워진다. 이러한 어려움을 해소하기 위해 셈툴에서는 시간응답 가운데 계단응답과 임펄스응답을 구해주는 'step'과 'impulse'라는 명령어들이 제공된다. 이 명령어들의 사용법은 다음과 같다.

    step(num,den)
    impulse(num,den)

여기서 'num'과 'den'은 대상전달함수의 분자부와 분모부의 계수들을 내림차순으로 나타내는 행벡터열이다. 그러면 이 명령어들을 써서 시간응답을 구하는 예제를 풀어보기로 한다.

예제 5.1

다음 전달함수로 표시되는 개로시스템의 임펄스응답, 단위계단응답, 경사응답을 구하라.

$$G(s) = \frac{4}{s^3+2s^2+3s+4}$$

 임펄스응답과 계단응답은 'impulse', 'step' 명령을 써서 간단하게 구할 수 있다. 먼저 임펄스응답은 다음과 같이 구할 수 있다.

    CEM≫num=4;
    CEM≫den=[1 2 3 4];
    CEM≫impulse(num,den);

위의 명령들을 실행하여 얻은 임펄스응답은 그림 5.1과 같다.

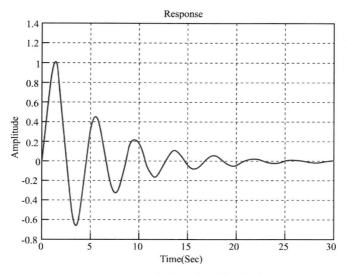

그림 5.1 예제 5.1의 임펄스응답

이어서 단위계단응답은 다음과 같이 'step' 명령을 써서 구한다.

    CEM≫step(num,den);

그림 5.2는 단위계단 입력에 대한 시간응답특성을 보여준다. 끝으로 경사응답은 식 (5.3)에서와 같이 단위계단응답을 적분하여 구해지므로 대상시스템 전달함수 분모항의 차수를 하나 올린 다음에 계단응답을 구하는 명령어를 써서 다음과 같이 구할 수 있다.

    CEM≫den=[1 2 3 4 0];   // G`(s)의 분모차수를 하나 올림
    CEM≫step(num,den);

위의 명령을 실행한 결과 그림 5.3과 같은 경사응답을 얻을 수 있다.

그림 5.2의 계단응답 파형을 미분하면 그림 5.1의 임펄스응답곡선을 얻을 수 있다. 또한 이 파형을 적분하면 그림 5.3의 경사응답곡선을 얻을 수 있다. 즉, 단위계단응답이 주어지면 이로부터 임펄스응답과 경사응답을 산출할 수 있는 것이다.

주어진 시스템이 안정한 경우에 단위계단응답은 그림 5.2에서 볼 수 있듯이 시간이 갈수록 출력 $y(t)$가 특정값으로 수렴해 가는 꼴을 갖는다. 이러한 특성은 안정한 시스템에서는 항상 나타나는 성질인데, 이것은 최종값 정리에 의하여 증명할 수도 있다. 그러나 입력이 걸린 직후의 일정시간 동안에는 출력이 심하게 변하는 형태가 나타난다. 그림 4.6은 단위계단 입력에 대한 전형적인 시간응답의 형태를 보여 준다. 이 계단응답곡선에서 입력이 걸린 직후부터 일정시간 동안의 응답을 **과도응답**이라 하며, 시간이 충분히 지난 뒤에 나타나는

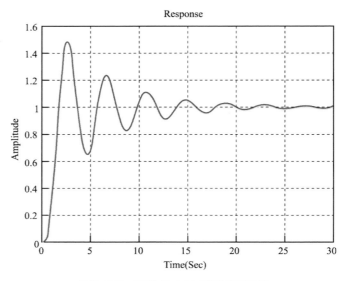

그림 5.2 예제 5.1의 단위계단응답

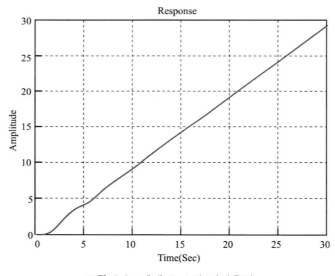

그림 5.3 예제 5.1의 경사응답

응답인 **정상상태 응답**과 구별한다.

　4.3절에서는 대상시스템의 시간영역특성을 나타내는 성능지표로 계단응답곡선에서 다음과 같은 것들을 정의하였다. 즉, **과도상태 성능지표**로는 상승시간(rise time), 마루시간(peak time), 최대초과(maximum overshoot) 등이 정의되었고, **정상상태 성능지표**로는 정착시간(settling time), 정상상태값, 정상상태 오차(steady-state error) 등이 정의되었다. 이 성능지표들은 대상시스템의 특성을 해석할 때 시간영역에서 시스템의 특성을 나타내는데 쓰이며,

제어시스템 설계에서는 성능기준을 나타내는데 쓰이기도 한다. 이 지표들은 대상시스템의 전달함수가 주어지는 경우에 해석적으로 구할 수도 있으나, 일반적으로 3차 이상의 시스템에서는 해석적으로 구하기가 어렵기 때문에 2차 이하의 저차 시스템에 한하여 필요에 따라 해석적으로 구하며, 대부분의 경우에는 컴퓨터 꾸러미를 활용하여 수치적으로 구한다.

예제 5.2

예제 5.1의 3차 시스템에 대하여 상승시간, 마루시간, 최대초과, 정상상태값, 정상상태 오차를 구하라.

 그림 5.2의 셈툴 그림창에서 메뉴 가운데 좌표추적기능을 사용하여 시간응답 성능기준들을 구해보면, 상승기간은 약 0.96초, 마루시간은 약 3.56초, 최대초과는 48.6%, 정상상태값은 1, 정상상태 오차는 0으로 구해진다.

경사응답(ramp response)의 전형적인 형태는 그림 4.7과 같다. 경사응답의 특성을 나타내는 성능지표로서는 정상상태 오차를 사용하는데, 이것은 그림 4.7에서와 같이 정상상태에서 기준입력인 경사입력과 출력신호와의 차이로 정의된다. 대상시스템이 몇 가지 유형의 전달함수로 표시되는 경우 경사응답에서의 정상상태 오차를 간단한 공식에 의해 구할 수 있는데, 이 사항에 대해서는 5.5절에서 다룰 것이다.

임펄스응답(impulse response)은 입력신호로서 임펄스를 사용하는데 전형적인 응답파형은 그림 5.1과 같다. 임펄스응답을 구하면 이로부터 시스템의 안정성과 수렴속도 등을 해석할 수 있다. 역으로 미지 시스템의 전달함수를 구하는 데 활용할 수도 있다. 이러한 활용은 기계진동 분야에서 많이 이루어진다. 먼저 대상시스템에 입출력부분을 지정한 다음 입력부분에 망치(hammer)로 충격을 가하여 임펄스신호를 입력하고, 출력부분에서 출력을 측정하여 변위로 환산한다. 그리하여 시간적으로 임펄스응답을 직접 구하거나, 이 신호의 주파수분석을 통하여 전달특성을 구한다. 여기서 입출력신호의 함수관계를 곡선맞춤법(curve fitting method)을 써서 찾아내면, 이 함수가 대상시스템의 임펄스응답이나 전달함수가 되는 것이다. 그러나 이 방법은 기계진동 등의 특정한 분야에서만 사용할 수 있는 제한적인 것이다. 일반적인 시스템에서 이러한 방법에 의해 임펄스응답이나 전달함수를 구하기는 매우 어렵다. 대부분의 실제 시스템들은 임펄스신호에 대해 제대로 반응하지 않거나 또는 임펄스응답을 정확히 측정하기가 어렵기 때문이다.

5.3 극점위치와 과도응답

2.4절에서 살펴보았듯이 시스템의 과도응답은 극점의 위치 및 극점과 영점의 상대적인 위치에 따라서 그 형태가 달라진다. 극점이 우반평면에 있으면 시스템은 불안정하고, 시간응답은 발산한다. 극점이 좌반평면에 있으면 시스템이 안정하고 시간응답은 일정한 값으로 수렴한다. 좌반평면의 극점이 원점 및 허수축과 멀수록 정상상태에 도달하는 시간이 빨라진다. 영점이 우반평면에 존재하는 경우 하향초과가 발생하며, 영점과 원점과의 거리가 극점과 원점과의 거리보다 클수록 최대초과 및 하향초과의 크기가 작아진다. 일반적으로 대상 플랜트에 영점이 있는 경우 폐로극점을 원점 및 허수축에서 멀어지게 할수록 정착시간은 짧아지지만, 최대초과 및 하향초과의 값이 커지며, 폐로극점을 원점 근처로 이동하면 정착시간은 길어지지만, 최대초과 및 하향초과의 값은 작아지는 특징을 가진다.

이 절에서는 극점의 위치와 시스템 성능 간의 관계를 보다 구체적으로 분석하여 정량적인 관계로 유도하기로 한다. 여기서는 먼저 영점이 없는 1차 및 2차 시스템의 경우를 다루고, 이어서 3차 이상의 고차 시스템에 대한 해석법을 다루기로 한다.

5.3.1 1차 시스템

다음과 같은 1차 표준형 시스템을 생각해 보자.

$$G(s) \;=\; \frac{G_p}{T_c s + 1} \tag{5.4}$$

여기서 G_p는 $s=0$일 때, 즉 입력이 직류신호일 때 전달함수이득 $G(0)$와 같으므로 직류이득(DC gain)이라 한다. 극점은 $s=-1/T_c$이므로 극점의 위치는 $T_c > 0$일 때 s평면의 좌반평면에, $T_c \leq 0$일 때에는 허수축을 포함하는 우반평면에 있게 된다. 따라서 $T_c \leq 0$인 경우에는 시스템이 불안정하게 되어 출력이 발산하며, $T_c > 0$인 경우에 시스템은 안정하게 되어 출력은 수렴한다. 시스템이 불안정하여 출력이 발산하는 경우에는 출력의 시간응답특성을 정량적으로 논한다는 것이 의미가 없으므로, 시스템이 안정한 경우에 대해서만 극점과 시간응답특성 사이의 관계를 다루기로 한다.

시스템이 안정한 경우, 즉 1차 극점에서 $T_c > 0$인 경우에 계수 T_c를 흔히 **시상수(time constant)**라 하며, 단위는 초[sec]로 표시된다. 이 시상수가 작을수록 극점은 허수축에서 멀어지면서 출력의 수렴속도가 빨라진다. 따라서 시상수는 1차 시스템이나 1차 극점을 주극점으로 하는 시스템의 출력응답속도를 나타내는 지표로 쓰인다. 실제로 식 (5.4)에 대한 단위계단응답을 s영역에서 구해보면 다음과 같으므로

$$Y(s) \;=\; G(s)U(s) \;=\; \frac{G_p}{s(T_c s+1)} \;=\; G_p\Big(\frac{1}{s}-\frac{1}{s+1/T_c}\Big)$$

시간영역에서의 단위계단응답은 다음과 같다.

$$y(t) \;=\; \mathcal{L}^{-1}\{Y(s)\} \;=\; G_p(1-e^{-t/T_c}), \quad t\ge 0. \tag{5.5}$$

이 응답을 그림표로 나타내면 그림 5.4와 같다. 이 그림에서 보듯이 시상수 T_c가 클수록 시스템의 응답은 느려진다. 그리고 정상상태 도달시간은 시상수의 4배 정도가 되며, 초과는 나타나지 않는다. 그림 5.4를 전형적인 계단응답특성인 그림 4.6에 견주어보면 식 (5.4)로 표시되는 1차 시스템의 시간응답특성은 다음과 같이 요약할 수 있다.

- 상승시간 : $t_r \approx 2.2 T_c$
- 지연시간 : $t_d \approx 0.1 T_c$
- 초과 : $M_p = 0$
- 정착시간 : $t_s \approx 4 T_c$
- 정상상태 오차 : $E_s = 1-G_p$

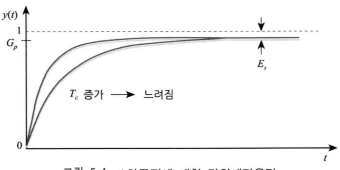

그림 5.4 1차극점에 대한 단위계단응답

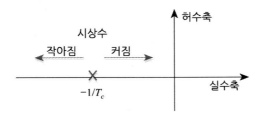

그림 5.5 1차극점과 시상수

1차시스템의 시간응답특성 가운데 과도상태 특성은 시상수 T_c에 전적으로 의존하고 있으며, 과도상태 특성을 개선하려면 이 시상수를 줄이면 된다. 그림 5.5는 1차 시스템의 극점도로서 극점과 시상수의 관계를 나타낸 것인데, 시상수가 작아질수록 극점은 왼쪽으로 이동하여 과도응답이 빨라지는 것이다. 그리고 정상상태 특성은 직류이득 G_p에 의해 결정되는데, $G_p = 1$일 때 출력은 기준입력과 같아지면서 정상상태 오차는 0이 된다. 따라서 1차 시스템의 제어문제는 폐로시스템의 시상수를 줄이면서 직류이득을 $G_p = 1$로 만드는 방향으로 제어기를 설계하는 문제로 요약할 수 있다.

예제 5.3

다음의 전달함수 $G(s)$로 표시되는 1차 시스템에서 시간응답특성을 분석하고, 0~5 sec 사이의 계단응답을 구하라.

$$G(s) = \frac{1}{s+1}$$

풀이 이 시스템은 안정하면서 직류이득은 $G_p = 1$이고, 시상수는 $T_c = 1$ sec이므로, 시간응답특성은 다음과 같다.

- 상승시간 : $t_r \approx 2.2$ sec
- 지연시간 : $t_d \approx 0.1$ sec
- 초과 : $M_p = 0$
- 정착시간 : $t_s \approx 4$ sec
- 정상상태 오차 : $E_s = 0$

0~5 [sec] 사이의 계단응답을 구하기 위한 셈툴명령어는 다음과 같다.

```
CEM>>num = [1];
CEM>>den = [1  1];
CEM>>t = 0:5:0.1;
CEM>>step(num,den,t);
```

여기서 벡터 t는 시간을 0초부터 5초까지 0.1초 간격으로 표시한다. 이 명령을 실행하면 그림 5.6과 같은 응답곡선을 얻게 된다. 이 응답곡선을 보면 계산으로 구한 시간응답특성과 거의 일치함을 알 수 있다.

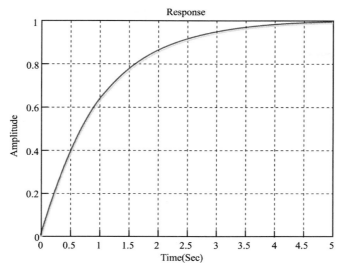

그림 5.6 단위계단 입력에 대한 1차 시스템의 과도응답

5.3.2 2차 시스템

전달함수의 분모부가 1차인수로 분해가 되지 않는 2차인수를 갖는 경우에 대응하는 극점은 복소수가 된다. 이러한 복소극점을 갖는 2차 전달함수의 표준형은 다음과 같이 나타낼 수 있다.

$$G(s) = \frac{\omega_n^2}{s^2 + 2\zeta\omega_n s + \omega_n^2} \tag{5.6}$$

여기서 분모항의 계수들 가운데 ζ와 ω_n 을 각각 **감쇠비(damping ratio)**, **비감쇠고유진동수 (undamped natural frequency)** 또는 줄여서 **고유진동수**라고 한다. 2차 시스템에서 감쇠비 ζ는 시스템의 안정성과 밀접한 관련이 있는데, $\zeta \leq 0$ 일 경우에는 극점이 s평면에서 허수축을 포함하는 우반평면에 놓이기 때문에 시스템이 불안정하여 출력이 발산하게 된다. $\zeta > 0$ 일 때 극점은 s평면 좌반평면에 놓이게 되어 시스템은 안정하지만, $\zeta \geq 1$ 일 경우에는 식 (5.6)의 분모부가 1차인수로 분해되어 두 개의 실극점을 갖는다. 이 경우 계단응답특성은 식 (5.6)을 1차인수로 분해한 다음, 허수축에 가까운 주극점에 대해 식(5.4)에 대응하는 특성을 적용하면 된다. 이 경우에 계단응답특성에서 출력에 감쇠가 걸려서 초과가 전혀 나타나지 않기 때문에 감쇠비가 $\zeta \geq 1$ 인 2차 시스템을 **과감쇠(overdamped)** 시스템이라 한다. 또한 $0 < \zeta < 1$인 경우에는 초과가 나타나는데 이러한 시스템을 **부족감쇠(underdamped)** 시스템이라 하며, 특별히 $\zeta = 1$ 의 경우를 **임계감쇠(critically damped)** 시스템이라고도 한다.

$0 < \zeta < 1$인 경우에 대응하는 극점은 $s = -\sigma \pm j\omega_d$ 로서 복소수가 되며, 실수부 σ와 허

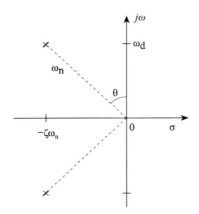

그림 5.7 복소극점을 갖는 2차 시스템의 극점도

수부 ω_d 는 각각 $\sigma = \zeta\omega_n$, $\omega_d = \omega_n\sqrt{1-\zeta^2}$ 이다. 여기에서 ω_d 를 **감쇠고유진동수(damped natural frequency)**라 한다. 이 복소극점의 위치와 ζ, ω_n, ω_d 사이의 관계는 그림 5.7과 같다. 이 그림에서 비감쇠고유진동수 ω_n 은 원점으로부터 극점까지의 거리를 나타내며, 극점과 허수축 사이의 각도를 θ 라 하면 $\zeta = \sin\theta$ 가 된다. 따라서 $\theta = \sin^{-1}\zeta = \sin^{-1}(\sigma/\omega_n)$ 로서 감쇠비 ζ 가 0 에 가까울수록 $\theta \to 0$ 이 되어 극점은 허수축에 가까워지고, ζ 가 1 에 가까울수록 $\theta \to \pi/2$ 가 되어 극점이 실수축에 가까워짐을 나타낸다. 그리고 이 극점에 대응하는 계단응답특성은 그림 4.6과 같은 전형적인 모습을 나타낸다. 그러면 감쇠비 ζ, 비감쇠 고유진동수 ω_n 과 시간영역특성 사이의 관계를 조사해보기로 한다.

식 (5.6)과 같은 표준형 2차 시스템의 단위계단응답을 s평면에서 나타내면 다음과 같다.

$$Y(s) = G(s)U(s) = \frac{\omega_n^2}{s(s^2 + 2\zeta\omega_n s + \omega_n^2)}$$

이 식을 부분분수로 나누면 다음과 같다.

$$\begin{aligned} Y(s) &= \frac{1}{s} - \frac{s + 2\zeta\omega_n}{s^2 + 2\zeta\omega_n s + \omega_n^2} \\ &= \frac{1}{s} - \frac{s + \zeta\omega_n}{(s + \zeta\omega_n)^2 + \omega_d^2} - \frac{\zeta\omega_n}{(s + \zeta\omega_n)^2 + \omega_d^2} \end{aligned}$$

이 식을 라플라스 역변환하면 시간영역에서의 응답을 다음과 같이 얻을 수 있다.

$$y(t) = 1 - \frac{e^{-\zeta\omega_n t}}{\sqrt{1-\zeta^2}} \sin\left(\omega_d t + \tan^{-1}\frac{\sqrt{1-\zeta^2}}{\zeta}\right), \quad t \geq 0$$

이 식은 다음과 같이 나타낼 수도 있다.

$$y(t) = 1 - e^{-\sigma t}\left(\cos\omega_d t + \frac{\sigma}{\omega_d}\sin\omega_d t\right), \quad t \geq 0 \tag{5.7}$$

식 (5.7)의 시간응답에서 고유진동수를 $\omega_n = 1$로 놓고, 감쇠비를 0에서 1까지 0.1 단위로 변화시키면서 얻은 시간응답 곡선들을 한 그림 위에 나타내면 그림 5.8과 같다. 이 그림에서 알 수 있듯이 감쇠비가 작아질수록 상승시간은 빨라지지만 최대초과가 커짐을 알 수 있다.

식 (5.7)의 시간응답으로부터 그림 4.6에 대응하는 시간영역특성을 분석하면, 2차 표준형 시스템에 대한 시간영역 응답특성을 다음과 같이 해석적으로 구할 수 있다. 상승시간 t_r은 출력이 $y(t) = 0.1$에서부터 $y(t) = 0.9$에 이르기까지 걸리는 시간인데, 이 시간은 출력이 $y(t) = 1$에 이르는 시간의 약 75%로 볼 수 있다. 출력이 $y(t) = 1$에 이르는 시점 t_1은 식 (5.7)의 우변 둘째 항이 영이 되는 점이므로 다음과 같이 구할 수 있다.

$$\cos\omega_d t_1 + \frac{\sigma}{\omega_d}\sin\omega_d t_1 = 0$$

$$\tan\omega_d t_1 = -\frac{\omega_d}{\sigma} = -\frac{\sqrt{1-\zeta^2}}{\zeta}$$

$$t_1 = \frac{\sin^{-1}\zeta + \pi/2}{\omega_d}$$

따라서 상승시간 t_r은 감쇠비 ζ와 비감쇠고유진동수 ω_n의 함수로서 다음과 같은 근사관계 식으로 나타낼 수 있다.

$$t_r \approx 0.75t_1 = 0.75\frac{\sin^{-1}\zeta + \pi/2}{\omega_n\sqrt{1-\zeta^2}} \tag{5.8}$$

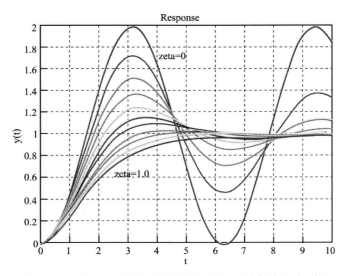

그림 5.8 2차 시스템의 감쇠비에 따른 시간응답특성 비교

이 관계식은 조금 복잡하지만, 자주 사용하는 감쇠비인 $\zeta = 0.5$ ($\theta = 30°$)일 때와 $\zeta = 0.707$ ($\theta = 45°$)일 때 상승시간을 구해보면 각각 $t_r = 1.8/\omega_n$, $t_r = 2.5/\omega_n$이며, 감쇠비가 커질수록 상승시간도 커짐을 알 수 있다.

마루시간 t_p는 출력이 최대값을 갖는 시점이므로 식 (5.7)에서 최댓점을 찾으면 구할 수 있다. 식 (5.7)을 미분하여 정리하면 다음과 같다.

$$\dot{y}(t) = e^{-\sigma t}\left(\frac{\sigma^2}{\omega_d} + \omega_d\right)\sin\omega_d t$$

여기서 $\dot{y}(t) = 0$를 만족하는 조건은 $\omega_d t = n\pi$, $n = 1, 2, 3 \cdots$이므로, 이 조건을 만족하는 최소시점이, 즉 $n = 1$일 때의 시점이 마루시간 t_p가 된다.

$$t_p = \frac{\pi}{\omega_d} \tag{5.9}$$

그리고 마루시간에서의 출력값으로부터 다음과 같이 최대초과 M_p를 구할 수 있다.

$$M_p = y(t_p) - 1 = e^{-\pi\zeta/\sqrt{1-\zeta^2}} \times 100 \% \tag{5.10}$$

이 식에서 보듯이 최대초과를 나타내는 식은 조금 복잡한 꼴이지만, 자주 쓰이는 값은 감쇠비가 $\zeta = 0.5$일 때와 $\zeta = 0.707$일 때로서 대응하는 값은 각각 $M_p = 16\%$, $M_p = 4.3\%$이다. 그림 5.9는 감쇠비 ζ와 초과 M_p의 관계를 보여 준다.

정착시간 t_s는 출력오차가 2% 범위 안에 들기 시작하는 시점으로 정의되는데, 이것은

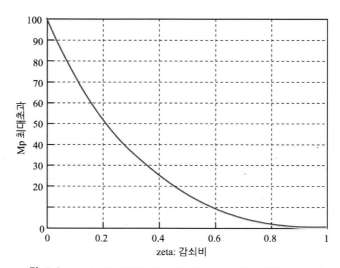

그림 5.9   2차 시스템에서의 감쇠비와 최대초과와의 관계

식 (5.7)의 우변 둘째 항인 진동부분의 가중치가 $e^{-\sigma t} = 0.02$인 시점을 뜻한다. 따라서 정착시간은 다음과 같이 구해진다.

$$t_s = -\frac{\ln 0.02}{\sigma} \approx \frac{4}{\zeta \omega_n} \tag{5.11}$$

감쇠비가 $0 < \zeta < 1$인 표준형 2차 시스템에 대해서 앞에서 조사한 시간영역특성을 감쇠비 ζ와 비감쇠고유진동수 ω_n으로 나타내면 다음과 같다.

- 상승시간 : $t_r = 0.75 \dfrac{\sin^{-1}\zeta + \pi/2}{\omega_n\sqrt{1-\zeta^2}} \left(= \dfrac{1.8}{\omega_n},\ \zeta = 0.5\text{일 때}\right)$

- 초과 : $M_p = e^{-\pi\zeta/\sqrt{1-\zeta^2}}$

- 마루시간 : $t_p = \dfrac{\pi}{\omega_d} = \dfrac{\pi}{\omega_n\sqrt{1-\zeta^2}}$

- 정착시간 : $t_s \approx \dfrac{4}{\sigma} = \dfrac{4}{\zeta\omega_n}$

- 정상상태 오차 : $E_s = 1 - G(0) = 0$

정상상태 오차식에서 $G(0)$는 전달함수의 직류이득이다. 이러한 시간영역 특성 가운데 특기할 사항은 ω_n이 일정한 경우에 감쇠비 ζ가 커질수록 초과는 줄어들지만, 상승시간은 커지기 때문에 초과와 상승시간 가운데 어느 한쪽을 좋게 하려면 다른 쪽이 나빠지는 상충관계를 갖는다는 점이다. 따라서 2차 시스템을 제어할 때에는 이러한 상충관계를 적절히 절충시키면서 시스템의 특성을 개선하는 방식으로 제어기를 설계해야 한다.

영점이 없는 경우 극점의 위치에 따른 임펄스응답파형의 변화는 그림 5.10과 같이 요약

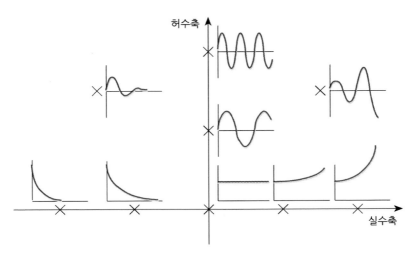

그림 5.10 극점위치와 대응되는 임펄스응답파형

할 수 있다. 이 그림을 보면 극점이 좌(우)평면에 있으면서 허수축으로부터 멀어질수록 수렴(발산)속도가 빨라지며, 실수축으로부터 멀어질수록 진동주파수가 높아지는 것을 알 수 있다. 이러한 성질은 그림 2.9에 요약한 극점과 시스템 특성 사이의 관계와 같다.

지금까지 설명한 2차 시스템 시간응답특성을 나타내는 관계식들이나 파형은 식 (5.6)으로 표시되는 것과 같은 영점이 없는 2차 시스템의 표준형에서만 성립하는 것이며, 영점이 있는 경우에는 특성이 크게 달라지는 것에 주의해야 한다.

예제 5.4

다음과 같은 전달함수로 표시되는 시스템의 비감쇠고유진동수와 감쇠비를 계산하여 가능한 시간영역 특성을 예측하고, 필요하면 셈툴을 써서 시간영역 특성을 구하라.

$$G(s) = \frac{9}{s^2 + 9s + 9}$$

풀이 이 시스템의 고유진동수는 $\omega_n = \sqrt{9} = 3$이고, 감쇠비는 $\zeta = 9/(2\omega_n) = 1.5$ 로서 1보다 크다. 따라서 이 시스템은 과감쇠 응답특성을 지니기 때문에 초과는 $M_p = 0\,\%$임을 알 수 있다. 그리고 직류이득이 $G(0) = 1$이므로 정상상태 오차도 $E_s = 0$임을 알 수 있다. 그러나 과감쇠 시스템에서 상승시간과 정착시간은 공식으로 계산할 수 없기 때문에 셈툴 명령어를 쓰기로 한다. 계단응답을 얻기 위한 셈툴 명령어는 다음과 같다.

CEM≫num = 9;

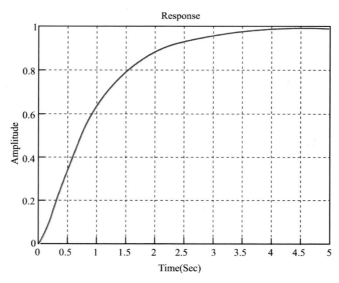

그림 5.11 과감쇠 2차 시스템의 응답특성

CEM>>den = [1 9 9];

CEM>>step(num,den);

이 명령을 실행하면 그림 5.11과 같은 응답곡선을 얻는다. 이 그림을 보면 알 수 있듯이 시스템에 과감쇠가 걸리어 초과는 0%이고, 정상상태 오차는 0임을 확인할 수 있다. 셈툴의 좌표추적기능을 써서 계산하면 상승시간은 $t_r = 1.9$ sec, 정착시간은 $t_s = 3.5$ sec, 지연시간은 $t_d = 0.2$ sec 정도가 된다.

예제 5.5

다음과 같은 전달함수를 갖는 시스템의 계단응답 특성을 계산하고, 셈툴을 써서 계단응답을 구한 결과와 비교하라.

$$G(s) = \frac{9}{s^2 + 3s + 9}$$

풀이 이 시스템의 고유진동수는 $\omega_n = \sqrt{9} = 3$ 이고, 감쇠비는 $\zeta = 3/(2\omega_n) = 0.5$ 로서 1보다 작기 때문에, 이 시스템은 부족감쇠 응답특성을 나타낸다. 또한 이 시스템은 표준형 2차 시스템이기 때문에 식 (5.8)~(5.11)을 써서 시간응답특성을 다음과 같이 구할 수 있다.

- 상승시간 : $t_r = \dfrac{1.8}{3} = 0.6$ sec

- 초과 : $M_p = e^{-0.5\pi/\sqrt{1-0.5^2}} \times 100 \simeq 16.3033\,\%$

- 마루시간 : $t_p = \dfrac{\pi}{3\sqrt{1-0.5^2}} = 1.2092$ sec

- 정착시간 : $t_s \simeq \dfrac{4}{1.5} = 2.6667$ sec

- 정상상태 오차 : $E_s = 1 - G(0) = 0$

단위계단응답을 구하기 위한 셈툴명령어는 다음과 같으며, 실행결과는 그림 5.12와 같다.

CEM>>num = 9;

CEM>>den = [1 3 9];

CEM>>step(num,den);

그림 5.12의 그림창에서 좌표추적기능을 사용하면 다음과 같이 시간응답 성능기준을 쉽게 구할 수 있다.

- 상승시간 : $t_r \approx 0.6$ sec

- 초과 : $M_p \approx 16.1\,\%$

- 마루시간 : $t_p \approx 1.199$ sec

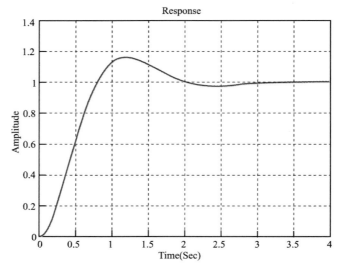

그림 5.12 부족감쇠 2차 시스템의 단위계단응답

- 정착시간 : $t_s \approx 2.697$ sec
- 정상상태 오차 : $E_s = 0$

이 값들은 공식을 써서 구한 결과와 거의 일치함을 알 수 있다.

5.3.3 고차 시스템과 주극점(dominant pole)

일반적인 고차 시스템의 폐로전달함수는 다음과 같이 나타낼 수 있다.

$$G(s) = \frac{Y(s)}{R(s)} = \frac{b_0 s^m + b_1 s^{m-1} + \ldots + b_{m-1}s + b_m}{a_0 s^n + a_1 s^{n-1} + \ldots + a_{n-1}s + a_n} \tag{5.12}$$

이와 같은 고차 시스템의 임의의 입력에 대한 응답을 해석적으로 구하기 위해서는, 우선 식 (5.12)의 분모를 1차항과 2차항들로 인수분해한다. 단위계단응답의 경우에는 다음의 형태가 될 것이다.

$$Y(s) = \frac{b_0 s^m + b_1 s^{m-1} + \cdots + b_{m-1}s + b_m}{s \prod_{j=1}^{q}(s+p_j) \prod_{k=1}^{r}(s^2 + 2\zeta_k \omega_k s + \omega_k^2)}, \quad (q + 2r = n) \tag{5.13}$$

여기서는 안정한 시스템의 경우만 다루므로 극점은 모두 좌반평면에 있다고 가정하고, 분자다항식 차수가 분모다항식 차수보다 작다고$(m < n)$ 가정한다. 식 (5.13)의 우변을 부분분수로 전개하면 다음과 같이 된다.

$$Y(s) = \frac{\alpha}{s} + \sum_{j=1}^{q} \frac{\alpha_j}{s+p_j} + \sum_{k=1}^{r} \frac{\beta_k s + \gamma_k}{s^2 + 2\zeta_k \omega_k s + \omega_k^2} \tag{5.14}$$

이 식을 라플라스 역변환하면 1차와 2차 시스템의 응답이 더해져서 나타나게 된다. 따라서 앞에서 다룬 1차와 2차 시스템에서의 응답특성을 알고 있으면 임의의 차수를 갖는 시스템에 대해서도 그 특성을 구해낼 수 있다.

식 (5.14)의 각 항은 s평면상에서 한 개(1차항의 경우) 또는 두 개(2차항의 경우)의 극점을 나타낸다. 그런데 이 극점들 중에는 그 위치가 다른 극점에 비해 s평면의 허수축으로부터 멀리 떨어져 있어서, 해당하는 과도상태 응답이 매우 빨리 사라지는 것들이 있다. 따라서 이러한 극점들은 시스템의 응답에 거의 영향을 미치지 않기 때문에 실제의 경우에 생략하더라도 문제가 되지 않는다. 이러한 개념을 이용하면 식 (5.14)의 전달함수는 가장 영향력이 큰 한 개 내지 두 개의 극점을 가진 것으로 근사화할 수 있다. 이와 같이 시스템 극점 가운데 과도상태 응답을 주도하는 극점을 **주극점(dominant pole)**이라 한다. 극점 가운데 허수축으로부터 가장 가까운 극점을 주극점으로 볼 수 있으며, 주극점보다 허수축에 4배 이상 떨어져 있는 극점들은 무시할 수 있다.

예제 5.6

다음의 3차 시스템을 2차 시스템으로 근사화하고 계단응답특성을 비교하라.

$$G(s) = \frac{s+5}{(s+20)(s^2+2s+2)}$$

풀이 주어진 전달함수를 부분분수로 나누면 다음과 같다.

$$G(s) = \frac{-0.04}{s+20} + \frac{0.04s + 0.254}{s^2 + 2s + 2}$$

$$= \frac{-0.04}{s+20} + \frac{0.02 + j\,0.107}{s+1+j} + \frac{0.02 - j\,0.107}{s+1-j}$$

$$\tag{5.15}$$

이 시스템은 $s = -20$, $-1 \pm j$의 세 개의 극점을 갖는 3차 시스템이다. 그런데 극점 $s = -20$은 다른 두 개의 극점에 비하여 허수축으로부터 훨씬 멀리 떨어져 있고, 나머지수(residue)도 -0.04로 복소극점의 나머지수 $|\,0.02 + j\,0.107\,| = |\,0.02 - j\,0.107\,| \approx 0.11$보다 상대적으로 작다. 따라서 이 극점은 무시할 수 있고, $s = -1 \pm j$를 주극점으로 볼 수 있다. 식 (5.15)에서 주극점만을 사용하면 전달함수를 다음과 같이 2차 시스템으로 근사화할 수 있다.

$$G(s) \approx \frac{0.04s + 0.254}{s^2 + 2s + 2}$$

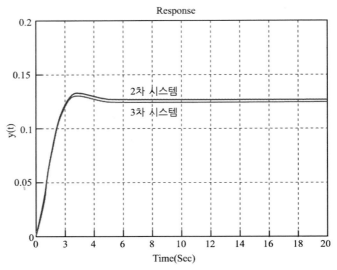

그림 5.13 3차 시스템과 2차 근사시스템의 단위계단응답 비교

원래의 시스템과 2차 근사시스템의 단위계단응답을 비교하기 위해 다음과 같이 셈툴파일을
작성한다. 이 파일을 실행하면 그림 5.13과 같은 결과를 얻을 수 있다. 이 그림을 보면 2차
로 근사화된 전달함수의 응답이 원래 시스템의 응답과 거의 비슷함을 확인할 수 있다.

```
num3 = [1  5];
den3 = conv([1  20],[1  2  2]);        // 3차 시스템
num2 = [0.04  0.254];
den2 = [1  2  2];                       // 2차 근사시스템
t = 0:20:0.1;
y3 = step(num3,den3,t);
y2 = step(num2,den2,t);
plot(t,y3,t,y2);
```

5.4 영점위치와 과도응답

앞절에서 살펴보았듯이 극점은 시스템의 안정성을 결정하고 과도응답 및 정상상태 응답
모두에 큰 영향을 미친다. 그렇다면 영점은 시스템의 특성에 어떤 영향을 미칠까? 이 절에
서는 이러한 물음에 답하기 위해 영점의 위치에 따라 시스템 시간응답이 어떻게 바뀌는가
를 살펴보고 영점의 성질을 정리해보기로 한다.

영점의 성질 가운데 한 가지 분명한 점은 영점이 시스템의 안정성에는 직접적인 영향을 미치지는 않는다는 것이다. 또한 영점은 정상상태 응답에도 영향을 미치지 않는다. 영점이 시스템의 시간응답에 영향을 줄 수 있는 부분은 과도응답 특성뿐인데, 이 점에 대해 분석하기로 한다(6장에서 다루겠지만, 되먹임 시스템에서는 플랜트 영점이 폐로극점을 결정하는 데 관련되기 때문에 영점은 폐로시스템 안정성에 간접적인 영향을 준다고 할 수 있다).

일반적인 모델에서 영점의 영향을 분석하기는 쉽지 않으므로, 다음과 같이 2차 표준형 전달함수에 영점이 하나 추가된 2차 시스템을 대상으로 영점의 영향을 살펴보기로 한다.

$$G(s) = \frac{Y(s)}{R(s)} = \frac{\omega_n^2(-s/z_o+1)}{s^2+2\zeta\omega_n s+\omega_n^2}, \quad \zeta > 0 \tag{5.16}$$

여기서 $s=z_o$는 영점이다. 이 전달함수를 고유진동수 ω_n으로 정규화하기 위해 $z_o=\alpha\omega_n$으로 놓으면 이 시스템의 단위계단응답의 라플라스 변환은 다음과 같이 나타낼 수 있다.

$$Y(s) = G(s)R(s) = \frac{\omega_n^2[-s/(\alpha\omega_n)+1]}{s[s^2+2\zeta\omega_n s+\omega_n^2]}$$
$$= \frac{1}{s} - \frac{s+\zeta\omega_n+\omega_n(\zeta+1/\alpha)}{(s+\zeta\omega_n)^2+\omega_d^2}$$

따라서 이 시스템의 단위계단응답은 다음과 같이 구해진다.

$$y(t) = \mathcal{L}^{-1}\{Y(s)\} = 1-e^{-\zeta\omega_n t}\left[\cos\omega_d t+\frac{\omega_n}{\omega_d}(\zeta+1/\alpha)\sin\omega_d t\right]$$
$$= 1-e^{-\zeta\omega_n t}\left(\cos\omega_d t+\frac{\zeta}{\sqrt{1-\zeta^2}}\sin\omega_d t+\frac{1/\alpha}{\sqrt{1-\zeta^2}}\sin\omega_d t\right) \tag{5.17}$$
$$= 1-\frac{e^{-\zeta\omega_n t}}{\sqrt{1-\zeta^2}}\left[\sin(\omega_d t+\theta)+\frac{1}{\alpha}\sin\omega_d t\right], \quad t\geq 0$$

여기서 $\omega_d=\omega_n\sqrt{1-\zeta^2}$ 는 감쇠고유진동수이고, $\theta=\tan^{-1}\sqrt{1-\zeta^2}/\zeta$ 이다. 이 관계식의 세번째 등식에서 제2항까지는 영점이 없는 표준형 2차 시스템의 응답과 같고, 제3항은 영점에 의해서 생기는 항이다. $t\geq 4/(\zeta\omega_n)$인 정상상태에서는 식 (5.17)에서 $e^{-\zeta\omega_n t}\approx 0$이 되어 영점의 영향은 출력에 나타나지 않는다는 것을 알 수 있다.

이제 $0\leq t<4/(\zeta\omega_n)$ 인 과도상태는 어떠한지 분석하기로 한다. 식 (5.17)의 셋째 등식에서 영점에 의해 나타나는 제3항의 계수가 $1/|\alpha|\ll 1$일 경우, 즉 $|\alpha|\gg 1$, $|z_o|\gg\omega_n$일 경우에는 이 항의 크기가 작기 때문에 과도상태에서도 출력에는 별 영향이 없다. 그러나 $1/|\alpha|\geq 1$일 경우, 즉 $|\alpha|\leq 1$, $|z_o|\leq\omega_n$일 경우에는 이 항의 크기가 상대적으로 커져서 출력에 큰 영향이 나타난다. 만일 α가 음수(좌반평면 영점)일 경우에는 식 (5.17) 세 번째 등식에서 영점에 의한 항이 출력에 더해지면서 초과가 더 커지게 되고, α가 양수(우반평면

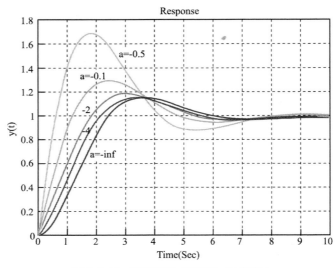

그림 5.14 좌반평면 영점과 초과현상

영점)일 경우에는 영점에 의한 항이 출력을 감소시키는 방향으로 작용한다는 것을 예상할 수 있다. 그렇다면 식 (5.17)에서 $\zeta = 0.5$, $\omega_n = 1$ 인 경우에 α가 바뀜에 따라 계단응답이 어떻게 변화하는가를 구체적으로 살펴보기로 한다.

먼저 α가 음수인 경우의 결과를 보면 그림 5.14와 같다. 이것은 영점이 복소평면 좌반평면에 있는 경우에 해당하는 결과이다. 그림에서 $\alpha = -\infty$에 대응하는 그림은 영점이 없는 표준형 2차 시스템의 계단응답을 뜻하며, 이 경우에 초과는 16%이다. 그림을 보면 영점이 있는 경우에 시스템의 과도응답은 영점이 없는 경우에 비해 상승시간이 빨라지는 대신에 초과가 커지는 성향이 나타나는 것을 알 수 있다. 이러한 성향은 영점이 허수축으로부터 멀리 있는 경우, 구체적으로 표현하자면 시스템 고유진동수의 4배 이상의 거리에 놓이는 경우($\alpha \leq -4$)에는 별로 나타나지 않기 때문에, 초과가 16%로서 과도응답 특성이 영점이 없는 표준형 시스템의 결과와 비슷하다. 그러나 이 성향은 영점이 허수축에 가까이 다가갈수록 커지며, 특히 영점이 허수축으로부터 시스템 고유진동수 크기와 같은 거리 안에 놓일 만큼 가까이 있으면($-1 \leq \alpha < 0$) 두드러지게 나타나는데, 그림 5.14에서 $\alpha = -1$, -0.5일 때 초과가 각각 30%, 70% 정도로서 영점이 없는 경우에 비해 초과가 매우 커지는 것을 볼 수 있다.

α가 양수인 경우의 결과는 그림 5.15와 같다. 이 결과는 영점이 우반평면에 있는 경우에 해당하는데, 여기서도 $\alpha = \infty$는 영점이 없는 2차 표준형 시스템의 계단응답이며, 이 경우에 초과는 16%이다. 그림을 보면 우반평면 영점이 있는 경우에 시스템의 과도응답에 하향초과 현상이 나타나고, 영점이 없는 경우보다 상승시간이 느려지면서 과도응답특성이 나빠지는 성향이 나타난다. 이러한 성향은 영점이 허수축으로부터 멀리 있는 경우, 즉 시스템 고유진동수 크기의 4배 이상 떨어져 있는 경우($\alpha \geq 4$)에는 별로 나타나지 않기 때문에 $\alpha = 4$일

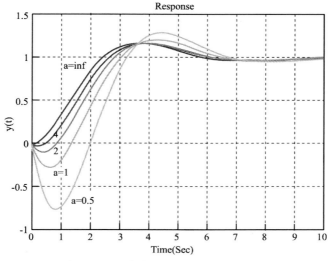

그림 5.15 우반평면 영점과 하향초과 현상

때 하향초과가 −3% 정도로서 아주 작고 과도응답 특성이 영점이 없는 표준형 시스템의 결과와 비슷하다. 그러나 우반평면 영점이 허수축에 가까이 다가갈수록 하향초과와 시간 지연현상이 두드러지게 나타나며, 영점이 허수축으로부터 시스템 고유진동수 크기와 같은 거리 안에 놓일 정도로 가까이 있으면($a \leq 1$), $a = 1$, 0.5 일 때 하향초과가 각각 −30%, −75% 정도로 생기며, 초과도 영점이 없는 경우에 비해 커지면서 과도응답 특성이 크게 나빠진다.

앞에서 살펴본 내용을 토대로 영점의 성질에 대해서 다음과 같이 정리할 수 있다. 영점은 안정성과 정상상태 응답에는 영향을 미치지 않지만 과도응답에 영향을 준다. 특히 영점이 복소평면에서 시스템 주극점을 반지름으로 하는 원 안에 있으면 좌반평면 영점은 초과를 커지게 하고, 우반평면 영점은 하향초과를 크게 일으키면서 시스템 과도응답을 매우 나쁘게 만든다. 특히 허수축 가까이 있는 우반평면 영점은 하향초과를 일으키고, 응답속도를 느리게 할 뿐만 아니라 초과도 커지게 하는 등 시스템 과도응답에 아주 나쁜 영향을 준다. 극점이 응답특성에 나쁜 영향을 주는 경우에는 되먹임제어기를 써서 폐로극점을 원하는 위치로 이동시켜 보상할 수 있으나, 영점은 되먹임을 쓰더라도 옮겨지지 않고 그대로 남아서 시스템의 성능에 한계로 작용하므로 유의해야 한다. 이러한 우반평면 영점문제는 되먹임에 의해서는 해결할 수 없기 때문에 제어시스템의 성능에 큰 걸림돌이 되며, 현대제어 분야에서도 처리하기 까다로운 문제로 남아있다. 이 절에서 살펴본 영점과 과도응답 사이의 관계는 그림 5.16과 같이 나타낼 수 있다.

이와 같이 영점의 위치에 따라 시스템의 과도상태 특성이 상당히 달라질 수 있지만, 시간

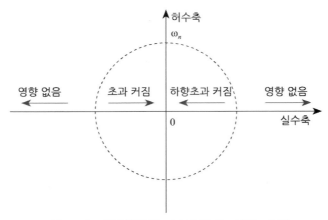

그림 5.16 영점위치와 과도응답에 미치는 영향

영역특성에는 극점의 영향도 크게 나타나기 때문에, 영점과 시간영역 특성계수 사이의 관계를 5.3절에서처럼 극점과 시간영역 특성계수 사이의 간단한 공식으로 정량화하여 나타내기는 어렵다.

5.5 극영점배치 설계법

시스템의 시간영역 해석은 과도응답과 정상상태 응답을 분석하는 것이다. 앞절에서 다루었듯이 이 시간응답특성 가운데 과도응답은 폐로시스템의 극점·영점의 위치와 직접적으로 관계가 있다. 따라서 이 관계를 역으로 이용하면 과도응답 성능지표가 주어지는 경우에 이를 만족시킬 수 있는 폐로 극점과 영점의 위치를 선정하는 방식으로 제어기를 설계할 수 있다. 이러한 방식으로 제어기를 설계하는 것을 극영점배치(pole-zero allocation)라 하며, 극배치법과 극영점 상쇄법 등이 이 기법에 속한다. 이 기법들은 대상시스템의 전달함수를 상당히 정확하게 알 수 있는 경우에만 적용할 수 있다. 여기서는 이 기법들의 기본개념만을 소개할 것이고, 상세한 설계법에 대해서는 6장 이후에 다루기로 한다.

5.5.1 극배치법

어떤 시스템의 극점 위치는 그 시스템의 특성과 직결되는 밀접한 관련을 갖고 있다. **극배치법(pole placement)**이란 극점의 위치와 시스템 성능과의 관계를 고려하여 폐로함수의 극점들의 위치를 적절히 지정하고, 이 위치에 폐로극점이 놓이도록 제어기를 설계함으로써 원하는 제어목표를 이루는 방식을 말한다. 시스템의 전달함수나 상태방정식을 알고 있는 경우에는 어떤 형태의 제어기라도 극배치 설계방식이 적용될 수 있다.

(1) 1차 시스템

5.3.1절에서 살펴보았듯이 1차 시스템의 시간응답특성 가운데 과도상태 특성은 시상수에 전적으로 의존하고 있으며, 과도상태 특성을 개선하려면 이 시상수를 줄이면 된다. 여기서 시상수는 1차 극점의 역수이므로 시상수를 줄이려면 좌반평면에서 극점의 위치를 시상수의 역수에 해당하는 곳보다 더 왼쪽으로 배치시키면 된다. 그리고 정상상태 특성은 직류이득에 의해 결정되는데, 직류이득이 1일 때 출력은 기준입력과 같아지면서 정상상태 오차는 0이 된다. 따라서 1차 시스템의 제어문제는 폐로시스템의 시상수를 줄이면서 직류이득을 1로 만드는 방향으로 제어기를 설계하는 문제로 요약할 수 있다. 간단한 예제를 통해 1차 시스템의 극배치법을 익히기로 한다.

예제 5.7

다음과 같은 1차 전달함수를 갖는 플랜트의 시간응답특성을 분석하라.

$$G(s) = \frac{0.5}{5s+1}$$

응답특성을 개선하기 위해 상수이득 제어기 $C(s) = K$를 써서 다음과 같은 단위되먹임 시스템을 구성할 때, 시상수가 1초 이하가 되도록 폐로극점을 배치하고 정상상태 오차가 0.1 이하가 되는 성능기준을 만족하도록 제어기를 설계하라. 그리고 개로시스템과 폐로시스템의 단위계단응답 그래프를 함께 그려서 비교하라.

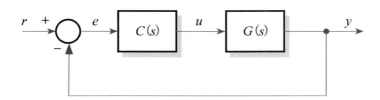

풀이 이 플랜트의 개로극점은 $s = -0.2$로서 안정하며, 시상수는 $T_c = 5$ sec이고, 직류이득은 $G_p = 0.5$이므로, 시간응답특성은 다음과 같다.

- 상승시간 : $t_r \approx 2.2 T_c = 11$ sec
- 지연시간 : $t_d \approx 0.1 T_c = 0.5$ sec
- 초과 : $M_p = 0$

- 정착시간 : $t_s \approx 4\,T_c = 20$ sec
- 정상상태 오차 : $E_s = 1-G_p = 0.5$

이 응답특성을 개선하기 위해 상수이득 제어기를 사용할 때 폐로전달함수를 구하면 다음과 같다.

$$T(s) = \frac{G(s)C(s)}{1+G(s)C(s)} = \frac{\frac{0.5K}{5s+1}}{1+\frac{0.5K}{5s+1}} = \frac{0.5K}{5s+1+0.5K}$$

여기서 시상수가 1초 이하이고, 정상상태 오차가 0.1 이하가 되는 성능기준을 만족시키려면 폐로극점을 다음과 같이 배치하고

$$s = -\frac{1+0.5K}{5} \leq -1$$

폐로 직류이득을 다음 조건에 따라 선정하면 된다.

$$0.9 \leq T(0) = \frac{0.5K}{1+0.5K} \leq 1.1$$

위의 부등식 조건들을 함께 만족하는 상수이득의 범위를 구하면 $K \geq 18$ 이다. 여기서 $K = 20$으로 잡을 때 폐로시스템의 시상수는 0.45 sec, 정상상태 오차는 0.09로서 성능기준을 만족한다. 폐로시스템의 단위계단응답을 구하여 개로시스템과 함께 그래프로 보면 그림 5.17과 같다. 이 결과를 보면 폐로시스템의 성능이 만족할 만큼 향상된 것을 알 수 있다.

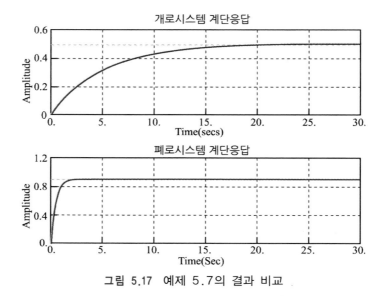

그림 5.17 예제 5.7의 결과 비교

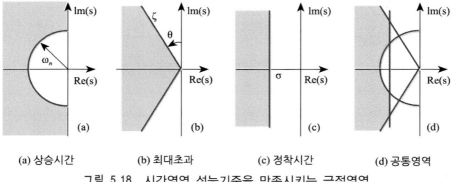

(a) 상승시간   (b) 최대초과   (c) 정착시간   (d) 공통영역

그림 5.18   시간영역 성능기준을 만족시키는 극점영역

(2) 2차 시스템

이제는 2차 시스템에서 극배치법을 다루기로 한다. 먼저 식 (5.6)으로 표시되는 영점이 없는 2차 표준형 시스템을 대상으로 성능기준을 만족시키는 극점을 선정하는 방법을 살펴보자. 5.3.2절에서 이미 배운 바와 같이 상승시간, 최대초과, 정착시간은 극점의 위치에 의존한다. 이 가운데 상승시간은 식 (5.8)에서 알 수 있듯이 고유진동수에 반비례하는데, 고유진동수가 일정한 극점들은 고유진동수의 크기를 반지름으로 하는 원을 이루므로, 상승시간이 설정값 t_r보다 작아지는 극점영역은 그림 5.18(a)에 보듯이 t_r에 대응하는 고유진동수 ω_n을 반지름으로 하는 원주의 바깥부분에 해당한다. 그리고 최대초과는 식 (5.10)에서 보듯이 감쇠비에 의해 결정되는데, $\zeta = \sin\theta$의 관계로부터 감쇠비가 일정한 극점들은 허수축과 θ의 각도를 이루는 반직선이 된다. 따라서 최대초과가 설정값 M_p보다 작아지는 극점영역은 그림 5.18(b)에서처럼 M_p에 대응하는 ζ와 θ로 정해지는 반직선의 아래쪽에 해당한다. 또한 정착시간은 식 (5.11)과 같이 극점의 실수부에 반비례하므로, 정착시간이 설정값 t_s보다 작아지는 극점영역은 그림 5.18(c)에 보듯이 t_s에 대응하는 σ를 실수부로 하는 직선의 왼쪽 영역에 대응한다. 이러한 시간영역 성능기준들을 함께 만족하는 극점영역은 그림 5.18(d)와 같이 각각의 성능기준에 대응하는 극점영역의 공통부분으로 구해진다.

예제 5.8

식 (5.6)과 같은 표준형 2차 시스템에서 상승시간이 1초 이하, 초과가 20% 이하, 정착시간이 5초 이하가 되는 성능기준을 만족하는 극점의 위치를 선정하라.

풀이   그림 5.9에 의하면 초과가 20% 이하가 되는 성능기준을 만족하는 감쇠비는 $\zeta \geq 0.45$ 조건으로 표현된다. 따라서 $\theta \geq \sin^{-1}\zeta = 26.74°$가 된다. 감쇠비를 $\zeta = 0.45$로 할 때 식 (5.8)에서 상승시간을 구하면 $t_r = \dfrac{1.71}{\omega_n} \le 1$이므로, 이 성능기준을 만족하는 고유진동수는 범위는 $\omega_n \ge 1.71$ rad/sec이다. 그리고 정착시간 5초 이하의 성능기준은 식 (5.11)로부터 $t_s \approx \dfrac{4}{\sigma} \le 5$이므로 극점의 실수부가 $\sigma \ge 0.8$ 조건을 만족하면 된다. 이 세 가지 조건을 만족하는 극점범위를 그림표로 나타내면 그림 5.19와 같다.

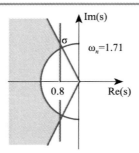

그림 5.19 예제 5.8의 극점 영역

1차 시스템의 경우에는 상수이득 제어기를 써서 원하는 위치에 극점을 배치하는 설계를 간단히 할 수 있지만, 2차 시스템부터는 상수이득 제어기로 극배치를 할 수 있는 한계를 벗어난다. 이 설계법에 대한 자세한 사항은 6장 이후에 다룰 것이다. 3차 이상이 되는 고차 시스템의 경우에는 1차나 2차의 주극점으로 근사화할 수 있으면 앞에서 다룬 방식으로 원하는 성능기준을 만족시키는 극점 위치를 선정할 수 있다.

5.5.2 극영점 상쇄법

플랜트의 좌반평면 극점(또는 영점)이 s평면상의 허수축에 매우 가까이 있는 경우에는 응답속도가 아주 느려지기(또는 초과가 아주 커지기) 때문에 이러한 플랜트를 제어하기는 쉽지 않다. 그러나 이 극점이나 영점들을 폐로시스템에서 없앨 수 있으면 이러한 어려움을 극복할 수 있다. 이러한 방법 가운데 하나가 플랜트에 직렬로 연결되는 제어기의 영점(극점)을 플랜트의 극점(영점)과 상쇄되도록 설정하고, 제어기의 극점(영점)들은 원하는 위치에 적절히 설정하는 것이다. 이와 같은 방식으로 제어기를 설계하는 기법을 **극영점상쇄 (pole-zero cancellation)**라 한다.

(1) 좌반평면 극점의 상쇄

플랜트 $G(s)$에 제어기 $C(s)$가 직렬로 연결되는 시스템의 경우 루프전달함수는 곱의 꼴로서 $G(s)C(s)$로 나타난다. 따라서 플랜트의 극점이 바람직하지 않을 경우에는 제어기의 영점을 이 극점과 일치시키면 루프전달함수에서 서로 곱해지면서 상쇄되어 이 극점의

영향을 없애거나 크게 줄일 수 있다. 만일 플랜트의 주극점이 다음과 같이 1차일 경우

$$G(s) = \frac{1}{T_1 s + 1}$$

시상수 T_1이 너무 커서(즉, 극점이 허수축에 너무 가까워서) 바람직하지 않다면 다음과 같은 제어기를 써서 바람직하지 않은 주극점을 없앨 수 있다.

$$C(s) = K\frac{T_1 s + 1}{T_2 s + 1}, \quad T_2 \ll T_1$$

$$G(s)C(s) = \frac{1}{T_1 s + 1} \cdot K\frac{T_1 s + 1}{T_2 s + 1} = \frac{K}{T_2 s + 1}$$

이 방법은 주극점이 2차인 시스템에도 유사하게 적용할 수 있다. 즉, 플랜트의 주극점이 다음과 같을 때

$$G(s) = \frac{1}{s^2 + 2\zeta_1 \omega_1 s + \omega_1^2}$$

이 2차 극점을 소거하려면 다음과 같은 형태의 제어기를 사용하면 된다.

$$C(s) = K\frac{s^2 + 2\zeta_1 \omega_1 s + \omega_1^2}{s^2 + 2\zeta_2 \omega_2 s + \omega_2^2}$$

플랜트의 전달함수가 정확한 경우에는 극영점 상쇄에 의해 바람직하지 않은 극점이 완벽하게 소거되지만, 실제로는 대부분의 플랜트 전달함수에 모델오차가 있기 때문에 극영점 상쇄가 완전하게 이루어지지는 않는다. 따라서 바람직하지 않은 극점에 의한 응답이 일부 나타나게 된다. 그렇지만 이 부분의 크기는 상당히 축소되기 때문에 출력응답에서 무시할 수 있을 정도이면 제어기를 그대로 사용하고, 그렇지 않으면 제어기 영점을 재조정해야 한다.

(2) 좌반평면 영점의 상쇄

극점의 위치에 따라 시스템의 안정성이 바뀌기 때문에 모든 극점이 좌반평면에 있는 시스템을 안정 시스템, 그렇지 않은 경우를 불안정 시스템으로 구분하고 있다. 영점은 안정성에는 직접적인 영향을 미치지 않지만, 영점의 위치에 따라 시스템의 과도응답 특성이 크게 달라진다. 특히 영점이 좌반평면에서 허수축에 가까울수록 초과가 커지며, 우반평면에서는 하향초과가 커지는 현상이 나타난다. 이처럼 과도응답에서 영점의 영향이 상반되기 때문에 영점이 좌반평면에 있는 시스템을 **최소위상(minimum phase)** 시스템 그리고 우반평면에 있는 경우에는 **비최소위상(nonminimum phase)** 시스템이라고 구분하여 부른다. 이와 같은 이름을 붙이게 된 까닭은 어떤 두 전달함수가 똑같은 크기응답을 갖는 경우에 영점이 모두 좌반평면에 있는 쪽의 위상응답이 그렇지 않은 쪽보다 더 작게 나타나기 때문이다.

최소위상 시스템에서 허수축 가까이에 있는 좌반평면 영점 때문에 생기는 초과현상을 개선하려면 그 영점과 같은 위치에 극점을 갖는 제어기를 직렬로 사용하면 된다. 이 경우에 제어기의 극점과 플랜트의 영점이 상쇄되면서 허수축 가까이에 있는 플랜트 영점에 의한 초과현상이 억제되는 것이다. 이 방법에서 극점과 영점의 위치가 조금 달라서 상쇄가 완벽히 되지 않는다 하더라도 영점에 의한 초과현상은 효과적으로 억제할 수 있다.

그림 5.20과 같은 제어시스템에서 플랜트 $G(s)$에 제어기 $C(s)$를 써서 되먹임에 의해 안정성을 확보하여 다음과 같은 전달함수를 얻었을 때,

$$T(s) = \frac{G(s)}{1+G(s)C(s)} = \frac{4(s+1)}{s^2+2s+4}$$

보상기 $H(s)$를 직렬 연결하여 극영점상쇄법에 의해 응답특성을 개선하고자 한다. 다음 각 경우에 단위계단응답을 구하여 특성을 비교하라.

1) $H(s) = 1$: 보상기를 쓰지 않을 때
2) $H(s) = 1/(s+1)$: 극영점상쇄가 완전하게 이루어질 때
3) $H(s) = 1/(0.9s+1)$: 극영점상쇄가 불완전하게 이루어질 때

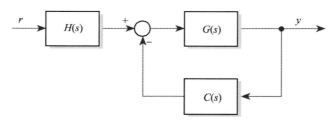

그림 5.20 예제 5.9의 대상시스템

 1) 보상기를 쓰지 않을 때의 폐로전달함수는 $T(s)$인데, 단위계단응답을 구해보면 그림 5.21과 같이 허수축 가까이에 있는 좌반평면 영점에 의해 초과가 70% 정도로 크게 나타난다.

2) 보상기를 써서 극영점상쇄가 완전하게 이루어지면 폐로전달함수는 다음과 같이 되어

$$T(s)H(s) = \frac{4}{s^2+2s+4}$$

단위계단응답은 그림 5.21에서 보듯이 영점의 영향이 사라짐으로써 초과가 16% 정도로 크게 줄어든다.

3) 이 경우에 폐로전달함수는 다음과 같이 되는데

$$T(s)H(s) = \frac{4(s+1)}{(0.9\,s+1)(s^2+2s+4)}$$

극영점상쇄가 완전히 이루어지지는 않지만 보상기의 극점에 의해 영점의 효과가 크게 줄
어들면서 초과가 20% 정도로 나타난다.

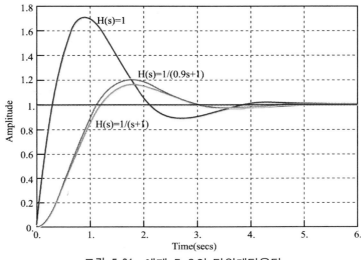

그림 5.21 예제 5.9의 단위계단응답

그림 5.20에서 되먹임제어기 $C(s)$는 안정성 확보에 쓰이고, $H(s)$는 성능향상에 쓰이면
서 두 가지 설계자유도를 지닌 제어시스템을 구성하고 있다. 이와 같은 구조의 제어기를 **2
자유도(two degrees of freedom) 제어기**라 하며, 이 시스템에서 $H(s)$와 같이 안정성이 확보
된 상태에서 시스템의 성능을 향상시키기 위해서 사용하는 장치를 **보상기(compensator)**라 한
다. 예제 5.9에서 보듯이 보상기 설계에는 극영점상쇄법을 효과적으로 활용할 수 있다.

(3) 우반평면 극점과 영점의 상쇄

여기서 다룬 극영점 상쇄법은 좌반평면 극점이나 영점의 상쇄에는 적용할 수 있지만, 우
반평면 극점을 갖는 불안정 시스템이나 우반평면 영점을 갖는 비최소위상 시스템에 적용할
수는 없다. 왜냐하면 대상시스템의 전달함수에는 항상 모델오차가 있기 때문에 완전한 극
영점상쇄는 이루어질 수 없기 때문이다. 즉, 불안정 시스템의 경우에는 플랜트의 불안정 극
점이 제어기의 영점에 의해 완벽히 상쇄되지 않고 남아 있으며, 비최소위상 시스템의 우반
평면 영점을 상쇄하기 위해 같은 위치에 불안정 극점을 갖는 제어기를 쓰더라도 역시 모델
오차 때문에 제어기의 불안정 극점이 상쇄되지 않고 남아서 폐로시스템의 안정화가 어려워
지는 것이다.

우반평면 극점을 갖는 불안정 시스템의 안정화를 극영점상쇄법으로는 해결할 수 없지만, 다른 되먹임 제어기법을 써서 폐로극점을 좌반평면으로 옮김으로써 해결할 수는 있다. 그런데 허수축 가까이에 우반평면 영점을 갖는 비최소위상 시스템에서 하향초과 현상을 억제하는 것은 상당히 어려운 문제이며, 아직까지 완벽한 해법이 제시되지 않고 있다. 근본적인 이유는 되먹임에 의해 극점의 위치는 바뀌지만 영점의 위치는 바뀌지 않기 때문이다. 따라서 현재까지의 기술로는 플랜트를 구성할 때 비최소위상 특성이 없거나, 어쩔 수 없이 비최소위상 특성이 포함되더라도 우반평면 영점이 허수축 가까이에 나타나지 않도록 설계하는 것이 최상의 방법이라고 할 수 있다.

5.6 정상상태 응답과 시스템 형식

어떤 시스템의 기준입력 $R(s)$와 출력 $Y(s)$ 사이의 전달함수를 $T(s)$라고 하면 출력과 오차신호는 다음과 같이 표시된다.

$$
\begin{aligned}
Y(s) &= T(s)R(s) \\
E(s) &= R(s)-Y(s) = [1-T(s)]R(s)
\end{aligned}
\tag{5.18}
$$

이 시스템에서 기준입력으로 $r(t)=\dfrac{t^k}{k!}u_s(t)$, $k{\geq}0$를 사용하는 경우에 $R(s)=\dfrac{1}{s^{k+1}}$이므로 정상상태 오차(steady-state error)는 다음과 같이 나타낼 수 있다.

$$
E_s= \lim_{t\to\infty} e(t) = \lim_{s\to0} sE(s) = \lim_{s\to0} s[1-T(s)]\frac{1}{s^{k+1}} = \lim_{s\to0}\frac{1-T(s)}{s^k}
\tag{5.19}
$$

이제 정상상태 오차로부터 **시스템형식(system type)**을 정의해 보자. 기준입력 $r(t)=t^{K-1}u_s(t)$에 대해서는 정상상태 오차가 0이고, $r(t)=t^{K}u_s(t)$에 대해서는 정상상태 오차가 0이 아닌 경우의 시스템을 *K*형(type *K*) 시스템이라 한다. 예를 들어, 임펄스입력에 대해서는 정상상태 오차가 0이지만 계단입력($k=0$)에 대하여 정상상태 오차가 0이 아니면 0형 시스템이라 한다. 계단입력에 대해서는 정상상태 오차가 0이지만 경사입력($k=1$)

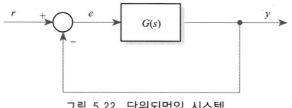

그림 5.22 단위되먹임 시스템

에 대한 정상상태 오차가 0이 아니면 대상시스템을 1형 시스템이라고 한다. 일반적으로 K형 시스템의 경우에 기준입력 $r(t) = t^k u_s(t)$, $k \leq K-1$에 대한 정상상태 오차는 0이 됨을 쉽게 알 수 있다.

그러면 그림 5.22와 같은 단위되먹임 제어시스템의 경우에 시스템의 형식은 어떻게 결정되는가를 살펴보기로 한다. 단위되먹임 시스템의 경우 $T(s) = G(s)/[1+G(s)]$이므로 오차는 $E(s) = R(s)/[1+G(s)]$로 표시된다. 따라서 $R(s) = \dfrac{1}{s^{k+1}}$의 경우에 정상상태 오차는 다음과 같이 나타낼 수 있다.

$$E_s = \lim_{s \to 0} sE(s) = \lim_{s \to 0} \frac{1}{s^k + s^k G(s)} = \begin{cases} \lim_{s \to 0} \dfrac{1}{1+G(s)}, & k = 0 \\ \lim_{s \to 0} \dfrac{1}{s^k G(s)}, & k \geq 1 \end{cases} \tag{5.20}$$

여기서 주어진 단위되먹임 제어시스템이 k형 시스템이 되기 위해서는 플랜트 전달함수 $G(s)$가 원점에서 k개의 다중극점을 가져야 한다. 즉, 시스템의 형식은 $G(s)$가 원점에서 갖는 다중극점의 수와 같다. 따라서 $G(s)$가 k형 시스템이면 $G(s) = N(s)/s^k D(s)$의 꼴로 나타낼 수도 있다.

k형 시스템의 정상상태 오차를 구하기 위해 다음과 같은 몇 가지 상수를 정의하기로 한다.

$$\begin{aligned} K_p &\triangleq \lim_{s \to 0} G(s) = G(0) \\ K_v &\triangleq \lim_{s \to 0} sG(s) \\ K_a &\triangleq \lim_{s \to 0} s^2 G(s) \end{aligned} \tag{5.21}$$

여기서 K_p, K_v, K_a는 각각 **위치, 속도, 가속도 오차상수**라고 하거나, **계단, 경사, 포물선 오차상수**라고도 한다. 이 상수들은 플랜트 전달함수 $G(s)$만 주어지면 식 (5.21)의 정의로부터 간단히 계산할 수 있다. 이 상수들을 이용하면 시스템의 형식과 기준입력의 종류에 따라 폐로시스템의 정상상태 오차를 간단히 구할 수 있는데, 이것을 요약하여 보여주는 것이 표 5.1이다.

표 5.1 단위되먹임 제어시스템의 정상상태 오차

형 \ 입력	계단 입력	경사 입력	포물선 입력
0형 시스템	$1/(1+K_p)$	∞	∞
1형 시스템	0	$1/K_v$	∞
2형 시스템	0	0	$1/K_a$

그림 5.23의 되먹임 시스템에서 플랜트 전달함수와 되먹임제어기가 다음과 같이 주어질 때

$$G(s) = \frac{1}{s(s+1)}, \quad H(s) = \frac{2.1}{s+2}$$

계단입력에 대한 출력의 정상상태 오차를 구하고 폐로시스템의 형식을 판정하라.

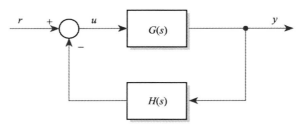

그림 5.23 예제 5.10의 블록선도

이 되먹임 시스템에서 오차신호는 다음과 같이 나타낼 수 있으므로

$$E(s) = \left[1 - \frac{G(s)}{1+G(s)H(s)}\right]R(s) = \frac{s^3+3s^2+s+0.1}{s^3+3s^2+2s+2.1}R(s)$$

계단입력 $R(s) = \frac{1}{s}$에 대한 정상상태 오차는 다음과 같이 0이 아닌 상수값을 갖는다.

$$E_s = \lim_{s \to 0} \frac{s^3+3s^2+s+0.1}{s^3+3s^2+2s+2.1} = 0.0476$$

따라서 시스템형식은 0형이다.

이 예제에서 알 수 있듯이 대상시스템이 단위되먹임 시스템이 아닌 경우에는 플랜트 전달함수가 원점에서 갖는 다중극점의 개수와 폐로시스템의 형식이 서로 같지 않을 수 있다. 일반적으로 폐로시스템의 형식은 루프전달함수 $G(s)H(s)$에 의해 결정된다고 할 수 있다. 단위되먹임 시스템은 루프전달함수와 플랜트 전달함수가 서로 같은 특수한 경우이기 때문에 시스템형식과 플랜트 원점에서의 다중극점 개수가 일치하는 것이다.

1. 제어시스템의 시간영역 특성은 단위계단응답이나 임펄스응답, 경사응답 따위로 표시되는데, 이 가운데 주로 단위계단응답을 사용한다. 그 까닭은 단위계단신호가 제어시스템에서 실제로 가장 많이 쓰이고, 단위계단응답을 알면 나머지 임펄스응답과 경사응답은 이것을 각각 미분하고 적분하여 얻을 수 있기 때문이다.

2. 단위계단응답은 제어시스템의 시간응답특성을 나타내는데 쓰이며, 정량적인 표현에는 그림 4.6과 같이 정의되는 성능지표들을 쓴다. 이 성능지표 가운데 상승시간, 지연시간, 초과, 마루시간은 과도상태 특성을 표시하며, 정착시간과 정상상태 오차는 정상상태 특성을 표시하는 지표들이다. 이 지표들과 전달함수 계수들과의 상관관계는 1차나 2차의 표준형 시스템에서는 간단한 공식으로 나타낼 수 있다. 그러나 일반적인 경우에는 관계가 복잡하기 때문에 공식으로 나타내기는 어려우며, 모의실험을 통해 성능을 확인해야 한다.

3. 1차 표준형 시스템 $G(s) = \dfrac{G_p}{T_c s + 1}$ 에서의 시간영역 성능지표는 다음과 같다.

   - 상승시간 : $t_r \approx 2.2 T_c$
   - 지연시간 : $t_d \approx 0.1 T_c$
   - 초과 : $M_p = 0$
   - 정착시간 : $t_s \approx 4 T_c$
   - 정상상태 오차 : $E_s = 1 - G_p$

4. 2차 표준형 시스템 $G(s) = \dfrac{\omega_n^2}{s^2 + 2\zeta\omega_n s + \omega_n^2}$ 에서의 시간영역 성능지표는 다음과 같다.

   - 상승시간 : $t_r = 0.75 \dfrac{\sin^{-1}\zeta + \pi/2}{\omega_n\sqrt{1-\zeta^2}} \left(= \dfrac{1.8}{\omega_n}, \ \zeta = 0.5 \text{일 때} \right)$
   - 초과 : $M_p = e^{-\pi\zeta/\sqrt{1-\zeta^2}} = \begin{cases} 16\%, & \zeta = 0.5 \\ 5\%, & \zeta = 0.707 \end{cases}$
   - 마루시간 : $t_p = \dfrac{\pi}{\omega_d} = \dfrac{\pi}{\omega_n\sqrt{1-\zeta^2}}$
   - 정착시간 : $t_s \approx \dfrac{4}{\zeta\omega_n} = \dfrac{4}{\sigma}$
   - 정상상태 오차 : $E_s = 1 - G(0) = 0$

5. 1차나 2차 표준형 시스템이 아니고 영점을 포함하거나 3차 이상인 일반적인 시스템에

서 시간영역 성능기준을 해석적인 방법으로 구하는 것은 쉽지 않다. 이 경우에는 계단 응답의 수치해를 구하여 직접 그림으로 그려주는 제어시스템 해석 및 설계용 컴퓨터 꾸러미를 활용하는 것이 편리하다. 셈툴에서는 이러한 편의를 위해 계단응답과 임펄스응답을 구하고 그려주는 간단한 명령어를 제공하고 있다.

6. 영점은 안정성과 정상상태 특성에는 영향을 주지 않지만 과도상태 특성에는 영향을 준다. 특히 주극점보다 허수축에 더 가까이 있는 좌반평면 영점은 초과를 증가시키고 우반평면 영점은 하향초과를 일으키면서 과도응답에 나쁜 영향을 준다. 극점이 응답 특성에 나쁜 영향을 주는 경우에는 되먹임제어기를 써서 폐로극점을 이동시켜 보상할 수 있으나, 영점은 되먹임을 쓰더라도 이동하지 않고 그대로 남아 있기 때문에 제어시스템의 성능에 한계로 작용하므로 유의해야 한다.

7. 극점·영점의 위치와 시간응답과의 관계를 역으로 이용하면 시간응답 성능지표가 주어지는 경우에 이를 만족시킬 수 있는 폐로 극점과 영점의 위치를 선정하는 방식으로 제어기를 설계할 수 있다. 이러한 방식으로 제어기를 설계하는 것을 **극영점배치(pole-zero allocation)**라 하며, 극배치법과 극영점상쇄법 등이 이 기법에 속한다. 이 기법들은 대상시스템의 전달함수를 상당히 정확하게 알 수 있는 경우에만 적용할 수 있다.

8. 단위되먹임 시스템에서 정상상태 오차는 플랜트 개로전달함수가 원점에 극점을 몇 개나 갖는가에 따라 결정되며, 플랜트가 갖는 원점의 다중극점 개수와 시스템형이 서로 같게 된다. 그러나 이러한 관계는 단위되먹임 시스템에서만 성립하는 것이며, 단위되먹임이 아닌 경우에는 성립하지 않으므로 주의해야 한다.

9. 기준입력 $r(t) = t^k u_s(t)$ (k는 음이 아닌 정수)에 대해 정상상태 오차가 $k < K$일 때에는 0이고, $k \geqq K$일 때에는 0이 아니면 대상시스템을 K형 시스템이라고 한다. 0형 시스템은 계단입력에 대한 정상상태 오차가 존재하며, 1형 시스템은 계단입력에 대한 정상상태 오차는 없지만 경사입력에 대한 오차가 존재한다.

10. 시스템이 안정하면 시스템 전달함수에 2장의 최종값 정리를 써서 출력의 정상상태값을 미리 간단한 계산으로 쉽게 얻을 수 있다. 이 값은 시스템의 직류이득과 관련되며, 제어목표인 명령추종 성능지표로서 자주 활용된다.

5.1 다음 그림과 같은 단위되먹임 시스템에서 폐로시스템의 시상수를 계산하라.

$$G(s) = \frac{5}{Ts+1}$$

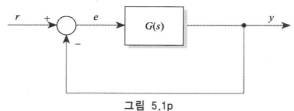

그림 5.1p

5.2 그림 5.1p의 단위되먹임 시스템에서 플랜트의 전달함수가 다음과 같을 때

$$G(s) = \frac{50}{(s+1)(s+3)}$$

(1) 단위계단 입력에 정상상태 오차를 계산하라.
(2) 계단입력에 대한 최대초과를 계산하라.

5.3 그림 5.1p의 단위되먹임 시스템에서 플랜트 전달함수가 다음과 같을 때

$$G(s) = \frac{3(s+8)}{s(s+4)}$$

(1) 폐로전달함수 $T(s) = Y(s)/R(s)$를 구하라.
(2) 계단입력 $r(t) = Au_s(t)$에 대한 시간응답 $y(t)$를 구하라.
(3) 이 응답에 나타나는 최대초과를 구하라.
(4) 최종값 정리를 써서 $y(t)$의 정상상태값을 결정하라.

5.4 다음과 같은 전달함수를 갖는 시스템의 단위계단응답을 셈툴을 써서 구하라.

$$G(s) = \frac{s/4+1}{(s/80+1)[(s/16)^2+s/16+1]}$$

5.5 다음과 같은 전달함수를 갖는 시스템에서

$$G(s) = \frac{10}{s^2+2s+25}$$

(1) 최종값 정리를 이용하여 단위계단 입력에 대한 출력의 정상상태 오차를 구하라.

(2) 셈툴의 'step' 함수를 써서 단위계단 입력에 대한 정상상태 오차를 구하라.

5.6 그림 5.6p와 같은 폐로시스템에서 비례제어기 이득은 $K = 2$이고 플랜트 계수 a는 미정이다.

(1) $a = 1$일 때, 단위계단응답의 정상상태값이 2가 됨을 해석적으로 보여라. 그리고 4초가 지난 뒤에 단위계단응답이 최종값의 2% 이내로 들어가는 것을 확인하라.

(2) 계수 a의 변화에 대한 시스템의 감도(sensitivity)는 계수변화가 과도응답에 미치는 영향을 살펴봄으로써 확인할 수 있다. a가 0.5, 2, 5일 때의 단위계단응답을 셈툴을 써서 그림으로 구한 다음, 그 결과를 보고 미정계수의 영향에 대해 설명하라.

(3) $K = 20$일 때, a가 0.5, 1, 2, 5인 경우의 단위계단응답을 셈툴을 써서 그림으로 구한 다음, 그 결과를 보고 1), 2)의 경우와 비교하여 미정계수의 영향에 대해 설명하라.

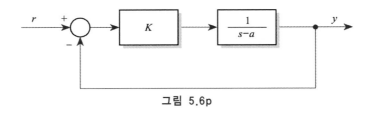

그림 5.6p

5.7 다음과 같이 폐로전달함수가 3차로 표시되는 시스템에서

$$T(s) = \frac{2.5(s+0.8)}{(s+2)(s^2+0.4s+1)}$$

(1) 이 시스템의 극영점도를 그리고 주극점을 선정하라.

(2) 주극점에 대해 시스템을 근사화하고, 원래 시스템과 계단응답을 비교하라.

(3) 근사모델로부터 최대초과를 계산하고, 원래 시스템의 최대초과와 서로 비교하라.

5.8 안정한 시스템의 극점 가운데 다른 극점에 비해 상대적으로 허수축에 가까운 극점을 상대주극점(relatively dominant pole)이라 한다. 다음과 같은 폐로전달함수에서

$$T(s) = \frac{Y(s)}{R(s)} = \frac{300}{(s+8)(s^2+10s+50)}$$

(1) 단위계단응답을 구하라.

(2) $T(s)$를 상대주극점으로 근사화한 모델의 단위계단응답을 구하라.

(3) 위의 두 계단응답을 비교하고 (2)에서 구한 근사모델이 적합한지 판단하라.

5.9 폐로전달함수 $T(s)$가 한쌍의 켤레복소극점(complex conjugate poles)을 주극점으로 갖고 있다. 다음의 특성기준을 만족하는 이 복소극점의 존재영역을 그려라.

(1) $0.5 \leq \zeta \leq 0.7, \quad \omega_n \leq 10$

(2) $\zeta \geq 0.4, \quad 5 \leq \omega_n \leq 10$

(3) $\zeta \geq 0.707, \quad \omega_n \leq 6$

5.10 어떤 시스템에서 다음과 같은 시간영역 성능기준을 만족하는 폐로극점이 존재할 수 있는 영역을 그려라.

(1) 최대초과 $M_p \leq 5\%$

(2) 상승시간 $t_r \leq 0.9$ sec (단, 감쇠비는 $\zeta = 0.707$로 함)

(3) 정착시간 $t_s \leq 4$ sec

5.11 예제 5.9의 시스템에서 다음과 같이 우반평면 영점을 가질 때

$$T(s) = \frac{G(s)}{1+G(s)C(s)} = \frac{4(-s+1)}{s^2+2s+4}$$

다음 각 경우에 단위계단응답을 구하여 특성을 비교하라.

(1) $H(s) = 1$: 보상기를 쓰지 않을 때

(2) $H(s) = 1/(-s+1)$: 극영점상쇄가 완전하게 이루어질 때

(3) $H(s) = 1/(-0.99 s+1)$: 극영점상쇄가 불완전하게 이루어질 때

(4) $H(s) = 1/(2s+1)$: 좌반평면 극점에 의한 보상

5.12 그림 5.1p와 같은 단위되먹임 시스템에서 플랜트 전달함수가 다음과 같을 때

$$G(s) = \frac{10(s+4)}{s(s+1)(s+2)(s+5)}$$

(1) 위치오차 및 속도오차 상수를 계산하라.

(2) 계단 및 경사 입력에 대한 정상상태 오차를 계산하라.

(3) 이 시스템의 형을 결정하라.

5.13 K형 시스템의 경우에 기준입력 $r(t) = t^k u_s(t)$, $k \leq K-1$에 대한 정상상태 오차는 항상 0이 됨을 증명하라.

5.14 그림 5.14p와 같은 되먹임 시스템에서

(1) $G_p(s) = 1$ 일 때 단위계단 입력에 대한 정상상태 오차를 구하라.

(2) 단위계단 입력에 대한 정상상태 오차가 0이 되도록 하는 적당한 $G_p(s)$를 선정하라.

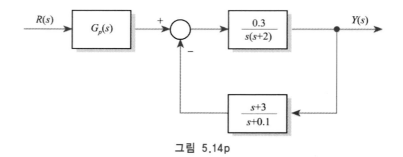

그림 5.14p

5.15 그림 5.15p의 비례제어 되먹임 시스템에서 플랜트 전달함수가 다음과 같고

$$G(s) = \frac{1}{s(s+3)}$$

시간영역에서 제어기의 성능목표가 다음과 같이 설정된다.

- 마루시간 $T_p = 2$ [sec]
- 최대초과 $M_p = 5$ %

(1) $K = 1$ 일 때 두 성능목표가 함께 만족되는지 판정하라.

(2) 만약 두 성능목표가 동시에 만족되지 않는다면 이 목표를 만족시키는 K를 구하라.

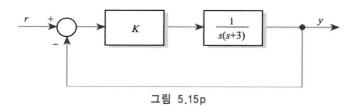

그림 5.15p

5.16 그림 5.16p의 폐로시스템에서 $K = 1$ 이다.

(1) 계수 τ_p가 각각 0.5, 3, 5일 때 단위계단응답을 그려라.

(2) τ_p가 (1)처럼 바뀔 때 각각의 초과, 상승시간 및 정착시간을 계산하고, 이때 각각의 성능기준에 대한 τ_p의 영향을 기술하라.

(3) 개로극점 $s = -1/\tau_p$의 위치와 폐로극점의 위치를 서로 비교하라.

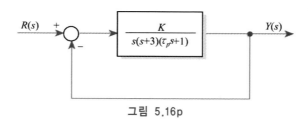

그림 5.16p

5.17 그림 5.17p와 같이 전단필터(pre-filter)와 단위되먹임으로 구성된 시스템에서

(1) r과 y 사이의 전달함수를 구하라.

(2) 단위계단 입력에 대한 정상상태 오차를 구하라.

(3) 전단필터의 계수 K_r, a의 값이 바뀔 때 시스템 응답에 어떤 영향을 미치는지 조사하라.

(4) 다음 세 가지의 경우 각각에 대하여

   ① $K = 2$, $T = 1$, ② $K = 10$, $T = 2$, ③ $K = 1$, $T = 3$

상승시간 1.5초 이하, 정착시간 10초 이하, 초과가 20% 이하 그리고 정상상태 오차가 5% 이하가 되게 하는 K_r과 a의 값을 셈툴을 써서 구하라. 위의 세 가지 경우 중 이 설계목표가 만족되는 경우에 대해서는 가능한 작은 상승시간을 구하라. 그리고 설계목표가 만족되는 않은 경우에 대해서는 가능한 설계목표에 가깝도록 설계하라.

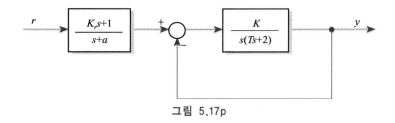

그림 5.17p

5.18 단위되먹임 시스템에서 개로전달함수가 다음과 같을 때

$$G(s) = \frac{A}{s(s+a)}$$

폐로시스템의 감쇠비 $\zeta = 0.707$, **속도오차 상수** $K_v = 25$ sec의 조건을 만족하는 계수 A와 a의 값을 구하라.

5.19 다음과 같은 전달함수를 갖는 위치제어 시스템에서

$$\frac{Y(s)}{R(s)} = \frac{b_0 s + b_1}{s^2 + a_1 s + a_2}$$

설계목표는 다음과 같다.

- 상승시간 $t_r \le 0.2$ sec
- 초과 $M_p \le 20\%$
- 정착시간 $t_s \le 0.7$ sec
- 계단입력에 대한 정상상태 오차 $= 0$
- 경사입력에 대한 정상상태 오차 $\le 10^{-3}$

(1) 설계목표들이 모두 만족되는 계수 a_1, a_2, b_0, b_1을 구하라.

(2) 구한 답을 컴퓨터 모의실험을 통하여 확인하라.

5.20 단위되먹임 제어시스템에서 다음의 플랜트 전달함수에 대해 위치, 속도, 가속도 오차 상수를 구하라.

(1) $G(s) = \dfrac{1000}{(1+0.2s)(1+20s)}$ (2) $G(s) = \dfrac{1}{s(s^2+10s+100)}$

(3) $G(s) = \dfrac{K}{s(1+0.2s)(1+s)}$ (4) $G(s) = \dfrac{100}{s^2(s^2+s+10)}$

(5) $G(s) = \dfrac{1}{s(s+10)(s+100)}$ (6) $G(s) = \dfrac{K(1+s)(1+2s)}{s^2(s^2+s+1)}$

5.21 그림 5.21p와 같은 되먹임 제어시스템에서

(1) 계단, 경사 및 포물선 오차상수를 구하라.

(2) 다음과 같은 입력에 대한 정상상태 오차를 K와 K_t의 함수로 나타내어라.

$\textcircled{1}\ r(t) = u_s(t)$, $\textcircled{2}\ r(t) = tu_s(t)$, $\textcircled{3}\ r(t) = (t^2/2)u_s(t)$

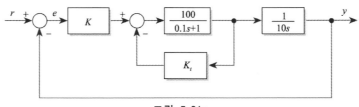

그림 5.21p

5.22 플랜트 $G(s) = N_g(s)/D_g(s)$와 제어기 $C(s) = N_c(s)/D_c(s)$로 구성되는 단위되먹임 시스템에서 플랜트의 영점과 되먹임시스템의 영점은 서로 같다는 것을, 즉 영점은 되먹임에 의해서는 바뀌지 않는다는 것을 증명하라. 단, N_g, D_g, N_c, D_c는 s에 관한 다항식이며, N_g와 D_c는 서로소(coprime)라고 가정한다.

5.23 그림 5.20과 같은 2자유도 제어시스템에서

(1) 폐로전달함수 $T(s) = Y(s)/R(s)$를 구하라.

(2) 정상상태 오차가 0이 되려면 $T(0) = 1$을 만족하면 된다. 이 조건을 이용해서 정상상 태 오차를 0으로 만드는 보상기 $H(s)$의 조건을 구하라.

제 어 상 식

연산기능을 통한 제어기 구현법

제어기에 있는 덧·뺄셈과 증폭 및 적분기능을 하드웨어로 구현하는 방법은 다음과 같다.

1) 전자회로를 이용한 아날로그 제어기 구현

OP Amp, 저항, 용량기를 이용하여 전자회로로써 구현할 수 있다. 덧셈기와 증폭기 및 적분기를 구현한 예는 다음과 같다.

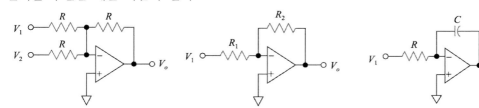

덧셈기 : $V_o = -(V_1 + V_2)$ 증폭기 : $V_o = -\dfrac{R_2}{R_1} V_1$ 적분기 :

$$V_o = -\frac{1}{RCs} V_1$$

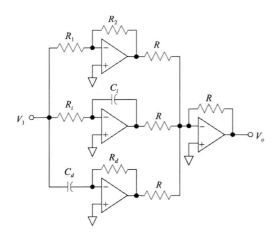

위의 연산회로들을 조합하면 다음과 같은 전달함수를 갖는 PID 제어기를 구현할 수 있다.

$$G(s) = \frac{V_o}{V_i} = K_p + \frac{K_i}{s} + K_d s$$

제어기회로는 왼편과 같으며, 여기서 PID 계수는 다음과 같이 저항과 용량기에 의해 조절한다.

$$K_p = \frac{R_2}{R_1}$$
$$K_i = \frac{1}{R_i C_i}$$
$$K_d = R_d C_d$$

2) MPU를 이용한 디지털 제어기 구현

제어기의 연산과정은 디지털 소자를 사용하여 구현할 수도 있다. 디지털 제어기는 MPU(Microprocessor Unit), ROM/RAM, A/D 및 D/A 변환기 따위로 이루어지는데, 이 방식에서는 덧·뺄셈, 증폭, 적분기능 및 일반적인 제어기의 기능을 쉽게 구현할 수 있다. 디지털 제어기에서는 외부에서 들어오는 아날로그 신호를 A/D변환기를 통하여 디지털 신호로 변환하고, 이 디지털 신호를 써서 ROM이나 RAM 메모리에 저장되어있는 제어기 알고리즘과 MPU의 연산기능을 이용하여 디지털 제어입력을 계산해내며, 다량 데이터의 고속처리가 필요할 경우 DSP(Digital Signal Processing) 칩을 사용하기도 한다. 이렇게 계산된 디지털 제어신호는 D/A 변환기를 통하여 아날로그 신호로 변환되어 제어대상 플랜트에 입력됨으로써 제어동작을 수행한다. 이와 같은 디지털 제어기의 수요가 늘어남에 따라 최근에는 MPU와 메모리, AD/DA 변환 기능 등이 내장된 MCU(Micro Controller Unit)를 사용하여 특정시스템의 전용 제어기를 구현하고 있는데, 아래 그림은 범용 MCU의 예를 보여주고 있다.

CHAPTER **6**

근궤적과 설계응용

6.1 개 요

앞장에서 살펴본 바와 같이 폐로시스템의 안정성과 성능은 극점의 위치와 밀접한 관계를 가진다. 따라서 제어시스템을 설계하거나 해석할 때 어떤 계수의 변화에 따른 폐로시스템의 극점의 변화를 알 수 있다면 아주 유용할 것이다. **근궤적법(root locus method)**은 이와 같이 시스템의 어떤 한 계수값의 변화에 따른 폐로시스템의 극점의 위치를 그림으로 나타냄으로써 시스템의 안정성과 성능을 함께 조사하는 방법이다.

1) 제어기 이득이 바뀜에 따라 변화하는 폐로극점의 위치변화를 s평면에 그림표로 나타낸 것을 **근궤적(root locus)**이라 한다. 근궤적은 간단한 저차 시스템의 경우에는 필산으로도 처리하여 작성할 수 있지만, 시스템이 복잡해지면 필산으로 처리하기 어렵다. 그러나 컴퓨터 꾸러미를 활용하면 상당히 복잡한 시스템의 경우에도 근궤적을 쉽게 작성할 수 있다.

2) 근궤적을 필산으로 계산하여 처리하기는 어렵지만 몇 가지 기본성질들을 이해하면 대략적인 형태를 유추할 수 있다. 이 성질들은 루프전달함수 $G(s)H(s)$의 극점과 영점 및 특성방정식의 근인 $1+G(s)H(s)$의 영점과의 관계에 근거하여 유도할 수 있다.

3) 근궤적을 활용하면 원하는 영역에 극점이 놓이도록 제어이득을 조정하면서 제어기를 설계할 수 있다. 이와 같이 극점의 위치를 원하는 자리에 배치시키는 방식으로 제어기를 설계하는 기법을 **극배치법(pole placement method)**이라 한다.

이 장에서 다루는 근궤적을 이용한 제어기 설계법의 설계목표는 4.2절의 S1)과 S2)에 해당하는 안정성과 성능이다. 이 기법에서는 안정성을 확보하기 위해 극점이 좌반평면에 놓이도록 설계하되, 성능목표 달성을 위해 원하는 과도응답 특성을 갖도록 극점의 위치를 적절하게 선정한다.

6.2 근궤적의 기본개념

폐로시스템의 안정성과 성능은 극점의 위치와 밀접한 관계를 가진다. 따라서 제어시스템을 설계하거나 해석할 때 어떤 계수의 변화에 따른 폐로시스템의 극점의 변화를 알 수 있다면 아주 유용할 것이다. 에반스(W. R. Evans)에 의해 개발된 **근궤적법(root locus method)**은 이와 같이 시스템의 어떤 한 계수값의 변화에 따른 폐로시스템의 극점의 위치를 그림으로 나타냄으로써, 시스템의 안정성과 성능을 함께 조사하는 방법이다. 여기서 사용하는 시스템의 계수로는 보통 제어기의 이득이 많이 쓰이지만, 제어이득 이외에 개로전달함수를 구성하는 다른 변수들도 사용할 수 있다. 따라서 근궤적을 이용하면 원하는 성능을 만족하는 제어이득의 크기를 결정할 수 있을 뿐만 아니라, 영점이나 극점의 추가가 시스템에 미치는 영향이나 플랜트의 계수변화가 폐로시스템의 극점에 미치는 영향 따위도 함께 고려할 수 있다.

근궤적법에서 다루는 폐로시스템의 기본구조는 그림 6.1과 같다. 여기서 K는 미정계수로서 상수이득 제어기를 나타내며, $G(s)$와 $H(s)$는 각각 플랜트와 보상기의 전달함수이다. 이 시스템의 폐로전달함수는 다음과 같다.

$$\frac{Y(s)}{R(s)} = \frac{KG(s)}{1+KG(s)H(s)}$$

따라서 이 시스템의 특성방정식은 폐로전달함수의 분모로부터 다음과 같이 나타낼 수 있다.

$$1+KG(s)H(s) = 0 \tag{6.1}$$

폐로시스템의 극점은 이 방정식을 만족하는 근으로 결정된다. 그런데 이 방정식에서 계수 K는 미정이기 때문에 이 계수의 값이 바뀜에 따라 폐로극점도 바뀌게 된다. **근궤적(root locus)**은 미정계수를 포함하는 특성방정식에서 미정계수 K가 0부터 ∞까지 변할 때, 이 특성방정식의 근이 변화하는 궤적을 s평면에 그림으로 나타낸 것이다. 여기서는 설명을 위해 하나의 예로서 상수이득 제어기 K를 포함하는 폐로시스템에 대해 다루었지만, 이 근궤적은 미지계수를 포함하는 모든 시스템에 적용할 수 있다. 그림 6.1에서 미정계수 K가 플랜트 $G(s)$나 보상기 $H(s)$에 곱해져 들어있는 값이라 하더라도 특성방정식의 형태는 똑같기 때문에 근궤적 작성법은 똑같다.

근궤적은 시스템의 루프전달함수인 $KG(s)H(s)$를 이용하여 그릴 수 있다. 시스템의 특성방정식 (6.1)을 $KG(s)H(s)$에 대해서 나타내면 다음과 같다.

$$KG(s)H(s) = -1$$

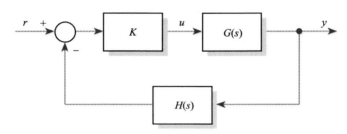

그림 6.1 폐로시스템의 기본구조

여기서 $G(s)$와 $H(s)$는 복소함수이므로 이 식에서 다음의 두 가지 조건을 얻을 수 있다.

- 크기조건 : $|KG(s)H(s)| = 1$ (6.2)
- 위상조건 : $\angle G(s)H(s) = \pm(2k+1)\pi, \quad k = 0, 1, 2, \cdots$ (6.3)

근궤적 그림표는 위의 크기조건과 각도조건을 이용하여 그릴 수 있다. 그런데 이 근궤적을 손으로 그리는 작도법은 아주 간단한 시스템의 경우에만 가능하며, 그 방법도 기억하기가 쉽지 않기 때문에 익숙한 숙련자가 아니면 사용하기가 어렵다. 그러나 셈툴과 같은 컴퓨터 꾸러미를 사용하면 근궤적은 매우 쉽게 그릴 수 있기 때문에 이 궤적을 제어기 설계에 어떻게 활용하는가를 아는 것이 더 중요하다. 따라서 6.3절에 컴퓨터 꾸러미를 사용하는 방법을 정리할 것이다. 그리고 근궤적을 손으로 그리는 방법을 익히면 근궤적에 대해 더 정확하게 이해할 수 있고, 편리한 점도 있기 때문에 이것은 6.4절에서 다룬다. 그러나 이 부분이 필요 없는 경우에는 생략해도 좋다.

6.3 설계꾸러미를 이용한 근궤적 그리기

앞에서 설명한 것처럼 손으로 근궤적을 그릴 수 있지만, 복잡한 시스템의 경우에는 사용하기가 어렵고, 점근선을 이용하기 때문에 정확성이 떨어진다. 셈툴에서는 'rlocus'라는 명령어를 써서 근궤적을 쉽고 정확하게 얻을 수 있다. 그러면 간단한 예를 들어서 근궤적을 그리는 법을 살펴보자. 그림 6.1의 폐로 제어시스템에서 플랜트와 보상기 전달함수가 다음과 같이 주어지는 경우를 다루기로 한다.

$$G(s) = \frac{s+1}{s(s+2)}, \quad H(s) = \frac{1}{(s+3)}$$

이 경우에 특성방정식은 식 (6.1)로부터 다음과 같이 나타낼 수 있다.

$$1+KG(s)H(s) = 1+K\frac{s+1}{s(s+2)(s+3)} = 0 \tag{6.4}$$

이 식에는 분수함수항이 들어있어서 더 정리할 수도 있지만, 근궤적을 얻는데 사용하는 'rlocus' 명령은 식 (6.4)와 같은 꼴에 적용할 수 있도록 구성되어 있다. 'rlocus' 함수에 사용하는 특성방정식의 일반형은 다음과 같다.

$$1+K\frac{N(s)}{D(s)} = 0 \tag{6.5}$$

여기서 K는 관심의 대상이 되는 미정계수로서, $0 \le K < \infty$ 의 범앞에서 변하는 값을 갖는

다. 그리고 $N(s), D(s)$는 복수변수 s에 관한 분자, 분모다항식이다. 이 꼴은 식 (6.1)의 특성방정식에서 루프전달함수를 $G(s)H(s) = N(s)/D(s)$로 놓은 것과 같다.

셈툴에서 'rlocus' 명령을 사용하는 형식은 다음과 같다.

CEM≫R＝rlocus(num,den,k);

여기서 num, den, k는 이 명령어의 입력변수이고, R은 폐로시스템의 근의 위치를 저장하고 있는 출력변수이다. num과 den은 주어진 특성방정식 (6.5)에 나오는 개로전달함수의 분자, 분모다항식 $N(s), D(s)$의 계수를 내림차순으로 저장한 행벡터이고, k는 미정계수 K의 값을 관심범위 안에서 적절한 간격으로 나누어 저장해 놓은 벡터이다. 식 (6.4)의 경우를 예로 들면, num=[1 1], den=[1 5 6 0]이 된다. 즉, num, den으로 표시되는 개로시스템과 k로 주어진 미정계수값들 각각에 대응하는 폐로시스템의 근의 위치를 계산하여 R에 저장시키는 작업을 해주는 명령어가 바로 'rlocus'인 것이다. 출력변수를 지정하지 않으면 rlocus 함수는 자동으로 근궤적을 그리도록 설정되어 있다. 자세한 내용은 부록의 '셈툴 사용법 요약'이나 셈툴의 도움말을 참조하면 된다. 셈툴에서 근궤적을 그리는 절차를 요약하면 다음과 같다.

- 식 (6.5)의 형태로 특성방정식을 얻는다.
- rlocus 함수를 사용하여 근궤적값을 저장하거나 그림을 얻는다.
- 필요하면 plot 함수를 사용하여 근궤적을 그린다.

다음은 앞에서 예로 든 시스템의 식 (6.4)의 근궤적을 셈툴상에서 그리는 과정을 담은 묶음파일이다.

```
zeros = −1; // 개로시스템의 영점
poles = [−2  −3 0]; // 개로시스템의 극점
[num,den] = zp2tf(zeros,poles,1); // 극영점으로부터 전달함수를 얻음
//근궤적을 계산할 미정계수 범위지정
k = logspace(−3,2,200); // 0.001부터 100까지 대수눈금 간격으로 200개 사용
r = rlocus(num,den,k); // 근궤적값 저장하기(생략 가능)
rlocus(num,den,k); // 근궤적 그리기
```

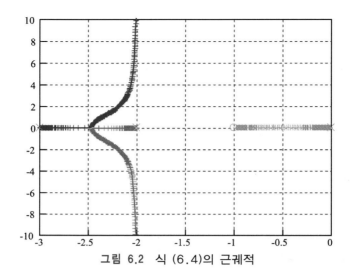

그림 6.2 식 (6.4)의 근궤적

이 묶음파일을 실행시킨 결과가 그림 6.2에 나타나 있다. 이 그림을 보면 K가 증가함에 따라서 근궤적이 실수축으로부터 두 개의 가지로 분리되어 뻗어나가는 것을 볼 수 있다. 이것은 어떤 K값에서부터 폐로시스템의 특성방정식이 두 개의 복소수근을 가지게 됨을 뜻한다.

이렇게 얻어진 근궤적을 보고 어떤 특정한 근의 위치에 해당하는 계수 K의 값을 알고 싶을 때가 있을 것이다. 이를 위해서 셈툴에는 'rlocval' 명령이 제공되고 있다. 'rlocval' 명령의 사용법은 다음과 같다.

CEM≫K = rlocval(num,den,s);

여기서 num, den은 앞에서와 마찬가지로 개로전달함수의 분자·분모를 나타내고, s는 그려진 근궤적상에 있는 폐로근의 값이다. 폐로근의 값은 셈툴 그래프 창의 선택사항으로 제공되는 좌표추적(tracking) 기능을 이용하여 근궤적상의 좌표를 읽어 이것을 복소수값으로 만들면 된다. 예를 들어, 그림 6.2에서 복소수근의 좌표가 $(-2.3,\ 1.2)$에 대응하는 K의 값을 알고 싶으면 s를 다음과 같이 입력하면 된다.

CEM≫s = −2.3 + 1.2*j;

이때 'rlocval(num,den,s)' 명령은 다음 실행 예에서 보는 바와 같이 s값에 가장 가까운 계수 K의 값을 화면에 출력시키도록 구성되어 있다.

CEM≫K = rlocval(num,den,s)
　　　　입력점이 Root Locus에 존재하지 않습니다.
　　　　Root Locus에서 가장 가까운 점을 찾습니다.

Nearest point to $-2.3000+1.2000i$: $-2.3219+1.1659i$

K = 2.4048

'rlocus' 명령에서 좌변을 지정하지 않으면 plot 명령을 사용할 필요없이 자동으로 근궤적이 그려진다. 이때 궤적에 사용되는 기호는 "+" 문자를 쓰는데, 다른 기호로 작성하려면 'plot' 명령을 사용한다.

```
CEM≫p = [1  1];
CEM≫q = [1  5  6  0];
CEM≫k = logspace(−3,2,200);
CEM≫rlocus(p,q,k);
```

또한 미정계수 K의 범위를 지정하지 않고 사용할 수도 있는데, 이 경우에는 K의 범위가 logspace(−3, 2, 100)로 자동 지정된다.

6.4* 근궤적 작성규칙

이 절에서는 앞에서 정의하고 살펴본 근궤적의 성질을 요약하기로 한다. 이 성질들은 근궤적을 정확히 해석하거나 이해하는데 필요하며, 근궤적을 손으로 그릴 때에도 큰 도움이 된다. 이 성질들은 $G(s)H(s)$의 극점과 영점 및 특성방정식의 근인 $1+G(s)H(s)$의 영점과의 관계에 근거하여 유도된다.

6.4.1 근궤적의 기본 성질

(1) 출발점과 종착점

근궤적은 $K=0$일 때 루프전달함수 $G(s)H(s)$의 극점에서부터 출발하여 $K=\infty$일 때 $G(s)H(s)$의 영점에 종착한다. 루프전달함수를 $G(s)H(s)=N(s)/D(s)$와 같이 표현하면 특성방정식 (6.1)에서 루프전달함수의 크기를 다음과 같이 표현할 수 있다.

$$\frac{|N(s)|}{|D(s)|} = \frac{1}{K} \tag{6.6}$$

이 식에서 $K=0$일 때 식 (6.1)을 만족하려면 근궤적상의 점 s는 $D(s)$의 근에 수렴해야 한다는 것을 알 수 있다. 즉, $K=0$일 때 전달함수 $G(s)H(s)$의 극점이 특성방정식의 근이 된다. 마찬가지로 $K=\infty$일 때 식 (6.1)을 만족하려면 근궤적상의 점 s는 $N(s)$의 근에 수렴해야 한다. 즉, $K = \infty$일 때 전달함수 $G(s)H(s)$의 영점이 특성방정식의 근이 된다.

(2) 실수축상의 근궤적

예를 들어, $G(s)H(s)$가 다음과 같이 주어질 때 $G(s)H(s)$의 실수축상의 근궤적을 구해보면 그림 6.3과 같다.

$$G(s)H(s) \;=\; \frac{K(s-z_1)(s-z_2)}{(s-p_1)(s-p_2)(s-p_3)}$$

여기서 $p_3 < z_2 < p_2 < z_1 < p_1$인 음의 실수이고 $K > 0$이다.

구간 $p_1 - z_1$ 사이에 있는 임의의 점 s_1에서 $G(s_1)H(s_1)$의 위상을 구하면 다음과 같다.

$$\begin{aligned}
\angle G(s_1)H(s_1) &= \angle(s_1 - z_1) + \angle(s_1 - z_2) - \angle(s_1 - p_1) - \angle(s_1 - p_2) - \angle(s_1 - p_3) \\
&= 0° + 0° - 180° - 0° - 0° \\
&= -180°
\end{aligned}$$

이 식은 위상조건식 (6.3)을 만족시키므로 이 구간에서는 근궤적이 존재한다. 반면에 구간 $z_1 - p_2$ 사이의 임의의 점 s_2에서 $G(s_2)H(s_2)$의 위상을 구하면 다음과 같다.

$$\begin{aligned}
\angle G(s_2)H(s_2) &= \angle(s_2 - z_1) + \angle(s_2 - z_2) - \angle(s_2 - p_1) - \angle(s_2 - p_2) - \angle(s_2 - p_3) \\
&= 180° + 0° - 180° - 0° - 0° \\
&= 0°
\end{aligned}$$

이 식은 위상조건식 (6.3)을 만족시키지 못하므로 이 구간에서는 근궤적이 존재하지 않는다. 같은 방법으로 나머지 구간에 대해 $G(s)H(s)$의 위상을 조사하면, 구간 $p_2 - z_2$에서 그리고 p_3보다 작은 실수구간에서 근궤적이 존재한다. 일반적으로 전달함수 $G(s)H(s)$의 극점과 영점이 실수축상에 있을 때, 임의의 실수축상 구간에서 오른쪽에 있는 $G(s)H(s)$

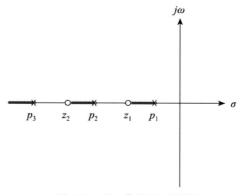

그림 6.3 실수축상의 근궤적

의 극점과 영점을 합한 개수가 홀수이면 그 구간에 근궤적이 존재하고, 짝수이면 근궤적이 존재하지 않는다.

(3) 대칭성

특성방정식의 복소근은 공액복소수로서 허수부의 값이 실수축에 대하여 대칭이므로 근궤적 역시 실수축에 대하여 대칭을 이룬다.

(4) 점근선의 각도와 위치

전달함수 $G(s)H(s)$의 극점의 개수 n과 영점의 개수 m이 같지 않을 때, 궤적의 일부는 s평면의 ∞로 접근한다. s평면의 ∞ 근처에서 근궤적의 성질은 점근선(asymptote)으로 표시되며, 일반적으로 $n \neq m$일 때 점근선의 개수는 ($n-m$)개이다.

그림 6.4와 같은 극점과 영점을 갖는 전달함수 $G(s)H(s)$에 대하여 생각해 보자. s의 크기가 ∞이면 s점과 $G(s)H(s)$의 극점 또는 영점과 연결하는 벡터들은 서로 평행하다고 볼 수 있다. 이때 실수축과 이루는 각도를 θ_a라고 하면 위상조건식 (6.3)을 만족시키기 위해서는 다음 식이 성립해야 한다.

$$\sum_{i=1}^{m} \theta_{z_i} - \sum_{i=1}^{n} \theta_{p_i} = (2k+1)180°, \quad k = 0, \pm 1, \pm 2, \ldots \tag{6.7}$$

여기서 $\sum_{i=1}^{n} \theta_{p_i}$는 $G(s)H(s)$의 극점과 연결한 벡터의 편각합이고, $\sum_{i=1}^{m} \theta_{z_i}$는 $G(s)H(s)$의 영점과 연결한 벡터의 편각합이다. 식 (6.7)에서 θ_{p_i}와 θ_{z_i}가 모두 θ_a이므로, 개로극점의 개수가 n개이고, 개로영점의 개수가 m개인 시스템에서 실수축과 이루는 점근선의 각도 θ_a는 다음과 같이 구해진다.

$$\theta_a = \frac{(2k+1)180°}{n-m}, \quad k = 0, \pm 1, \pm 2, \cdots \tag{6.8}$$

또한 실수축상에서 점근선들이 모이는 점을 점근선의 중심점이라 하는데, 점근선의 중심

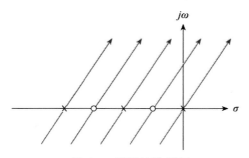

그림 6.4 점근선의 각도

점 σ_a는 다음과 같다.

$$\sigma_a = \frac{\sum_{i=1}^{n} p_i - \sum_{i=1}^{m} z_i}{n-m} \tag{6.9}$$

여기서 $\sum_{i=1}^{n} p_i$는 전달함수 $G(s)H(s)$의 극점의 합이고, $\sum_{i=1}^{m} z_i$는 $G(s)H(s)$의 유한 영점의 합이다.

(5) 출발점과 종착점의 각도

근궤적의 출발점과 종착점의 각도는 위상조건식 (6.3)으로부터 쉽게 결정할 수 있다. 예를 들어, 그림 6.5와 같은 전달함수 $G(s)H(s)$의 극영점 배열에서 극 $-1+j$를 출발하는 궤적의 각도를 생각해 보자. 점 s_1을 극점 $-1+j$의 극을 떠난 궤적상의 한 점이라 하고, 이 극에 아주 가깝다고 가정해 보자. 각 극과 영점으로부터 점 s_1까지 그은 벡터의 각을 θ_1, θ_2, θ_3, θ_4라고 하면, 점 s_1이 근궤적상의 점이 되기 위해서 위상조건식 (6.3)으로부터 다음식이 만족되어야 한다.

$$\angle G(s_1)H(s_1) = -(\theta_1 + \theta_2 + \theta_3 + \theta_4) = (2k+1)180°$$

따라서 극점 $-1+j$에서 출발각은 다음의 식으로부터

$$-(135° + \theta_2 + 90° + 26.6°) = (2k+1)180°$$

$\theta_2 = -71.6°$ 를 얻는다.

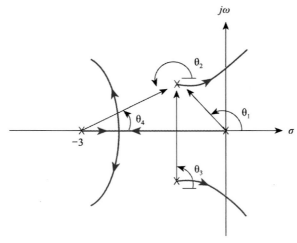

그림 6.5 $s(s+3)(s^2+2s+2)+K=0$의 근궤적에서 출발각의 계산

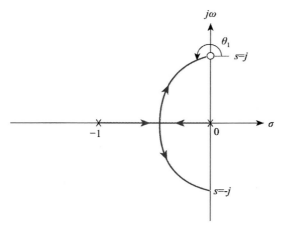

그림 6.6 $s(s+1)+K(s^2+1)=0$의 근궤적에서 도착각의 계산

예제 6.1

특성방정식이 $s(s+1)+K(s^2+1)=0$일 때 복소영점 $s=\pm j$에 대한 근궤적 도착각을 구하라.

풀이 $s=j$에 대한 도착각은 위상조건식 (6.3)으로부터 다음 식이 만족되어야 한다.

$$\angle(s+j)+\theta_1-\angle s-\angle(s+1)=(2k+1)180°$$

따라서 영점 $s=j$에서 도착각은 다음의 식으로부터

$$\angle 2j+\theta_1-\angle j-\angle(j+1)=(2k+1)180°$$

$\theta_1=225°$를 얻는다. 같은 방법으로 $s=-j$에서의 도착각 $\theta_2=135°$를 얻을 수 있다.

(6) 절점의 위치

두 근궤적이 실수축을 떠나는 이탈점(breakaway point)과 도착하는 복귀점(breakin point)을 절점(break point)이라고 한다. 어떤 근궤적상의 절점은 그 특성방정식의 다중근에 대응한다.

그림 6.7(a)는 두 개의 근궤적이 실수축상의 절점에서 만난 다음 실수축으로부터 반대방향으로 멀어지는 경우를 나타낸다. 이 경우 절점은 K의 값을 이 점에 대응하는 값으로 배정할 때 방정식의 2중근을 나타낸다. 그림 6.7(b)는 두 개의 복소공액 근궤적이 실수축으로 접근하여 절점에서 만난 후 실수축을 따라 서로 반대방향으로 이탈되는 경우를 나타낸다. 이제 절점에서의 K값을 구해보자. 절점에서의 K값은 실수축상에서 극값이 되므로 특성

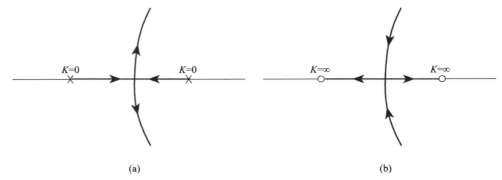

(a)   (b)

그림 6.7 s평면의 실수축상 절점의 예

방정식을 $K=f(s)$식으로 변형한 다음, K를 s로 미분한 식을 0으로 한 방정식의 근으로 부터 절점을 구할 수 있다. 즉,

$$\frac{dK}{ds} = 0 \tag{6.10}$$

의 근이 절점이 된다. 여기서 식 (6.10)으로 주어진 절점 조건은 필요조건이며, 충분조건은 아니라는 점을 알고 있어야 한다. 바꾸어 말하면, 근궤적상의 모든 절점은 식 (6.10)을 만족 하지만, 그렇다고 식 (6.10)의 모든 해가 절점은 아니라는 것이다. 절점이 되려면 식 (6.10) 의 해가 식 (6.1)도 함께 만족시켜야 한다.

예제 6.2

전달함수 $G(s)H(s)$가 다음과 같을 때 근궤적의 절점을 구하라.

$$G(s)H(s) = \frac{s+4}{s(s+2)}$$

풀이 이 시스템의 특성방정식은 $1+K(s+4)/s(s+2)=0$이므로 $K=f(s)$의 형태로 나타 내면 다음과 같다.

$$K = -s\frac{(s+2)}{(s+4)}$$

이 식을 s에 대하여 미분하여 0으로 놓고 풀면,

$$\frac{dK}{ds} = -\frac{(2s+2)(s+4)-s(s+2)}{(s+4)^2} = -\frac{s^2+8s+8}{(s+4)^2} = 0$$

절점은 $s_1 = -1.172$, $s_2 = -6.828$이 된다.

(7) 허수축 교차점

근궤적이 K값의 변화에 따라 허수축과 교차하고, 우측 s평면에 들어가는 순간은 시스템의 안정성이 파괴되는 임계점이 된다. 그러므로 이 점에서의 K값은 제어시스템의 해석 및 설계에서 중요한 자료가 된다. 허수축 교차점에서의 주파수 ω와 그때의 K값을 구하는 방법은 특성방정식에서 s값에 $j\omega$를 대입하여 실수부와 허수부를 각각 0으로 하는 두 개의 식으로부터, 허수축 교차점에서의 주파수 ω와 근궤적 계수 K를 구할 수 있다. 또는 4.4.2절에서 다룬 루쓰−허위츠 안정성 판별법을 이용하여 두 개의 값을 구할 수도 있다.

예제 6.3

전달함수 $G(s)H(s)$가 다음과 같을 때 근궤적의 허수축 교차점과 그때의 계수 K값을 구하라.

$$G(s)H(s) \;=\; \frac{1}{s(s+3)(s+5)}$$

 풀이 이 시스템의 특성방정식 $s^3+8s^2+15s+K=0$에서 s값에 $j\omega$를 대입하여 정리하면 다음과 같다.

$$-(8\omega^2-K)+j\omega(15-\omega^2) \;=\; 0$$

위 식에서 실수부와 허수부가 각각 0이 되어야 한다. 따라서 $\omega=\sqrt{15}$일 때 근궤적이 허수축과 교차하게 되고 이때의 K값은 120이다.

6.4.2 근궤적 작성절차 요약

지금까지 살펴본 근궤적의 기본 성질에 근거하여 작성절차를 요약하면 다음과 같다.

1) 폐로시스템의 특성방정식을 근궤적법의 일반형인 식 (6.5)로 표시한다.
2) s평면상에 개로영점과 극점의 위치를 표시한다.
3) 실수축상의 근궤적을 그린다.
4) 점근선의 위치와 각도를 정한다.
5) 절점의 위치를 구한다.
6) 허수축 교차점을 구한다.
7) 복소극점에서 근궤적의 출발각과 복소영점에서의 근궤적의 도착각을 구한다.

8) 근궤적이 극점에서 시작하여 영점이나 ∞에서 끝나도록 완성한다.

그러면 이 절차에 따라 근궤적을 작성하는 과정을 예제를 통해 살펴보기로 한다.

예제 6.4

루프전달함수 $G(s)H(s) = \dfrac{1}{s(s+4)(s^2+8s+32)}$ **인 시스템의 근궤적을 그려라.**

[풀이] 1) 특성방정식을 근궤적의 일반형인 식 (6.5)로 표시한다.

$$1+K\frac{1}{s(s+4)(s+4+j4)(s+4-j4)} = 0$$

2) s평면상에 전달함수 $G(s)H(s)$의 영점과 극점의 위치를 표시한다.
3) 실수축상의 근궤적은 $s=0$과 $s=-4$ 사이에 존재한다.
4) 점근선의 각도를 구한다.

$$\theta_a = \frac{(2k+1)180°}{4}, \quad k=0,\pm1,\pm2,\cdots$$
$$\theta_a = \pm45, \pm135$$

그리고 점근선의 중심점 σ_a를 구한다.

$$\sigma_a = \frac{-12}{4} = -3$$

따라서 점근선은 다음의 그림과 같이 그려진다.

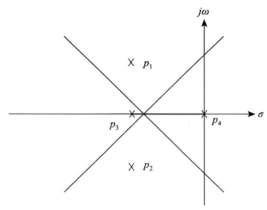

그림 6.8 영점과 극점의 위치 및 점근선

5) 절점의 위치를 정한다. 그림 6.8로부터 $-3 < s < 0$ 영역에서 이탈점이 있다고 예상된다. 이 영역에서 다음 식의 최대값을 구한다.

$$K = -s(s+4)(s+4+j4)(s+4-j4)$$

$\dfrac{dK}{ds} = 0z$으로부터 근궤적의 절점은 $s = -1.58$이다.

6) 허수축 교차점을 구한다. 다음의 특성방정식에서

$$s(s+4)(s^2+8s+32)+K = s^4+12s^3+64s^2+128s+K = 0$$

s값에 $j\omega$를 대입하여 허수축 교차점에서의 주파수 ω와 근궤적 계수 K를 구할 수 있다.

$$\omega^4 - 64\omega^2 + K + j4\omega(32-3\omega^2) = 0$$

여기서 허수부 조건식 $32\omega - 3\omega^2 = 0$ 으로부터 허수축 교차주파수는 $\omega = \sqrt{32/3} = 3.25\,\mathrm{rad/s}$로 구해진다. 이것을 실수부 조건식 $\omega^4 - 64\omega^2 + K = 0$ 에 대입하면 근궤적 계수 K를 다음과 같이 구할 수 있다.

$$K = 64\omega^2 - \omega^4 = \frac{5120}{9} \approx 569$$

7) 복소극점 p_1에서의 출발각도 θ_1을 구한다.

$$\theta_1 + 90° + 90° + 135° = 180°$$

$$\theta_1 = -135°$$

8) 지금까지 살펴본 성질들을 종합하여 근궤적을 완성하면 그림 6.9와 같다.

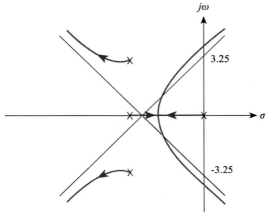

그림 6.9 근궤적 선도

6.5 근궤적을 이용한 제어기 설계법

5.5.1절에서 다루었듯이 폐로극점의 위치를 원하는 자리에 배치시키는 방식으로 제어기를 설계하는 기법을 **극배치법**이라 한다. 근궤적은 그림 6.1의 폐로시스템에서 미정계수의 변화에 따라 폐로극점이 어떻게 바뀌는가를 보여 준다. 극점은 시스템의 안정성 및 과도응답, 정상상태 응답의 성능에 거의 결정적인 영향을 주기 때문에, 원하는 안정성과 성능목표가 주어지면 이 제어목표 달성에 적합한 극점의 위치를 정하고, 근궤적에서 이에 해당하는 계수를 정함으로써 제어기를 설계할 수 있다. 극점과 성능 사이의 관계는 5.3절과 6.2절에서 다룬 내용을 사용하면 된다. 그러면 극배치법의 하나로서 근궤적을 이용한 제어기 설계에 대해 몇 가지 간단한 예를 보기로 한다.

예제 6.5

그림 6.10의 시스템에서 다음과 같이 $G(s)$, $H(s)$가 주어질 때 1) 폐로시스템을 안정화하는 보상기 미정계수 K값의 범위와 2) 주극점의 감쇠비가 $\zeta = 0.5$ 가 되도록 만드는 미정계수 K의 값을 결정하라.

$$G(s) = \frac{1}{s(s+1)}, \quad H(s) = \frac{K}{s+2}$$

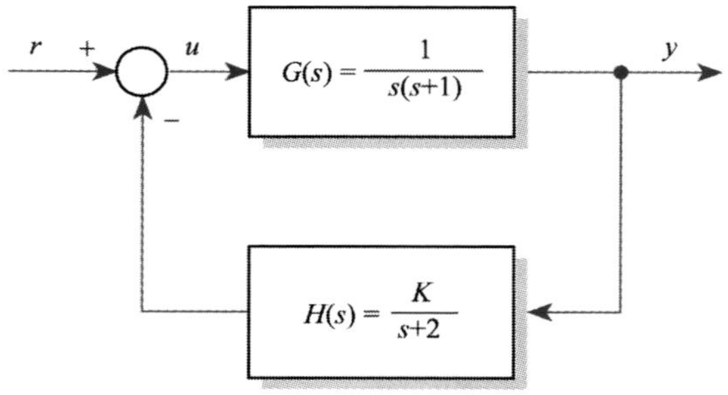

그림 6.10 미정계수 K를 가진 제어시스템

풀이 1) 셈툴로 작성한 근궤적 그리기 꾸러미 프로그램은 다음과 같다.

```
num = 1;
poles = [0, -1, -2]';
den = poly(poles);   // 극점에 대응하는 분모다항식 계수 얻기
rlocus(num,den);
```

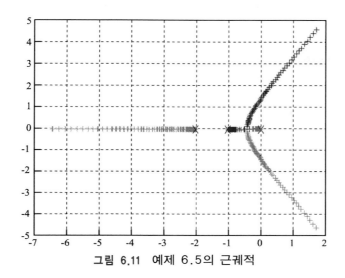

그림 6.11 예제 6.5의 근궤적

이 묶음파일을 실행하여 근궤적을 얻으면 그림 6.11과 같다. 이 그림에서 근궤적이 허수축과 만나는 점의 좌표를 셈툴의 좌표추적 기능을 이용하여 구해보면 대략 X:0, Y:1.44가 나오므로 rlocval 명령을 써서 K값을 다음과 같이 구할 수 있다.

```
CEM≫s = 0 + 1.44*i;
CEM≫K = rlocval(num,den,s)
K = 5.9381
```

따라서 폐로시스템을 안정화하는 보상기 미정계수의 범위는 $0 < K < 5.9381$ 이다.

2) 그림 6.11의 근궤적을 보면 두 개의 극점들이 나머지 하나에 비해 허수축에 훨씬 가까우므로 이 두 개의 극점들이 주극점을 이루게 된다. 문제에서 요구하는 감쇠비가 0.5인 주극점은 원점과 극점을 이어주는 직선과 허수축의 각도가 30°를 이루는 경우에 이 직선과 근궤적이 만나는 점이므로, 이 점에 해당하는 점의 근궤적상의 좌표를 그림 6.11에서 좌표추적기능을 써서 구하면 대략 $s = -0.27 + 0.75j$이다. 이때 대응하는 K값을 'rlocval' 명령을 써서 구하면 $K = 1.5014$ 정도이다. 실제로 $K = 1.5014$일 때의 계단응답을 구하면 그림 6.12와 같다.

예제 6.5에서 계단응답을 구하여 그 결과를 확인하려면 셈툴 명령창에서 다음과 같은 절차를 거쳐서 수행할 수 있다.

```
CEM≫num1 = 1;
CEM≫den1 = [1  1  0];
CEM≫num2 = 1.5014;
```

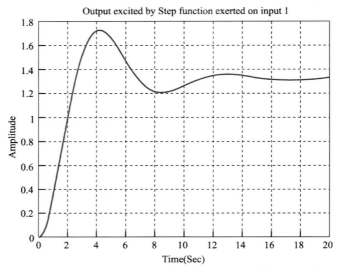

그림 6.12 $K = 1.5014$ 일 때 예제 6.5의 단위계단응답

CEM≫den2＝[1 2];

CEM≫[fnum,fden]＝feedback(num1,den1,num2,den2);

CEM≫step(fnum,fden);

여기서 num1, den1은 $G(s)$의 분자, 분모이고, num2, den2는 $K = 1.5014$일 때의 $H(s)$의 분자, 분모이다. 그리고 'feedback'은 그림 6.10과 같은 되먹임 시스템의 폐로전달함수 $G(s)/[1+G(s)H(s)]$의 분자와 분모다항식을 구해주는 명령이다. 위와 같은 과정을 거쳐 제어이득이 $K = 1.5014$ 일 때의 계단응답을 구하면 그림 6.12를 얻을 수 있다. 이 결과를 보면 감쇠비가 0.5에 해당하는 적당한 응답곡선이 얻어짐을 확인할 수 있다.

그림 6.11의 근궤적에서는 다른 정보도 얻을 수 있다. 한 가지 예로, 적당히 작은 K값에 대해서는 모든 극점들이 실수축에 있으므로 계단응답에서 초과가 일어나지 않을 것이라는 것을 예측할 수 있다. 실제로 제어이득을 $K = 0.35$로 하고, 다음과 같이 계단응답을 구해 보면 그림 6.13에서 볼 수 있듯이 초과가 없어진다.

CEM≫num1＝1;

CEM≫den1＝[1 1 0];

CEM≫num2＝0.35;

CEM≫den2＝[1 2];

CEM≫[fnum,fden]＝feedback(num1,den1,num2,den2);

CEM≫t＝[0:20:0.1];

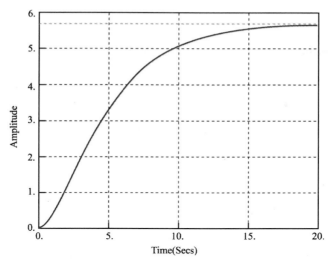

그림 6.13 $K = 0.35$일 때 예제 6.5의 단위계단응답

CEM≫step(fnum,fden,t);

예제 6.5에서는 미정계수가 하나인 보상기를 써서 제어하면서 제어목표로서 안정성과 감쇠비를 고려하고 있다. 따라서 설계한 제어시스템의 계단응답인 그림 6.12와 그림 6.13을 보면 감쇠비 조건을 만족하면서 초과 성능지표를 만족시키지만, 정상상태 오차는 매우 크게 나타나고 있다. 이러한 결과가 나타나는 까닭은 제어목표로서 성능지표 가운데 초과나 감쇠비만을 고려했기 때문이다. 정상상태 오차까지 고려할 경우에는 예제 6.5의 보상기로는 제어목표를 달성하기 어렵기 때문에 다른 제어기를 사용해야 한다. 이 다른 제어기들에 대해서는 7장 이후에 계속 다룰 것이다.

예제 6.6

그림 6.1의 되먹임 시스템에서 다음과 같이 $G(s)$, $H(s)$가 주어졌을 때 감쇠비가 $\zeta = 0.7$이 되도록 제어이득 K의 값을 정하라.

$$G(s) = \frac{s+2}{s^2+2s+3}, \quad H(s) = 1$$

풀이 이 문제를 풀기 위해 근궤적을 구하는 묶음파일을 작성하면 다음과 같다.

```
num = [1  2];
den = [1  2  3];
rlocus(num,den);
```

위의 묶음파일을 실행하면 그림 6.14를 얻는다. 감쇠비가 0.7이 되는 K값을 얻으려면 좌반평면에서 허수축과 $\sin^{-1}\zeta = \sin^{-1}(0.7) \approx 45°$ 를 이루는 직선이 근궤적과 만나는 점의 K값을 구해야 한다. 그림 6.14에서 눈대중으로 그 점을 찾기는 어려우므로 이 부분의 근궤적만을 다시 자세히 보기 위해 그림창 선택사항의 선택상자에서 화면확대 기능을 반복 사용하여 가로축 범위를 [-5, 0]로 잡으면 근궤적이 그림 6.15와 같이 다시 그려진다. 이 그림에서 좌표추적을 해보면 대략 근궤적상의 $s = -1.7 + 1.7i$에서 감쇠비가 0.7이 되며, 이때 대응하는 K값을 'rlocval' 명령을 써서 구해보면 $K = 1.33$ 정도가 됨을 알 수 있다. 확인을 위해 $K = 1.33$ 에 대해 계단응답을 구해보면 그림 6.16과 같다.

CEM≫num1 = 1.33*[1 2]; den1=[1 2 3];

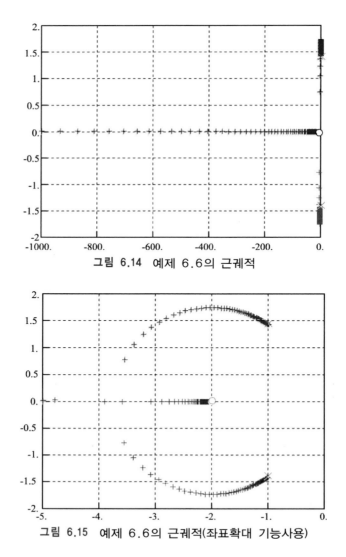

그림 6.14 예제 6.6의 근궤적

그림 6.15 예제 6.6의 근궤적(좌표확대 기능사용)

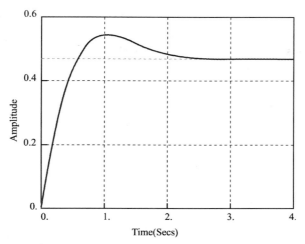

그림 6.16 $K = 1.33$ 일 때 예제 6.6의 계단응답

```
CEM≫num2 = 1;  den2=1;
CEM≫[fnum,fden] = feedback(num1,den1,num2,den2)
     fnum =
     0.0000      1.3300      2.6600
     fden =
     1.0000      3.3300      5.6600
CEM≫step(fnum,fden);
```

예제 6.6에서는 비례제어기를 써서 되먹임 시스템을 구성하면서 제어목표로서 안정성과 감쇠비를 고려하고 있다. 따라서 이 제어시스템의 계단응답인 그림 6.16을 보면 감쇠비 조건은 만족하지만 정상상태 오차가 예제 6.5의 결과와 마찬가지로 역시 크게 나타나고 있다. 이 문제에서도 정상상태 오차까지 고려하여 제어기를 설계할 경우에는 비례제어기로서는 제어목표를 달성하기 어렵기 때문에 7장 이후에서 다루게 되는 다른 기법들을 함께 사용해야 한다.

6.6 요점 정리

이 장에서는 제어기 이득이 바뀜에 따라 이동하는 극점의 위치를 그림으로 나타내는 근궤적법과 이것을 제어기 설계에 활용하는 방법을 다루었다.

1. 근궤적을 이용하면 폐로시스템의 안정성을 쉽게 판별할 수 있을 뿐만 아니라 제어기 설계에도 활용할 수 있다. 근궤적은 간단한 저차 시스템의 경우에는 필산으로도 처리하여 작성할 수 있지만, 시스템이 복잡해지면 필산으로 처리하기는 어렵다. 그러나 컴퓨터 꾸러미를 활용하면 상당히 복잡한 시스템의 경우에도 근궤적을 쉽게 작성할 수 있다.

2. 근궤적은 극점에서 시작하여 영점이나 ∞에서 끝나는데, 몇 가지 기본성질을 이용하면 다음과 같은 사항들을 계산하여 손으로 그릴 수도 있다.

   - 실수축상의 근궤적
   - 점근선의 위치와 각도
   - 절점의 위치
   - 허수축 교차점
   - 극점에서의 출발각과 영점에서의 도착각

3. 폐로극점의 위치를 원하는 자리에 배치시키는 방식으로 제어기를 설계하는 기법을 **극 배치법**이라 한다. 이 장에서 근궤적을 이용한 극배치법을 익혔는데, 안정성을 확보하기 위해 극점이 좌반평면에 놓이도록 설계하되, 성능목표 달성을 위해 원하는 과도응답 특성을 갖도록 극점의 위치를 적절하게 선정할 수 있었다. 그러나 이 기법으로는 정상상태 특성까지 고려한 설계가 곤란하다는 것을 알았다. 그 까닭은 근궤적 자체로는 설계변수가 하나인 제어기만을 다룰 수 있기 때문이며, 설계변수가 두 개 이상인 경우에는 다른 기법을 함께 사용해야 한다.

● 6.7 익힘 문제

6.1 다음과 같은 불안정한 개로전달함수를 갖는 시스템에서 폐로시스템 안정성을 보장하는 미정계수 K의 범위를 구하려고 한다. 근궤적법으로 K의 범위를 구하라.

$$G(s)H(s) = \frac{K}{s-0.1}$$

6.2 다음과 같은 개로전달함수를 갖는 시스템에서 폐로시스템 안정성을 보장하는 미정계수 K의 범위를 구하려고 한다. 근궤적법으로 K의 범위를 구하라.

$$G(s)H(s) = \frac{K}{(s+1)(s+2)}$$

6.3 직접구동형 로봇팔의 개로전달함수는 다음과 같은 식으로 표시된다.

$$G(s)H(s) = \frac{K(s + 2.01)}{s(s + 5.41)(s^2 + 2.11s + 5.12)}$$

(1) 시스템이 진동하게 되는 이득 K의 값을 구하라.

(2) (1)에서 구한 K값에 해당하는 폐로극점을 구하라.

6.4 다음과 같이 두 개의 미지계수를 가진 단위되먹임 시스템에서

$$G(s)H(s) = \frac{K(s + 3.5)}{s(1 + \tau s)(1 + 1.35s)}$$

(1) 이 시스템이 안정하게 될 미지계수 K와 τ의 영역을 구하고 그림으로 나타내어라.

(2) 경사입력에 대한 정상상태 오차가 입력의 25% 이하가 되도록 K와 τ를 택하라.

(3) (2)에서 택한 설계에 대해서 계단입력에 대한 초과를 구하라.

6.5 다음과 같은 이득함수를 가지는 단위되먹임 시스템에 대해서

$$G(s) = \frac{K(s - 4.21)}{s^2(2s + 5.7)}$$

(1) 근궤적을 그려라.

(2) 3개의 근이 모두 실수이고 중근을 가지게 되는 이득 K의 값을 구하라.

(3) (2)에서와 같이 되었을 때 그 근의 값을 구하라.

6.6 다음과 같은 플랜트를 가지는 단위되먹임 시스템에서

$$KG(s) = \frac{K(s + 3.01)}{s(s^2 + 3.2s + 7)}$$

(1) $K > 0$일 때의 근궤적을 구하라.

(2) $K = 10$과 $K = 20$인 경우에 각각 근을 구하라.

(3) $K = 10$과 $K = 20$인 경우에 상승시간, 초과, 정착시간을 구하라.

6.7 다음 전달함수에서

$$GH(s) = \frac{K(s + 1)(s + 3)}{s^3}$$

(1) 근궤적을 구하라.

(2) 시스템이 안정하게 되는 이득 K의 범위를 구하라.

(3) 경사입력에 대한 시스템의 정상상태 오차를 예측하라.

6.8 그림 6.8p에 주어진 시스템에 대해서 계수 α에 대한 근궤적을 구하라. 단, 근궤적에 α가 증가하는 방향을 함께 나타내어라.

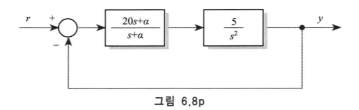

그림 6.8p

6.9 그림 6.9p의 시스템이 안정하게 될 이득 K의 범위를 근궤적법을 써서 구하라.

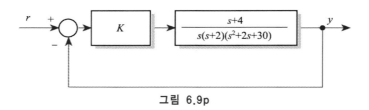

그림 6.9p

6.10 다음과 같은 개로전달함수를 갖는 단위되먹임 시스템에서

$$G(s) = \frac{K}{(s+3.4)^n}$$

다음 각 경우들에 대하여 $K \geq 0$일 때의 폐로시스템 특성방정식의 근궤적을 구하라.
(1) $n=1$, (2) $n=2$, (3) $n=3$, (4) $n=4$, (5) $n=5$

6.11 예제 6.2의 루프전달함수에 대한 근궤적을 셈툴을 써서 그린 다음, 이 궤적에서 좌표추적 기능을 이용하여 절점을 구하고 예제의 결과와 비교하라.

6.12 예제 6.3의 루프전달함수의 근궤적을 셈툴을 써서 그린 다음, 이 궤적에서 좌표추적 기능을 이용하여 허수축 교차점과 그때의 계수값을 구하고 예제의 결과와 비교하라.

6.13 예제 6.4의 루프전달함수에 대한 근궤적을 셈툴을 써서 그린 다음, 좌표추적 기능을 써서 절점, 허수축 교차점을 구하고 예제의 결과와 비교하라.

6.14 그림 6.9p의 시스템이 안정하게 될 이득 K의 범위를 루쓰-허위츠 판별법으로 구한 다음, 근궤적을 써서 구한 결과와 비교하라.

제 어 상 식

▶ 프로그램형 논리제어기(PLC, programmable logic controller)

PLC는 주로 순차제어를 담당하는 범용 제어기이다. 초기의 PLC는 켜고 끄는(on/off) 기능을 조합한 단순한 순차제어를 위한 목적으로 개발되어 사용되었다. 현대의 PLC에서는 순차제어를 기본으로 갖추고 있으며, 고수준의 아날로그 및 디지털제어 기능도 함께 갖추어서 복합적인 제어목적으로 널리 쓰이고 있다. 따라서 현대의 PLC는 단순한 순차제어기라기보다는 모든 제어요소와 실시간 제어용 컴퓨터 기술이 복합적으로 연결된 실시간 제어시스템으로 보아야 한다. PLC를 구성하는 요소기술에는 PLC의 핵심장치인 고성능 마이크로컴퓨터 관련기술, 실시간 운영체제 및 시스템 관련 무른모 기술, 제어언어 및 순차제어시스템 해석 및 설계기술, 입출력 신호처리기술, 분산 PLC를 위한 네트워크기술 등이 포함된다. 작은 규모로서 산업체에서 대단히 많이 사용되고 있다.

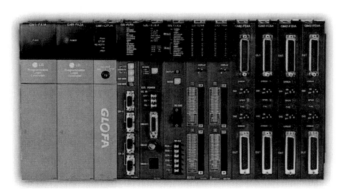

LG산전의 GLOFA－GM1/2

CHAPTER **7**

주파수영역 해석 및 설계

7.1 개 요

이 장에서는 나이키스트선도와 보데선도를 이용하여 주파수영역에서 제어시스템을 해석하고, 설계하는 방법을 다룬다. 우선 나이키스트선도 작성법과 안정성 판별법을 배운다. 그리고 보데선도의 기본작성법을 익히고, 이 선도로부터 시스템의 주파수영역 특성을 분석하는 방법을 익힌다. 두 방법을 사용하여 상대안정성을 분석하는 방법과 이 선도를 컴퓨터 꾸러미를 활용하여 그리는 방법을 익힐 것이다. 그리고 이 주파수응답 해석법을 활용하여 대상시스템의 주파수응답 특성을 개선하는 장치인 보상기(compensator)를 주파수영역에서 설계하는 방법을 다룬다. 여기서 **보상기**란 대상시스템의 위상특성의 일부를 적절히 바꾸기 위해 추가되는 장치를 말한다. 보상기는 미리 설정된 안정성과 성능목표를 달성하기 위해 시스템 전체의 특성을 고려하여 설계되는 제어기와 구별된다.

1) 간접적인 안정성 판별법으로 **나이키스트 안정성 판별법(Nyquist stability criterion)**이 있다. 이 방법은 선형시불변 시스템에 적용할 수 있는 것으로, 개로시스템에 대한 나이키스트선도를 그려서 이 그래프로부터 폐로시스템의 안정성을 판별하는 방법이다.

2) **보데선도(Bode diagram)**는 주파수응답을 크기응답과 위상응답으로 분리하여 두 개의 그림표로 나타낸 것이다. 두 개의 그림표 모두 가로축은 주파수에 대한 대수눈금을 쓰며, 세로축은 크기응답에서는 크기를 데시벨[dB]로 나타내는 대수눈금을, 위상응답에서는 위상각을 각도단위 도[°]로 나타내는 선형눈금을 쓴다.

3) 직렬 연결된 시스템들의 보데선도는 각 부시스템의 보데선도를 더하는 꼴로 구해지기 때문에 주파수응답을 나타내기가 쉬우며, 간단한 시스템에 대해서는 필산으로 계산하여 손으로 그릴 수도 있다.

4) 그러나 시스템이 복잡한 경우에는 보데선도를 필산으로 그리기에는 번거로울 뿐만 아니라 전달함수의 극점이나 영점이 서로 가까이 있으면 계산오차도 커진다. 따라서 이 경우에는 컴퓨터를 활용하는 것이 좋다. 셈툴꾸러미에는 일반적인 전달함수에 대해서 보데선도를 쉽게 그릴 수 있는 명령어가 제공된다.

5) 주파수영역에서 제어시스템을 설계하면 설계과정이나 변수에 약간의 오차가 있더라도 제어시스템의 성능이 웬만큼 보장되기 때문에 시간영역에서 설계하는 것에 비해 상당히 견실한 제어시스템을 구성할 수 있다.

6) **안정성여유(stability margin)**는 개로시스템 모델의 불확실성에 대해서 폐로시스템이 안정한 정도를 나타내는 상대적 지표로서 **상대안정성(relative stability)**이라고도 한다. 개로시스템 모델에서 위상은 변하지 않고 이득만이 변할 때 폐로안정성을 유지할 수 있는 이득 변화성분의 최대값을 **이득여유(gain margin)**라 하고, 이득은 변하지 않고 위상만이 변할 때 폐로안정성을 유지할 수 있는 위상 변화성분의 최대값을 위상여유(phase margin)라 한다. 바람직한 안정성여유는 이득여유가 6 dB 이상이고, 위상여유가 30~60°이다.

7)* **니콜스선도(Nichols chart)**는 폐로시스템의 주파수응답 특성을 복소평면상에 직접 그림표로 나타내는 방법이다. 나이키스트선도나 보데선도는 모두 개로시스템의 주파수응답 특성을 나타내는 것으로서, 이로부터 폐로시스템의 주파수응답 특성을 유추하는 것이지만 이를 직접 나타내는 것은 아니다. 니콜스선도는 루프전달함수의 주파수응답을 복소평면상에 그린 다음, 이 선도가 일정크기 궤적과 일정위상 궤적과 만나는 점으로부터 폐로 주파수응답을 직접 읽어낼 수 있다.

8) 앞섬(뒤짐)보상기는 대상시스템의 위상을 적절히 앞서도록(뒤지도록) 보상하는 장치로서, 각각 1차의 전달함수로 표시된다. 이 보상기들은 따로 쓰이거나 또는 주파수역을 달리 하여 함께 쓰이기도 하며, 함께 사용할 경우에는 2차 전달함수로 표시된다.

9) 앞섬보상기는 시스템의 상승시간을 빠르게 하고, 대역폭을 증가시키는 등 과도응답 특성을 개선시킨다. 반면에 뒤짐 보상기는 시스템의 정상상태 오차를 줄이는 등 정상상태 응답특성을 개선시키지만, 상승시간이나 정착시간이 느려진다. 앞섬/뒤짐보상기는 과도응답과 정상상태 응답특성을 함께 개선시키기 위해 쓰인다.

이 장에서 다루는 나이키스트선도 및 보데선도를 이용한 제어기 설계법에서는 설계목표로서 4.2.1절의 S1, S2, S3에 해당하는 안정성과 성능 및 견실안정성까지 고려한다. 이 선도들에서는 안정성여유인 이득여유와 위상여유를 쉽게 구할 수 있기 때문에 이 선도를 이용한 설계법에서는 견실안정성을 고려할 수 있는 것이다.

7.2 주파수응답과 성능지표

4.3절에서 주파수응답과 주파수영역 성능지표를 설명하였다. 이 장에서는 주파수영역에서 해석과 설계를 다루기 때문에 이 부분을 다시 언급하고, 구체적인 실례도 다루되 내용이 중복되는 것은 최소화하기로 한다.

7.2.1 주파수응답과 주파수영역 성능지표

4.3절에서 설명한 바와 같이 단위크기의 어떤 주파수의 정현파 입력에 관한 출력응답을 주파수응답(frequency response)이라 하며, 출력의 크기와 위상을 각각 크기응답(magnitude response)과 위상응답(phase response)이라고 한다. 주파수응답은 크기와 위상응답을 따로 나타낼 수도 있고, 복소평면 위에 한 개의 궤적으로 나타낼 수도 있는데, 각각의 방법에 대해서는 나중에 다룰 것이다.

모든 신호들은 푸리에급수(Fourier series)를 써서 크기와 위상이 다른 여러 주파수의 정현파 합으로 나타낼 수 있다. 입력신호를 정현파의 합으로 나타냈을 때 입력신호의 어떤 주파수 성분에 대응하는 주파수응답을 곱하면 그 주파수성분의 출력신호를 쉽게 계산할 수 있고, 이러한 출력성분 전체를 합하면 출력신호가 된다. 구체적으로 나타내기 위하여 전달함수가 $G(s)$인 안정한 선형시스템에 정현파가 입력될 때 정상상태에서 출력을 계산하기로 한다. 전달함수 $G(s)$에서 s 대신에 $j\omega$를 대입한 $G(j\omega)$의 크기와 편각을 각각 $A(\omega)$, $\varphi(\omega)$라고 하면,

$$A(\omega) = |G(j\omega)|$$
$$\varphi(\omega) = \angle G(j\omega) = \tan^{-1}[\,\Im\{G(j\omega)\}/\Re\{G(j\omega)\}\,],$$

정현파 입력 $u(t) = U_o\sin\omega t$에 대한 출력신호는 다음과 같다(4.3.2절 참조).

$$
\begin{aligned}
y(t) &= U_o[\Re\{G(j\omega)\}\sin\omega t + \Im\{G(j\omega)\}\cos\omega t] \\
&= U_o A(\omega)\sin[\omega t + \varphi(\omega)]
\end{aligned}
\tag{7.1}
$$

폐로시스템의 주파수응답곡선에서 주파수영역의 특성을 나타내는 성능지표들로 **대역이득**(band-pass gain), **차단주파수(cutoff frequency)**, **주파수대역폭(bandwidth)**, **공진주파수(resonant frequency)**, **공진최대값(resonant peak)**을 4.3절에서 소개하였다. 또한 견실안정성으로 **이득여유(GM; gain margin)**, **위상여유(PM; phase margin)**와 같은 **안정성여유(stability margin)**도 소개하였는데, 다음 절에서 상세히 설명하기로 한다. 성능지표는 좁은 뜻으로는 명령추종 성능지표를 의미하나, 넓은 뜻으로는 그 외의 지표를 포함하기도 하는데 안정성여유가 이 경우에 해당한다.

7.2.2 견실안정성을 위한 안정성여유

5장에 나오는 안정성 판별법은 단지 시스템이 안정한가 또는 불안정한가만을 판단하는 것으로서, **절대안정성(absolute stability)**을 다루고 있다. 그러나 실제의 제어시스템을 설계하는 과정에서 대상플랜트를 모델링할 때 불확실성이 존재하게 된다. **견실안정성**이란 기본모

델 $G(s)$ 에 불확실성을 나타내는 성분 $\Delta G(s)$ 가 추가되어 실제 플랜트의 전달함수가 $G_T(s) = G(s) + \Delta G(s)$ 인 경우에도 폐로전달함수 $\dfrac{(G+\Delta G(s))C(s)}{1+(G+\Delta G(s))C(s)}$가 안정한가를 나타내는 성질이며, **상대안정성**이라고도 한다. 그리고 상대안정성을 나타내는 지표로 사용되는 개념이 바로 안정성여유인 이득여유와 위상여유이다.

시스템에 불확실한 성분이 있는 경우 위에서와 같이 $G(s) + \Delta G(s)$ 라고 표시할 수도 있지만, $G(s)(1 + \Delta G(s)/G(s))$ 로 표시할 수도 있다. $L(s) = 1 + \Delta G(s)/G(s)$ 라고 하면 $G(s)L(s)$ 라고 간단히 표시할 수도 있다. 모델오차가 없는 경우는 $\Delta G(s)$ 는 0이 되어야 하고, $L(s) = 1$ 이 되어야 한다. 일반적인 모델불확실성 $L(s)$ 의 주파수 특성인 $L(j\omega)$ 는 크기도 주파수함수이고, 위상도 주파수함수이기 때문에 다루기 힘들다. 따라서 기본적으로 간단한 $L(j\omega) = Ke^{-j\theta}$ 를 다루기로 한다.

그림 7.1에서 대상시스템의 루프전달함수는 모델오차가 없으면 $C(s)G(s)$ 이며, 모델오차가 있으면 $C(s)G(s)Ke^{-j\theta}$ 가 된다. 루프전달함수를 G_L 이라고 하면 모델오차가 있을 때 루프전달함수 $G_L(s)$ 는 다음과 같이 표시된다.

$$G_L(s) = G(s)Ke^{-j\theta} \tag{7.2}$$

여기서 $Ke^{-j\theta}$ 항은 전달함수 모델의 불확실성을 나타내는 부분으로서 K는 이득의 불확실성을 나타내고, θ 는 위상의 불확실성을 나타낸다. $K=1$ 이고, $\theta=0$ 이면 $G_T(s) = G(s)$ 가 되어 모델 $G(s)$ 에 불확실성이 없는 경우를 뜻한다. K가 1과의 차이가 크든가, θ 가 0과의 차이가 크면 모델 $G(s)$ 에 불확실한 성분이 많은 경우를 나타낸다. K와 θ 는 실제로는 입력주파수의 함수이지만 해석을 쉽게 하기 위해서 편의상 상수로 가정하면, 불확실 성분 $Ke^{-j\theta}$ 는 주파수에 무관한 단순한 형태가 되면서 전달함수에서의 불확실성을 나타내기 쉬운 꼴이 된다. **안정성여유**란 루프전달함수 모델 $G_L(s)$ 에 식 (7.2)와 같은 불확실성이 존재할 때, 단위되먹임에 의해 폐로시스템의 안정성이 보장되는 K와 θ 의 범위로서 다음과 같이 정의된다.

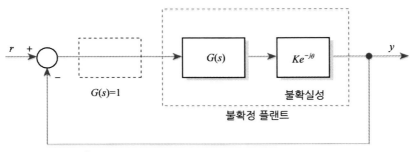

그림 7.1 안정성여유를 정의하는 단위되먹임 시스템

식 (7.2)와 같은 불확실성을 갖는 불확정시스템에 그림 7.1과 같은 단위되먹임 시스템을 구성할 때, $\theta = 0$ 인 경우에 폐로시스템의 안정성이 보장되는 K의 범위를 $G(s)$ 의 **이득여유(gain margin)**라 하며, $K = 1$ 인 경우에 폐로안정성이 보장되는 θ 의 범위를 $G(s)$ 의 **위상여유(phase margin)**라 한다.

정의 7.1에서 유의할 것은 이득과 위상이 동시에 바뀌지는 않는다고 가정하고 있다는 점이다. 그런데 실제로는 이득과 위상이 동시에 바뀔 수 있으며, 이 경우에는 안정성여유가 정의 7.1에서의 값보다 대체로 줄어들게 된다. 그러나 이 경우에 안정성여유를 계산하기가 쉽지 않기 때문에 정의 7.1에서와 같은 가정 아래서 안정성여유를 정의하여 사용하는 것이다.

7.2.3 1, 2차 시스템의 주파수응답과 시간응답과의 관계

지금까지 살펴본 주파수영역 특성계수들은 시간영역 특성계수들과 상관관계를 갖고 있다. 이 관계를 수식으로 명확하게 나타내기는 어렵지만, 이 특성계수들 사이의 관계를 이해하는 것은 제어기 설계과정에서 기초지식으로 필요하다. 제어기 설계문제에서 성능목표는 대부분의 경우에 시간영역 성능지표로 주어지는데, 이 제어기 설계문제를 주파수영역에서 풀고자 하는 경우에는 시간영역 성능지표에 대응하는 주파수영역 성능지표를 산출해야 하며, 이때 두 가지 성능지표들 사이의 관계를 필요로 한다. 이 관계를 1차 및 2차의 표준형 시스템에서 살펴보기로 한다.

(1) 1차 시스템

그림 7.2의 단위되먹임 시스템에서 개로전달함수가 다음과 같을 때

$$G_L(s) = \frac{1}{T_c s}, \quad T_c > 0$$

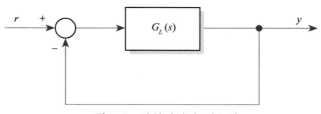

그림 7.2 단위되먹임 시스템

폐로시스템은 다음과 같이 T_c를 시상수로 하는 표준형 1차 시스템이 된다.

$$T(s) = \frac{1}{T_c s + 1}$$

따라서 폐로시스템 전달함수의 크기는 다음과 같으므로

$$G_{dB} = 20 \log \ |T(jw)| = -20 \log \sqrt{\omega^2 T_c^2 + 1} = -10 \log(\omega^2 T_c^2 + 1) \ [\text{dB}]$$

$\omega T_c = 1$ 일 때 $G_{dB} = -3$ dB이고, 차단주파수와 대역폭은 $\omega_c = \omega_B = 1/T_c$, 대역이득은 $G_B = 0$ [dB]이다. 위상은 $\phi(\omega) = -\tan^{-1} \omega T_c$ 이므로, 차단주파수에서 $\phi(\omega_c) = -45°$ 이다. 이것을 정리하면 다음과 같다.

- 대역이득 $G_B = 0$ [dB]
- 대역폭 $\omega_B = \dfrac{1}{T_c}$ [rad/sec]
- 차단주파수 $\omega_c = \omega_B = \dfrac{1}{T_c}$ [rad/sec]
- 공진주파수 ω_r와 공진최대값 M_r은 없음.

위의 결과를 요약하면 표준형 1차 시스템의 주파수응답 특성은 이득교차 주파수, 대역폭, 차단주파수가 서로 같고, 시상수의 역수가 되며, 그 밖의 특성들은 시간영역 특성과 무관하다는 것이다. 주파수응답 특성에 관한 더 자세한 사항은 7.4절에서 다룬다.

(2) 2차 시스템

그림 7.2의 단위되먹임 시스템에서 개로전달함수가 다음과 같을 때

$$G_L(s) = \frac{\omega_n^2}{s(s + 2\zeta\omega_n)}, \quad \zeta, \omega_n \geqq 0 \tag{7.3}$$

폐로시스템은 다음과 같은 표준형 2차 시스템이 된다.

$$T(s) = \frac{\omega_n^2}{s^2 + 2\zeta\omega_n s + \omega_n^2}$$

이 경우의 크기를 구하면 $|T(j\omega)| = 1/\sqrt{[1 - (\omega/\omega_n)^2]^2 + [2\zeta(\omega/\omega_n)]^2}$ 이고, $|T(j\omega)|$ 의 분모를 최소로 만드는 주파수에서 공진이 나타나므로 공진주파수와 공진최대값을 구하면 다음과 같다.

$$\omega_r = \omega_n \sqrt{1-2\zeta^2}, \quad 0 \leq \zeta \leq 0.707$$
$$M_r = |T(j\omega_r)| = \frac{1}{2\zeta\sqrt{1-\zeta^2}} \tag{7.4}$$

따라서 2차 시스템에서는 감쇠비가 $\zeta < 0.707$인 경우에 공진이 생기며, 감쇠비 ζ가 작을수록 공진주파수는 고유진동수 ω_n에 수렴하며, 공진최대값 M_r의 크기는 더 커진다. 그리고 이득이 $1/\sqrt{2}$이 되는 차단주파수와 대역폭을 구하면 다음과 같다.

$$\omega_c = \omega_B = \omega_n \left(1 - 2\zeta^2 + \sqrt{4\zeta^4 - 4\zeta^2 + 2}\right)^{1/2} \tag{7.5}$$

위상은 $\varphi(\omega) = -\tan^{-1}\dfrac{2\zeta\omega/\omega_n}{1-(\omega/\omega_n)^2}$이므로 $\omega = \omega_n$일 때 $\varphi(\omega) = -90°$이고, $\omega = 0.1\omega_n$으로 아주 작을 때 $\varphi(\omega) \approx 0$, $\omega = 10\omega_n$으로 아주 클 때 $\varphi(\omega) \approx -180°$가 된다. 여기서 다룬 2차 시스템의 전형적인 주파수응답 특성과 성능지표를 도시하면 그림 7.3과 같다.

(3) 시간영역 성능지표와 비교

페로시스템의 최대초과 M_p와 공진최대값 M_r은 모두 감쇠비 ζ의 함수로서 각각 식 (5.10)과 (7.4)로부터 다음과 같이 구해진다.

$$M_p = e^{-\pi\zeta/\sqrt{1-\zeta^2}}, \quad 0 \leq \zeta < 1$$
$$M_r = \frac{1}{2\zeta\sqrt{1-\zeta^2}}, \quad 0 \leq \zeta \leq 0.707$$

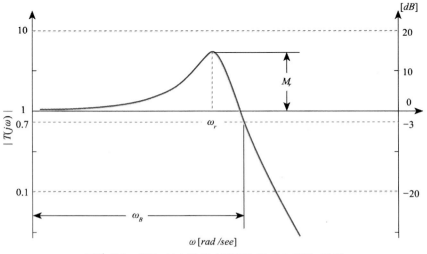

그림 7.3 2차 시스템의 전형적 주파수응답 특성

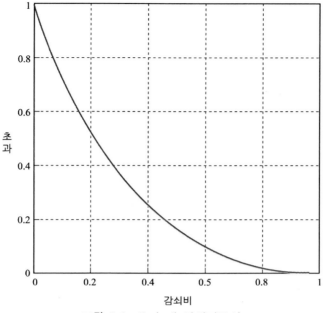

그림 7.4 초과 대 감쇠비곡선

이 식에서 보면 M_p와 M_r은 모두 ζ에 관한 단조감소함수이기 때문에 M_p가 클수록 M_r도 커지는 관계를 갖고 있다. 이 관계식에서 ζ를 없애고 M_p와 M_r의 관계를 직접 해석적으로 표현하는 것은 쉽지 않지만, 그림 7.4의 초과 대 감쇠비곡선을 이용하면 M_p에 대응하는 ζ를 구하고, ζ로부터 M_r을 쉽게 계산할 수 있다. 예를 들어, 성능기준으로서 초과가 10% 이하로 주어진다면 $M_p \leq 0.1$ 인데, 이에 대응하는 감쇠비는 그림 7.4에서 $\zeta \geq 0.59$이고, M_r에 대입하면 $M_r \leq 1.05$ 임을 알 수 있다.

표준형 2차 시스템에서 감쇠비가 $\zeta = 0.5$로 일정할 때, 상승시간과 공진주파수 및 대역폭은 식 (5.8), (7.4), (7.5)로부터 다음과 같이 표시된다.

$$t_r = \frac{1.8}{\omega_n}, \ \zeta = 0.5$$

$$\omega_r = \omega_n \sqrt{1 - 2\zeta^2} = \left. \frac{\omega_n}{\sqrt{2}} \right|_{\zeta = 0.5}$$

$$\omega_B = \omega_n \left(1 - 2\zeta^2 + \sqrt{4\zeta^4 - 4\zeta^2 + 2} \right)^{1/2} = \left. 1.27\,\omega_n \right|_{\zeta = 0.5}$$

위의 관계에서 알 수 있는 것처럼 감쇠비가 일정할 때 공진주파수와 대역폭은 서로 정비례하며, 상승시간과는 반비례 관계에 있다. 따라서 시스템에서 요구하는 성능목표로서 상승시간이 짧을수록 요구되는 공진주파수와 대역폭은 커진다.

7.3 나이키스트 안정성 판별법 및 활용

나이키스트선도(Nyquist diagram)는 1932년 나이키스트(H. Nyquist)에 의해 개발된 기법이다. 주파수응답의 크기와 위상을 극좌표로 하여 복소평면 위에 함께 나타내기 때문에 **극좌표선도(polar plot)**라고도 한다. 이 선도는 주로 시스템의 안정성 판별에 쓰이는데, 이 선도를 이용한 안정성 판별법을 **나이키스트 안정성 판별법**이라 한다. 이 절에서는 나이키스트선도 작성법과 이 선도를 컴퓨터 꾸러미를 이용하여 그리는 방법을 익히고, 이 선도를 이용한 안정성 판별법에 대해서 다루기로 한다.

7.3.1 나이키스트선도 작성법

나이키스트선도는 전달함수 $G(s)$의 주파수응답인 $G(j\omega)$의 크기와 위상을 극좌표로 하여, 복소평면 위에 점으로 대응시키면서 입력주파수 ω가 0부터 ∞까지 변화할 때 나타나는 궤적이다. 이 선도는 안정성을 판정하기 위해 제시된 것으로서, 원래는 그림 7.5와 같은 우반평면을 둘러싸는 무한 길이의 반원 경로를 따라 s가 변화할 때 대응하는 $G(s)$의 궤적으로 정의되지만, $s=\infty$인 무한대 위치에 있는 점들은 한 점에 대응되고, s가 허수축 다음의 반직선($-\infty < \omega \le 0$)을 따라 변할 때 대응하는 궤적은 $0 \le \omega < \infty$에 대응하는 궤적과 실수축에 대해 대칭이기 때문에, 필산으로 그릴 때에는 약식으로 ω가 0부터 ∞까지 변화할 때 대응하는 궤적만 작성한다. 만일 $G(s)$가 원점이나 허수축에 극점을 갖는 경우에는 그 극점들은 제외시키고 나이키스트 경로를 구성한다. 그러면 몇 가지 간단한 예제를 통해 나이키스트선도를 작성하는 방법을 살펴보기로 한다.

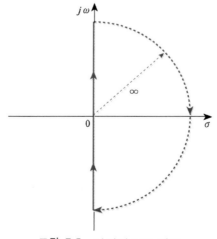

그림 7.5 나이키스트 경로

다음과 같은 전달함수를 갖는 시스템의 나이키스트선도를 그려라.

$$G(s) = \frac{1}{s+1}$$

풀이 $G(j\omega) = (1-j\omega)/(\omega^2+1)$이므로 $G(j\omega)$의 실수부와 허수부를 각각 x, y라 하면, $0 \le \omega < \infty$의 범앞에서 x와 y 사이의 관계는 다음과 같이 나타낼 수 있다.

$$x = \frac{1}{\omega^2+1}, \quad y = -\frac{\omega}{\omega^2+1}$$
$$\left(x-\frac{1}{2}\right)^2 + y^2 = \left(\frac{1}{2}\right)^2, \quad y \le 0$$

따라서 $G(j\omega)$의 궤적은 복소평면에서 $(1/2, 0)$을 중심으로 하면서 반지름이 $1/2$인 원의 하반부가 되며, 나이키스트선도는 그림 7.6의 실선부분과 같다. ω가 $(-\infty, 0]$의 범앞에서 변화할 때 대응하는 선도는 그림 7.6의 점선부분과 같으며, 실선부분과 실수축에 대해 대칭을 이룬다.

그림 7.6에서 볼 수 있듯이 나이키스트선도는 항상 실수축에 대해 대칭이기 때문에 필산으로 그리거나, 약식으로 나타낼 때에는 $0 \le \omega < \infty$의 범위에 해당하는 실선부분만을 사용한다. 예제 7.1의 경우는 간단한 시스템이라 $G(j\omega)$의 실수부와 허수부 사이의 관계를 직접 구하여 나이키스트선도를 구할 수 있지만, 일반적인 경우에는 이 방법을 적용할 수가 없다. 그러면 다음의 예제를 통하여 일반적인 경우에 나이키스트선도를 그리는 방법을 다루기로 한다.

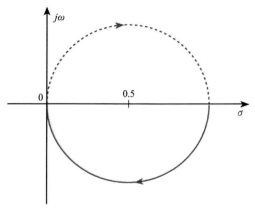

그림 7.6 예제 7.1의 나이키스트선도

다음과 같은 전달함수를 갖는 시스템의 나이키스트선도를 그려라.

$$G(s) = \frac{1}{s(s+1)}$$

풀이 $G(j\omega)$를 정리하면 다음과 같다.

$$G(j\omega) = -\frac{1+j1/\omega}{\omega^2+1}$$

따라서 $\omega = \infty$일 때 $G(j\omega) = 0$이고, $\omega \to 0$일 때 $G(j\omega) \to (-1-j\infty)$이다. 그리고 ω값을 변화시키면서 $G(j\omega)$의 값을 구해보면 표 7.1과 같다. 이 값들을 복소평면 위에 점으로 나타낸 다음 이 점들을 연결하면 그림 7.7과 같은 나이키스트선도가 구해진다.

표 7.1 예제 7.2의 주파수응답값

주파수	0.1	1	2	10
$G(j\omega)$	$-1-j10$	$-0.5-j0.5$	$-0.2-j0.1$	$-0.01-j0.001$

앞의 예제에서 살펴보았듯이 나이키스트선도는 $\omega = 0$과 $\omega = \infty$인 양극단의 경우에 대응하는 $G(j\omega)$를 표시한 다음, ω를 0부터 적당한 크기까지 적당한 간격으로 증가시키면

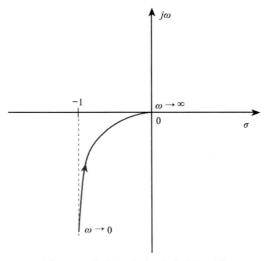

그림 7.7 예제 7.2의 나이키스트선도

서 $G(j\omega)$의 크기와 위상을 구하거나 실수부와 허수부를 구하여 복소평면 위에 점으로 나타내고, 이 점들을 이어주면 구해지기 때문에 개념상으로는 작성하는 데 별 어려움이 없다. 그러나 이 선도를 정확하게 그리려면 주파수 ω를 될 수 있는 한 잘게 나누어야 하는데, 이렇게 하려면 계산량이 늘어나기 때문에 필산으로 작성하기는 어려우며, 다음 절에서 다루는 것과 같이 컴퓨터를 이용하여 작성해야 한다.

7.3.2 설계꾸러미를 이용한 작성법

셈툴에서는 나이키스트선도를 간단하게 구할 수 있도록 'nyquist'라는 명령어를 제공하고 있다. 이 명령어는 시스템이 전달함수의 꼴로 주어진 경우, 즉 'G`(s)=num(s)/den(s)'와 같이 주어졌을 때 다음과 같은 형식으로 사용한다.

nyquist(num,den);

여기서 num, den은 각각 전달함수의 분자와 분모계수를 내림차순으로 나타내는 행벡터이다. 이 명령어를 사용하면 셈툴은 그림창에 $-\infty$부터 ∞까지의 모든 주파수 범위에 해당하는 나이키스트선도를 그려준다. 만일 어떤 특정 주파수 범위에 해당하는 부분만을 그리고자 할 경우에는 주파수 범위를 나타내는 벡터 w를 지정한 뒤 다음의 명령어를 쓰면 된다.

nyquist(num,den,w);

그리고 주파수응답값이 필요한 경우에는 다음과 같은 형태의 명령어를 사용한다.

[real,imag]=nyquist(num,den,w);

이 명령을 실행시키면 계산된 주파수 특성은 real과 imag의 두 변수에 저장되는데, real에는 실수부분이, imag에는 허수부분이 저장된다. 이 명령을 사용한 다음에 나이키스트선도를 그리려면 다음과 같은 명령어를 사용하면 된다.

plot(real,imag);

이와 같이 하면 실수부를 가로축으로, 허수부를 세로축으로 하는 복소평면에서의 나이키스트선도를 얻을 수 있다. 다음의 몇 가지 예제를 통하여 셈툴에서 나이키스트선도를 그리는 방법을 익히기로 한다.

예제 7.3

셈툴 명령어를 이용하여 다음과 같은 전달함수를 갖는 시스템의 나이키스트선도를 구하라.

$$G(s) = \frac{25}{s^2+4s+25}$$

풀이 대상시스템의 전달함수가 주어졌으므로 나이키스트선도는 'nyquist' 명령을 이용하여 다음
과 같은 프로그램으로 그릴 수 있다.

```
num = 25;
den = [1  4  25];
nyquist(num,den);
title("Nyquist  diagram  of  G(s)");
xtitle("Real  Axis");
ytitle("Imag  Axis");
```

위 프로그램을 실행한 결과는 그림 7.8과 같다.

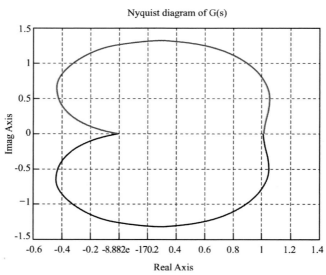

그림 7.8 예제 7.3의 나이키스트선도

셈툴 명령어를 이용하여 다음과 같은 전달함수를 갖는 시스템의 나이키스트선도를 구하라.

$$G(s) = \frac{1}{s(s+1)}$$

 대상시스템의 전달함수가 주어졌으므로 예제 7.3에서와 같은 방법으로 'nyquist' 명령을 이용하여 다음과 같은 프로그램으로 나이키스트선도를 그릴 수 있다.

```
num = 1;
den = [1  1  0];
nyquist(num,den);
title("Nyquist  diagram  of  G(s)");
xtitle("Real  Axis");
ytitle("Imag  Axis");
```

그러나 이 프로그램을 실행한 결과는 그림 7.9에서 보듯이 $\omega \to 0$ 일 때 $G(j\omega) \to -\infty$ 가되어 가로축 근방에서의 값들이 상대적으로 너무 작게 나와서 거의 구분이 되지 않는 꼴을 보인다. 이 경우에는 그림창의 선택사항에서 선택상자를 열고 화면확대를 하면 한정된 부분에서의 나이키스트선도를 볼 수 있다. 실제로 이 절차를 거쳐 x축과 y축의 범위를 각각 [-2, 2], [-10, 10]으로 정하면 그림 7.10을 얻을 수 있다.

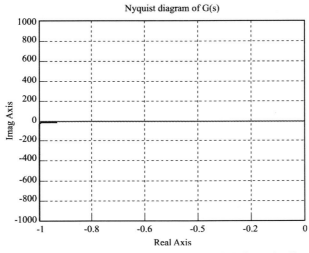

그림 7.9 예제 7.4의 나이키스트선도(범위 조정 전)

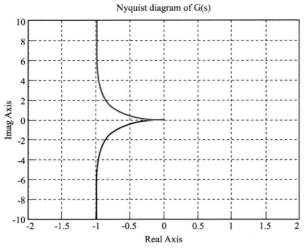

그림 7.10 예제 7.4의 나이키스트선도(범위 조정 후)

지금까지 이 절에서는 나이키스트선도를 그리는 방법을 다루었다. 이제는 이 선도를 이용하여 제어시스템의 안정성을 해석하는 방법에 대해서 살펴보기로 한다.

7.3.3 나이키스트 안정성 판별법 및 활용

나이키스트 안정성 판별법은 나이키스트선도를 이용하여 시스템의 안정성을 판별하는 유용한 방법이다. 이 판별법에서는 극좌표상에서 개로시스템의 주파수 특성을 이용하여 폐로시스템의 안정성을 판별하게 된다. 이 방법은 시스템의 절대안정성을 판별할 수 있을 뿐만 아니라 상대안정성의 지표를 표시할 수 있다는 점에서 중요한 의미를 지닌다. 나이키스트 판별법의 유도에는 복소함수에서의 경로사상(contour mapping)과 Cauchy의 편각원리(principle of argument) 등이 사용된다. 여기서는 이러한 이론적 배경에 관한 설명은 생략하고 나이키스트 판별법의 내용과 그 의미에 대해서만 살펴보기로 한다.

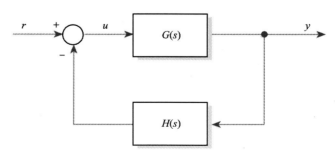

그림 7.11 나이키스트 안정성 판별법의 폐로시스템 기본형

나이키스트 판별법에서는 그림 7.11과 같은 되먹임 시스템의 기본형을 대상으로 이 시스템의 안정성을 판별하는 문제를 다룬다. 이 폐로시스템의 전달함수는 다음과 같으므로

$$\frac{Y(s)}{R(s)} = \frac{G(s)}{1 + G(s)H(s)}$$

폐로시스템의 특성방정식은 다음과 같다.

$$1 + G(s)H(s) = 0 \tag{7.6}$$

나이키스트 판별법은 개로전달함수 $G(s)H(s)$에 대한 정보를 이용하여, 폐로 특성방정식 (7.6)이 s평면의 우반평면에서 갖는 불안정한 근의 수를 구함으로써 폐로시스템의 안정성을 판별하는 방법이다. 이 방법을 증명하려면 비교적 복잡한 복소함수이론들이 필요하므로 유도과정은 생략하고 이 판별법을 요약하기로 한다. 자세한 유도과정은 7.3.4절에서 설명하였으므로 필요한 경우에 참고하기 바란다.

정리 7.1 : $G(s)H(s)$의 나이키스트선도는 다음과 같은 성질을 만족한다.

$$Z = N + P \tag{7.7}$$

여기서 Z : 우반평면에 있는 특성방정식 (7.6)의 근의 수(불안정 폐로극점의 수)

N : $G(s)H(s)$의 궤적이 점$(-1, 0)$을 시계방향으로 감싸는 횟수

P : 우반평면에 있는 $G(s)H(s)$의 극점의 수(불안정 개로극점의 수)

□

정리 4.2에 의하면 폐로시스템이 안정하기 위한 필요충분조건은 특성방정식 (7.6)의 근이 모두 s평면의 좌반평면에 위치하는 것이다. 정리 7.1에 근거하여 안정성을 판별하는 방법을 **나이키스트 안정성 판별법**이라 한다. 이 방법에서 폐로시스템 안정성에 대한 필요충분조건은 식 (7.7)에서 $Z = N + P = 0$이며, $N = -P$가 만족되어야 한다. 만일 개로시스템 $G(s)H(s)$가 갖고 있는 불안정한 극점의 수가 세 개일 경우에는 $P = 3$이므로 폐로시스템이 안정하려면 $N = -P = -3$이어야 한다. 여기에서 N은 s가 $-j\infty$부터 $j\infty$까지 변할 때 $G(s)H(s)$의 나이키스트선도가 복소평면에서 점$(-1, 0)$을 시계방향으로 둘러싸는 횟수인데, $N = -3$은 반시계방향으로 세 번 감싸야 한다는 뜻이다. 만일 개로시스템이 안정한 시스템이라면 $P = 0$이므로 $N = -P = 0$이 되어야 폐로시스템의 안정성을 보장할 수 있으며, $G(s)H(s)$의 나이키스트선도가 점$(-1, 0)$을 감싸지 않아야 한다.

그림 7.11에서 개로전달함수가 다음과 같은 경우에 나이키스트선도를 구하고, 되먹임 시스템의 안정성을 판별하라.

$$H(s) = K, \quad G(s) = \frac{1}{(T_1 s + 1)(T_2 s + 1)}, \quad T_1, T_2 > 0$$

여기서 $T_1 = 1$, $T_2 = 1$, $K = 1$이다.

풀이 주어진 개로전달함수에서는 T_1, T_2가 모두 0보다 클 경우에는 우반평면에 극점을 갖지 않는다. 따라서 $T_1 = 1$, $T_2 = 1$일 때 개로전달함수는 안정하므로 $P = 0$ 이다. 그러면 나이키스트선도를 구하기 위해 다음의 묶음파일을 입력한 후 실행시켜 보자.

```
K = 1; T1 = 1; T2 = 1;
num = K;
den = conv([T1 1],[T2 1]);
nyquist(num,den);
title("나이키스트선도 (K = 1)");
xtitle("실수축");
ytitle("허수축");
```

위의 묶음파일을 실행한 결과는 그림 7.12와 같다. 이 그림에서 $G(s)H(s)$의 나이키스트선도는 점$(-1, 0)$을 둘러싸지 않으므로 $N = 0$이다. 따라서 폐로전달함수의 우반평면의 극점의 수는 $Z = 0$이며, 이 시스템은 안정하다는 것을 알 수 있다.

예제 7.5에서 다루는 개로전달함수는 $KG(s)$ 이지만 $K = 1$ 인 경우이기 때문에 실행결과인 그림 7.12는 $G(s)$ 의 나이키스트선도와 같다. 나이키스트 안정성 판별법은 개로전달함수 $KG(s)$ 가 -1점을 둘러싸는가의 여부로 폐로시스템 안정성을 결정한다. 이 판별기준은 $G(s)$ 의 나이키스트선도가 $-1/K$ 점을 둘러싸는가의 여부를 결정하는 것과 같다. 따라서 예제 7.5에서 K가 변수일 경우에 폐로시스템 안정성을 보장하는 K의 범위는 그림 7.12의 나이키스트선도가 $-1/K$ 점을 둘러싸지 않으면 되므로 다음과 같이 표현된다.

$$-\frac{1}{K} < 0, \text{ 또는 } -\frac{1}{K} > 1$$

이 부등식을 풀면 K의 범위는 $K > 0, -1 < K < 0$이 된다.

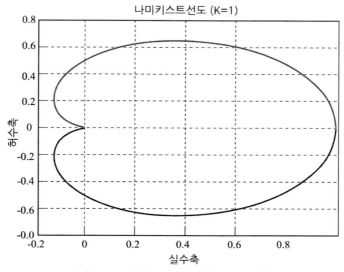

나미키스트선도 (K=1)

실수축

그림 7.12   예제 7.5의 나이키스트선도

예제 7.6

되먹임 제어시스템의 개로전달함수 $G(s)H(s)$ 가 다음과 같다.

$$G(s)H(s) \;=\; \frac{20}{s(1+0.1s)(1+0.5s)}$$

셈툴을 써서 $G(j\omega)H(j\omega)$ 의 나이키스트선도를 그리고, 폐로시스템의 안정성을 판별하라. 만일 시스템이 불안정한 경우에는 폐로전달함수의 우반평면에 있는 극점수를 구하라. 또한 나이키스트선도가 음의 실수축과 만나는 점을 구하라.

풀이   이 문제의 대상 시스템은 원점극점을 갖는 불안정한 시스템이므로 폐로시스템 안정성에 대한 필요충분조건은 나이키스트선도가 (–1, 0)점을 반시계 방향으로 1회 둘러싸는 것이다. 이 문제를 셈툴을 써서 풀기 위하여 다음과 같은 매크로 파일을 작성한다.

```
num = 20;
den = conv([0.1  1  0],[0.5  1]);
w = logspace(0.5,3,100);
nyquist(num,den,w);
```

이 파일을 실행하면 그림 7.13을 얻을 수 있다. 이 그림을 보면 나이키스트선도가 점(–1, 0)을 시계방향으로 감싸고 있다. 따라서 폐로시스템은 불안정하다는 것을 알 수 있다. 불안정한 폐로극점의 수는 다음의 묶음파일을 써서 구할 수 있다.

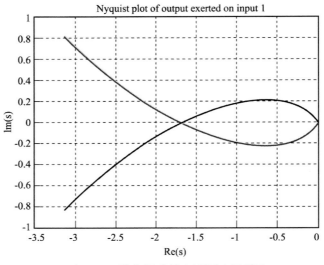

그림 7.13 예제 7.6의 나이키스트선도

```
num = 20;
den = conv([0.1  1  0],[0.5  1]);
[cnum,cden] = cloop(num,den);
roots(cden)
```

이 파일을 실행시키면 폐로전달함수 분모의 근을 직접 구할 수 있다. 이것이 곧 폐로극점인데, 결과를 살펴보면 우반평면에 있는 폐로극점의 수는 두 개임을 알 수 있다. 그리고 나이키스트선도가 음의 실수축과 만나는 점을 그림 7.13에서 구해보면 약 −1.7 정도가 된다.

지금까지 앞의 예제에서 다루었던 시스템들은 개로전달함수의 영점들이 모두 좌반평면에 있는 최소위상시스템이었다. 최소위상시스템에 대해서는 나이키스트선도를 주파수 전구간이 아니라 적절한 부분에 대해 그린 다음 나이키스트 안정성 판별법을 써서 폐로시스템의 안정성을 판별할 수 있다. 그러나 비최소위상시스템에서 극점이 원점이나 허수축에 있는 경우에 나이키스트 안정성 판별법을 적용하기 위해서는 나이키스트선도를 나이키스트 경로 전 구간에 대해 그려야 하는데, 이것은 컴퓨터 꾸러미를 사용하더라도 쉽지 않은 작업이다. 따라서 이 경우에는 안정성 판별을 위해 다른 방법을 써야 한다. 다음의 예제를 통해 이 문제를 다루기로 한다.

되먹임 제어시스템의 개로전달함수 $G(s)H(s)$가 다음과 같을 때 셈툴을 써서 나이키스트선도를 그리고, 폐로시스템의 안정성을 판별하라. 시스템이 불안정한 경우 우반면에 있는 폐로극점 수를 구하라.

$$G(s)H(s) = \frac{s-2}{s(s+1)}$$

풀이 나이키스트선도를 그리기 위해 다음과 같은 묶음파일을 작성한다.

```
num = [1  - 2];
den = [1  1  0];
w = logspace( - 0.5,3,100);
nyquist(num,den,w);
```

이 묶음파일에 대한 설명은 예제 7.6의 경우와 유사하므로 생략한다. 이 묶음파일을 실행시키면 그림 7.14의 나이키스트선도를 얻을 수 있다. 이 그림을 보면 나이키스트선도가 (- 1, 0)점을 둘러싸지 않는데, 개로전달함수가 안정하므로 나이키스트 안정성 판별법에 따라 되먹임 시스템도 안정한 것으로 잘못 판단할 수 있다. 그러나 위의 시스템은 비최소위상시스템으로서 원점에 극점이 있으므로 나이키스트 전체 경로에 대해 선도를 필요로 한다. 따라서 컴퓨터 꾸러미를 써서 구하는 나이키스트선도로는 안정성을 결정할 수 없다. 이 경우에는 나이키스트선도 대신에 우반평면에 폐로극점이 존재하는가를 직접 찾아서 안정성을 결정해야 한다. 이 시스템의 폐로극점은 다음과 같은 과정을 거쳐 쉽게 구해낼 수 있다.

```
CEM≫num = [1  - 2];
```

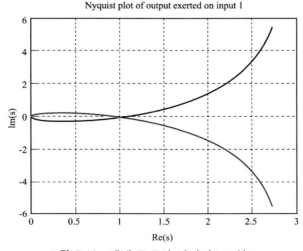

Nyquist plot of output exerted on input 1

그림 7.14 예제 7.7의 나이키스트선도

```
CEM≫den = conv([1  0],[1  1]);
CEM≫[cnum,cden] = cloop(num,den);
CEM≫roots(cden)
   - 2.7321
   0.7321
```

이 실행결과를 보면 우반평면에 폐로극점이 하나 존재하는 것을 알 수 있다. 따라서 폐로시스템은 불안정하다.

예제 7.7에서 볼 수 있듯이 비최소위상시스템이 원점이나 허수축에 극점을 갖는 경우에는 나이키스트 안정성 판별법을 적용하기가 어려우므로 주의해야 한다. 이 문제를 해결하는 확실한 방법은 위의 예제에서처럼 폐로극점을 직접 계산하는 것이지만, 다음과 같이 원점이나 허수축의 극점의 위치를 조금 바꾸어 판별하는 방법도 있다.

```
CEM≫num = [1  - 2];
CEM≫den = conv([1  0.01],[1  1]);  // 원점극점 대신 - 0.01 사용
CEM≫nyquist(num,den);
```

위와 같은 과정을 실행하면 그림 7.15와 같은 나이키스트선도를 얻을 수 있다. 이 결과를 보면 나이키스트선도가 (- 1, 0)점을 둘러싸는 것을 알 수 있으며, 폐로시스템은 불안정하다고 판단할 수 있다. 이와 같이 근사전달함수에 대한 나이키스트선도를 이용하여 안정성을 판별하는 방법 외에 비최소위상시스템에서 전 구간 나이키스트선도를 그리지 않고도 나이키스트 안정성 판별법을 쉽게 적용할 수 있도록 확장한 이론들이 있기는 하지만, 상당히 복잡하기 때문에 이 책에서는 다루지 않기로 한다.

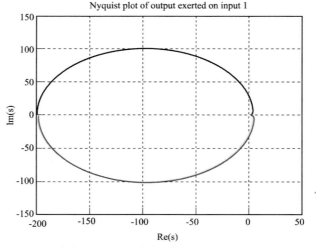

그림 7.15 예제 7.7의 근사전달함수에 대한 나이키스트선도

견실안정성을 위한 안정성여유

그림 7.1의 기본모델 $G(s)$가 안정하고 나이키스트선도가 그림 7.16과 같다고 할 때, 정의 7.1의 안정성여유를 나이키스트선도에서 나타내보자. 실제 전달함수의 나이키스트선도는 불확실성 K와 θ에 따라 바뀌게 되는데, 6장에서 다루었던 나이키스트선도의 성질에 의하면 K가 커질수록 나이키스트선도도 K만큼 커지며, 실수축과 만나는 교점도 그만큼 원점으로부터 멀어진다. 그리고 위상각 $-\theta$는 나이키스트선도를 θ만큼 시계방향으로 회전시키는 역할을 한다. 개로전달함수가 안정한 경우에 폐로시스템에 대한 안정성의 필요충분조건은 나이키스트선도가 $(-1, 0)$점을 둘러싸지 않는 것이다. 따라서 나이키스트선도에서 볼 때 개로시스템이 안정한 경우의 이득여유와 위상여유는 그림 7.16과 같이 정의할 수 있다. 즉, 이득여유는 나이키스트선도가 좌실수축과 만나는 점에서 개로전달함수 크기 $|G(j\omega)|$의 역수와 같고, 위상여유는 나이키스트선도상에서 이득이 1인 점과 좌실수축이 이루는 각과 같다. 나이키스트선도가 $(-1, 0)$점을 둘러싸는 경우에는 이득여유는 나이키스트선도가 좌실수축과 만나는 점이 두 개가 있으므로 크기의 역수 사이가 된다. 안정성여유를 이렇게 정의할 수 있는 것은 불확실성이 값을 초과하기 전까지는 $(-1, 0)$점을 둘러싸지 않아서 폐로시스템 안정성이 유지되기 때문이다.

그림 7.1에서 개로시스템이 안정한 시스템일 때 단위되먹임에 의한 폐로시스템이 안정하기 위해서는, [dB]로 표시된 이득여유나 위상여유가 모두 0보다 크며, 그 값이 크면 클수록 상대안정성이 높다고 할 수 있다. 이득여유나 위상여유 가운데 어느 하나라도 0보다 작으면 폐로시스템은 불안정하다. 따라서 상대안정성 조건으로는 이득여유와 위상여유가 함께 고려되어야 하며, 둘 중에 하나만으로는 상대안정성의 충분한 지표가 될 수 없다. 안정성여유가 클수록 상대안정성은 높아지지만, 시간응답 특성이 느려지기 때문에 안정성과 성능을

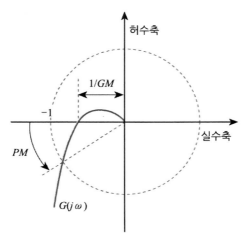

그림 7.16 나이키스트선도에서의 안정성여유

함께 고려한 바람직한 안정성여유는 위상여유가 30~60°이고, 이득여유가 6 dB인 것으로 잡는다. 주어진 시스템에서 상대안정성이 불만족스러울 때에는 그림 7.1에서 단위되먹임 대신에 이득이 1이 아닌 제어기를 추가하여 상대안정성을 조절하는데, 이득여유는 쉽게 조절할 수 있기 때문에 대부분의 경우 위상여유 조절에 초점을 맞추어 제어기를 설계한다.

앞에서 정의한 안정성여유를 계산하려면 먼저 나이키스트선도를 구해야 한다. 그런데 나이키스트선도로부터 이득여유나 위상여유를 계산하려면 단위원을 추가로 그려야 하고, 또 좌실수축과의 교점을 구하고 이 값의 대수값을 계산해야 하는 따위의 번거로움이 있기 때문에, 이 방법보다는 뒤에서 배우는 보데선도로부터 계산하는 것이 훨씬 더 편리하고 정확하다.

7.3.4* 나이키스트판별법 유도

그림 7.11에서 폐로전달함수는 $\dfrac{G(s)}{1+G(s)H(s)}$이며, $1+G(s)H(s)$의 영점이 폐로시스템의 극점이 된다. 따라서 폐로시스템이 안정하기 위해서는 $1+G(s)H(s)$의 영점이 복소평면의 우측에 없어야 한다. 어떤 전달함수에서 영점의 위치를 그림표에 의해 판단하는 방법으로 편각의 원리(principle of argument)가 있다. 이 원리를 일반적으로 유도하기보다는 예제를 통하여 보여주기로 한다.

다음과 같은 루프전달함수 $G(s)H(s) = G_L(s)$에 대해

$$G_L(s) \;=\; \frac{k(s+z_1)}{(s+p_1)(s+p_2)(s+p_3)}$$

복소평면 궤적을 도식화하면 그림 7.17과 같다. 그림 7.17에서 보듯이 복소 s평면에서 폐궤적(contour)을 Γ_s라고 할 때, Γ_s 위에서의 한 점을 s라고 하면 $s+p_1$, $s+p_2$, $s+p_3$, $s+z_1$은 각각 $\overrightarrow{p_1s}$, $\overrightarrow{p_2s}$, $\overrightarrow{p_3s}$, $\overrightarrow{z_1s}$ 가 된다. 여기서 $\overrightarrow{p_1s}$는 p_1에서 시작하고 s에서 끝나는 벡터이다. s평면의 Γ_s 궤적 앞에서 점 s가 움직일 때 $G_L(s)$ 평면에서 이루어지는 폐곡선을 Γ_{G_L}라고 하면 $G_L(s)$는 다음과 같이 나타낼 수 있다.

$$G_L(s) \;=\; \frac{k|s+z_1|}{|s+p_1|\,|s+p_2|\,|s+p_3|}\{\angle(s+z_1)-\angle(s+p_1)-\angle(s+p_2)-\angle(s+p_3)\}$$

여기서 점 s가 Γ_s에서 한 바퀴 돌면 Γ_s 밖에 있는 $\overrightarrow{p_1s}$와 $\overrightarrow{p_2s}$의 편각 변화량은 0이 되고, $\overrightarrow{p_3s}$, $\overrightarrow{z_1s}$는 편각이 각각 2π만큼 움직인다. 위와 같은 논리는 극점과 영점이 많더라도 그대로 적용된다. 따라서 다음과 같은 원리가 성립한다.

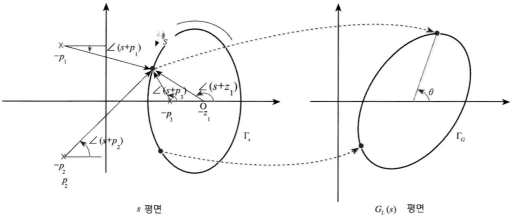

s 평면 $G_L(s)$ 평면

그림 7.17 복소함수의 복소평면 궤적

편각의 원리(principle of argument)

$G_L(s)$가 원점을 감싸는 횟수는 Γ_s와 같은 방향을 +로 잡을 때, { Γ_s 안에 있는 영점의 수} − { Γ_s 안의 극점의 수}와 같다. 이것을 수식으로 나타내면 다음과 같다.

$$N(G_L(s),0) = Z{-}P$$

여기서 N, Z, P는 다음과 같다.

$\quad N(G_L(s),0) :\ G_L(s)$가 0을 감싸는 횟수

$\quad Z :\ \Gamma_s$ 안의 영점의 수

$\quad P :\ \Gamma_s$ 안의 극점의 수

앞에서 언급했듯이 폐로시스템이 안정하기 위해서는 $1+G_L(s)$의 영점이 복소수 우반평면에 없어야 한다. 편각의 원리를 적용하기 위해서 Γ_s를 그림 7.18과 같이 s평면의 우반평면으로 하면 다음과 같이 말할 수 있다: $1+G_L(s)$가 원점을 감싸는 횟수는 { $1+G_L(s)$의 우반평면 영점수} − { $1+G_L(s)$의 우반평면 극점수}와 같다.

여기서 $1+G_L(s)$가 원점을 감싸는 수는 $G_L(s)$가 $(-1, 0)$을 감싸는 수와 같으므로 다음과 같이 말할 수 있다. $G_L(s)$가 $(-1, 0)$을 감싸는 수는 { $1+G_L(s)$의 우반평면 영점의 수} − { $1+G_L(s)$의 우반평면 극점의 수}이다. 그리고 $1+G_L(s)$의 극점은 $G_L(s)$의 극점과 같기 때문에 다음 성질이 성립한다.

- $G_L(s)$가 $(-1, 0)$을 감싸는 수 = $1+G(s)$의 우반평면 영점의 수 − $G_L(s)$의 우반평면 극점의 수

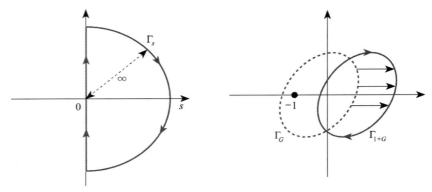

그림 7.18 나이키스트 경로와 복소함수 궤적

그런데 안정화되기 위해서는 앞에서 언급했듯이 $1+G_L(s)$의 우반평면 영점수가 0이어야
하므로, $G_L(s)$가 $(-1, 0)$을 감싸는 횟수는 우반평면에 있는 $G_L(s)$의 극점의 수와 같아
야 한다. 일반적으로 개로전달함수 $G_L(s)$의 극점은 알 수 있으므로 안정성 조건을 기호로
표시하면 다음과 같다.

$$N(G_L(s), -1) = -P$$

여기서 N, P는 다음과 같으며,

$\quad\quad N$: $G_L(s)$가 $(-1, 0)$을 감싸는 수

$\quad\quad P$: 우평면에 있는 $G_L(s)$의 극점의 수

Γ_s의 방향과 $\Gamma_{G_L(s)}$의 방향이 같으면 $+$, 다르면 $-$로 간주한다.

예제 7.8

다음과 같은 전달함수 $G(s)$에 대해 편각의 원리를 적용해 보자.

$$G(s) = \frac{(s-0.5)(s-2)}{(s+1)(s+2)(s^2-2s+2)}$$

풀이 그림 7.19(a)에서 그림 7.19(c)는 셈툴을 이용하여 $Z-P$가 각각 -1, -2, -3인 경우에
대하여 편각의 원리를 도해적으로 나타낸 그림이다. 그림 7.19(a)의 경우 $Z-P = -1$이
므로 s평면상의 폐궤적에 대한 $G(s)$의 궤적은 s평면 폐궤적의 진행방향과 반대방향으
로 원점을 한 번 감싸고 있다. 그림 7.19(b)는 $Z-P = -2$로서 $G(s)$의 궤적은 s평면
폐궤적과 반대방향으로 원점을 2번 감싸는 것을 볼 수 있다. 그리고 그림 7.19(c)에서는

$Z - P = 0$ 이므로 $G(s)$의 궤적이 원점을 감싸지 않는 것을 확인할 수 있다.

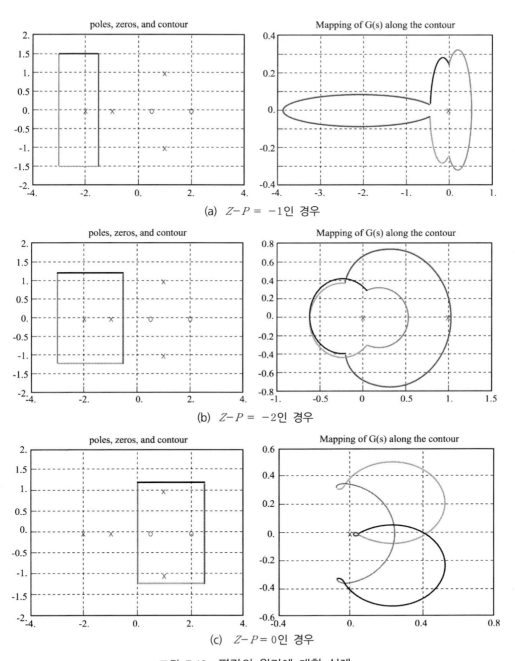

(a) $Z - P = -1$인 경우

(b) $Z - P = -2$인 경우

(c) $Z - P = 0$인 경우

그림 7.19 편각의 원리에 대한 실례

7.4 보데선도법 및 활용

보데선도(Bode diagram)는 1942년 보데(H. W. Bode)에 의해 개발된 기법으로서, 주파수응답을 크기응답과 위상응답으로 분리하여 두 개의 그림표로써 나타낸다. 두 개의 응답선도 모두에서 가로축은 주파수에 대한 대수눈금을 쓰며, 세로축은 크기응답에서는 크기를 데시벨 [dB]로 나타내는 대수눈금을, 위상응답에서는 위상각을 각도단위 [°]로 나타내는 선형눈금을 쓴다.

보데선도에서는 크기응답에 데시벨 표현법을 쓰기 때문에 전달함수가 각각 $G_1(j\omega)$, $G_2(j\omega)$인 두 시스템이 직렬연결된 경우의 전체 전달함수 $G(j\omega) = G_1(j\omega)G_2(j\omega)$의 크기응답은 다음에서 알 수 있듯이 각 시스템의 크기응답을 더한 것과 같다.

$$
\begin{aligned}
G_{dB} &= 20\log|G(j\omega)| &= 20\log|G_1(j\omega)G_2(j\omega)| \\
&= 20\log|G_1(j\omega)| + 20\log|G_2(j\omega)| &= G_{1dB} + G_{2dB}
\end{aligned}
$$

또한 직렬연결 시스템의 위상응답도 선형시스템의 일반적인 성질로부터 다음과 같이 각 시스템의 위상응답의 합과 같다.

$$
\angle G(j\omega) = \angle G_1(j\omega)G_2(j\omega) = \angle G_1(j\omega) + \angle G_2(j\omega)
$$

따라서 직렬연결 시스템의 보데선도는 각 시스템의 보데선도를 더한 것과 같다. 보데선도를 써서 주파수응답을 나타낼 때의 장점은 다음과 같다.

1) 직렬연결된 시스템들의 보데선도는 각 부시스템의 보데선도를 더하는 꼴로 구해지기 때문에 주파수응답을 나타내기 쉬우며, 간단한 시스템에 대해서는 필산으로 계산하여 손으로 그릴 수도 있다.
2) 보데선도에서는 대수눈금을 써서 주파수를 나타내기 때문에 아주 넓은 주파수 범위에 걸쳐서 주파수응답을 나타낼 수 있다.
3) 주파수영역에서 제어시스템을 설계하면 설계변수에 오차가 있더라도 제어시스템의 성능이 웬만큼 보장되기 때문에, 시간영역에서 설계하는 것에 비해 상당히 견실한 시스템을 구성할 수 있다.
4) 보데선도는 개로전달함수의 주파수응답을 나타낸 것이지만, 이로부터 폐로시스템의 주파수응답 특성을 알아낼 수 있다.

그러면 보데선도를 그리는 방법에 대해 알아보기로 한다. 우선 간단한 기본적인 인수에 대한 보데선도를 작성하고, 이 인수들로 구성되는 전달함수에 대한 보데선도 작성법을 정리한다. 그리고 셈툴꾸러미를 활용하여 보데선도를 그리는 방법을 다루기로 한다.

7.4.1 보데선도 작성법

보데선도의 성질에 의하면 어떤 인수들의 곱의 꼴로 이루어지는 전달함수에 대한 보데선도는 각 인수들의 보데선도의 합으로 구할 수 있다. 따라서 기본적인 인수들의 보데선도를 알면 이로부터 일반적인 전달함수의 보데선도를 작성할 수 있다. 전달함수의 기본적인 인수로는 '상수항', '1차인수', '2차인수' 따위가 있으므로 이 인수들에 대한 보데선도를 구해 보기로 한다.

(1) 상수항 $G(j\omega) = K$의 경우

크기는 $20\log|K|$[dB], 위상은 $K > 0$일 때 $0°$, $K < 0$일 때 $180°$이므로 보데선도는 그림 7.20과 같다.

(2) 1차인수 $G(j\omega) = 1/(j\omega T)$의 경우

크기는 $G_{dB} = -20\log\omega T$ [dB]이므로, 주파수 ω가 10배씩 증가할 때 -20 dB의 비율로 감소하며, $\omega T = 1$일 때 $G_{dB} = 0$ dB을 알 수 있다. 그리고 $G(j\omega) = -j/(\omega T)$이므로 위상은 $\varphi(\omega) = -90°$이다. 따라서 이 경우에 보데선도는 그림 7.21과 같다.

$G(j\omega) = j\omega T$의 경우에는 크기가 $G_{dB} = 20\log\omega T$ [dB]이므로 주파수 ω가 10배가 될 때마다 20 dB의 비율로 증가하며, 위상은 $\varphi(\omega) = 90°$이므로, 대응하는 보데선도는 그림 7.21을 가로축에 대해 대칭이동한 것과 같다.

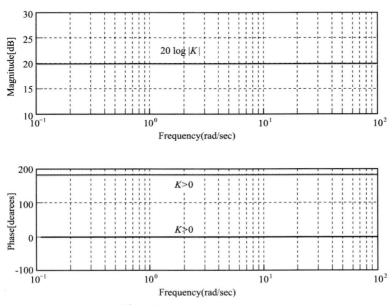

그림 7.20 상수인수의 보데선도

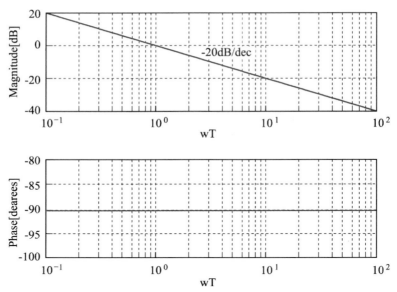

그림 7.21 1차인수의 보데선도 : $G(j\omega) = 1/j\omega T$

(3) 1차인수 $G(j\omega) = 1/(j\omega T+1)$의 경우

7.2.3절에서 다루었듯이 전달함수의 크기는 $G_{dB} = -10\log(\omega^2 T^2 + 1)$ [dB]이므로, 차단주파수와 대역폭은 $\omega_c = \omega_B = 1/T$, 대역이득은 $G_B = 0$ dB이고, $\omega T \geq 10$ 일 때에는 $G_{dB} \approx -20\log\omega T$ [dB]로 근사화되어 주파수 ω 가 10배가 될 때마다 -20 dB의 비율로 감소한다. 그리고 위상은 $\phi(\omega) = -\tan^{-1}\omega T$ 이므로, 차단주파수에서 $\phi(\omega_c) = -45$ °, $\omega T \leq 0.1$ 일 때 $\phi(\omega) \approx 0$ °, $\omega T \geq 10$ 일 때 $\phi(\omega) \approx -90$ °로 근사화된다. 따라서 1차인수에 대한 보데선도는 그림 7.22와 같으며, $G(j\omega) = j\omega T+1$의 경우에는 $j\omega T+1 = 1/\dfrac{1}{j\omega T+1}$ 이므로 이 경우의 보데선도는 그림 7.22를 가로축에 대해 대칭이동시키면 구해진다.

(4) 2차인수 $G(j\omega) = 1/[(j\omega/\omega_n)^2 + 2\zeta(j\omega/\omega_n)+1]$의 경우

이 경우는 7.2.3절에서 다룬 표준형 2차 시스템에 해당되므로 결과를 요약하기로 한다.

• 공진주파수와 공진최대값

$$\omega_r = \omega_n\sqrt{1-2\zeta^2}, \quad 0 \leq \zeta \leq 0.707$$
$$M_r = |G(j\omega_r)| = \frac{1}{2\zeta\sqrt{1-\zeta^2}} \tag{7.8}$$

• 차단주파수와 대역폭

$$\omega_c = \omega_B = \omega_n(1-2\zeta^2+\sqrt{4\zeta^4-4\zeta^2+2})^{1/2} \tag{7.9}$$

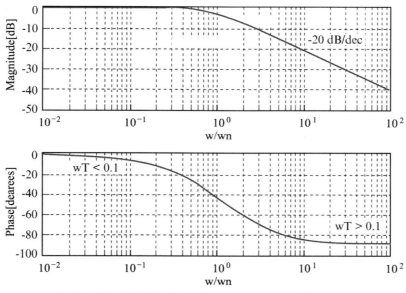

그림 7.22 1차인수의 보데선도 : $G(j\omega) = 1/(j\omega T + 1)$

위상은 $\omega = \omega_n$ 일 때 $\phi(\omega) = -90°$, $\omega = 0.1\omega_n$ 일 때 $\phi(\omega) \approx 0$, $\omega = 10\omega_n$ 일 때 $\phi(\omega) \approx -180°$ 가 된다. 따라서 2차인수에 대한 보데선도는 그림 7.23과 같으며, $G(j\omega) = (j\omega/\omega_n)^2 + 2\zeta(j\omega/\omega_n) + 1$ 의 경우에 대한 보데선도는 그림 7.23을 가로축에 대해 대칭이동시킨 것과 같다.

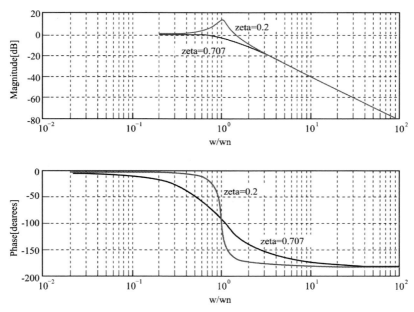

그림 7.23 2차인수의 보데선도 : $G(j\omega) = 1/[(j\omega/\omega_n)^2 + 2\zeta(j\omega/\omega_n) + 1]$

모든 전달함수는 앞에서 살펴본 기본인수들의 곱의 꼴로 분해할 수 있으므로 일반 전달함수의 보데선도는 기본인수들의 보데선도를 이용하면 쉽게 구할 수 있다. 이 방법을 써서 몇 가지 예제를 풀어보기로 한다.

 예제 7.9

다음 전달함수의 보데선도를 구하라.

$$G(s) = \frac{20}{s(s+10)}$$

풀이 먼저 $G(j\omega)$를 기본형으로 나타내기 위해 분자·분모를 10으로 나눈다.

$$G(j\omega) = \frac{2}{j\omega(j\omega/10+1)}$$

$G(j\omega)$는 상수항 2와 두 개의 1차인수 $1/(j\omega)$, $1/(j\omega/10+1)$로 분해할 수 있으므로, $G(j\omega)$의 보데선도는 이들 3개 항의 보데선도를 더함으로써 구할 수 있다. 따라서 구하려는 보데선도는 그림 7.24와 같다.

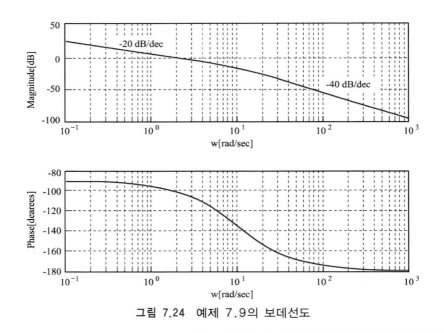

그림 7.24 예제 7.9의 보데선도

다음 전달함수의 보데선도를 구하라.

$$G(s) = \frac{20}{s(s^2+0.8s+4)}$$

풀이 먼저 $G(j\omega)$를 기본형으로 나타내기 위해 분자·분모를 4로 나눈다.

$$G(j\omega) = \frac{5}{j\omega[(j\omega/2)^2+2\times0.2(j\omega/2)+1]}$$

$G(j\omega)$는 상수항 5와 1차인수 $1/(j\omega)$ 그리고 고유진동수 $\omega_n=2$, 감쇠비 $\zeta=0.2$인 2차인수 $1/[(j\omega/2)^2+2\times0.2(j\omega/2)+1]$로 분해할 수 있으므로, $G(j\omega)$의 보데선도는 이들 3개 항의 보데선도를 더함으로써 구할 수 있다. 따라서 구하려는 보데선도는 그림 7.25와 같다.

이 절에서 다룬 보데선도 작성법은 필산으로 처리할 수 있는 방법이며, 복잡하지 않은 시스템의 경우에는 이 방법을 써서 손으로도 쉽게 그릴 수 있다. 그러나 시스템이 복잡한 경우 이 방법은 적용하기가 번거로울 뿐만 아니라, 전달함수의 극점이나 영점이 서로 가까이 있는 경우에는 계산오차가 커지기 때문에 정확한 그림을 얻을 수 없다. 따라서 이 경우에는 컴퓨터를 활용하는 것이 좋은데, 셈툴꾸러미에는 일반적인 전달함수에 대해서 보데선도를

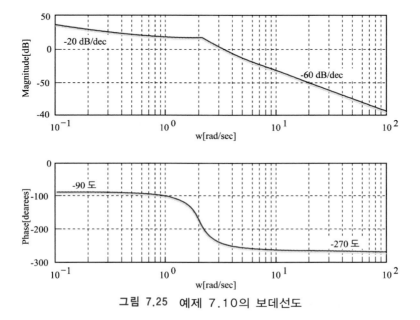

그림 7.25 예제 7.10의 보데선도

쉽게 그릴 수 있는 명령어가 제공된다. 다음 절에서 셈툴꾸러미를 이용하여 보데선도를 그리는 방법을 다루기로 한다.

7.4.2 설계꾸러미를 이용한 작성법

셈툴에는 보데선도를 그리기 위한 명령어로서 'bode'라는 함수가 제공되는데, 대상 시스템이 전달함수로 표시되는 경우에 이 명령을 사용하는 방법은 다음과 같다.

$$[\text{mag,phase}] = \text{bode(num,den,w);} \qquad (7.10)$$

여기서 우변의 입력변수 가운데 'num'과 'den'은 시스템 전달함수의 분자와 분모다항식의 계수를 나타내는 행벡터로서, 그 입력방법은 앞에서 살펴본 'step'함수의 경우와 같다. 세 번째 입력변수 'w'는 주파수응답이 계산되는 주파수값들을 저장하는 벡터이다. 이것은 앞으로 나올 주파수응답과 관련된 함수들에서 계속 사용하게 되는 변수인데, 이 변수는 보통 'logspace'라는 함수를 이용하여 만든다. 예를 들어, 다음과 같이 입력하면

$$\text{w} = \text{logspace}(-2,3,100); \qquad (7.11)$$

10^{-2}부터 10^{3} rad/sec까지의 범위 안에 있는 100개의 주파수값에 대하여 주파수응답을 계산한다는 뜻이다. 따라서 w라는 변수는 0.01 rad/sec에서 1000 rad/sec까지 대수눈금으로 등간격인 100개의 값으로 이루어지는 행벡터가 된다. 만일 bode 명령을 사용하면서 주파수 범위를 지정하지 않으면 w = logspace(− 1, 1, 50)이 자동지정 주파수범위로 쓰인다. 이와 같이 하여 'bode' 명령어를 실행하면 실행 결과로서 변수 'mag'에는 크기응답이, 'phase'에는 위상응답이 행벡터로 저장된다. 따라서 이 값들을 'plot'명령으로 그리면 보데선도를 얻을 수 있다. 여기서 유의할 점은 위상값은 [°]단위로 출력되지만, 크기 'mag'는 절대값으로 나오기 때문에 [dB]로 나타내려면 '20*log(mag)'를 써야 한다는 것이다.

셈툴에서는 이와 같이 사용자가 주파수 범위와 결과를 저장할 변수를 지정하는 방식으로 보데선도를 그릴 수도 있지만, 다음과 같은 형식을 사용하면 셈툴 안에서 자동으로 지정되는 주파수범위 logspace(− 1, 1, 50)에서 크기와 위상을 계산하여 그림을 자동으로 그려준다.

bode(num,den);

이 방식은 어떤 시스템의 보데선도만을 보고자 할 경우에 간편하게 사용할 수 있다. 이 방식으로 우선 보데선도를 개략적으로 본 다음, 자세한 선도가 필요하면 관심 주파수범위를 식 (7.11)과 같이 지정하여 다음과 같은 명령으로 보데선도를 구할 수 있다.

bode(num,den,w);

이 방식의 명령을 사용할 때 유의할 점은 이 명령은 보데선도만을 그려주고 크기와 위상값

을 저장하지 않는다는 점이다. 그러므로 이 방식은 대상 전달함수의 주파수응답에 대해 대략의 선도만을 알고 싶은 경우에 사용하며, 크기와 위상값을 써서 어떤 후속처리를 해야 할 때에는 식 (7.10)의 형식을 써야 한다. 또한 이 방식에서 그림제목과 단위표시를 특별히 지정하고자 할 때에는 그림표 유지명령인 'holdon' 명령을 실행한 뒤 그림표 지정 명령인 'subplot'과 제목지정 명령인 'title', 'xtitle', 'ytitle' 등을 사용해야 한다. 그러면 몇 가지 예제를 통하여 셈툴에서 보데선도를 그리는 방법을 익히기로 한다.

예제 7.11

셈툴 명령어를 이용하여 다음과 같은 전달함수를 갖는 시스템의 보데선도를 구하라.

$$G(s) = \frac{25}{s^2+4s+25}$$

단 주파수 범위는 0.01~100 rad/sec를 사용하고, 그림제목과 가로세로축의 변수표시에 한글을 쓰기로 한다.

풀이 대상 시스템이 전달함수로 표시되고 주파수범위가 지정되어 있으며, 그림에 제목표시 따위의 후속처리를 해야 하므로 식 (7.10)과 같은 형식의 명령을 사용하면 된다. 다음은 보데선도와 제목 및 변수표기를 위한 묶음파일이다.

```
num = 25;
den = [1  4  25];
w = logspace( - 2,2,100);
[mag,pha] = bode(num,den,w);
subplot(2,1,1);
semilogx(w,20*log(mag));
title("G`(s`)의 보데선도");
xtitle("주파수 [rad/sec]");
ytitle("크기 [dB]");
subplot(2,1,2);
semilogx(w,pha);
xtitle("주파수 [rad/sec]");
ytitle("위상 [degree]");
```

위와 같이 프로그램을 편집기에서 작성한 후에 셈툴 작업창에서 실행시키면 그림 7.26과 같은 보데선도를 그림창에서 볼 수 있다.

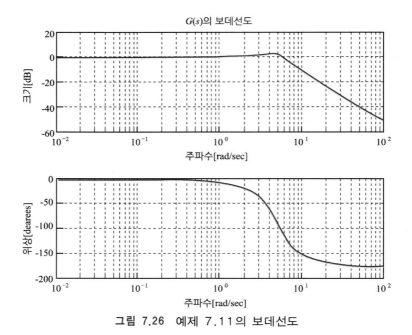

그림 7.26 예제 7.11의 보데선도

예제 7.11에서는 보데선도를 그릴 때 그림의 위치와 제목 등의 선택사항을 모두 지정하는 방식을 사용하고 있는데, 이 방식은 사용자가 그림에 어떤 특별한 사항을 붙이고자 할 때 쓰는 것이며, 그렇지 않을 때에는 보데선도를 다음과 같이 자동지정방식으로 간단하게 구할 수 있다.

> CEM≫num＝25; den＝[1 4 25];
>
> CEM≫w＝logspace(－2,2,100);
>
> CEM≫bode(num,den,w);

위와 같은 명령을 실행시키면 보데선도 자체는 그림 7.26과 같은 결과를 얻을 수 있다. 달라지는 점은 자동방식으로 구성되는 그림에서는 그림제목이 나타나지 않으며, 가로축과 세로축의 표시가 모두 영문으로 표시된다는 것이다. 이렇게 자동지정방식으로 얻어진 그림에 제목을 붙이려면 'holdon' 명령을 실행한 다음 제목지정 명령들을 사용하면 된다.

7.4.3 보데선도 활용

나이키스트선도는 주파수응답 특성을 극좌표형식으로 함께 그린 것이고, 보데선도는 이것을 크기와 위상응답으로 따로 나타낸 것이기 때문에 두 선도 사이에는 항상 호환성이 있다. 따라서 그림 7.16의 나이키스트선도에서 정의되는 안정성여유를 보데선도에서도 정의할 수 있으며, 다음과 같이 요약할 수 있다.

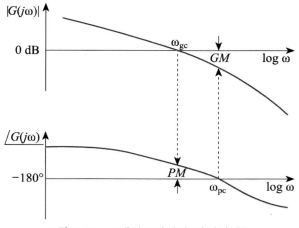

그림 7.27 보데선도에서의 안정성여유

이득여유　$GM = -20 \log |G(j\omega_{pc})|$ dB,　$G(j\omega_{pc}) = -180°$　　　(7.12)

위상여유　$PM = 180 + \angle G(j\omega_{gc})°$,　$G(j\omega_{gc}) = 0$ dB

여기서 $G(j\omega)$는 주어진 개로전달함수의 주파수응답 특성이고, ω_{pc}는 개로전달함수의 위상응답이 $-180°$를 지나는 순간의 주파수, 즉 **위상교차 주파수(phase crossover fre- quency)**이며, ω_{gc}는 개로전달함수의 이득특성이 0 dB을 지나는 순간의 주파수, 즉 **이득교차 주파수(gain crossover frequency)**이다. 식 (7.12)로 정의되는 안정성여유를 보데선도에서 나타내면 그림 7.27과 같다.

　앞에서 정의한 안정성여유를 계산하려면 먼저 나이키스트선도나 보데선도를 구해야 한다. 그런데 나이키스트선도로부터 이득여유나 위상여유를 계산하려면 단위원을 추가로 그려야 하고, 좌실수축과의 교점을 구하고, 이 값의 대숫값을 계산해야 하는 등의 번거로움이 있기 때문에, 이 방법보다는 보데선도로부터 계산하는 것이 훨씬 더 편리하고 정확하다. 몇 가지 예를 들어 안정성여유를 계산하는 방법을 익히기로 한다.

예제 7.12

다음과 같은 개로전달함수를 갖는 시스템의 보데선도를 그린 다음, 이 선도로부터 이득여유와 위상여유를 계산하라.

$$G(s)H(s) = \frac{10}{s(1+0.02s)(1+0.2s)}$$

앞에서 설명한 바와 같이 먼저 개로전달함수의 보데선도를 그린다. 다음의 묶음파일을 입력하고 실행시켜 보자.

```
num = 10;
den = conv([1  0],conv([0.02  1],[0.2  1]));
bode(num,den);
```

위의 프로그램을 실행시키면 개로전달함수의 보데선도가 그려지는데, 여기서 이득여유, 위상여유를 구하려면 선도상의 임의의 점에서 값을 알 수 있어야 한다. 이 값은 셈툴 그림창에 있는 좌표추적기능을 사용하면 된다. 그림 7.28로부터 이득교차 주파수가 약 6.2 rad/sec인 것을 알 수 있고, 이 주파수에 해당하는 위상각이 약 −148.5°인 것을 알 수 있다. 따라서 위상여유는 180 + (−148.5) = 31.5°가 된다.

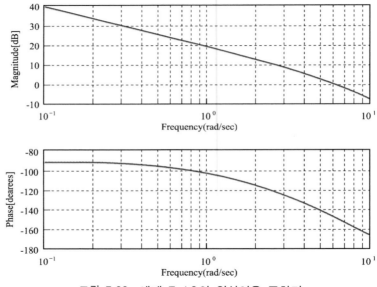

그림 7.28 예제 7.12의 위상여유 구하기

그림 7.28의 보데선도는 주파수 범위를 자동지정으로 하여 구한 것이기 때문에 최대주파수가 10 rad/sec인데, 위상교차 주파수는 이보다 크기 때문에 그림 7.28에서는 이득여유를 구할 수 없다. 따라서 다음과 같이 주파수 범위를 다시 정하여 보데선도를 그려야 한다.

```
CEM≫w = logspace(1,2);
CEM≫bode(num,den,w);
```

이렇게 하여 다시 구한 보데선도는 그림 7.29와 같다. 이 그림에서 위상교차 주파수를 구하면 약 15.3 rad/sec라는 것을 알 수 있고, 이 주파수에 해당하는 이득을 그림 7.29에서 구하면 약 −14.2 dB이 되므로 이득여유는 약 14.2 dB이 된다.

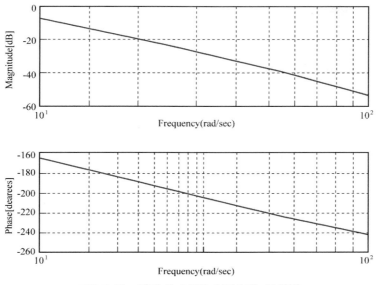

그림 7.29 예제 7.12의 이득여유 구하기

이득여유와 위상여유는 주파수영역에서 시스템을 해석하거나 설계할 때 꼭 필요로 하는 값들이기 때문에 자주 사용하게 된다. 이 값들은 예제 7.12와 같이 보데선도로부터 구할 수 있지만, 단순히 이 값들만을 정확하게 구하고자 하는 경우에는 보데선도를 그리지 않고서 도 식 (7.12)를 이용하여 계산에 의해 얻어낼 수 있다. 셈툴에서는 이득여유와 위상여유를 계산해주는 간단한 명령어를 제공하는 데, 사용법은 다음과 같다.

[mag,phase] = bode(num,den,w);

[Gm,Pm,Wpc,Wgc] = margin(mag,phase,w);

여기서 Gm과 Pm은 이득여유 및 위상여유, Wpc와 Wgc는 위상교차 및 이득교차 주파수를 나타낸다. 단 Gm은 이득여유의 절대크기로 나타나기 때문에 데시벨[dB]로 나타내려면 한 번 더 계산을 해야 한다. 예제 7.12의 시스템에 이 방법을 적용하는 예를 살펴보기로 한다.

예제 7.13

예제 7.12의 시스템에 대해 'margin' 명령을 써서 이득여유, 위상여유, 위상교차 및 이득교차 주파수를 구하라. 단 이득여유는 [dB]로 나타내어라.

 안정성여유 및 교차주파수를 구하는 셈툴파일은 다음과 같이 구성할 수 있다.

num = 10; den = conv([1 0],conv([0.02 1],[0.2 1]));

```
w = logspace(0,2,100);
[mag,phase] = bode(num,den,w);
[Gm,Pm,Wpc,Wgc] = margin(mag,phase,w);
Gm = 20*log(Gm);  // 이득여유를 [dB]로 바꿈
```

이 파일을 실행하면 다음과 같은 결과를 얻을 수 있다.

Gm = 14.8080 dB, Pm = 31.7147°, Wpc = 15.8114 rad/sec,
Wgc = 6.2179 rad/sec

이렇게 구한 값들은 수치계산에 의한 상당히 정확한 결과로서 예제 7.12의 결과와 거의 일치하는데, 약간의 차이가 나는 것은 그림표를 읽어서 결정하는 방식에서는 판독오차가 있기 때문이다.

7.5* 폐로 주파수특성과 니콜스선도

이 절에서는 폐로시스템의 주파수응답 특성을 나타내는 방법을 다루기로 한다. 앞에서 다룬 나이키스트선도나 보데선도는 모두 개로시스템의 주파수응답 특성을 나타내는 것으로서, 이로부터 폐로시스템의 주파수응답 특성을 유추할 수는 있지만 이를 직접 나타내는 것은 아니다. 여기서는 편의상 단위되먹임 시스템의 폐로 주파수응답만 다룰 것이다. 비단위되먹임 시스템은 약간의 변형으로 처리할 수 있기 때문에 여기서는 다루지 않기로 한다.

7.5.1 폐로 주파수응답의 계산

안정한 폐로시스템의 주파수응답은 개로시스템의 주파수응답으로부터 쉽게 구할 수 있다. 개로전달함수가 $G(s)$인 단위되먹임 시스템의 폐로전달함수 $T(s)$는 다음과 같다.

$$T(s) \; = \; \frac{G(s)}{1+G(s)}$$

그림 7.30의 $G(s)$에 대한 나이키스트선도에서 벡터 $\overrightarrow{OA}$의 길이는 $|G(j\omega_1)|$이고, 벡터 $\overrightarrow{OA}$의 각도는 $\angle G(j\omega_1)$이다. $-1+j\,0$점으로부터 나이키스트선도까지의 벡터인 $\overrightarrow{PA}$는 $1+G(j\omega_1)$을 나타낸다. 따라서 $\overrightarrow{PA}$에 대한 $\overrightarrow{OA}$의 비는 다음과 같이 폐로 주파수응답을 나타낸다.

$$\frac{\overrightarrow{OA}}{\overrightarrow{PA}} \; = \; \frac{G(j\omega_1)}{1+G(j\omega_1)} \; = \; T(j\omega_1)$$

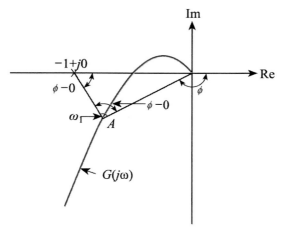

그림 7.30 개로 주파수응답으로부터 폐로 주파수응답의 결정

즉, $\omega = \omega_1$에서 폐로전달함수의 크기는 $\overline{PA}$에 대한 $\overline{OA}$의 크기의 비이다. $\omega = \omega_1$에서 폐로전달함수의 위상각은 그림 7.30에 나타낸 것처럼 벡터 $\overline{OA}$가 $\overline{PA}$와 이루는 각도, 즉 $\varphi - \theta$이다. 여러 주파수 점에서의 크기와 위상각을 측정하게 되면 폐로 주파수응답곡선을 구할 수 있다.

7.5.2 니콜스선도(Nichols chart)

먼저 폐로 주파수응답의 일정크기 궤적에 대하여 살펴보기로 한다. 폐로 주파수응답의 크기를 M, 위상을 α로 정의하면 폐로전달함수 $T(j\omega)$는 다음과 같이 표시된다.

$$T(jw) = \frac{G(j\omega)}{1+G(j\omega)} = Me^{j\alpha} \tag{7.13}$$

여기서 $G(j\omega)$는 개로전달함수로서 다음과 같이 나타내기로 한다.

$$G(j\omega) = X+jY \tag{7.14}$$

여기서 X와 Y는 실수이다. 그러면 M은 다음과 같이 나타낼 수 있다.

$$M = \frac{|X+jY|}{|1+X+jY|} \tag{7.15}$$

$$M^2 = \frac{X^2+Y^2}{(1+X)^2+Y^2} \tag{7.16}$$

따라서

$$X^2(1-M^2) - 2M^2X - M^2 + (1-M^2)Y^2 = 0 \tag{7.17}$$

이고, 여기서 $M=1$이면 식 (7.17)로부터 $X=-\dfrac{1}{2}$ 을 얻는다. 이것은 Y축에 평행하면서 점 $\left(-\dfrac{1}{2}, 0\right)$을 통과하는 직선이 된다. $M\neq1$이면 식 (7.17)을 다음과 같이 표시할 수 있다.

$$X^2 + \frac{2M^2}{M^2-1}X + \frac{M^2}{M^2-1} = 0 \tag{7.18}$$

$$\left(X + \frac{M^2}{M^2-1}\right)^2 + Y^2 = \frac{M^2}{(M^2-1)^2} \tag{7.19}$$

식 (7.19)는 중심이 $[-M^2/(M^2-1), 0]$이고, 반지름이 $|M(M^2-1)|$인 원의 방정식이다. 이것은 $G(s)$ 평면 앞에서 일정크기 궤적이 원의 군으로 이루어진다는 것을 의미한다. 그림 7.31은 일정크기 궤적을 나타내고 있는데, M이 1보다 커질수록 M원은 점점 작아져서 $-1+j\,0$점으로 수렴하는 것을 알 수 있다. $M>1$이면 M원의 중심은 $-1+j\,0$점의 왼쪽에 위치한다. 그리고 M이 1보다 점점 작아지면 M원은 점점 작아져서 원점으로 수렴한다. $0<M<1$이면 M원의 중심은 원점의 오른쪽에 위치하게 된다. $M=1$은 원점과 $-1+j\,0$점으로부터 등거리에 있는 점의 궤적으로 $(-1/2, 0)$을 지나면서 허수축에 평행한 직선이다. M원은 $M=1$에 해당하는 직선과 실수축에 대하여 대칭이다.

다음은 일정위상 궤적을 구해보기로 한다. 식 (7.13), (7.14)로부터 위상 α를 X와 Y의 항으로 표시하면 다음과 같다.

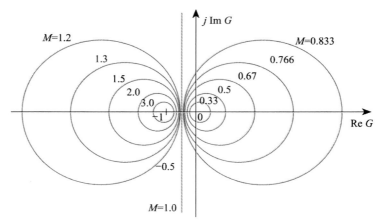

그림 7.31 일정크기 궤적 : M원

$$\angle e^{j\alpha} = \angle \frac{X+jY}{1+X+jY} \tag{7.20}$$

$$\alpha = \tan^{-1}\left(\frac{Y}{X}\right) - \tan^{-1}\left(\frac{Y}{1+X}\right) \tag{7.21}$$

여기서

$$N = \tan\alpha \tag{7.22}$$

라 정의하고,

$$N = \tan\left[\tan^{-1}\left(\frac{Y}{X}\right) - \tan^{-1}\left(\frac{Y}{1+X}\right)\right] \tag{7.23}$$

다음의 관계식을 이용하면

$$\tan(A-B) = \frac{\tan A - \tan B}{1 + \tan A \tan B} \tag{7.24}$$

식 (7.23)은 다음과 같이 간단히 표현된다.

$$N = \frac{\dfrac{Y}{X} - \dfrac{Y}{1+X}}{1 + \dfrac{Y}{X}\left(\dfrac{Y}{1+X}\right)} = \frac{Y}{X^2 + X + Y^2} \tag{7.25}$$

이 식을 정리하면 원의 표준형으로 나타낼 수 있다.

$$\left(X + \frac{1}{2}\right)^2 + \left(Y - \frac{1}{2N}\right)^2 = \frac{1}{4} + \left(\frac{1}{2N}\right)^2 \tag{7.26}$$

이것은 중심이 $[-1/2, \; 1/(2N)]$, 반지름 $\sqrt{1/4 + 1/(2N)^2}$인 원의 방정식이다. 여기서 α를 매개변수로 하여 일정한 N 궤적을 그리면 그림 7.32와 같다.

그림 7.31의 M 원과 그림 7.32의 N 원은 직교좌표상에 일정 크기 궤적과 일정 위상 궤적을 나타낸 것인데, 이것을 크기[dB]-위상 평면상에 함께 나타내면 그림 7.33과 같으며, 이것을 니콜스선도(Nichols chart)라 한다. 니콜스선도를 사용하면 각각의 주파수에서 폐로 전달함수의 크기와 위상을 계산하지 않더라도 개로 주파수응답 $G(j\omega)$로부터 폐로 주파수 응답을 알 수 있다. 니콜스선도상에 $G(j\omega)$의 주파수응답을 크기-위상 궤적으로 나타내면, 이 궤적과 만나는 M 원 및 N 원의 값이 바로 $G(j\omega)$ 궤적의 해당 주파수에서 폐로 시스템 크기와 위상을 나타낸다. 이러한 관계를 이용하면 니콜스선도로부터 주파수응답 특성지표들을 찾아낼 수 있다. 예를 들면, $G(j\omega)$ 궤적과 M 원의 교점은 $G(j\omega)$ 궤적 앞에

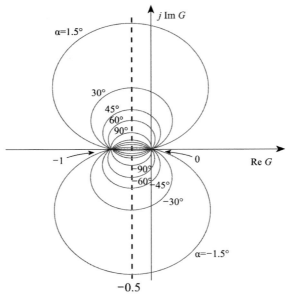

α=1.5°

30°

45°
60°
90°

−1

0

Re G

−90°

−60°
−45°

−30°

α=−1.5°

−0.5

j Im G

그림 7.32 일정위상 궤적 : N원

서 표시된 주파수에서의 M 값을 나타내므로, $G(j\omega)$ 궤적이 접하는 가장 짧은 반지름을 갖는 M 원에 해당하는 크기가 공진최대값 M_r 이며, 이때의 주파수가 공진주파수 ω_r 이 된다. 만일 공진최대값을 어느 값 이하로 유지하고 싶다면, 이 값에 해당하는 M 원보다 반지름이 큰 원에서 $G(j\omega)$ 궤적과 접해야 한다. 그리고 니콜스선도로부터 안정성을 판별할 수

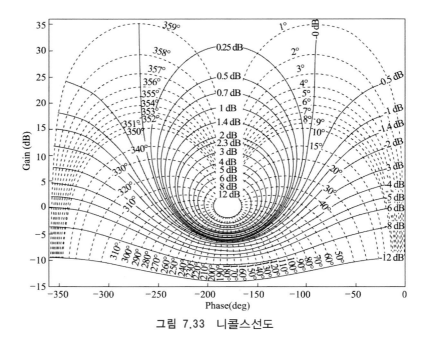

그림 7.33 니콜스선도

도 있는데, $G(j\omega)$ 궤적이 니콜스선도상에서 중심점(0 dB, $-180°$)의 오른쪽 아래에 있으면 폐로시스템이 안정하고 아니면 불안정하다. 또한 $G(j\omega)$ 궤적이 중심점의 0 dB 가로축($-180°$ 세로축)과 만나는 점에서의 주파수가 이득(위상)교차주파수이고, 이 점의 개로 위상값에 180°를 더한(개로 이득값의 부호를 바꾼) 것이 위상(이득)여유가 된다.

7.6 앞섬·뒤짐보상기 설계

보데선도는 7.4절에서 다룬 것과 같이 주파수영역에서의 제어시스템 해석에도 쓰이지만, 제어기 설계에도 많이 활용된다. 이 절에서는 간단한 고전제어기로서 시스템의 특성보상용으로 쓰이는 앞섬보상기와 뒤짐보상기의 설계에 보데선도를 활용하는 방법을 살펴보기로 한다. 이 제어기의 전달함수는 다음과 같다.

$$C(s) = K_c \frac{s+z}{s+p} \tag{7.27}$$

여기서 $0 < z < p$일 때 이 보상기를 **앞섬보상기(lead compensator)**라 하며, $z > p > 0$일 때에는 **뒤짐보상기(lag compensator)**라 한다. 이 제어기들은 안정한 플랜트나 주제어기(main controller)에 의해 이미 안정화된 플랜트에서 시스템에 요구되는 주파수영역 성능기준을 만족시키기 위해 추가로 사용되는 것이기 때문에 주제어기와 구분하여 보상기(compensator)라고 한다. 이 절에서는 그림 7.34와 같은 되먹임 시스템에서 안정성여유 및 M_r, ω_b, ω_r 등의 주파수영역 성능기준을 만족하도록 보상기 전달함수식 (7.27)의 이득 K_c와 극·영점 p, z를 선정하는 설계과정에 보데선도를 활용하는 방법을 익힌다.

7.6.1 앞섬보상기의 특성

앞섬보상기의 극·영점 그래프는 그림 7.35와 같다. 이 그림에서 알 수 있듯이 보상기의 영점이 극점보다 허수축에 더 가까이 있기 때문에 앞섬보상기의 위상은 항상 0보다 큰 값을 갖는다. 따라서 이 보상기를 사용하면 전체 시스템의 위상이 플랜트의 위상보다 앞서기 때문에 앞섬보상기라고 하는 것이다. 예를 들어, 다음과 같은 앞섬보상기를 생각해 보자.

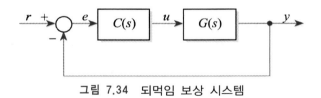

그림 7.34 되먹임 보상 시스템

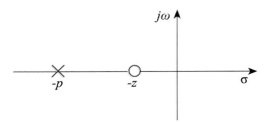

그림 7.35 앞섬보상기의 극·영점도

$$C(s) \ = \ \frac{10(s+1)}{s+10}$$

이 앞섬보상기의 보데선도는 그림 7.36과 같다. 이 그림을 보면 보상기의 위상이 5°부터 55°까지 변화하면서 앞서는 것을 확인할 수 있다. 이 선도를 그리기 위한 과정은 다음과 같다.

```
CEM≫num = 10*[1  1];
CEM≫den = [1  10];
CEM≫w = logspace( − 1,2,200);
CEM≫bode(num,den,w);
```

그러면 여기에서 앞섬보상기의 주파수응답 특성을 분석하기로 한다. 이 분석을 위해 앞섬보상기의 전달함수식 (7.27)은 다음과 같이 고쳐 쓸 수 있다.

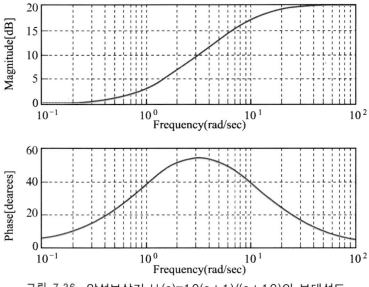

그림 7.36 앞섬보상기 H(s)=10(s+1)/(s+10)의 보데선도

$$C(s) = K\frac{1+\alpha\,Ts}{1+Ts}$$

$$C(j\omega) = K\frac{1+j\alpha\,\omega\,T}{1+j\omega\,T} \tag{7.28}$$

여기서 $\alpha = p/z,\ \alpha > 1$로 정의되는 α를 **앞섬비(lead ratio)**라 하며, K와 T는 앞섬보상기의 직류이득과 시상수로서 각각 $K = K_c/\alpha,\ T = 1/p$로 정의된다. 식 (7.28)로부터 앞섬보상기의 차단주파수와 대역이득은 다음과 같음을 알 수 있다.

$$\omega_c = \frac{1}{T} = p$$

$$G_{dB} = 20\log(\alpha\,K) \tag{7.29}$$

보상기의 위상이 최대가 되는 주파수 ω_m과 최대위상 앞섬각 ϕ_m은 다음과 같다.

$$\omega_m = \frac{1}{T\sqrt{\alpha}} = \sqrt{zp}$$

$$\sin\phi_m = \frac{\alpha - 1}{\alpha + 1} \tag{7.30}$$

따라서 앞에서 예로 든 앞섬보상기 $C(s)$의 경우에는 $C(s) = (1+10s/10)/(1+s/10)$ 과 같이 표시되어 $\alpha = 10,\ T = 1/10$ 이므로, ω_m과 ϕ_m은 다음과 같이 계산할 수 있다.

$$\omega_m = \frac{1}{T\sqrt{\alpha}} = \frac{10}{\sqrt{10}} = \sqrt{10}$$

$$\phi_m = \sin^{-1}\frac{\alpha-1}{\alpha+1} = \sin^{-1}\frac{10-1}{10+1} = 54.9^\circ$$

식 (7.30)에 나타난 앞섬각 ϕ_m과 앞섬비 α의 관계를 그래프로 나타내면 그림 7.37과 같다.

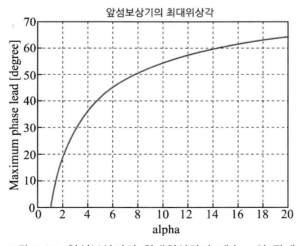

그림 7.37 앞섬보상기의 최대위상각과 계수 α의 관계

이와 같은 위상특성을 갖는 앞섬보상기는 비례미분 제어기 형태의 보상기라고 할 수 있다. 이것은 $|p| \gg |z|$인 경우를 고려해 보면 알 수 있는데, 이 경우에 $\alpha \gg 1$, $T \ll 1$ 이므로 식 (7.28)에서 앞섬보상기의 전달함수는 다음과 같이 근사적으로 나타낼 수 있다.

$$C(s) \approx K + K\alpha\,Ts$$

따라서 이 근사전달함수는 비례항과 미분항으로 이루어지는 비례미분 제어기의 전달함수와 같은 꼴이 됨을 알 수 있다. 비례미분 제어기에 대해서는 8장에서 다룰 것이다.

지금까지 살펴본 것과 같은 특성 때문에 앞섬보상기는 전체 시스템의 위상여유를 커지게 하여 안정성여유를 증가시키며, 대역폭을 증가시켜서 응답속도를 빠르게 해주는 효과를 나타낸다. 그러나 앞섬보상기를 사용하면 제어입력의 크기가 대체로 커지기 때문에 입력의 제한범위를 벗어날 우려가 있으며(이 경우에는 제어성능이 나빠지게 됨), 제어입력은 대부분 연료나 에너지와 관련된 신호이기 때문에 제어신호가 클수록 비용이 더 들게 되어 전체 시스템의 비용을 증가시키는 약점이 있다. 그리고 대역폭이 넓어질수록 출력에 나타나는 잡음의 영향이 커질 수 있다는 것에도 유의해야 한다.

7.6.2 뒤짐보상기의 특성

뒤짐보상기의 전달함수는 다음과 같다.

$$C(s) = K\frac{1 + \alpha\,Ts}{1 + Ts}, \quad 0 < \alpha < 1 \tag{7.31}$$

따라서 뒤짐보상기의 극·영점도는 그림 7.38과 같다. 그림에서 알 수 있듯이 이 보상기에서는 극점이 영점보다 허수축에 더 가까이 있기 때문에 위상이 항상 0보다 작게 된다. 이러한 까닭에 이 보상기를 뒤짐보상기라 하며, α를 뒤짐비(lag ratio)라고 한다. 뒤짐보상기의 주파수응답 특성을 살펴보기 위해 다음과 같은 예를 들어보자.

$$C(s) = \frac{0.1\,(s + 10)}{s + 1}$$

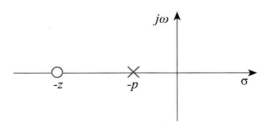

그림 7.38 뒤짐보상기의 극·영점도

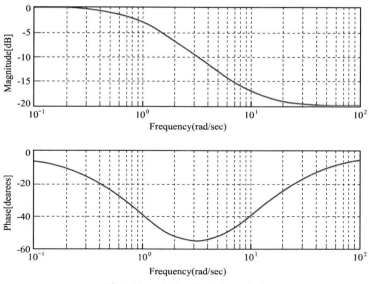

그림 7.39 뒤짐보상기의 보데선도

이 뒤짐보상기의 보데선도는 그림 7.39와 같다. 그림에서 보상기의 위상이 $-5°$부터 $-55°$까지 변화하면서 뒤지는 것을 확인할 수 있다.

뒤짐보상기의 차단주파수와 대역이득은 다음과 같다.

$$\omega_c = \frac{1}{T}$$
$$G_{dB} = 20 \log K$$

(7.32)

뒤짐보상기의 전달함수식 (7.31)은 앞섬보상기 전달함수식 (7.28)과 같은 꼴로 표시되기 때문에 위상이 최대로 뒤지는 주파수 ω_m 과 그때의 최대위상 뒤짐각 ϕ_m 은 식 (7.30)과 똑같은 식으로 표시된다. 다른 점은 뒤짐비 α 가 1보다 작기 때문에 ϕ_m 이 음수로 나온다는 점이다. 앞에서 예를 든 뒤짐보상기의 경우에는 $\alpha=0.1$, $T=1$ 이므로, 최대주파수와 최대위상 뒤짐각을 계산해보면 다음과 같다.

$$\omega_m = \frac{1}{T\sqrt{\alpha}} = \frac{1}{\sqrt{0.1}} = \sqrt{10}$$

$$\phi_m = \sin^{-1}\frac{\alpha-1}{\alpha+1} = \sin^{-1}\frac{0.1-1}{0.1+1} = -54.9°$$

이러한 위상특성을 갖는 뒤짐보상기는 적분기형의 보상기라 할 수 있다. 이것은 $|z| \gg |p|$ 일 때를 고려해 보면 알 수 있는데, 이 경우에 $T \gg 1$ 이 되므로 식 (7.31)의 보상기 전달함수는 다음과 같이 근사화된다.

$$C(s) \approx K\alpha + \frac{K}{T}\frac{1}{s}$$

이 근사전달함수의 꼴은 다음의 비례적분 제어기와 같은 형태이다.

$$C(s) = K_P + \frac{K_I}{s}$$

비례적분 제어기는 고전제어기로서 현장에서 많이 쓰이고 있는데, 이 제어기에 대해서는 8장에서 다룰 것이다.

뒤짐보상기는 앞에서 살펴본 것과 같은 위상뒤짐 특성에 의해 폐로시스템의 대역폭을 줄이는 효과를 갖고 있기 때문에, 시스템 출력에서 고주파 잡음의 영향이 줄어들며, 저주파 영역에서 시스템의 이득을 증가시키기 때문에 출력의 정상상태 오차를 아주 작게 만드는 특성을 갖고 있다. 따라서 이 보상기는 정상상태에서 추적오차가 거의 0이 될 정도로 높은 정밀도가 요구될 때 적용할 수 있다. 그러나 뒤짐보상기를 사용하면 과도응답 속도가 느려지고, 심한 경우에는 과도응답이 불안정해지는 경우가 생기므로 뒤짐보상기를 설계할 때에는 이러한 문제점에 유의해야 한다.

7.6.3 보데선도를 이용한 보상기 설계

지금까지 살펴본 앞섬·뒤짐보상기의 특성을 근거로 하여 주파수영역에서 보상기를 설계하는 문제를 다루기로 한다. 제어대상 시스템의 예로서 3.2.3절에서 다룬 직류서보모터를 사용하기로 한다. 직류서보모터의 전달함수는 식 (3.5)로 주어지는데, 이 모델에서 전기·기계상수들이 다음의 조건을 만족한다고 가정한다.

$$K_t = 6 \times 10^{-5} \text{ Nm/A}, \quad K_b = 5 \times 10^{-2} \text{ Vsec/rad}$$

$$R_a = 0.2 \ \Omega, \quad L_a \approx 1.33 \times 10^{-2} \text{ H}, \quad K_a = 0.1$$

$$J = 4.5 \times 10^{-6} \text{ kgm}^2, \quad B \approx 0 \text{ Nm/rad/sec}$$

이 경우에 직류서보모터의 전달함수는 다음과 같다.

$$G(s) = \frac{100}{s(s+5)(s+10)}$$

이 모터에 대한 제어시스템은 그림 7.40과 같다. 여기서 제어대상인 직류서보모터의 입력 u는 전기자전압이고, 출력 y는 회전각이다.

이 시스템의 제어목표는 다음과 같이 설정한다.

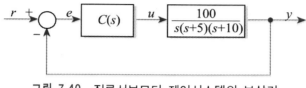

그림 7.40 직류서보모터 제어시스템의 보상기

1) 정상상태 속도오차 10% 이하
2) 정착시간 $t_s \leq 3$초
3) 최대초과 $M_p \leq 10\%$

이 제어목표 가운데 1)은 정상상태 성능기준이고, 2)와 3)은 과도상태 성능기준이다. 1)의 성능기준은 모터의 회전속도가 일정하도록 제어한다는 것이다. 이것은 기준신호로서 경사입력이 들어가고, 이 입력에 대해 정상상태 오차를 10% 이내로 유지하는 것을 뜻한다. 2), 3)의 성능기준은 기준입력이 계단입력일 때의 과도상태 성능목표인데, 이것은 출력의 크기가 어떤 목표치에 도달할 때 걸리는 시간을 3초 이내로 하고, 목표치를 벗어나는 오차를 10% 이내로 제어한다는 뜻이다. 이러한 시스템의 대표적인 예로는 전선을 틀에 감아주는 장치라든지 음성이나 영상 테이프 기록기(tape recorder) 등을 들 수 있다.

먼저 간단한 상수이득 제어기 $C(s) = K$ 를 사용한다고 가정하고, 이 제어기에 의해 제어목표를 달성할 수 있는가를 조사해보기로 한다. 5장에서 다루었듯이 기준신호가 단위경사입력일 때 $R(s) = 1/s^2$ 이므로 이 신호에 대한 정상상태 오차는 다음과 같이 표시된다.

$$K_v = \lim_{s \to 0} s\, G(s)\, C(s) = \lim_{s \to 0} 2\, C(s)$$
$$E_s = \frac{1}{K_v} = \lim_{s \to 0} \frac{1}{2\, C(s)}$$

여기서 K_v 는 정적 속도오차 상수이다. 따라서 상수이득 제어기를 사용할 때 $H(s) = K$ 이므로 정상상태 오차는 다음과 같이 표시된다.

$$E_s = \frac{1}{2K}$$

이 결과에서 상수이득 K가 크면 클수록 정상상태 오차는 반비례하여 크게 줄어드는 것을 알 수 있다. 예를 들면, $K = 5$ 일 때 경사입력에 대한 정상상태 오차는 10%가 되어 정상상태 제어목표는 만족된다. 제어목표가 이것 하나뿐이라면 이 상수이득 제어기에 의해 목표가 달성되므로 제어기 설계는 끝난 것이라고 할 수 있다. 그러나 이 시스템의 제어목표로서 과도응답 성능기준이 함께 설정되어 있으므로 K가 증가함에 따라 과도응답 성능에 미치는 영향도 고려해야 한다. 이 영향을 조사하기 위해 K를 증가시키면서 각 경우의 계단응답을 구하여 비교하는 프로그램을 작성하면 다음과 같다.

```
K=[0.5 1 2 5];
numg=100;
deng=[1 15 50 0];
t=[0:5:0.1];
for(i=1;i<5;i=i+1){
        [nums,dens]=series(K(i),1,numg,deng);
        [num,den]=cloop(nums,dens);
        y=step(num,den,t);
        Ys(:,i)=y;
}
plot(t,Ys);
```

이 프로그램을 실행한 결과를 그림 7.41에 나타내었다. 이 그림을 보면 K가 커질수록진동이 생기면서 초과가 커지는 현상이 나타나며, 정상상태 성능기준을 만족시키는 이득인 $K=5$일 때에는 계단입력에 대해서 초과가 70%, 정착시간이 8초 정도로 나온다. 이러한 과도응답은 목표를 크게 벗어나는 적절치 못한 성능이므로 상수이득 제어기로서는 제어목표를 달성할 수 없다는 것을 알 수 있다. 그러면 이 시스템에 앞섬과 뒤짐보상기를 써서 이 문제를 해결하는 방법을 다루기로 한다.

(1) 앞섬보상기 설계

앞섬보상기는 과도응답 특성을 개선시키는 효과를 지니고 있으므로, 우선 앞섬보상기를

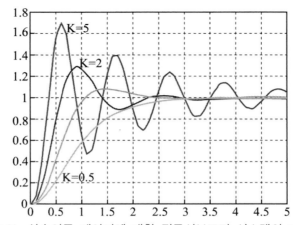

그림 7.41 상수이득 제어기에 대한 직류서보모터 시스템의 계단응답

써서 이 제어문제를 해결해 보기로 한다. 앞섬보상기의 설계를 위해 주파수영역의 접근법을 사용한다. 여기에서 사용하는 앞섬보상기의 전달함수는 다음과 같다.

$$C(s) = K\frac{1+\alpha\,Ts}{1+Ts}, \quad \alpha > 1$$

이 보상기의 설계과정은 다음과 같이 요약할 수 있다.

1) 정상상태 성능기준을 만족시키는 보상기 직류이득 K를 계산한다.

2) 직류이득만 사용하고 다른 보상을 하지 않은 경우의 보데선도를 구하여 위상여유를 계산하고, 제어목표 달성에 필요한 위상앞섬각 ϕ_m 을 결정한다.

3) 식 (7.30)의 $\sin\phi_m = (\alpha - 1)/(\alpha + 1)$을 만족하는 α값을 계산한다.

$$\alpha = \frac{1+\sin\phi_m}{1-\sin\phi_m} \tag{7.33}$$

4) 2)단계의 비보상 보데선도에서 이득이 $-10\log\alpha$ 가 되는 주파수를 찾고, 이것을 새로운 이득교차주파수로 만들기 위해 이 주파수를 최대위상주파수 $\omega_m = 1/(\sqrt{\alpha}\,T)$ 로 정한다. 이로부터 보상기 시상수를 다음과 같이 선정한다.

$$T = \frac{1}{\omega_m\sqrt{\alpha}} \tag{7.34}$$

5) 설계된 앞섬보상기를 포함하는 보데선도를 그린 다음 위상여유를 조사한다. 이 보데선도에서 위상여유가 만족되도록 $K,\ \phi_m$ 을 조절하고, 필요하면 위의 단계를 반복한다.

6) 마지막으로 모의실험에 의해 시간응답 성능을 확인한다. 성능이 만족되지 않으면 필요한 설계과정을 반복한다.

제어기 설계목표가 시간영역 지표로 주어지는 경우에는 이 지표들로부터 2)단계에서 필요한 위상여유를 계산해야 한다. 식 (5.10), (5.11)로부터 초과와 정착시간은 감쇠비 ζ와 고유진동수 ω_n 의 함수로서 다음의 관계식을 만족한다.

$$M_p = e^{-\pi\zeta/\sqrt{1-\zeta^2}} \times 100\,\% \leq 10$$

$$t_s \approx \frac{4}{\zeta\omega_n} \leq 3$$

이 식을 풀거나 그림 7.4를 이용하면 과도상태 성능기준을 만족하는 감쇠비와 고유진동수는 다음과 같다.

$$\zeta \geq 0.5912, \quad \omega_n \geq 2.2555$$

감쇠비를 $\zeta = 0.6$ 으로 하면 위상여유는 다음과 같이 선정할 수 있다(익힘 문제 7.12 참조).

$$PM = \tan^{-1}\frac{2\zeta}{\sqrt{\sqrt{1+4\zeta^4}-2\zeta^2}} \approx 60°$$

이제 제어목표 달성을 위해 이루어야 할 위상여유가 계산되었으므로, 이를 근거로 앞섬 보상기를 설계할 수 있다. 그러면 위의 설계절차에 따라 단계별로 앞섬보상기를 설계하기로 한다.

단계 1) : 먼저 정상상태 오차 성능기준을 만족하려면 다음의 조건이 성립해야 한다.

$$K_v = \frac{1}{E_s} = \frac{1}{0.1} = 10 = 2K$$

따라서 보상기 이득은 $K=5$ 로 설정할 수 있다.

단계 2) : $K=5$ 일 때 $KG(s)$ 의 보데선도를 구하면 그림 7.42와 같다. 여기서 비보상 시스템의 위상여유를 계산하면 11.4°이다. 그런데 앞에서 계산하였듯이 과도상태 성능기준을 만족하기 위한 위상여유는 $PM=60$ °이므로 앞섬보상기에서 필요한 위상앞섬각은 $\phi_m=48.6°=0.8482$ rad이다.

단계 3) : 식 (7.33)에 의해 위상 앞섬각으로부터 앞섬비를 계산하면 다음과 같다.

$$\alpha = \frac{1+\sin\phi_m}{1-\sin\phi_m} = \frac{1+\sin0.8482}{1-\sin0.8482} = 7.0029$$

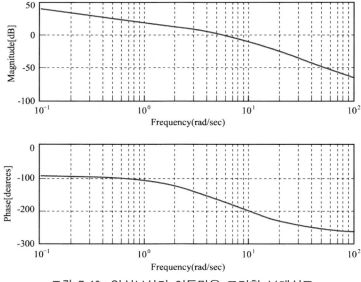

그림 7.42 앞섬보상기 이득만을 고려한 보데선도

단계 4) : 이득이 $-10\log\alpha$ 가 되는 주파수를 찾으면 $\omega_m = 9.4$ rad/sec이고, 식 (7.34)에 의해 $T = 1/9.4\sqrt{7.0029} = 0.0402$ 이다. 따라서 앞섬보상기 전달함수는 다음과 같다.

$$C(s) = K\frac{1+\alpha\,Ts}{1+Ts} = 5\frac{1+0.2815\,s}{1+0.0402\,s}$$

단계 5) : 설계된 보상기를 적용한 시스템의 보데선도를 구하면 그림 7.43과 같다. 여기서 좌표추적기능을 이용하여 위상여유를 구하면 34.7°로서 성능기준을 만족시키기 위한 위상여유인 60°에 미치지 못한다. 위상여유를 60°로 만들려면 그림 7.43에서 이득교차 주파수가 5.2 rad/sec가 되도록 조정하면 된다. 이 주파수에서 이득곡선을 조사하면 이득이 약 6 dB이므로, 이득곡선을 -6 dB만큼 평행이동하면, 즉 보상기의 직류이득을 1/2로 줄이면 이 조건을 만족할 수 있다. 따라서 보상기 이득을 다음과 같이 조정한다.

$$C(s) = 2.5\frac{1+0.2815\,s}{1+0.0402\,s}$$

이 보상기를 적용한 경우의 보데선도는 그림 7.44와 같고, 위상여유는 59.4°로서 목표값을 거의 만족한다.

단계 6) : 위의 보상기를 적용한 폐로시스템의 시간응답을 구하면 그림 7.45와 같다. 계단응답을 보면 정착시간과 초과는 목표를 만족시키고 있는데, 이것은 앞섬보상기를 사용하여 위상여유를 증가시킴으로써 과도응답특성을 개선하는 효과에 의한 것이다. 그러나 보상기 이득이 줄어들어서 속도오차 상수가 $K_v =$

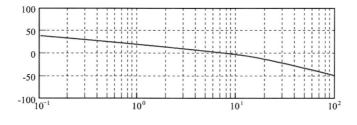

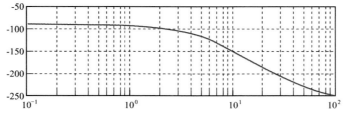

그림 7.43 앞섬보상기로 보상된 시스템의 보데선도

$2K = 5$가 되어 경사입력에 대해 20%의 정상상태 오차가 생겨서 정상상태 응답에 대한 성능기준은 만족시키지 못하고 있다.

위의 설계단계에서 단계 2)부터 4)까지를 처리하는 셈툴파일을 구성하면 다음과 같다.

K = 5;
numg = 100;

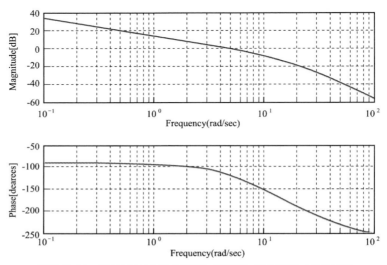

그림 7.44 앞섬보상기의 이득을 조정한 시스템의 보데선도

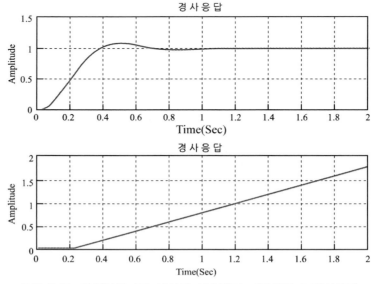

그림 7.45 앞섬보상기로 보상된 시스템의 계단응답과 경사응답

```
deng=[1 15 50 0];
[num,den]=series(K,1,numg,deng);
w=logspace(-1,2,200);
[mag,phase]=bode(num,den,w);
[Gm,Pm,Wpc,Wgc]=margin(mag,phase,w);
Phi=(60-Pm)*(pi/180);
alpha=(1+sin(Phi))/(1-sin(Phi));
M=-10*log(alpha)*ones(length(w),1);
bode(num,den,w);
holdon
subplot(2,1,1)
semilogx(w,M)
```

그리고 단계 5)부터 6)까지를 처리하는 셈툴파일을 구성하면 다음과 같다.

```
"Input the gain of the lead compensator, K="
K=input;
numg=100;
deng=[1 15 50 0];
numgc=K*[0.2815 1];
dengc=[0.0402 1];
[num,den]=series(numgc,dengc,numg,deng);
w=logspace(-1,2,200);
[mag,phase]=bode(num,den,w);
[Gm,Pm,Wpc,Wgc]=margin(mag,phase,w);
bode(num,den,w);
[nums,dens]=cloop(num,den);
t=0:2:0.01;
subplot(2,1,1); step(nums,dens,t);
subplot(2,1,2); step(nums,[dens 0],t);
holdon
subplot(2,1,1); title("계단응답");
subplot(2,1,2); title("경사응답");
```

지금까지 살펴본 앞섬보상기 설계 결과를 보면, 앞섬보상기를 사용하여 위상여유를 키움으로써 과도응답 특성을 개선시켜서 관련 성능기준을 만족시키고 있지만, 정상상태 성능기준은 만족시키지 못하고 있다.

(2) 뒤짐보상기 설계

지금까지 설계한 제어문제에서 뒤짐보상기를 써서 정상상태 오차를 개선하는 문제를 다루기로 한다. 여기서 사용하는 뒤짐보상기의 전달함수는 다음과 같다.

$$C(s) = K\frac{1 + \alpha Ts}{1 + Ts}, \; 0 < \alpha < 1$$

주파수영역에서 뒤짐보상기의 설계과정은 다음과 같다.

1) 정상상태 성능기준에 따라 뒤짐보상기의 이득 K를 결정한다.
2) 비보상 시스템 $KG(s)$의 보데선도를 그린다.
3) 성능기준을 만족시키기 위하여 필요한 위상여유를 구하고, 비보상 보데선도에서 이러한 위상여유를 갖도록 만들 새로운 이득교차 주파수 ω_c'을 구한다. 이 주파수를 보상된 보데선도의 크기응답곡선이 0 dB 점을 지날 주파수로 잡는다.
4) 새로운 이득교차 주파수 ω_c'에서 크기 곡선이 0 dB이 되도록 만드는 데 필요한 이득 감쇠를 구한다. 이 값은 바로 ω_c'에서 비보상 보데선도의 크기 $|KG(j\omega_c')|$과 같다. 그림 7.39에 의하면 뒤짐보상기에서 얻을 수 있는 크기 감쇠는 $20\log_{10}\alpha$ 이므로, 다음과 같이 뒤짐비 α를 결정할 수 있다.

$$|KG(j\omega_c')| = -20\log_{10}\alpha\,[\text{dB}], \quad \alpha < 1$$
$$\alpha = 10^{-|KG(j\omega_c')|/20} \tag{7.35}$$

5) 뒤짐보상기에서는 $1/T$와 $1/\alpha T$ 사이에서 이득의 감쇠가 일어나면서 위상뒤짐도 일어난다. 따라서 ω_c' 근방에서 위상곡선이 크게 영향을 받지 않도록 하기 위하여 다음의 조건을 만족하도록 시상수 T를 결정한다.

$$\frac{1}{\alpha T} << \omega_c'$$
$$T = \frac{10}{\alpha \omega_c'} \sec \tag{7.36}$$

6) 뒤짐비 α와 시상수 T를 갖도록 설계된 보상기가 성능기준을 만족하는지 검사한다.

이 설계절차에 따라 직류서보모터 제어문제에 뒤짐보상기를 적용하기로 한다. 앞섬보상기 설계에서 이미 계산하였듯이, 성능기준을 만족하는 데 필요한 위상여유는 60°이다.

단계 1) : 정상상태 성능기준을 만족시키는 보상기 직류이득은 $K = 5$이다.

단계 2) : $KG(s)$의 비보상 보데선도를 그린다. 이 선도를 그리기 위한 파일은 다음과 같다.

> K = 5;
> numg = 100;
> deng = [1 15 50 0];
> w = logspace(− 1,2,200);
> bode(K*numg,deng,w);

이 파일의 실행 결과로 얻어지는 보데선도가 그림 7.46이다.

단계 3) : 우리가 원하는 위상여유는 60°이므로 그림 7.46의 비보상 보데선도 위상곡선에서 − 120°의 위상값에 해당하는 주파수를 좌표추적기능을 이용하여 구하면 다음과 같다.

$$\omega_c' = 1.771 \text{ rad/sec}$$

단계 4) : 그림 7.46에서 위상교차 주파수 ω_c'에 대응하는 이득을 구하면 다음과 같다.

$$|KG(j\omega_c')| = 14.29 \text{ dB}$$

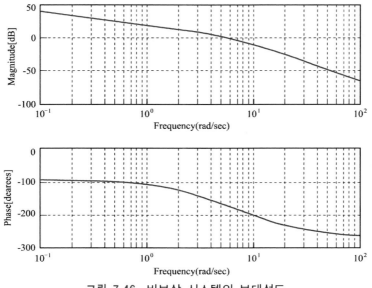

그림 7.46 비보상 시스템의 보데선도

그러면 식 (7.35)로부터 뒤짐비를 다음과 같이 선정할 수 있다.

$$\alpha = 10^{-|KG(j\omega_c')|/20} \approx 0.19$$

단계 5) : 식 (7.36)으로부터 시상수를 결정한다.

$$T = \frac{10}{\alpha \omega_c'} = 29.41 \qquad \text{sec}$$

단계 6) : 뒤짐보상기의 전달함수는 다음과 같이 결정된다.

$$C(s) = 5\frac{1+5.59\,s}{1+29.41\,s} = 0.9504\frac{s+0.18}{s+0.034}$$

이 뒤짐보상기를 포함하는 폐로시스템의 계단응답을 구하는 셈툴파일은 다음과 같고, 실행 결과는 그림 7.47과 같다.

```
K=5;
numg=100;
deng=[1  15  50  0];
numgc=K*[5.59  1];
dengc=[29.41  1];
[nums,dens]=series(numg,deng,numgc,dengc);
[num,den]=cloop(nums,dens);
t=0:20:0.01;
step(num,den,t);
```

앞에서 설계한 뒤짐보상기를 사용하면, 속도오차 상수가 $K_v = 2K = 10$이 되어 경사입력에 대한 정상상태 속도오차는 10%로서 성능기준을 만족하지만, 그림 7.47의 결과를 보면 초과와 정착시간에 대한 과도상태 성능기준은 만족시키지 못하고 있다.

(3) 앞섬/뒤짐보상기 설계

지금까지 주파수영역에서 보데선도를 이용하여 앞섬보상기와 뒤짐보상기를 설계하는 방법을 다루었다. 직류서보모터 제어문제에 적용하는 예를 통하여 이 보상기를 설계해본 결과 앞섬보상기는 과도상태 성능개선에는 효과적이지만, 정상상태 성능기준을 만족시킬 수 없었으며, 뒤짐보상기는 이것과는 정반대의 특성을 보임을 알 수 있었다. 따라서 과도상태와 정상상태 성능을 함께 개선시키려면 앞섬보상기와 뒤짐보상기가 직렬로 연결된 앞섬/뒤짐보상기를 사용해야 한다.

앞섬/뒤짐보상기의 설계방법은 앞섬(또는 뒤짐)보상기 설계법에 따라 먼저 1차 보상시스

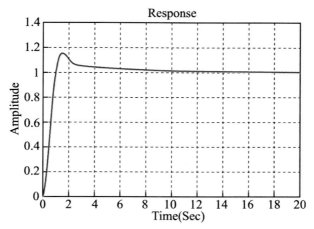

그림 7.47 뒤짐보상기에 의한 폐로시스템의 계단응답

템을 설계한 다음에 이 보상기와 플랜트를 포함하는 시스템에 대해 뒤짐(또는 앞섬)보상기를 설계하는 절차를 거치는 것이다. 이 절차에 따라 직류서보모터 시스템에 대한 앞섬/뒤짐보상기를 설계하면 다음과 같은 보상기를 얻을 수 있다.

$$C(s) = 5\frac{1+0.2815\,s}{1+0.0402\,s} \cdot \frac{1+5.59\,s}{1+29.41\,s}$$

이 보상기를 적용한 폐로시스템의 계단응답과 경사응답을 구해보면 각각 그림 7.48, 그림 7.49와 같다. 이 결과를 보면 앞섬/뒤짐보상기에 의해 과도상태와 정상상태의 성능기준이 모두 만족됨을 알 수 있다.

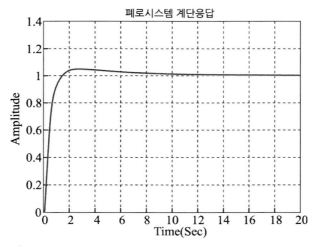

그림 7.48 앞섬/뒤짐보상기에 의한 폐로시스템의 계단응답

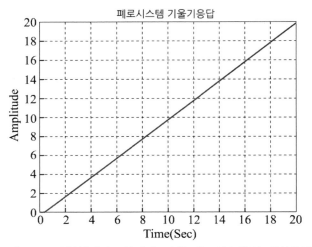

그림 7.49 앞섬/뒤짐보상기에 의한 폐로시스템의 경사응답

7.6.4 근궤적을 이용한 보상기 설계

제어기를 주파수영역에서 설계하는 방법으로서 근궤적을 이용할 수도 있다. 이 절에서는 6장에서 다룬 근궤적을 이용한 극배치법에 의하여 뒤짐보상기를 설계하는 예를 들어보기로 한다. 대상시스템으로는 보데선도를 이용한 보상기 설계에서 다루었던 그림 7.40의 직류서보모터 시스템을 사용하기로 한다. 보상기 전달함수로는 근궤적 작성에 적합한 형태인 식 (7.27)을 채택한다. 근궤적을 이용한 보상기 설계 단계는 다음과 같다.

1) 개로시스템 $KG(s)$ 에 대한 근궤적을 그린다.
2) 식 (5.10)이나 그림 7.4로부터 성능기준 달성에 필요한 주극점의 감쇠비 ζ 를 계산한 다음, 1)의 근궤적에서 감쇠비가 ζ 가 되는 근의 위치를 찾는다.
3) 찾은 근의 좌표에 해당하는 이득 K 를 구하고, 이에 대한 비보상 속도오차 상수 K_v' 을 계산한다.
4) 정상상태 성능기준에 대응하는 속도오차 상수 K_v 에 대한 비보상 속도오차 상수 K_v' 의 비를 뒤짐비 $\alpha = K_v'/K_v$ 로 선정한다.
5) 선정한 뒤짐비 α 에 대하여 보상된 근궤적이 폐로근 주변에서 크게 달라지지 않는 한도 내에서 보상기의 극점과 영점을 결정한다.
6) 설계된 보상기를 적용한 폐로시스템의 계단응답을 확인해 보고, 만족스럽지 못할 때에는 필요한 단계를 반복한다.

이 설계절차에 따라 직류서보모터 제어시스템에 대한 뒤짐보상기를 설계해 보기로 한다.

단계 1) : 개로시스템 $KG(s)$에 대한 근궤적은 그림 7.50과 같다.

단계 2) : 앞섬보상기 설계에서 이미 계산하였듯이 성능기준 달성에 필요한 2차극점의 감쇠비는 다음과 같다.

$$\zeta = 0.5912$$

s평면에서 감쇠비가 일정한 궤적은 기울기가 $-\sqrt{1-\zeta^2}/\zeta$이면서 원점을 지나는 직선이므로, 이 직선과 근궤적이 만나는 점의 좌표를 좌표추적 기능을 써서 찾을 수 있다. 그림 7.50에서 감쇠비가 일정한 직선을 그린 다음 교점의 좌표를 찾으면 $s = -1.826 + j2.367$이 된다.

단계 3) : 2)에서 찾은 근에 해당하는 이득을 계산한다. 이득 K를 계산할 때에는 6장에서 다룬 'rlocval' 명령을 이용하면 다음과 같이 쉽게 이득값을 얻을 수 있다.

$$CEM\gg K = rlocval(100, [1 \ 15 \ 50 \ 0], -1.826 + 2.367*i);$$
$$K =$$
$$0.9615$$

따라서 비보상 속도오차 상수는 다음과 같이 계산된다.

$$K_v' = 2K = 1.9230$$

단계 4) : 정상상태 성능기준을 달성하기 위한 속도오차 상수는 $K_v = 10$이므로 뒤짐비는 다음과 같이 선정한다.

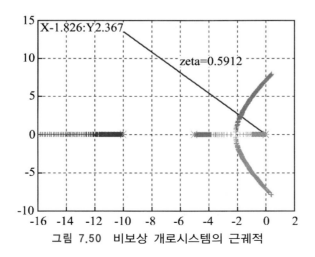

그림 7.50 비보상 개로시스템의 근궤적

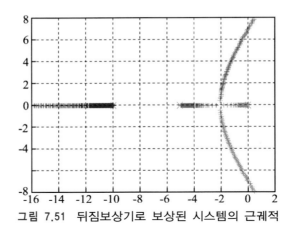

그림 7.51 뒤짐보상기로 보상된 시스템의 근궤적

$$\alpha = \frac{K_v'}{K_v} = \frac{1.9230}{10} = 0.1923$$

단계 5) : 이로부터 뒤짐보상기의 영점 z와 극점 p를 각각 다음과 같이 선정한다.

$$z = \ 0.1$$
$$p = \ z \times \alpha \approx 0.0192$$

여기서 영점 z는 임의의 값이지만, 원래의 비보상 근궤적인 그림 7.50의 모양
을 크게 변화시키지 않도록 하기 위하여 원점에 가까운 값으로 정하는 것이
보통이다. 그리고 이러한 가정이 성립하는지 반드시 선정 후에 확인해야 한다.
뒤짐보상기가 추가된 경우의 근궤적을 구하면 그림 7.51과 같다. 이 궤적은 원
래의 궤적인 그림 7.50과 거의 같음을 확인할 수 있다. 보상기를 연결한 후에
도 이처럼 근궤적도가 크게 달라지지 않는 것은 보상기의 영점과 극점이 s평
면의 원점에 아주 가깝게 있어서 단계 2)에서 정한 근 주위의 근궤적에 영향
을 거의 미치지 않기 때문이다.

단계 6) : 이렇게 정한 보상기의 영점과 극점을 써서 설계된 뒤짐보상기의 전달함수는
다음과 같다.

$$C(s) = \ 0.9615 \frac{s+0.1}{s+0.0192}$$

이 뒤짐보상기를 적용한 폐로시스템의 계단응답을 구해보면 그림 7.52와 같다.
이 결과는 보데선도를 이용하여 설계한 뒤짐보상기에 의한 폐로시스템의 계단
응답인 그림 7.47과 비슷하다.

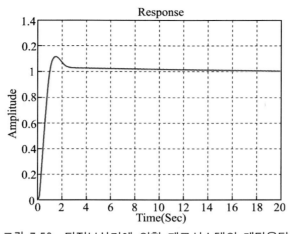

그림 7.52　뒤짐보상기에 의한 폐로시스템의 계단응답

다음의 셈툴파일은 단계 1)과 2)의 과정을 실행하기 위한 것이다.

```
numg＝100;
deng＝[1  15  50  0];
zeta＝0.5912;
x＝－10:0:0.1;
y＝－sqrt(1－zeta^2)/zeta*x;  //ζ=0.5912에 해당하는 직선
K＝logspace(－3,1,200);
rlocus(numg,deng,K);
holdon // 한 그림창에 두 개의 그림표를 그리기 위한 명령
plot(x,y);
```

위의 파일을 실행시키면 그림 7.50과 같은 결과를 얻을 수 있다. 단계 5)에서 설계된 뒤짐보상기를 원래의 플랜트에 연결한 폐로시스템의 근궤적을 그리기 위한 파일은 다음과 같다.

```
numg＝100;
deng＝[1  15  50  0];
z＝0.1;
p＝0.0192;
numgc＝[1  z];
dengc＝[1  p];
[num,den]＝series(numg,deng,numgc,dengc);
K＝logspace(－3,1,200);
```

```
rlocus(num,den,K);
```

이 파일을 실행한 결과 그림 7.51이 구해진다. 단계 6)에서 이렇게 설계된 뒤짐보상기를 사용하는 폐로시스템의 성능을 확인하기 위해 계단응답을 구하는 파일은 다음과 같다.

```
K=0.9615;
numg=100;
deng=[1  15  50  0];
numgc=K*[1  0.1];
dengc=[1  0.0192];
[nums,dens]=series(numg,deng,numgc,dengc);
[num,den]=cloop(nums,dens);
t=0:20:0.1;
step(num,den,t);
```

이 파일의 실행결과가 그림 7.52이다. 이것은 보데선도법으로 설계한 결과인 그림 7.47의 응답곡선과 거의 같다는 것을 알 수 있다. 또한 구해진 뒤짐보상기의 전달함수들을 비교해 보아도 서로 비슷하다는 것을 확인할 수 있다. 즉, 보상기의 설계에 있어서 보데선도를 이용한 방법이나 근궤적을 이용한 방법 모두 그 유용성과 결과가 비슷하다고 할 수 있다. 두 기법의 차이점은 보데선도를 이용한 설계법에서는 안정성여유를 고려할 수 있기 때문에 견실안정성까지 설계목표로 할 수 있는 반면에, 근궤적을 이용한 설계법에서는 견실안정성을 직접 고려할 수 없다는 점이다. 그러나 보데선도를 이용한 설계법에서는 성능기준 달성을 위한 설계가 쉽지 않은 반면에, 근궤적을 이용한 설계법에서는 원하는 성능기준을 고려한 극점 선정을 통해 이 기준 달성을 위한 제어기 설계를 쉽게 할 수 있다. 따라서 두 방법 모두 장단점이 있기 때문에 어느 방법이 더 낫다고 말할 수는 없으며, 사용자의 편의에 따라 어느 것이나 사용할 수 있다.

7.7 요점 정리

1. 주파수영역에서 제어시스템을 설계하면 설계변수에 오차가 있더라도 제어시스템의 성능이 웬만큼 보장되기 때문에 시간영역에서 설계하는 것에 비해 상당히 견실한 시스템을 구성할 수 있다.

2. **나이키스트 안정성 판별법**은 개로시스템에 대한 나이키스트선도를 그려서 이 그래프로부터 폐로시스템의 안정성을 판별하는 방법이다. 안정한 개로시스템의 경우에는 나이키스트선도가 (-1, 0)점을 둘러싸지 않는 것이 폐로시스템 안정성의 필요충분조건이 된다. 이 선도는 컴퓨터꾸러미를 활용하면 쉽게 그릴 수 있다. 단 비최소위상이면서 원점이나 허수축에 극점이 있는 시스템에 대해서는 전 구간의 나이키스트선도가 필요한데, 이 선도 작성이 어렵기 때문에 허수축 극점을 좌반평면으로 조금 이동시킨 근사모델에 대해 나이키스트선도를 작성하거나, 아니면 폐로극점을 직접 계산하는 방법을 써야 한다.

3. 보데선도는 크기응답과 위상응답 그림표로 이루어진다. 이 그림표에서 가로축은 모두 주파수에 대한 대수눈금을 쓰며, 세로축은 크기응답에서는 크기를 데시벨[dB]로 나타내는 대수눈금을, 위상응답에서는 위상각을 각도단위 도[°]로 나타내는 선형눈금을 쓴다.

4. 보데선도는 주파수응답 특성을 필산으로도 그릴 수 있도록 고안된 방법이지만, 시스템이 복잡한 경우에 이것을 필산으로 그리기에는 번거로울 뿐만 아니라 계산오차도 커진다. 따라서 이 경우에는 컴퓨터를 활용하는 것이 좋은데, 이러한 용도로 셈툴꾸러미에는 일반적인 전달함수에 대해서 보데선도를 쉽게 그릴 수 있는 명령어가 제공된다.

5. **안정성여유**는 시스템모델의 불확실성에 대해서 안정한 정도를 나타내는 상대적 지표로서 **이득여유**와 **위상여유**로 표시한다. 바람직한 안정성여유는 **이득여유 6 dB 이상, 위상여유 30~60°**이다. 유의할 점은 이득과 위상여유는 이득과 위상 가운데 각각 하나만 변화할 때의 안정성여유이며, 둘이 동시에 바뀌는 경우에는 여유가 상당히 줄어든다는 것이다.

6.* 니콜스선도(Nichols chart)는 폐로시스템의 주파수응답 특성을 복소평면상에 직접 그림표로 나타내는 방법이다. 루프전달함수의 주파수응답을 복소평면상에 그린 다음, 이 선도가 일정크기 궤적인 M원과 일정위상 궤적인 N원과 만나는 점으로부터 폐로주파수응답을 직접 읽어낼 수 있다. 예를 들면, $G(j\omega)$ 궤적이 접하는 가장 짧은 반지름을 갖는 M원에 해당하는 크기가 공진최대값 M_r이며, 이때의 주파수가 공진주파수 ω_r이 된다. 만일 공진최대값을 어느 값 이하로 유지하고 싶다면, 이 값에 해당하는 M원보다 반지름이 큰 원에서 $G(j\omega)$ 궤적과 접해야 한다.

7. **보상기**란 대상시스템의 위상특성의 일부를 적절히 바꾸기 위해 추가되는 장치를 일컬으며, 미리 설정된 안정성과 성능목표를 달성하기 위해 시스템 전체의 특성을 고려하여 설계되는 제어기와 구별된다. 앞섬(뒤짐)보상기는 대상시스템의 위상을 적절히 앞

서도록(뒤지도록) 보상하는 장치로서, 각각 1차의 전달함수로 표시된다. 이 보상기들은 따로 쓰이거나 또는 주파수역을 달리하여 함께 쓰이기도 하며, 함께 사용할 경우에는 2차 전달함수로 표시된다.

8. **앞섬보상기**는 시스템의 상승시간을 빠르게 하고 대역폭을 증가시키는 등 과도응답특성을 개선시킨다. 반면에 **뒤짐보상기**는 시스템의 정상상태 오차를 줄이는 등 정상상태 응답특성을 개선시키지만 상승시간이나 정착시간이 느려진다. 앞섬/뒤짐보상기는 과도응답과 정상상태 응답특성을 함께 개선시키기 위해 쓰인다.

9. 주파수영역에서 제어기를 설계할 경우에 보데선도를 이용하는 방법과 근궤적을 이용한 방법은 모두 유용한 기법으로서, 같은 문제에 대해 비슷한 결과를 얻을 수 있다. 보데선도를 이용한 방법에서는 견실안정성까지 고려할 수 있으나 성능을 고려한 설계가 쉽지 않다. 근궤적을 이용한 극배치법에서는 견실안정성을 직접 고려할 수는 없으나 성능을 고려한 설계를 쉽게 할 수 있어서 서로간 장단점을 갖고 있다. 따라서 어느 방법이 더 낫다고 할 수는 없으며, 사용자의 편의에 따라 어느 것이나 사용할 수 있다.

7.8 익힘 문제

7.1 예제 7.6의 개로전달함수에 대해
(1) 주파수 범위를 지정하지 않고 자동지정 방식인 'nyquist(num,den)' 명령을 써서 나이키스트선도를 작성하고, 이 방식의 문제점을 조사하라.
(2) 이 문제점을 해결하기 위해 개로전달함수를 다음과 같이 근사모델로 잡은 뒤 이에 대한 나이키스트선도를 구한 다음, 이 선도와 그림 7.9의 선도를 함께 고려하여 폐로시스템 안정성을 판별하고, 불안정할 경우에는 불안정한 폐로극점의 수를 구하라.

$$G(s)H(s) \approx \frac{20}{(s+0.01)(1+0.1s)(1+0.5s)}$$

7.2 예제 7.7의 플랜트에 대해 근사모델을 다음과 같이 잡은 뒤 이 근사모델에 대해 나이키스트선도를 구하고, 폐로시스템 안정성을 판별하라.

$$G(s)H(s) \approx \frac{s-2}{(s-0.01)(s+1)}$$

7.3 다음과 같은 불안정한 개로전달함수를 갖는 시스템에서 폐로시스템 안정성을 보장하는 미정계수 K의 범위를 구하려고 한다.

$$G(s)H(s) = \frac{K}{s - 0.1}$$

나이키스트 안정성 판별법으로 K의 범위를 구하라.

7.4 다음과 같은 개로전달함수를 갖는 시스템에서 폐로시스템 안정성을 보장하는 미정계수 K의 범위를 구하려고 한다.

$$G(s)H(s) = \frac{K}{(s+1)(s+2)}$$

(1) 나이키스트 안정성 판별법으로 K의 범위를 구하라.
(2) 근궤적법으로 K의 범위를 구하라.
(3) 두 방법으로 구한 결과의 차이점에 대해 설명하라.

7.5 다음과 같은 전달함수를 갖는 단위되먹임 시스템에서

$$G(s) = \frac{2.51(1 + 0.03\,s)}{s(1 + 3.15\,s)(1 + 0.0243\,s + 0.0098\,s^2)}$$

(1) 셈툴 프로그램을 사용하여 나이키스트선도를 그려라.
(2) 이 선도로부터 이득여유와 위상여유를 구하라.

7.6 다음과 같은 루프전달함수 $G(s)H(s)$를 갖는 시스템에 대하여 나이키스트선도를 그리고, 나이키스트 판별법을 써서 안정성을 판별하라. 만약 시스템이 안정하다면 나이키스트선도가 실수축과 만나는 점을 구하는 방법을 써서 이득 K가 가질 수 있는 최대값을 구하라.

(1) $G(s)H(s) = \dfrac{K}{s(s^2 + 1.5s + 5.4)}$

(2) $G(s)H(s) = \dfrac{K(s + 6.74)}{s^2(s + 1.4)}$

7.7 다음과 같은 개로전달함수를 갖는 시스템에서

$$G(s) = \frac{K(s + 219)}{s(s + 31)(s + 68)}$$

(1) $K = 500$일 때 이 시스템의 안정성을 판별하라.
(2) $K = 50$일 때 공진최대값과 위상여유를 구하라.

7.8 다음과 같은 루프전달함수를 갖는 폐로시스템을 생각해 보자.

$$G(s)H(s) = \frac{K}{s(s+1.2)(s+13.6)}$$

(1) 위상여유가 60°가 되도록 이득 K의 값을 정하라.

(2) (1)에서 정해진 K에 대해서 시스템의 이득여유를 구하라.

7.9 예제 7.11의 전달함수를 갖는 플랜트에서

(1) 주파수 범위를 0.1~100 rad/sec로 하는 보데선도를 자동지정방식으로 그리는 셈툴 프로그램을 작성하라.

(2) 이 보데선도에 그림 7.26과 똑같은 그림제목과 가로축 및 세로축의 제목을 붙이는 셈툴 프로그램을 작성하라.

7.10 다음과 같은 불안정한 개로전달함수를 갖는 플랜트에서

$$G(s) = \frac{1}{s - 0.1}$$

(1) 보데선도를 작성하라.

(2) 이득여유[dB], 위상여유, 위상교차 주파수, 이득교차 주파수를 구하라.

(3) 안정한 개로전달함수에 대한 안정성여유와 어떠한 차이가 있는지 설명하라.

7.11 앞섬보상기(7.28)에서 최대위상 주파수와 최대위상각이 식 (7.30)과 같음을 유도하라(힌트 : $\dfrac{d}{dx}\tan^{-1}x = \dfrac{1}{1+x^2}$ 을 이용하라).

7.12 그림 7.2의 단위되먹임 시스템에서 개로전달함수가 다음과 같을 때

$$G_L(s) = \frac{\omega_n^2}{s(s+2\zeta\omega_n)}, \quad \zeta, \omega_n \geq 0$$

이 시스템의 이득교차 주파수와 위상여유는 다음과 같이 결정됨을 보여라.

- 이득교차 주파수 $\omega_{gc} = \omega_n\sqrt{\sqrt{1+4\zeta^4}-2\zeta^2}$ [rad/sec]

- 위상여유 $PM = \tan^{-1}\dfrac{2\zeta}{\sqrt{\sqrt{1+4\zeta^4}-2\zeta^2}}$ [°]

7.13 2차 표준형 시스템 $G(s)$에서 대역폭 ω_B는 다음과 같이 결정됨을 보여라.

$$G(s) = \frac{\omega_n^2}{s^2+2\zeta\omega_n s+\omega_n^2}$$
$$\omega_B = \omega_n\left(1-2\zeta^2+\sqrt{4\zeta^4-4\zeta^2+2}\right)^{1/2}$$

7.14 그림 7.14p와 같은 단위되먹임 시스템에서

(1) 루프이득의 나이키스트선도를 그려라.

(2) 보데선도를 그려라. 단, 주파수에 대한 함수로 표현되는 크기응답과 위상응답 단위는 각각 데시벨[dB]과 [°]로 나타내어라.

(3) 주어진 제어시스템의 위상여유와 이득여유를 계산하라.

(4) K_p, K_v, K_a의 값을 계산하라.

(5) 5 rad/sec의 경사입력에 대한 정상상태 속도오차를 계산하라.

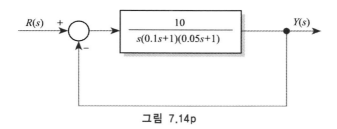

그림 7.14p

7.15 그림 7.15p와 같은 단위되먹임 시스템에서

(1) 보데선도를 그려라.

(2) 이득교차 주파수와 위상여유를 계산하라.

(3) K_p, K_v, K_a의 값을 계산하라.

(4) 40 rad/sec의 속도입력에 대한 정상상태 속도오차를 계산하라.

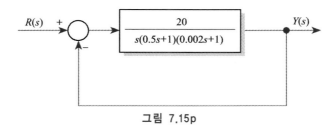

그림 7.15p

7.16 다음과 같은 개로전달함수를 갖는 되먹임 제어시스템에서

$$G(s)H(s) = \frac{50}{s^2 + 101s + 100}$$

(1) 감쇠비를 계산하여 공진이 일어날 수 있는지 판단하고, 공진이 생긴다면 공진주파수를 계산하라.

(2) 매우 낮은 주파수와 매우 높은 주파수에서 크기응답의 기울기를 계산하라.

(3) 크기응답에 대한 보데선도를 구하고, (1)과 (2)의 계산결과를 확인하라.

7.17 다음과 같은 개로전달함수를 갖는 시스템 각각에 대하여 주파수응답을 극좌표 위에 그려라.

(1) $G(s)H(s) = \dfrac{1}{(1+0.2s)(1+5s)}$

(2) $G(s)H(s) = \dfrac{1+0.1s}{s^2}$

(3) $G(s)H(s) = \dfrac{s+4}{s^2+6s+25}$

(4) $G(s)H(s) = \dfrac{30(s+4)}{s(s+2)(s+8)}$

7.18 문제 7.17의 전달함수들에 대하여 보데선도를 그려라.

7.19 다음과 같은 전달함수로 표시되는 2차 시스템에서

$$G(s) = \frac{s/z+1}{s^2+s+1}$$

(1) $z = 0.5$, 1, 5 각각에 대한 보데선도를 그리고, $z = \infty$ 인 경우의 보데선도와 비교하라.

(2) 이 그림으로부터 영점이 추가되는 경우 영점 z의 크기와 공진최대값, 초과 및 정착시간 사이의 관계를 설명하라.

(3) 셈툴을 써서 여러 가지 영점에 대한 단위계단응답을 그려보고 (2)의 결과를 확인하라.

7.20 다음과 같은 전달함수로 표시되는 2차 시스템에서

$$G(s) = \frac{1}{(s/p+1)(s^2+s+1)}$$

(1) $p = 0.5$, 1, 5 각각에 대한 보데선도를 그리고, $p = \infty$ 인 경우의 보데선도와 비교하라.

(2) 이 그림으로부터 극점이 추가되는 경우 극점 p의 크기와 상승시간 사이의 관계를 설명하라.

(3) 셈툴을 써서 p를 여러 가지로 바꿔가면서 단위계단응답을 그려보고 (2)의 결과를 확인하라.

7.21 그림 7.21p의 단위되먹임 시스템에서

(1) 보데선도와 근궤적을 써서 시스템이 불안정하게 되는 이득 K와 주파수를 계산하라.

(2) 위상여유를 30°로 만드는 이득 K를 구하고, 이때의 이득여유를 계산하라.

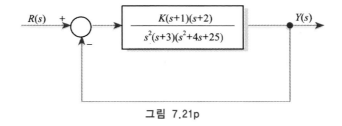

그림 7.21p

7.22 그림 7.22p의 되먹임 시스템에서 플랜트 전달함수가 다음과 같을 때

$$G(s) = \frac{5}{s(s/2+1)(s/3+1)}$$

(1) 위상여유가 30° 이상이 되도록 단위직류이득을 가지는 앞섬보상기를 설계하라.
(2) 이 시스템의 대략적인 대역폭은 얼마인가 계산하라.
(3) 셈툴을 이용하여 설계한 결과를 검증하라.

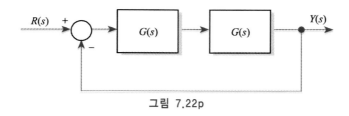

그림 7.22p

7.23 그림 7.22p의 되먹임 시스템에서 플랜트 전달함수가 다음과 같을 때

$$G(s) = \frac{K}{s(s/5+1)(s/50+1)}$$

(1) 다음의 제어목표를 만족하도록 뒤짐보상기를 설계하라.
  • 단위경사입력에 대한 정상상태 오차가 0.01 이하이다.
  • 위상여유는 40°에서 ±3°의 오차를 허용한다.
(2) 셈툴을 이용하여 결과를 검증하라.

7.24 그림 7.22p의 되먹임 시스템에서 플랜트 전달함수가 다음과 같을 때

$$G(s) = \frac{K}{s(s/5+1)(s/25+1)}$$

(1) 폐로시스템이 다음 조건을 만족하도록 보상기를 설계하라.
  • 단위경사입력에 대한 정상상태 오차가 0.01 이하이다.
  • 위상여유는 45°에서 ±3°의 오차를 허용한다.
  • 주파수가 ω ≤ 2 rad/sec인 정현파 주기함수에 대한 정상상태 오차가 0.005 이하이다.
  • 입력단에 함께 들어오는 100 rad/sec 이상의 고주파 잡음성분은 출력에서 해당 성분이 최소한 100배 이상 감쇠되어야 한다.
(2) 셈툴을 이용하여 결과를 검증하라.

7.25 단위되먹임 제어시스템의 개로전달함수가 다음과 같을 때

$$G(s) = \frac{10}{s(s^2+1.5s+10)}$$

(1) 대응하는 폐로시스템의 M_r, ω_r과 대역폭을 계산하라.

(2) 위의 3차 시스템이 다음의 개로전달함수로 표현되는 2차 시스템 $G_2(s)$와 똑같은 M_r과 ω_r을 갖도록 2차 시스템의 ω_n과 ζ값을 결정하라.

$$G_2(s) = \frac{\omega_n^2}{s(s + 2\zeta\omega_n)}$$

7.26 그림 7.22p의 되먹임 시스템에서 플랜트 전달함수가 다음과 같을 때

$$G(s) = \frac{K}{s(s+1)(s+10)}$$

속도오차 상수가 10이고, 위상여유가 60°, 이득여유가 10 dB 이상이 되도록 보상기 $C(s)$를 설계하라.

7.27 식 (3.5)의 직류서보모터 모델에서

$$G(s) = \frac{\Theta(s)}{E(s)} = \frac{K_t K_a}{s(L_a s + R_a)(Js + B) + K_t K_b s}$$

시스템 계수들이 다음과 같을 때

$$K_t = 6 \times 10^{-5} \text{ Nm/A}, \quad K_b = 5.5 \times 10^{-2} \text{ Vsec/rad}, \quad R_a = 0.2 \ \Omega, \quad L_a \approx 0,$$

$$K_a = 10, \quad J = 1 \times 10^{-5} \text{ kgm}^2, \quad B \approx 0$$

(1) 전달함수를 구하라.

(2) 이 시스템의 이득여유, 위상여유 및 교차주파수들을 구하라.

(3) 위상여유가 30°가 되도록 뒤짐보상기를 설계하라.

7.28 식 (3.71)로 표시되는 압연기 모델에서

$$G(s) = \frac{\Delta S}{\Delta S^*} = \frac{6775.08}{s^2 + 33.42s + 6888}$$

(1) 보데선도를 그리고 공진주파수를 구하라.

(2) 이득여유와 위상여유를 구하라.

제 어 상 식

▶ 루프제어기(loop controller)

　루프제어기는 연속형 플랜트를 제어대상으로 하는 되먹임 제어시스템에서 연속형 제어기로 쓰이는 상용 제어기이다. 되먹임 제어루프를 형성하기 때문에 '루프제어기'라고 한다. 이 장치는 몇 개 이내의 제어루프를 가진 소형 플랜트의 제어에 단독으로 쓰이거나, 대형 플랜트를 대상으로 하는 분산제어시스템의 일부로 연계되어 사용되기도 한다. 루프제어기의 앞면 판에는 글자판 입력장치와 각종 표시장치가 있어서 현장에서 운전자가 직접 손으로 조작할 수 있으며, 직렬통신 등을 통하여 상위 컴퓨터에서 원격조작 및 감시제어를 수행할 수도 있다. 이 루프제어기에는 현장에서 많이 사용하는 각종 PID제어 알고리즘이 제공되며, PID계수의 자동동조기능이 함께 제공되는 것도 있다. 루프제어기의 되먹임제어는 DCS 단말기에서도 수행할 수 있다. 또한 PLC에서도 부분적으로 수행하기 때문에 그 사용처가 줄어들고 있다. 소규모인 경우에는 전용 제어기를 사용한다. 중규모 정도의 플랜트에서 재사용을 염두에 둔 경우에 사용되고 있다.

Siemens의 PAC 353

CHAPTER **8**

PID제어기
설계법

8.1 개 요

이 장에서는 산업현장에서 가장 많이 쓰이고 있는 PID제어기 설계법을 다룬다. PID제어기는 7장에서 다룬 앞섬·뒤짐보상기와 같이 주로 근궤적법이나 주파수응답법 따위로 설계된다. 이 제어기들은 제어공학 초기부터 사용되었기 때문에, 다양한 설계기법을 사용하는 현대제어기에 대비하여 **고전제어기(classic controller)**라고 한다.

1) PID제어기(PID controller)는 구조가 간단하고 제어성능이 우수하고, 제어이득 조정이 비교적 쉽기 때문에 산업현장에서 약 80% 이상을 차지할 정도로 많이 사용되고 있다. PID제어는 비례(P)제어, 적분(I)제어, 미분(D)제어를 단독으로 쓰거나 혹은 두 가지 이상을 결합한 형태로 사용한다.

2) 비례제어(P control)는 PID제어기에서 반드시 사용하는 가장 기본적인 제어이며, 구현하기가 쉽다. 그러나 이 제어만으로는 적분기가 플랜트에 없을 경우에 정상상태 오차가 발생할 수 있다.

3) 적분제어(I control)는 정상상태 오차를 없애는 데 사용된다. 그러나 적분이득을 잘못 조정하면 시스템이 불안해지고 반응이 느려진다.

4) 미분제어(D control)는 잘 활용하면 안정성에 기여하고, 예측기능이 있어 응답속도를 빠르게 한다. 그러나 시스템에 잡음성분이 있을 때 미분값이 커져 제어입력에 나쁜 영향을 미치기 때문에 이 점에 주의해야 하며, 단독으로는 사용하지 않는다.

5) 제어기의 계수를 조정하는 행위를 **동조(tuning)**라 하는데, PID제어기 동조를 위한 대표적 방법으로는 지글러-니콜스(Ziegler-Nichols) 동조법, 계전기(relay) 동조법 등이 있다. 이 방법들은 제어대상 시스템의 모델을 사용하지 않고 간단한 동조과정을 거쳐 PID계수를 결정할 수 있기 때문에 현장에서 많이 활용되고 있다.

6) PID제어기 계수는 제어대상 시스템의 모델이 주어질 경우에 주파수영역 설계법, 근궤적법, 과도응답법 등을 사용하여 반복과정을 통해 설계할 수 있다.

7) PID제어기에 구동기를 연결하여 사용할 때 구동기에 포화특성이 있으면 적분누적(integrator windup) 현상이 생겨 불안정하게 되는데, 이를 막기 위하여 누적방지(antiwindup) 기법을 사용한다.

8) PID제어기는 구성형태에 따라 크게 병렬형과 직렬형 그리고 신호의 형태에 따라 연속형과 이산형 등으로 나눌 수 있다. 여기서 연속형 및 이산형 제어기란 제어기의 입출

력신호가 시간에 대해 각각 연속적이고 이산적인 것을 말한다. 지금까지 이 책에서 다뤄온 제어기들은 모두 연속형인데, 이 제어기들을 컴퓨터나 디지털 신호처리장치로 구현할 때에는 이산형 제어기가 쓰이게 된다.

9) PID제어기의 형태는 병렬형이 기본형이지만 실제로 구현할 때에는 필요에 따라 직렬형으로 하거나 미분기 앞 단에 필터를 부착하는 필터형 등 여러 가지로 변형되어 쓰인다.

PID제어기는 제어성능이 우수하고, 제어이득의 조정이 비교적 쉽기 때문에 산업현장에 많이 쓰이고 있으나, 적용대상이 단입출력 시스템에 한정되는 제약성이 있다. 따라서 입력과 출력이 각각 두 개 이상씩인 다입출력 시스템에 그대로 적용할 수는 없으며, 만일 이 경우에도 PID제어기를 쓰고자 한다면 입력과 출력을 일대일로 대응시키는 분해과정을 거쳐 여러 개의 단입출력 모델을 구하고, 각각에 대해 이 제어기를 적용해야 한다. 그러나 이 모델 분해과정은 많은 경우에 쉽지 않기 때문에 다입출력 시스템에 직접 적용할 수 있는 현대제어기법을 사용한다.

8.2 P제어기

8.2.1 P제어기의 구성

비례제어란 기준신호와 되먹임신호 사이의 차인 오차신호에 적당한 비례상수 이득을 곱해서 제어신호를 만들어내는 제어기법을 말한다. 오차신호에 비례하는(proportional) 제어신호를 만든다는 뜻에서 이 기법에 의한 제어기를 **비례제어기(proportional controller)**, 영문약자를 써서 **P제어기**라고 한다. 그림 8.1의 블록선도는 플랜트에 P제어기를 연결해서 구성한 되먹임 제어시스템의 일반적인 형태를 보여 주고 있다. 그림에서 K는 P제어기의 이득이다.

그림 8.1의 블록선도에서 볼 수 있듯이 P제어기는 구성이 간단하여 구현하기가 쉽다. 그러나 이득 K의 조정만으로는 시스템의 성능을 여러 가지 면에서 함께 개선시키기는 어렵다. 그림 8.2와 같은 스프링 – 댐퍼 시스템의 예를 들어서 이 점에 대해 살펴보기로 한다. 이

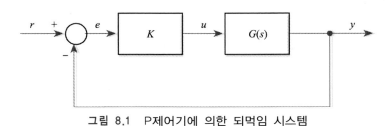

그림 8.1 P제어기에 의한 되먹임 시스템

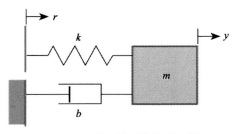

그림 8.2 스프링-댐퍼 시스템

시스템에서의 제어문제는 스프링과 댐퍼가 달려있는 질량의 변위 y를 기준입력 r을 사용하여 조절하는 것이다.

이 시스템의 개로전달함수는 다음과 같이 주어진다(3.2.1절 참조).

$$G(s) = \frac{Y(s)}{R(s)} = \frac{k}{ms^2+bs+k}$$

여기서 b는 댐퍼의 점성마찰계수, k는 스프링의 탄성계수이다. 이 시스템에 이득이 $K>0$인 P제어기를 달아서 그림 8.1과 같은 폐로시스템을 구성할 때, 폐로 특성방정식은 $1+KG(s)=0$으로부터 다음과 같이 구할 수 있다.

$$ms^2+bs+k+Kk = 0$$

이 특성방정식에서 알 수 있는 것처럼 P제어기의 이득은 시스템의 탄성계수를 k에서 $(1+K)k$로 증가시키는 역할을 한다. 따라서 P제어기에 의한 되먹임은 마치 탄성계수가 Kk인 스프링을 시스템에 병렬로 더 연결한 것과 같은 효과를 내게 된다. 이 사실은 위의 폐로전달함수에서 $K=0$인 경우에 특성방정식이 개로시스템의 특성방정식과 같아지는 것을 생각해보면 쉽게 알 수 있다.

시스템 계수들이 $m=1$, $b=1$, $k=0.1$인 경우에 다음과 같은 명령을 실행시켜서 이 시스템의 개로 계단응답을 구해보면 그림 8.3과 같다.

```
num=0.1;
den=[1  1  0.1];
step(num,den);
```

그림 8.3의 응답을 보면 개로시스템에서 정상상태 오차는 0이지만, 상승시간이 20초 정도로 반응이 상당히 느린 특성을 보이고 있다. 이제 P제어기를 써서 되먹임 시스템을 구성할 경우 제어이득 K를 조정해서 이 시스템의 성능을 얼마나 개선시킬 수 있는지 알아보기로 한다. 이것을 알아보기 위해서 6장에서 다룬 근궤적법을 사용한다. 이 경우 근궤적을 그리기

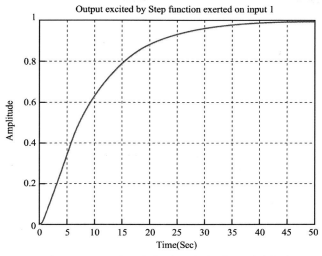

그림 8.3 스프링-댐퍼 시스템의 개로 계단응답

위한 묶음파일은 다음과 같다.

num = 0.1;

den = [1 1 0.1];

rlocus(num,den);

프로그램을 실행하면 그림 8.4와 같은 근궤적이 그려진다. 이 근궤적에서 근이 실수축을 벗어나는 경계점은 $s = -0.5$인데, 이 점에 해당하는 이득 K의 값을 구하면 다음과 같다.

CEM≫rlocval(num,den,-0.5)

1.5000

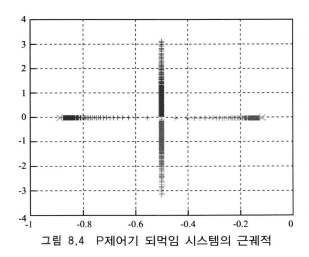

그림 8.4 P제어기 되먹임 시스템의 근궤적

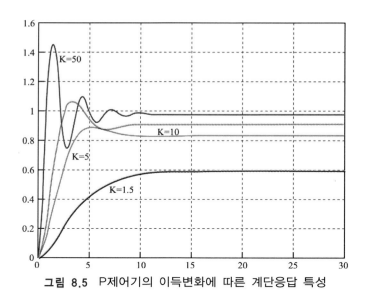

그림 8.5 P제어기의 이득변화에 따른 계단응답 특성

따라서 $0 < K \leq 1.5$ 일 때에는 폐로극점이 모두 실수축 위에 있으며, K의 값이 커짐에 따라 한 개의 근은 원점에서 멀어지고, 다른 한 개의 근은 원점 쪽으로 다가온다. 일반적으로 근이 원점에서 멀어지면 시상수가 작아져서 빠른 응답을 나타내게 되는데, 이 시스템의 경우에는 이득이 $K = 1.5$일 때 근이 실수축 위에 있으면서 원점으로부터 가장 멀리 있게 된다. 이때의 계단응답을 구해보면 그림 8.5와 같다. 이 응답을 보면 상승시간이 8초 정도로서 개로시스템 응답에 비해 상당히 빨라졌으나, 정상상태 오차가 40%로 크게 나타나고 있다. 이 정상상태 오차를 줄이려면 비례이득을 더 증가시켜야 하는데, 이렇게 할 경우에는 폐로근들이 실수축을 벗어나면서 근의 허수부분이 커지기 때문에 정상상태 오차와 상승시간은 줄어들지만, 초과가 커지는 현상이 생기게 된다. 이러한 현상은 그림 8.5의 계단응답을 통해 확인할 수 있다.

8.2.2 P제어기의 한계

5장에서 다루었듯이 일반적으로 2차 이상의 고차 시스템에서는 이득을 크게 하면 정상상태 오차를 줄일 수 있지만, 지나치게 이득을 높이면 시스템이 불안정해질 수도 있다. 앞의 예에서 살펴본 바와 같이 P제어기를 쓰면 시스템의 성능 가운데 한 가지를 개선할 수는 있으나 두 가지 이상을 함께 개선할 수는 없다. 따라서 P제어기는 아주 단순한 시스템의 경우를 제외하고는 단독으로 쓰이는 경우가 거의 없으며, 다음에 다룰 적분제어나 미분제어와 함께 쓰인다.

8.3 PI제어기

8.3.1 PI제어기의 구성

비례적분 제어란 오차신호를 적분하여 제어신호를 만들어내는 적분제어를 앞절에서 살펴본 비례제어에 병렬로 연결하여 사용하는 제어기법을 가리킨다. 비례제어 부분과 더불어 오차신호를 적분(integral)하여 제어신호를 만드는 적분제어를 함께 쓴다는 뜻에서 이 기법에 의한 제어기를 **비례적분 제어기(proportional-integral controller)**, 영문약자를 써서 PI제어기라고 한다. 그림 8.6의 블록선도는 플랜트에 PI제어기를 연결해서 구성한 되먹임 제어시스템을 보여 주고 있다. 오차신호와 제어신호 사이의 전달함수로 표시되는 **PI제어기**의 전달함수는 다음과 같은 꼴로 나타난다.

$$C(s) = K_p + \frac{K_i}{s} \tag{8.1}$$

여기서 K_p는 **비례계수**, K_i는 **적분계수**라 한다. 이 제어기의 제어신호를 시간영역에서 나타내면 다음과 같다.

$$u(t) = K_p\, e(t) + K_i \int_0^t e(\tau)d\tau$$

그림 8.6에서 제어대상 플랜트의 전달함수가 다음과 같이 원점에 극점을 갖는 2차 시스템으로 주어진다고 가정하자.

$$G(s) = \frac{\omega_n^2}{s(s+2\zeta\omega_n)} \tag{8.2}$$

여기서 ζ와 ω_n은 상수로서 단위되먹임의 경우, 즉 $K_p=1$, $K_i=0$ 일 때 폐로시스템의 감쇠비와 고유진동수가 된다. 이와 같이 두 개의 특성계수로 표시되는 2차 시스템을 제어대상으로 하여 PI제어기로 구성된 되먹임 제어시스템의 동작을 살펴보기로 한다. 이 경우에 식 (8.1)의 PI제어기를 결합한 전체 시스템의 개로전달함수는 다음과 같이 구해진다.

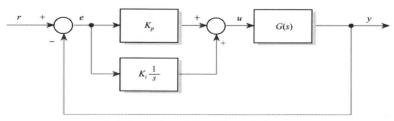

그림 8.6 PI제어기에 의한 되먹임 시스템

$$L(s) = G(s)C(s) = \frac{\omega_n^2(K_p s + K_i)}{s^2(s + 2\zeta\omega_n)} \tag{8.3}$$

이 개로전달함수에서 볼 수 있듯이 PI제어기는 $s = -K_i/K_p$ 에 있는 영점과 원점 $s = 0$ 에 있는 극점을 개로전달함수에 첨가하는 역할을 한다. PI제어에 적분제어가 들어감으로써 한 가지 분명한 효과는 시스템의 형(type)이 1차 증가하는 것이다. 그러므로 5장에서 살펴본 바와 같이 시스템의 정상상태 오차가 한 차수만큼 개선된다. 즉, 어떤 입력에 대한 정상상태 오차가 0이 아닌 상수라면 적분제어는 그 오차를 0으로 만든다. 물론 이처럼 정상상태 오차를 감소시키는 것은 되먹임 시스템이 안정하게 설계된 경우이다.

그림 8.6의 되먹임 제어시스템에서 PI제어기의 적분제어 동작에 의해 1형 시스템이 2형 시스템으로 바뀜으로써 계단입력과 경사입력에 대한 정상상태 오차는 항상 0이 된다. 이 정상상태 동작은 적분제어에 의해 결정되는 것이며, 여기에 비례계수 K_p는 영향을 미치지 않으므로 이 계수를 조정하여 다른 특성을 개선하는 데 활용할 수 있다. 이제 남은 문제는 만족할 만한 과도응답을 얻을 수 있도록 K_p, K_i의 적절한 조합을 선택하는 일이다. 이 문제를 다음의 예제를 통해 셈툴을 써서 다루어 보자.

예제 8.1

항공기에서 승강타와 피치각(pitch angle) 사이의 전달함수가 다음과 같다.

$$G(s) = \frac{4500K}{s(s + 361.2)}$$

여기서 K는 공정 내부에서 정해지는 이득으로, 여기서는 단위경사입력에 대한 정상상태 오차를 0.000443으로 하기 위하여 $K = 181.17$ 로 택한다. 이 항공기의 자세제어 시스템을 그림 8.6과 같은 PI제어기로 설계하라.

풀이 위의 항공기의 자세제어를 위하여 식 (8.1)의 PI제어기를 연결한 전체 시스템의 개로전달함수는 다음과 같다.

$$L(s) = G(s)C(s) = \frac{815265 K_p(s + K_i/K_p)}{s^2(s + 361.2)} \tag{8.4}$$

이 시스템의 폐로 특성방정식은 $1 + G(s)C(s) = 0$로부터 다음과 같이 된다.

$$s^3 + 361.2 s^2 + 815265 K_p s + 815265 K_i = 0 \tag{8.5}$$

4.4.2절에서 익힌 루쓰-허위츠 안정성 판별법을 이 식에 적용해 보면, 조건 $0 < K_i <$

$361.2\,K_p$가 만족될 때 이 시스템이 안정하게 된다. 이 조건은 $s = -K_i/K_p$에 있는 $L(s)$의 영점이 s평면 좌반평면에서 왼쪽으로 너무 멀리 있으면 이 시스템이 불안정하게 됨을 뜻한다. 따라서 실제로 PI제어기를 설계할 때에는 $s = -K_i/K_p$에 있는 영점이 $L(s)$의 주극점으로부터 될 수 있는 한 멀리 떨어져 있되, 원점에 상대적으로 가깝게 있도록 선택한다. 이 예제의 경우에는 $L(s)$의 주극점이 $s = -361.2$에 있으므로 K_i와 K_p의 값은 다음 조건을 만족하도록 선택되어야 한다.

$$\frac{K_i}{K_p} \ll 361.2 \tag{8.6}$$

이 조건을 만족하는 한 예로서 $K_i/K_p = 10$으로 할 때 식 (8.5)의 근궤적을 구하는 셈틀파일은 다음과 같다.

```
num = 815265*[1  10];
den = [1  361.2  0  0];
k = logspace( - 4, - 1,300);
rlocus(num,den,k);
```

이 파일을 실행한 결과는 그림 8.7과 같다.

식 (8.4)에서 분자의 K_i/K_p항은 식 (8.6)의 조건을 만족시키면 감쇠비 $\zeta = 0.707$ 을 실현시키는 점 근처에서 s의 크기에 비교하여 아주 작으므로 무시할 수 있으며 다음과 같이 근사화할 수 있다.

$$L(s) \approx \frac{815265\,K_p}{s\,(s + 361.2)}$$

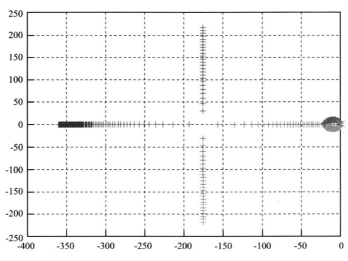

그림 8.7 $K_i/K_p = 10$이고 K_p가 변할 때 식 (8.5)의 근궤적

이 근사시스템의 감쇠비를 $\zeta = 0.707$로 잡고 식 (8.2)와 비교하면 $K_p = \dfrac{(361.2/2\zeta)^2}{815265} = 0.08$이 된다. 이 값은 K_i/K_p가 식 (8.6)을 만족한다면 PI제어기를 포함하는 개로시스템에 대해서도 역시 변함이 없다. 그러므로 $K_p = 0.08$ 및 $K_i = 0.8$로 잡은 그림 8.7의 근궤적은 두 복소근의 감쇠비가 약 0.707임을 보여 준다. 사실 $K_p = 0.08$이고 K_i의 값을 식 (8.6)이 만족되도록 취하는 한, 복소근의 상대적인 감쇠비는 0.707에 매우 접근한다. 예를 들어, $K_i/K_p = 5$이면 3개의 특성방정식 근은 $s = -5.145$, $-178.03 \pm j178.03$에 있고, 두 복소근의 상대적인 감쇠비는 0.707이다. 폐로전달함수의 실수극점이 이들 각 경우에 이동된다 하더라도 실수극점은 $s = -K_i/K_p$의 영점에 가까워지기 때문에 이 실수극점에 의해 생기는 과도현상은 무시할 수 있다. 예를 들면, $K_i = 0.4$ 이고 $K_p = 0.08$일 때 폐로전달함수는 다음과 같다.

$$T(s) = \frac{L(s)}{1+L(s)} = \frac{65221.2\,(s+5)}{(s+5.145)(s+178.03+j178.03)(s+178.03-j178.03)}$$

여기서 $s = -5.145$ 의 극점은 $s = -5$ 의 영점에 매우 접근되어 있으므로 이 극점에 의한 과도응답은 무시되고, 이 시스템의 동특성은 나머지 두 복소근에 의해서 지배된다. 설계된 PI제어기의 성능을 확인하기 위해 단위되먹임만 쓰는 경우와 $K_p = 0.08$, $K_i = 0.8$인 PI제어기를 써서 보상된 시스템의 단위계단응답을 구하여 함께 그리는 셈툴파일을 작성하면 다음과 같다.

```
num = 815265;
den = [1  361.2  815265];
t = 0:0.04:0.0005;
y = step(num,den,t);
kp = 0.08;
ki = 0.8;
num = 815265*[kp  ki];
den = [1  361.2  815265*kp  815265*ki];
y1 = step(num,den,t);
plot(t,[y  y1]);
```

이 파일을 실행하면 그림 8.8과 같은 결과를 볼 수 있다. 이 응답을 보면 단위되먹임만 사용하는 경우에는 초과가 52% 정도로 크게 나타나지만, PI제어기를 쓰면 적절히 감쇠가 걸리면서 초과가 10% 정도로 크게 줄어듦을 알 수 있다. 그러나 PI제어기의 적분제어항은 계단응답에서 상승시간과 정착시간을 길게 하기 때문에 응답속도가 늦어지는 문제가 있음에 주의해야 한다.

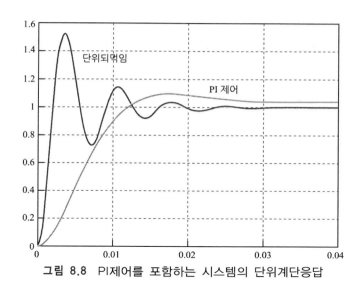

그림 8.8 PI제어를 포함하는 시스템의 단위계단응답

8.3.2 PI제어기의 한계

예제 8.1을 통해 알 수 있듯이 PI제어기는 식 (8.2)와 같은 원점극점을 갖는 2차 시스템에 대해서 안정성을 확보하고, 성능목표를 어느 정도 만족시킬 수 있다. 그러나 대상시스템이 특성계수 세 개로 표시되는 일반적 2차 시스템이거나 원점극점을 갖는 3차 시스템인 경우부터는 제어목표를 달성하기가 어려워진다. 이 중에 원점극점을 갖는 3차 시스템의 대표적인 예로는 3.2.3절에서 다룬 직류서보모터를 들 수 있다. 이 시스템을 대상으로 PI제어기를 적용하는 문제를 다루고 어떤 한계가 있는가를 알아보기로 한다.

직류서보모터의 전달함수는 식 (3.5)로 주어지는데, 이 모델에서 전기·기계 상수들이 다음과 같은 조건을 만족한다고 가정한다.

$$K_t = 6 \times 10^{-5} \text{ Nm/A}, \ K_b = 5 \times 10^{-2} \text{ Vsec/rad}$$
$$R_a = 0.2 \ \Omega, \ L_a \approx 1.33 \times 10^{-2} \text{ H}, \ K_a = 5$$
$$J = 4.5 \times 10^{-6} \text{ kgm}^2, \ B \approx 0 \text{ Nm/rad/sec}$$

이 경우에 직류서보모터의 전달함수는 다음과 같다.

$$G(s) = \frac{K}{s(1+0.1s)(1+0.2s)} \tag{8.7}$$

여기서 서보모터 이득상수 $K = 100$ 이다. 이 시스템에 대해 단위되먹임을 갖는 폐로시스템을 구성한다면 개로전달함수는 $L(s) = G(s)$ 이므로 경사오차 상수는 $K_v = \lim_{s \to \infty} sL(s) = 100$이 된다. K가 변할 때 시스템의 근궤적을 구하기 위해 다음과 같은 셈툴파일을 실행하면 그림 8.9의 근궤적을 얻을 수 있다.

```
num = [1];
den = [0.02  0.3  1  0];
k = logspace( -4,2,100);
r = rlocus(num,den,k);
```

이 근궤적을 보면 $K=100$일 때 특성방정식 세 개의 근 가운데 두 개의 근은 $3.8 \pm j14.4$로서 s평면 우반평면에 있다. 따라서 적당한 제어기를 추가하지 않고 단위되먹임만으로 구성된 폐로시스템은 불안정하다.

그러면 식 (8.7)로 표시되는 직류서보모터에 대해 식 (8.1)의 전달함수를 갖는 PI제어기를 적용하는 문제를 생각해 보자. PI제어기를 적용한 되먹임 시스템의 개로전달함수는 다음과 같다.

$$L(s) \;=\; G(s)C(s) \;=\; \frac{5000\,K_p\,(s+K_i/K_p)}{s^2(s+5)(s+10)} \tag{8.8}$$

PI제어기를 설계할 때 K_i/K_p의 값은 $L(s)$의 주극점에서 될 수 있는 한 멀리 떨어지면서 원점에 가까운 자리에 영점이 오도록 정한다. 이 시스템의 경우 $L(s)$의 주극점은 $s=-5$에 있으므로 이 위치를 고려하여 K_i/K_p의 값을 0.1로 정하기로 한다. 그리고 K_p의 값은 시스템에서 요구되는 감쇠비가 만족되도록 선택한다. $K_i/K_p = 0.1$로 하면 $L(s)$의 영점이 $s=-0.1$에 놓이게 되고, 이 영점은 원점 가까이에 자리하게 되어 $s=0$에 있는 $L(s)$의 이중극점 중 하나를 상쇄하는 효과를 내게 되므로, 식 (8.8)의 전달함수는 다음 식으로 근사화된다.

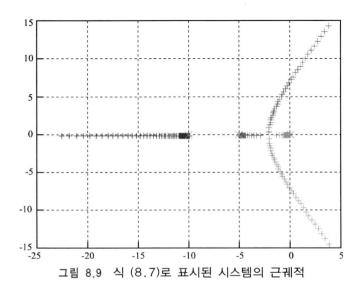

그림 8.9 식 (8.7)로 표시된 시스템의 근궤적

$$L(s) \approx \frac{5000\, K_p}{s\,(s+5)\,(s+10)}$$

이 전달함수는 비례계수 K_p 인수를 제외하고는 식 (8.7)과 같다. 그러므로 이 근사식에 근거하여 감쇠비에 대한 요구에 알맞은 K_p의 값을 정할 수 있다. 식 (8.7)에 대한 근궤적인 그림 8.9에서 $K=1.63$일 때 감쇠비는 $\zeta=0.707$ 이다. 따라서 $K_p=1.63/100=0.0163$이고 $K=100$ 이면 필요한 경사오차 상수를 얻을 수 있다. 일반적으로 K_p를 다음과 같이 표현할 수 있다.

$$K_p = \frac{\text{원하는 감쇠비에 대한 } K\text{의 값}}{\text{정상상태에 대한 } K\text{의 값}} \tag{8.9}$$

그림 8.10은 $K_i/K_p = 0.1$ 이고 K_p가 변할 때 식 (8.8)로 표시된 시스템의 근궤적을 셈툴 매크로 파일과 함께 보인 것이다. 이 그림에서 보듯이 $s=-0.1$ 에 있는 영점은 $s=-5$ 에 가장 접근한 극점과 비교하면 원점에 매우 가까우므로 원점에 있는 이중극점 가운데 하나와 상쇄되는 효과가 일어나서, 실제로 그림 8.10의 $K_p=0.0163$인 영역 근처의 근궤적은 그림 8.9의 $K=1.63$ 인 영역 근처의 근궤적과 매우 비슷함을 확인할 수 있다.

```
num = [5000  500];
den = [1  15  50  0  0];
k = logspace(−4,0,100);
rlocus(num,den,k);
```

그림 8.11은 K_i 의 값을 변화시키면서 구한 폐로시스템의 계단응답을 보여 주고 있다. 이

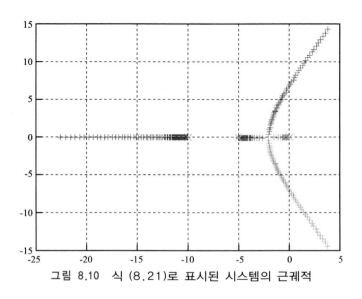

그림 8.10 식 (8.21)로 표시된 시스템의 근궤적

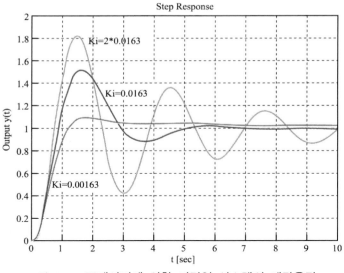

그림 8.11 PI제어기에 의한 되먹임 시스템의 계단응답

결과를 살펴보면 PI제어기의 한계가 드러나고 있다. 그림에서 보듯이 K_i 계수가 작을수록 초과는 줄어들지만 응답속도와 정착시간이 느려지며, 이 계수가 커질수록 응답속도는 빨라지나 초과가 커지게 된다. PI제어기를 써서 이룰 수 있는 가장 좋은 초과를 구해보면 $K_i = 0.00163$ 일 때 약 10%이지만 정착시간이 $t_s \approx 12$ sec로서 응답이 너무 느리며, $K_i \gg 0.0163$ 이면 시스템이 불안정해진다. 결론적으로 말하자면 극점에 원점을 갖는 3차 시스템에 대해 PI제어기를 적용하면 시스템을 안정화시킬 수는 있지만, 시스템의 응답속도와 초과 사이의 제어성능을 절충하는 것이 어렵다는 것이다. 그리고 이 한계는 일반적인 2차 시스템에 PI제어기를 적용할 때에도 마찬가지로 나타난다. 이러한 한계는 PID제어기를 사용함으로써 극복할 수 있는데, 이에 대해서는 8.5절에서 다룰 것이다.

8.4 PD제어기

8.4.1 PD제어기의 구성

PD제어란 오차신호를 미분하여 제어신호를 만들어내는 미분제어를 비례제어에 병렬로 연결하여 사용하는 제어기법이다. 비례제어 부분과 미분제어를 함께 쓴다는 뜻에서 이 기법에 의한 제어기를 **비례미분 제어기**(proportional-derivative controller), 영문약자를 써서 **PD제어기**라고 한다. 그림 8.12의 블록선도는 플랜트에 PD제어기를 연결한 되먹임 제어시스템을 보여 주고 있다. 오차신호와 제어신호 사이의 전달함수로 표시되는 PD제어기의 전달함수는 다음과 같은 꼴로 나타난다.

$$C(s) = K_p + K_d s \tag{8.10}$$

여기서 K_p는 **비례계수**, K_d는 **미분계수**이다. 이 경우에 제어신호는 시간영역에서 다음과 같이 나타낼 수 있다.

$$u(t) = K_p e(t) + K_d \frac{d}{dt} e(t)$$

그림 8.12에서 제어대상 플랜트의 전달함수가 식 (8.2)와 같이 원점에 극점을 갖는 2차 시스템으로 주어진다고 가정한다. 이 시스템은 앞절에서 PI제어기의 특성을 살펴볼 때 썼던 것과 똑같은데, 여기서도 같은 시스템을 제어대상으로 하여 PD제어기로 구성된 되먹임 제어시스템의 동작을 살펴보기로 한다. 이 경우 식 (8.10)의 PD제어기를 결합한 전체 시스템의 개로전달함수는 다음과 같이 구해진다.

$$L(s) = G(s)C(s) = \frac{Y(s)}{E(s)} = \frac{\omega_n^2(K_p + K_d s)}{s(s + 2\zeta\omega_n)} \tag{8.11}$$

이 식에서 알 수 있듯이 PD제어기는 개로전달함수에 $s = -K_p/K_d$인 영점을 첨가하는 역할을 한다. 미분제어는 오차신호의 미분값에 비례하는 제어신호를 되먹임시켜 오차신호의 변화를 억제하는 역할을 하기 때문에 감쇠비를 증가시키고 초과를 줄이는 데 효과적이다. 이러한 미분제어의 효과를 고려하여 PD제어기를 적절히 설계하면 시스템의 과도응답 특성을 개선시킬 수 있다. 그러나 PD제어기를 사용하는 경우에는 시스템 형식이 증가하지 않기 때문에 정상상태 응답특성은 개선되지 않으므로 주의해야 한다. 그러면 예제 8.1에서 다루었던 것과 같은 항공기 자세제어에 PD제어기를 적용하는 문제를 풀어보기로 한다.

예제 8.2

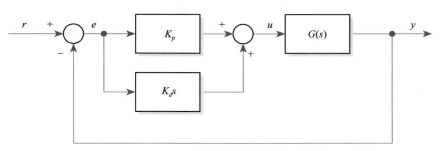

그림 8.12 PD제어기를 포함하는 되먹임 제어시스템

항공기 승강타와 피치각 사이의 전달함수가 다음과 같이 주어진다.

$$G(s) = \frac{4500K}{s(s+361.2)}$$

여기서 K는 예제 8.1에서와 같이 단위경사입력에 대한 정상상태 오차를 0.000443으로 하기 위하여 $K = 181.17$로 택한다. 이 항공기의 자세제어 시스템을 그림 8.12와 같은 PD제어기로 설계하라.

📖풀이 주어진 K값에 대하여 이 시스템의 감쇠비는 $\zeta = 0.2$이고, 초과는 52% 정도로서 과도응답 특성이 만족스럽지 못하다(이러한 특성은 그림 8.8의 단위계단응답에서 확인할 수 있다). PD제어기를 사용하여 정상상태 오차를 0.000443으로 유지하면서 이 시스템의 감쇠비와 최대초과가 개선되도록 설계해 보자. 식 (8.10)의 PD제어기가 포함된 개로전달함수는 다음과 같다.

$$L(s) = \frac{Y(s)}{E(s)} = \frac{815265(K_p + K_d s)}{s(s+361.2)} \tag{8.12}$$

따라서 이 시스템의 폐로전달함수는 다음과 같이 되고,

$$T(s) = \frac{Y(s)}{R(s)} = \frac{L(s)}{1+L(s)} = \frac{815265(K_p + K_d s)}{s^2 + (361.2 + 815265K_d)s + 815265K_p} \tag{8.13}$$

경사오차 상수는 다음과 같이 구해진다.

$$K_v = \lim_{s \to 0} s L(s) = \frac{815265K_p}{361.2} = 2257.1K_p \tag{8.14}$$

따라서 단위경사입력에 대한 정상상태 오차는 $E_s = 1/K_v = 0.000443/K_p$이 되며, 이 오차를 0.00043으로 하기 위해서는 비례상수는 $K_p = 1$로 하면 된다.

식 (8.13)의 폐로전달함수에서 보듯이 PD제어기에 의해 $s = -K_p/K_d$인 영점이 첨가되고, 감쇠를 나타내는 분모 1차항의 계수가 원래의 값인 361.2로부터 $361.2 + 815265K_d$로 증가되는 효과가 나타난다. 이 시스템의 폐로 특성방정식은 다음과 같으므로,

$$s^2 + (361.2 + 815265K_d)s + 815265K_p = 0 \tag{8.15}$$

$K_p = 1$일 때 감쇠비는 다음과 같다.

$$\zeta = \frac{361.2 + 815265K_d}{2\sqrt{815265}} = 0.2 + 451.46K_d$$

이 식은 PD제어기에 의해 감쇠비가 원래값 0.2로부터 $451.46K_d$만큼 증가하여 미분제어계수 K_d가 감쇠비에 미치는 결정적인 효과를 보여 준다. 또한 K_d가 증가하면 폐

로극점 중 하나가 $s = -K_p/K_d$에 있는 영점에 아주 가깝게 접근해서 서로 상쇄되기 때문에 초과가 증가하지 않는다.

K_p와 K_d의 효과를 알아보기 위해서 식 (8.15)의 특성방정식에 근궤적법을 적용할 수 있다. 먼저 K_d를 0으로 놓으면 식 (8.15)는 다음과 같이 된다.

$$s^2 + 361.2\,s + 815,265\,K_p = 0 \qquad (8.16)$$

K_p가 변할 때 이 식의 근궤적은 그림 8.13과 같고, 이를 위한 셈툴파일은 다음과 같다.

```
num = [815265];
den = [1  361.2  0];
rlocus(num,den);
```

$K_d \neq 0$ 일 때 근궤적을 조사하려면 식 (8.15)의 특성방정식을 다음과 같이 변형시킨다.

$$1 + K_d\,G_{eq}(s) = 1 + K_d\,\frac{815265\,s}{s^2 + 361.2\,s + 815265\,K_p} = 0$$

여기서 $G_{eq}(s)$는 식 (8.15)를 근궤적법의 표준형으로 표시할 때 대응되는 전달함수이다. K_p가 일정하고 K_d가 변할 때 식 (8.15)의 근궤적은 $G_{eq}(s)$의 극영점 형태에 근거하여 구성되는데, $K_p = 1$과 $K_p = 0.5$인 경우에 근궤적을 구하는 셈툴파일은 다음과 같다.

```
num = [815265  0];
den = [1  361.2  815265];
k = logspace( - 4, - 2.5,100);
rlocus(num,den,k);
holdon
```

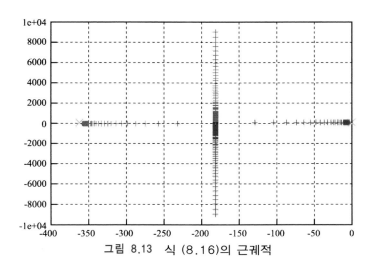

그림 8.13 식 (8.16)의 근궤적

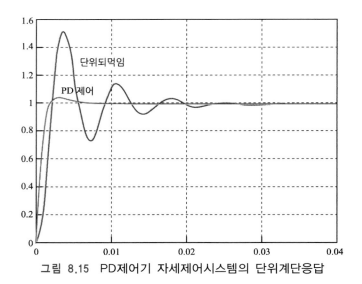

그림 8.15 PD제어기 자세제어시스템의 단위계단응답

```
den = [1  361.2  815265*0.5];
rlocus(num,den,k);
```

이 파일을 실행시킨 결과는 그림 8.14와 같다. 이 그림을 보면 $K_p = 1$이고 $K_d = 0$일 때 특성방정식의 근은 $-180.6 \pm j\,884.67$이며, 감쇠비는 $180.6\,/\sqrt{180.6^2 + 884.67^2} = 0.2$임을 알 수 있다. K_d값이 증가할 때 두 개의 특성방정식 근은 원호를 따라 실수축을 향하여 이동한다. $K_d = 0.001772$ 일 때 근들은 실수 이중근으로서 $s = -902.92$에 있으며, 임계감쇠를 나타낸다. $K_d > 0.001772$이면 두 근은 서로 다른 실수가 되고,

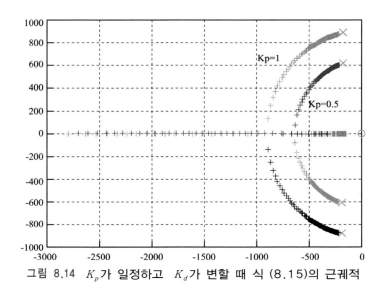

그림 8.14 K_p가 일정하고 K_d가 변할 때 식 (8.15)의 근궤적

시스템은 과감쇠 특성을 보인다. 이 근궤적은 K_d값이 증가함에 따라 PD제어기의 효과에 의해 감쇠특성이 개선되는 것을 다시 보여 준다.

설계된 PD제어기의 성능을 확인하기 위해 PD제어기가 없는 경우와 비교하여 폐로시스템의 단위계단응답과 함께 나타내는 셈툴파일을 작성하면 다음과 같다.

```
num = 815265;
den = [1  361.2  815265];
t = 0:0.04:0.0005;
y1 = step(num,den,t);
kp = 1;
kd = 0.001772;
num = 815265*[kd  kp];
den = [1  361.2 + 815265*kd  815265*kp];
y2 = step(num,den,t);
plot(t,[y1  y2]);
```

이 파일을 실행한 결과인 그림 8.15를 보면, PD제어기가 없는 단위되먹임 시스템의 응답에서는 최대초과가 52% 정도로 크게 나타난다. 그러나 $K_p = 1$, $K_d = 0.001772$인 PD 제어기를 사용할 경우에는 최대초과가 4% 정도로 아주 작게 나타난다(이 경우 K_d를 임계감쇠인 경우로 선정해도 초과가 나타나는데 이것은 폐로전달함수의 $s = -K_p/K_d$에 있는 영점 때문이다). 또한 PD제어기의 미분보상효과에 의해 상승시간이 더 짧아짐을 알수 있다.

PD제어기의 계수 K_p와 K_d의 효과를 분석하는 다른 해석적인 방법은 K_p와 K_d 계수 평면에서 성능특성을 계산하는 것이다. 예제 8.2의 시스템의 경우 식 (8.15)의 특성방정식으로부터 감쇠비 ζ는 다음과 같이 비례계수 K_p와 미분계수 K_d의 함수로 나타낼 수 있다.

$$\zeta = \frac{361.2 + 815265\,K_d}{2\sqrt{815265\,K_p}} = \frac{0.2 + 451.46\,K_d}{\sqrt{K_p}} \tag{8.17}$$

식 (8.15)에 루쓰–허위츠 안정성 판별법을 적용하여 폐로시스템이 안정하기 위한 조건을 구하면, $K_p > 0$ 및 $K_d > -0.000443$이 된다. 이 안정성 조건 아래에서 일정한 ζ에 대하여 식 (8.17)로부터 K_p와 K_d 사이의 관계를 구하면 다음과 같은 2차함수 관계가 성립한다.

$$K_p = \left(\frac{0.2 + 451.46\,K_d}{\zeta}\right)^2$$

그림 8.16은 K_p-K_d 평면에서 $\zeta = 0.5,\ 0.707,\ 1.0$ 인 세 가지 경우에 대한 일정한 ζ 궤적을 보여 주고 있다. 이 그림은 K_p와 K_d의 값이 시스템의 각종 성능지표에 어떻게 영향을 미치는지를 분명히 나타내주고 있다. 경사오차 상수 K_v는 식 (8.14)에서와 같이 비례계수 K_p에 정비례하는 함수이고, 미분계수 K_d에는 무관하므로, 그림 8.16의 K_p-K_d계수평면에서는 수평선으로 표시할 수 있다. 예를 들어, K_v가 2257.1 로 맞춰진다면 이 조건은 $K_p = 1$ 의 수평선에 대응하는데, 이 그림으로부터 K_d가 증가함에 따라 감쇠도 단조롭게 증가됨을 보여 준다. 또한 이 그림은 일정한 K_v와 일정한 ζ의 궤적이 만나는 점의 좌표에 의해 원하는 K_v와 ζ에 필요한 K_d, K_p의 값을 지시해주고 있다. 다음은 그림 8.16을 구하기 위한 셈툴 묶음파일이다.

```
kd = [0:0.005:0.0001]';
[n1,n2] = size(kd);
zeta = 0.5;
for(i = 1;i<=n1;i = i+1)
    kp1(i) = ((0.2+451.46*kd(i))^2)/(zeta^2);
zeta = 0.707;
for(i = 1;i<=n1;i = i+1)
    kp2(i) = ((0.2+451.46*kd(i))^2)/(zeta^2);
zeta = 1.0;
for(i = 1;i<=n1;i = i+1)
```

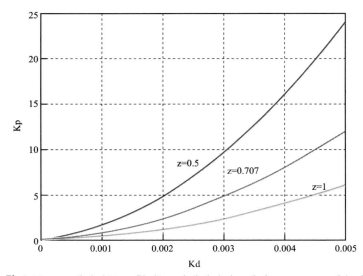

그림 8.16 PD제어기를 포함하는 자세제어시스템의 $K_d - K_p$ 계수평면

```
kp3(i) = ((0.2 + 451.46*kd(i))^2)/(zeta^2);
plot(kd,[kp1 kp2 kp3]');
xtitle("Kd");
ytitle("Kp");
```

8.4.2 PD제어기의 한계

예제 8.2를 통해서 확인하였듯이 PD제어기는 식 (8.2)와 같이 원점극점을 갖는 2차 시스템에 대해서는 안정성과 성능 제어목표를 달성할 수 있다. 그렇지만 PI제어기처럼 이 제어기도 대상시스템이 일반적 2차 시스템이거나 원점극점을 갖는 3차 시스템부터는 적용이 어려워진다. 그러면 식 (8.7)의 직류서보모터에 대해 PD제어기를 적용하는 문제를 다루면서 이 점에 대해 살펴보기로 한다.

PD제어기의 전달함수는 식 (8.10)과 같으므로 이 제어기를 포함하는 대상시스템의 개로 전달함수는 다음과 같다.

$$L(s) = G(s)C(s) = \frac{5000\,K_d(s+K_p/K_d)}{s(s+5)(s+10)} \tag{8.18}$$

이 시스템에 대해 설계목표를 만족할 만한 상대안정성을 이루면서 경사오차 상수를 $K_v = 100$으로 유지하는 것으로 하여 제어기를 설계하기로 한다. 경사오차 상수에 대한 설계목표는 식 (8.18)의 개로전달함수에서 경사오차 상수는

$$K_v = \lim_{s \to 0} sL(s) = 100\,K_p = 100$$

이므로 $K_p = 1$로 놓아서 이룰 수 있다. 따라서 남은 문제는 만족할 만한 상대안정성을 이루도록 미분계수 K_d를 결정하는 것이다.

폐로시스템의 극점을 결정하는 폐로 특성방정식은 다음과 같이 미분계수 K_d를 포함하는 3차 방정식으로 표시된다.

$$s^3 + 15s^2 + (50 + 5000\,K_d)s + 5000 = 0 \tag{8.19}$$

여기서 K_d의 변화에 따라 이 특성방정식의 근이 어떻게 바뀌는가를 살펴보기 위해 식 (8.19)의 양변을 K_d가 포함되지 않은 항으로 나누면, 다음과 같이 근궤적 작성을 위한 표준형 (6.5)에 대응하는 식을 얻을 수 있다.

$$1+K_d \frac{5000\,s}{s^3+15\,s^2+50\,s+5000} \;=\; 0$$

이 식으로부터 K_d 변화에 대한 근궤적을 작성하는 다음과 같은 프로그램을 적용하면 특성방정식 (8.19)의 근궤적을 그림 8.17과 같이 구할 수 있다.

```
num=[5000  0];
den=[1  15  50  5000];
k=logspace(−4,0,100);
rlocus(num,den,k);
```

　　그림 8.17의 근궤적을 보면 이 시스템에 대한 PD제어기의 한계가 분명하게 드러난다. 이 근궤적에 의하면 PD제어기의 미분계수 K_d가 아주 작을 때에는 특성방정식의 세 개의 근 가운데 두 복소근이 우반평면에 있게 되어 시스템이 불안정해지며, K_d가 증가하면 이 복소극점이 좌반평면으로 이동하지만 감쇠비의 크기는 제한을 받는다. 감쇠비를 크게 하려면 K_d값을 아주 크게 해야 하는데, K_d가 매우 커지면 세 개의 근 가운데 실수근이 원점에 아주 가깝게 오게 되어 계단응답의 초과를 증가시키는 심각한 원인이 된다. 이것을 확인하기 위해 K_d의 값을 변화시키면서 폐로시스템의 계단응답을 구해보면 그림 8.18과 같다. 이 그림에서 보듯이 PD제어기를 써서 이룰 수 있는 가장 좋은 최대초과를 구해보면 $K_d=0.3$일 때 약 60%이며, $K_d>0.3$이면 초과가 커지고, $K_d \ll 0.1$이면 불안정해진다. 결론적으로 원점극점을 갖는 3차 시스템에 PD제어기를 적용하면 시스템을 안정화시킬 수는 있지만, 실현될 수 있는 감쇠비의 크기는 제한을 받기 때문에 과도응답 특성이 불만족

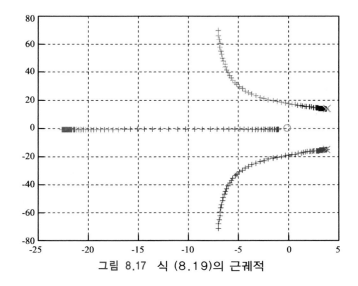

그림 8.17 식 (8.19)의 근궤적

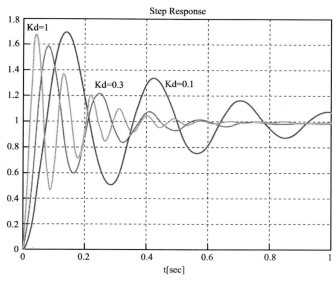

그림 8.18 PD제어기에 의한 되먹임 시스템의 계단응답

스럽게 된다. 이러한 한계는 일반적 2차 시스템에서도 유사하게 나타나는데, 이 한계는 다음 절에서 다룰 PID제어기를 사용함으로써 극복할 수 있다.

8.5 PID제어기

앞절에서 살펴본 바와 같이 PI제어기나 PD제어기를 식 (8.2)와 같은 원점극점을 갖는 2차 시스템에 적용할 때 계수조정을 적절히 잘하면 안정성 확보는 물론이고 성능개선도 훌륭히 할 수 있다. 그러나 대상시스템이 세 개의 특성계수로 표시되는 일반적 2차 시스템이거나 원점극점을 갖는 3차 시스템인 경우부터는 PI제어기나 PD제어기를 적용할 때 안정성은 확보할 수 있으나, 과도응답이나 정상상태 응답 등의 성능목표를 함께 만족시키기는 어렵다. 구체적으로 PD제어기는 시스템의 감쇠비를 증가시키고 상승시간을 빠르게 만들지만, 정상상태 응답을 개선하는 데에는 효과가 없으며, PI제어기는 감쇠비를 증가시키고 동시에 정상상태 오차도 개선시키지만 상승시간이 느려지는 등 과도응답에는 불리한 것이다. 따라서 정상상태 응답과 과도상태 응답을 모두 개선하려면 PI제어기와 PD제어기의 장점들을 조합하는 방법을 자연스럽게 생각할 수 있는데, 이러한 목적으로 제안된 제어기가 PID제어기이다.

PI제어기와 PD제어기에서 앞에 언급한 성능상의 한계가 생기는 근본적인 까닭은 대상시스템의 주어진 특성계수들이 세 개인데, PI나 PD제어기는 설계변수가 각각 두 개씩이어서 대상시스템의 특성계수 중 두 개만을 제어할 수 있고, 나머지 하나에 대해서는 거의 영향을 미치지 못하기 때문이라고 할 수 있다. 그런데 앞으로 다루게 될 PID제어기는 설계변수가 세 개이기 때문에 이러한 PI와 PD제어기의 한계를 극복할 수 있다.

PID제어기는 비례(P), 적분(I), 미분(D)제어의 세 부분을 병렬로 조합하여 구성하는 제어기로서, 그림 8.19의 블록선도는 플랜트에 PID제어기를 연결한 되먹임 제어시스템을 보여 주고 있다. PID제어기를 전달함수로 표시하면 다음과 같다.

$$C(s) = \frac{U(s)}{E(s)} = K_p + K_d s + \frac{K_i}{s} \tag{8.20}$$

여기서 K_p, K_d, K_i는 비례계수, 미분계수, 적분계수이다. 시간영역에서 PID제어신호를 표시하면 다음과 같이 나타낼 수 있다.

$$u(t) = K_p e(t) + K_d \frac{d}{dt} e(t) + K_i \int_0^t e(\tau) d\tau$$

이 제어기를 설계하는 방법에는 여러 가지가 있을 수 있는데, 앞에서 익힌 PI제어기와 PD제어기 설계법을 활용할 수 있는 방법으로서 다음과 같은 분해식 접근방법이 있다.

1) PID제어기 전달함수는 다음과 같이 분해하여 쓸 수 있다.

$$C(s) = K_p + K_d s + \frac{K_i}{s} = (1 + K_{d1} s)\left(K_{p2} + \frac{K_{i2}}{s}\right) \tag{8.21}$$

이 식은 PID제어기가 PI부분과 PD부분의 직렬접속으로 이루어질 수 있음을 보여 주고 있다. PID제어기에서는 세 개의 계수가 필요하므로 식 (8.21)의 둘째 등식에서 PD부분의 상수항을 1로 놓은 것이다. 이 등식은 항등식이므로 양변의 계수를 비교하여

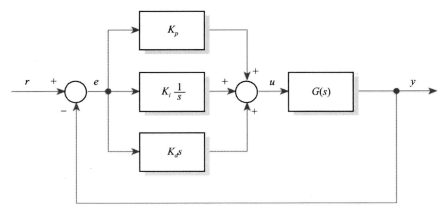

그림 8.19 PID제어기에 의한 되먹임 제어시스템

대응시키면 다음과 같은 관계를 얻는다.

$$\begin{aligned}
K_p &= K_{p2} + K_{d1}K_{i2} \\
K_d &= K_{d1}K_{p2} \\
K_i &= K_{i2}
\end{aligned} \qquad (8.22)$$

2) 먼저 K_{i2}와 K_{p2}로 이루어지는 PI부분을 설계한다. 적분계수에 의해 시스템의 형식이 한 차수 커져서 정상상태 오차가 개선되므로, 시스템의 상승시간에 대한 요구를 만족하도록 K_{i2}와 K_{p2}값을 택한다. 이 단계에서는 최대초과가 크더라도 다음 단계에서 설계할 미분제어에 의해 조절할 수 있으므로 상관하지 않는다.

3) 이제 최대초과를 감소시키기 위해 D부분을 이용한다. 단계 2)에서 설계한 PI부분을 포함하는 대상공정에 대해 설계목표를 만족시킬 수 있는 감쇠비 요구조건에 맞게끔 K_{d1}값을 택한다.

4) 단계 2)와 3)에 의해 K_{i2}, K_{p2}, K_{d1}값이 정해지면 식 (8.22)의 관계를 써서 K_p, K_d, K_i를 구한다.

다른 설계방법으로서 PD부분을 먼저 설계하고, 다음에 PI부분을 설계하는 방식도 있다. 이 경우에는 초과나 상승시간 등의 설계목표에 맞는 K_{d1}값을 먼저 적절히 선택한다. 그리고 PD제어 단독으로는 필요한 상대안정성에 맞지 않게 될 가능성이 있으므로, 이 문제는 추가되는 PI부분에 의해 필요한 성능목표를 만족하도록 조정함으로써 PID제어기를 설계한다. PID제어기의 각 계수를 정하는 방법의 상세한 내용에 대해서는 8.6절과 8.7절에서 다룬다.

그러면 앞에서 다룬 식 (8.7)의 전달함수로 표시되는 직류서보모터를 제어대상으로 하여 앞에서 요약한 설계절차에 따라 PID제어기를 설계하고, 이 제어기가 PI나 PD제어기에 비해 어떤 장점이 있는가를 살펴보기로 한다. 식 (8.20)으로 표현되는 PID제어기는 설계변수로서 비례계수 K_p, 적분계수 K_i, 미분계수 K_d 등 세 개를 갖고 있기 때문에, 설계변수가 두 개뿐인 PI나 PD제어기와는 달리 원점극점을 갖는 3차 시스템의 제어문제에서도 좋은 성능을 보일 것으로 예상할 수 있다.

PID제어기를 사용하는 경우에 개로시스템의 전달함수는 다음 식으로 표현된다.

$$L(s) = G(s)C(s) = \frac{5000\,(1+K_{d1}\,s)(K_{p2}s+K_{i2})}{s^2(s+5)(s+10)} \tag{8.23}$$

먼저 $K_{d1} = 0$으로 놓고 제어기의 PI부분을 설계하자. $K_{i2}/K_{p2} = 0.1$로 잡으면 식 (8.23)의 개로전달함수는 다음과 같이 바뀐다.

$$L(s) = \frac{5000\,K_{p2}(s+0.1)}{s^2(s+5)(s+10)}$$

$s = -0.1$에 있는 $G(s)$의 영점은 원점에 아주 가깝기 때문에 원점에 있는 이중극점 중 하나를 상쇄시키는 효과를 내므로, $K_{p2} = 1$일 때 이 시스템이 보상되지 않은 시스템의 과도응답과 아주 비슷한 과도응답을 갖도록 실현하기로 한다. PI제어기만 이용할 때 상대적인 감쇠비가 0.707 이상이 되도록 하려면 앞절에서 PI제어기를 설계할 때 선정하였듯이 $K_{p2} > 0.0163$으로 해야 한다. 좀 더 빠른 상승시간을 실현시키기 위해서 $K_{p2} = 0.07$로 택하기로 하면 $K_{i2} = 0.007$이 된다. 이렇게 PI부분을 설계한 다음 최대초과를 줄이고 상승시간과 정착시간을 빠르게 유지하기 위해 K_{d1}의 값을 조정한다. 여기서 $K_{d1} = 0.5$로 선정하면 이들 계수에 식 (8.22)를 적용하여 다음과 같이 PID제어기 계수를 구할 수 있다.

$$K_p = 0.0735, \quad K_i = 0.007, \quad K_d = 0.035$$

이 경우에 대응되는 폐로시스템의 계단응답을 구해보면 그림 8.20과 같다. 이 응답의 초과는 약 7%, 상승시간은 $t_r \approx 0.17$ sec, 정착시간은 $t_s \approx 0.90$ sec로서 매우 만족스러운 특성을 보이고 있다.

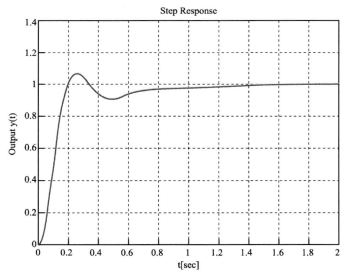

그림 8.20 PID제어기에 의한 되먹임 시스템의 계단응답(1)

PID제어기의 다른 설계방법으로서 임의로 $K_{d1}=0.5$로 놓고 PID제어기의 PD부분을 먼저 결정할 수도 있다. 그림 8.17의 PD제어기 근궤적에서 $K_{d1}=0.5$일 경우에 이 제어기 단독으로는 제어목표가 달성되지 않음을 알 수 있다. 그 다음에 PD제어기와 대상시스템을 포함하는 보상시스템에 대해 PI제어기를 적용함으로써 PID제어기를 설계할 수 있다. K_{p2}의 값은 PD제어기를 포함하는 보상시스템에 대해 식 (8.9)를 적용시켜 구한다. PD제어기에 의한 보상시스템은 $s=-2$에 영점을 가지므로 제어목표인 감쇠비 $\zeta=0.707$이 달성되지는 않는다. 실제로 이 방식으로 제어기를 설계하면 $K_{p2}=0.707$이고, $K_{i2}=0.007$이며, PI부분을 포함할 때 특성방정식의 주요근은 $s=-6.59\pm j12.55$로서 이에 대응하는 감쇠비는 $\zeta=0.46$이다. 이렇게 설계하였을 때 식 (8.22)로부터 계산한 PID제어기 계수는 다음과 같다.

$$K_p=0.07105,\ K_i=0.007,\ K_d=0.03535$$

이 계수에 대응되는 폐로시스템의 계단응답을 구해보면 그림 8.21과 같다. 이 응답의 초과는 약 7.2 %, 상승시간은 $t_r\approx0.17$ sec, 정착시간은 $t_s\approx0.98$ sec로서 그림 8.20의 결과와 같이 이 경우에도 매우 만족스러운 특성을 보이고 있다.

이 절에서는 PID제어기의 효과를 알아보기 위해 원점극점을 갖는 3차 시스템인 직류서보모터에 대한 제어기 설계문제를 예제로 하여 PID제어기를 설계하고, 8.2절과 8.3절에서 각각 설계한 PI 및 PD제어기의 성능과 비교해 보았다. 그 결과 PI와 PD제어기는 원점극점을 갖는 3차 시스템에 대한 제어에서 안정성은 이룰 수 있으나, 과도응답이나 정상상태 응답의 성능목표를 함께 달성하기가 어렵다는 것을 알았다. 그러나 PID제어기는 계수를 적절

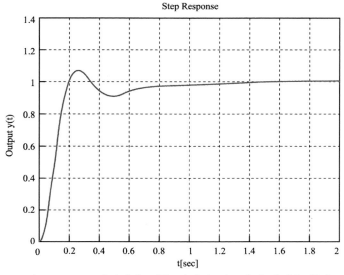

그림 8.21 PID제어기에 의한 되먹임 시스템의 계단응답(2)

히 조절하면 원점극점을 갖는 3차 시스템에 대해서도 안정성과 성능목표를 함께 만족시킬 수 있음을 확인하였다. 일반적으로 PID제어기는 전달함수의 분자다항식이 2차로서 두 개의 영점을 갖고 있는데, 이 제어기의 영점을 이용하여 제어대상 시스템에 있는 바람직하지 않은 극점의 위치를 적절히 바꿈으로써 과도응답 특성을 개선시킨다. 또한 제어기에 적분기를 포함하고 있어서 원점에 극점을 갖고 있기 때문에, 이 제어기의 극점이 폐로시스템에 첨가됨으로써 시스템의 꼴을 증가시켜서 정상상태 특성을 개선시키는 효과를 얻을 수 있다.

결론적으로 말하자면 PID제어기는 설계변수가 세 개이므로 특성계수가 세 개 이하인 플랜트에 적용하면 이 특성계수들을 모두 제어할 수 있기 때문에 폐로특성을 원하는 제어목표에 도달시킬 수 있다. 따라서 PID제어기는 특성계수가 세 개 이하인 플랜트, 즉 2차 이하의 주극점으로 표시되거나 원점극점을 갖는 3차 이하인 시스템의 제어에 매우 효과적이다. 그런데 산업공정의 대부분은 2차 이하의 주극점을 갖는 시스템으로 근사화할 수 있기 때문에 PID제어기는 지금도 현장에서 가장 많이 활용되고 있다.

PID제어기의 전달함수는 식 (8.20)에서 보듯이 덧셈형이므로 이 제어기의 형태는 그림 8.19와 같은 병렬구조를 갖는다. 이처럼 식 (8.20)이나 그림 8.19와 같은 형태의 제어기를 **병렬형 PID제어기**라고 한다. 그리고 이 제어기에서 비례·적분·미분계수들이 서로 독립적으로 구성되어 있기 때문에 이러한 형태를 **독립이득형**이라고 한다. 여기서 독립이득형 제어기를 사용한 이유는 근궤적을 써서 계수를 조정할 때 유리하기 때문인데, 다음 절부터는 이것과 조금 다른 형태인 식 (8.24)의 표준형을 사용할 것이다.

PID제어기는 형태에 따라 크게 병렬형과 직렬형으로 구분된다. 그리고 이 제어기를 실제 구현하는 과정에서 병렬형과 직렬형 각각에 대해 대상시스템의 특성이나 환경에 따라 필터형, 출력에 대한 미분 및 비례형 등 여러 가지 변형들이 쓰이고 있다. 또한 PID제어기는 처리하는 신호의 형태에 따라 연속형과 이산형으로 나눌 수 있다. 여기서 연속형 및 이산형 제어기란 제어기의 입출력신호가 시간에 대해 각각 연속적이고 이산적인 것을 말한다. 지금까지 이 책에서 다뤄온 제어기들은 모두 연속형인데, 이 제어기들을 컴퓨터나 디지털 신호처리장치로 구현할 때에는 이산형 제어기가 쓰이게 된다. 이산형에서도 앞에 언급한 변형들 외에 위치형과 증분형 등 여러 가지 다양한 형태들이 제시되고 있다. 이와 같은 PID제어기의 여러 가지 변형에 대해서는 8.8절에서 다루기로 한다. 다음 절에서 PID제어기의 계수들을 선정하는 방법들에 대해 살펴보기로 한다.

8.6 무모델 PID계수 동조법

제어기의 계수들을 조정하는 행위를 **동조(tuning)**라 한다. PID제어기 동조법에는 여러 가지가 있는데, 이 방법들은 모델이 주어지지 않은 경우에 적용하는 **무모델 동조법**과 모델이 주어진 경우에 적용하는 **모델기반 동조법(model-based tuning)** 등 크게 두 가지로 나눌 수 있다. 여기서 무모델 PID계수 동조법은 제어대상 시스템의 모델을 모르는 경우에 적용하는 것으로서, 일정한 개로 또는 폐로응답으로부터 직접 PID제어기 계수를 결정하는 방법을 말한다. 반면에 모델기반 PID계수 동조법은 제어대상 플랜트의 모델이 미리 어떤 특정한 방법에 의해서 지정된 형태로 주어지는 경우에 이 모델을 기초로 PID제어기 계수를 결정하는 방법을 말한다.

이 절에서는 무모델 PID계수 동조법 중에서 일반적으로 잘 알려진 방법들을 중심으로 다룰 것이다. 이 방법들로는 지글러-니콜스(Ziegler-Nichols) 동조법(1942년), 계전기(relay) 동조법(1988년) 등을 들 수 있다. 먼저 가장 대표적인 동조법인 지글러-니콜스 동조법을 설명하고, 그 다음에 제시된 계전기를 이용한 동조법을 살펴보기로 한다.

8.6.1 지글러-니콜스 PID계수 동조법

1942년에 지글러(Ziegler)와 니콜스(Nichols)는 제어대상 플랜트가 나타내는 과도응답의 형태로부터 PID제어기의 계수들을 정하는 방법을 제안하였다. **지글러-니콜스 동조법**이라 하는 이 방법의 장점은 실제의 제어대상시스템에서 간단한 몇 가지 사전실험을 하고, 이 실험결과로부터 PID계수를 간단한 공식에 의해 결정할 수 있다는 것이다. 이 동조법에서는 PID제어기의 형태로서 다음과 같은 표준형을 사용한다.

$$C(s) = K_p\left(1+\frac{1}{T_i s}+T_d s\right) \tag{8.24}$$

여기서 K_p는 비례계수, T_i는 **적분시간(integral time)**, T_d는 **미분시간(derivative time)**이다. 이 형태는 지금까지 다뤄온 식 (8.20)의 독립이득형과 조금 다른데, 앞에서 독립이득형 제어기를 쓴 이유는 근궤적을 써서 계수를 조정할 때 유리하기 때문이다. 그렇지만 실제로는 식 (8.24)의 표준형을 더 많이 쓰기 때문에 앞으로는 PID제어기를 다룰 때 이 표준형을 사용하기로 한다. 이 표준형과 식 (8.20)의 독립이득형 계수들 사이에는 다음 관계가 성립하므로 같은 성능을 지니고 있지만, 설계방식에 따라 더 편리한 쪽을 선택해서 사용하는 것이다.

$$K_i = \frac{K_p}{T_i}, \quad K_d = K_p T_d$$

지글러–니콜스 동조법에는 두 가지가 있는데, 이 동조법들은 모두 많은 경험과 실험에 의해 얻어진 방법들로서, 이 방법으로 PID제어기를 설계할 경우 대체로 무난한 성능을 보이기는 하지만 최적의 성능을 보장하는 방법은 아니다. 실제로 두 가지의 방법에서 구해지는 계수들을 쓰면 폐로시스템의 계단응답에서 최대초과가 약 25% 정도까지 나타난다. 따라서 이 동조법으로 PID제어기를 설계한 뒤에는 반드시 성능검증을 해야 하며, 필요에 따라 정밀한 계수조정작업을 추가로 수행해야 한다.

(1) 첫째 방법

첫째 방법은 계단응답곡선을 이용하는 것이다. 먼저 주어진 플랜트에 단위계단 입력을 넣은 후에 그 출력응답을 구하고, 이 단위계단응답 곡선으로부터 어떤 특성계수를 구하여 이 계수로부터 PID계수를 선정한다. 이 방법은 대상 플랜트에 적분기가 포함되어 있지 않고, 주극점이 복소근이 아닌 안정한 시스템에만 적용할 수 있다. 이 조건이 만족되는 시스템에서의 개로계단 응답곡선의 모양은 일반적으로 그림 8.22와 같은 S자 형태가 된다. 만일 계단응답이 S자형이 아닌 경우에는 이 방법을 사용할 수 없다. S자 모양의 응답곡선의 특성은 그림 8.22에서 볼 수 있듯이 지연시간(delay time) L, 시상수 T, 직류이득 K 등 세 가지 계수로 나타낼 수 있다. 여기서 지연시간과 시상수는 S자 모양의 응답곡선의 변곡점에서 접선을 그은 다음, 그 접선이 시간축과 만나는 점과 직선 $y(t) = K$와 만나는 점으로부터 각각 구할 수 있다. 이 과정이 그림 8.22에 나타나 있다.

이와 같이 구한 특성계수 K, L, T를 써서 플랜트의 전달함수를 다음과 같이 시간지연을 갖는 1차 시스템으로 근사화할 수 있다.

$$\frac{Y(s)}{U(s)} = K\frac{e^{-Ls}}{Ts+1} \tag{8.25}$$

이 모델은 3.7.1절에서 다룬 식 (3.49)로 표시되는 공조기와 같은 꼴로서, 반응이 느린 열시스템들이 이 모델로 표시된다. 지글러–니콜스 동조법의 첫째 방법은 이 근사모델 (8.25)에

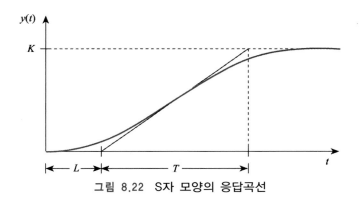

그림 8.22 S자 모양의 응답곡선

근거하여 PID제어기의 계수를 선정하는 것으로, 이 방법에서 제시하는 PID계수 K_p, T_i, T_d의 값은 표 8.1과 같다. 이 표에 따라 계수를 정하면 PID제어기의 전달함수는 다음과 같이 된다.

$$
\begin{aligned}
C(s) &= K_p \left(1 + \frac{1}{T_i s} + T_d s\right) \\
&= \frac{1.2T}{KL}\left(1 + \frac{1}{2Ls} + 0.5Ls\right) \\
&= \frac{0.6T}{K}\frac{(s+1/L)^2}{s}
\end{aligned}
\tag{8.26}
$$

이 경우에 PID제어기는 원점에 한 개의 극점과 $s = -1/L$에 이중영점을 갖는다. 표 8.1에 따라 계수를 정한 PID제어기를 적용하였을 때, 최대초과가 크게 나오면 L값을 더 크게 하여 PID계수를 조정하면 초과를 적절히 줄일 수 있다. 그 까닭은 L이 커질수록 제어기의 이중영점이 허수축에 가까워지면서 폐로극점을 허수축에 가까워지게 만들기 때문이다. 그러나 상승시간은 느려지게 된다.

표 8.1 지글러-니콜스 동조법(첫째 방법)

제어기의 종류	K_p	T_i	T_d
P	$\dfrac{T}{KL}$	∞	0
PI	$\dfrac{0.9T}{KL}$	$\dfrac{L}{0.3}$	0
PID	$\dfrac{1.2T}{KL}$	$2L$	$0.5L$

이 방법은 시스템에 계단입력을 넣고 출력곡선을 얻은 다음 이 곡선의 특성계수로부터 PID계수를 구할 수 있는 아주 간단한 동조법이다. 그러나 이 방법은 1차 주극점으로 근사화할 수 있는 안정한 플랜트에만 적용할 수 있기 때문에 적용범위가 매우 제한되는 약점이 있다. 이 방법을 적용할 수 있는 대표적인 시스템은 3장에서 다룬 공조기인데, 공조기의 전달함수 모델은 식 (3.49)로서 식 (8.25)와 같은 꼴이다.

(2) 둘째 방법

지글러-니콜스 동조법의 둘째 방법은 대상시스템이 원점에 극점을 갖거나 불안정한 경우에도 적용할 수 있는 방법이다. 이 방법에서는 우선 식 (8.24)의 PID제어기 계수 가운데 $T_i = \infty$, $T_d = 0$으로 놓고 주어진 플랜트에 P제어기만을 적용하여 비례계수 K_p값을 0부터 증가시키면서 출력에 진동이 나타나는 **임계이득(critical gain)** K_{cr}에까지 이르게 한

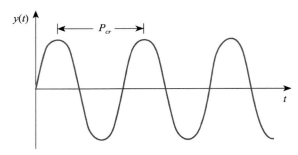

그림 8.23 지속진동을 나타내는 응답곡선

다. 이 임계이득 K_{cr} 은 출력에 그림 8.23과 같은 **지속진동(sustained oscillation)**이 나타날 때의 비례계수값으로 정의된다. 만약 K_p의 값을 증가시켜도 이러한 진동을 보이지 않는 경우에는 이 방법을 사용할 수 없다. 이때 기준입력 r은 상수값을 갖도록 하는데 보통 $r(t)=0$으로 한다.

임계이득 K_{cr} 이 구해지면 그림 8.23에서 보듯이 이에 대응하는 지속진동의 **임계주기 (critical period)** P_{cr} 을 구할 수 있다. 지글러-니콜스 동조법의 둘째 방법에서는 이 값들을 이용하여 표 8.2와 같이 PID제어기의 계수값을 선정한다. 이 표와 같이 계수를 정하면 제어기의 전달함수는 다음과 같이 된다.

$$
\begin{aligned}
C(s) &= K_p\left(1+\frac{1}{T_i s}+T_d s\right) \\
&= 0.6\,K_{cr}\left(1+\frac{1}{0.5 P_{cr} s}+0.125\,P_{cr} s\right) \\
&= 0.075\,K_{cr} P_{cr}\frac{(s+4/P_{cr})^2}{s}
\end{aligned}
\tag{8.27}
$$

따라서 PID제어기는 원점에 한 개의 극점과 $s=-4/P_{cr}$ 에 두 개의 영점을 갖는다. 표 8.2에 따라 계수를 정한 PID제어기를 적용하였을 때, 초과가 크게 나오는 경우에는 임계주기 P_{cr} 값을 더 크게 하여 PID계수를 조정하면, 폐로극점이 허수축에 가까워지면서 상승시간을 느리게 하는 대신에 초과를 적절히 줄일 수 있다.

표 8.2 지글러-니콜스 동조법(둘째 방법)

제어기의 종류	K_p	T_i	T_d
P	$0.5\,K_{cr}$	∞	0
PI	$0.45\,K_{cr}$	$\dfrac{1}{1.2}\,P_{cr}$	0
PID	$0.6\,K_{cr}$	$0.5\,P_{cr}$	$0.125\,P_{cr}$

그림 8.24와 같이 PID제어기가 사용되는 제어시스템에서 제어기의 계수를 지글러-니콜스 동조법으로 정하라.

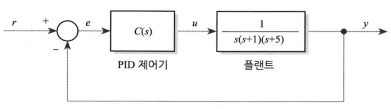

그림 8.24 PID 제어시스템

이 문제에서 다루는 제어대상 플랜트는 적분기를 포함하고 있어서 지글러-니콜스의 첫째 방법을 적용할 수 없으므로 둘째 방법을 사용하기로 한다. 먼저 $T_i = \infty$, $T_d = 0$으로 놓으면 다음의 폐로전달함수를 얻는다.

$$\frac{Y(s)}{R(s)} = \frac{K_p}{s(s+1)(s+5)+K_p} \qquad (8.28)$$

이 시스템이 지속진동을 갖는 계단응답을 나타내기 시작하는 비례계수 K_p의 임계값을 먼저 구해야 한다. 이를 위해서는 그림 8.24의 플랜트를 나타내는 개로전달함수에 대하여 근궤적을 그린 후, 이 궤적이 허수축과 만날 때의 K_p값을 구한다. 이 값이 곧 위에서 설명한 임계이득 K_{cr}이다. 이 과정을 셈툴 명령창에서 다음과 같이 실행할 수 있다.

```
CEM≫num = 1;
CEM≫den = conv([1 0],conv([1 1],[1 5]));
CEM≫k = logspace(-2,2,100);
CEM≫rlocus(num,den,k);
```

위의 결과로 그림 8.25의 근궤적이 만들어진다. 이 근궤적에서 허수축을 지나는 점의 좌표를 구해야 하는데, 그림 8.26과 같이 추적기능을 이용하면 그 점이 $s = 0 \pm j2.292$ 라는 것을 알 수 있다. 근궤적으로부터 원하는 좌표를 구한 후 그 지점에 해당하는 이득 K_p의 값을 구하기 위해 다음과 같이 셈툴명령을 실행한다.

```
CEM≫rlocval(num,den,0 + 2.292*i)
        30.0870
```

이 결과로부터 $K_{cr} = 30.0870$임을 알 수 있다. 이제 식 (8.28)의 K_p값을 $K_p = 30.0870$으로

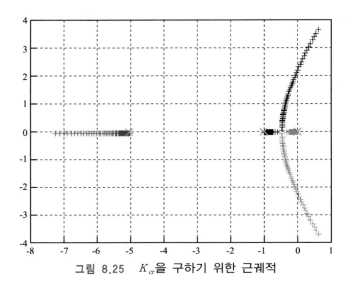

그림 8.25 K_{cr}을 구하기 위한 근궤적

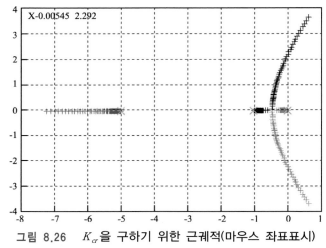

그림 8.26 K_{cr}을 구하기 위한 근궤적(마우스 좌표표시)

대입한 다음에 다음과 같이 계단응답을 구한다.

```
CEM≫num = 30.0870;
CEM≫den = [1  6  5  30.0870];
CEM≫t = 0:5:0.01;
CEM≫step(num,den,t);
```

이 파일을 실행하면 그림 8.27을 얻는다. 이 그림에서 추적기능을 이용하여 지속진동이 한 마루에서 이웃하는 마루에 이르는 시간을 구하면 각각 1.57 sec와 4.37 sec임을 알 수 있다. 따라서 임계주기는 $P_{cr} = 4.37 - 1.57 = 2.8$ sec가 된다.

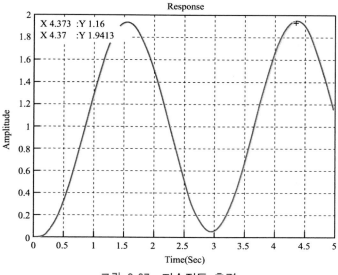

그림 8.27 지속진동 출력

이와 같은 과정을 거쳐 $K_{cr} = 30.0870$, $P_{cr} = 2.8$ 의 결과를 얻을 수 있으며, 이를 표 8.2에 대입하면 PID제어기의 계수들은 각각 다음과 같이 구해진다.

$$K_p = 18.0522, \quad T_i = 1.4, \quad T_d = 0.35$$

이것을 식 (8.27)에 대입하면 PID제어기의 전달함수는 다음과 같이 된다.

$$C(s) = \frac{6.3183\, s^2 + 18.0522\, s + 12.8944}{s}$$

이제 이렇게 설계된 제어시스템의 계단응답을 살펴보기 위해 다음과 같은 셈툴 명령을 수행한다.

```
CEM≫num = [6.3183  18.0522  12.8944];
CEM≫den = [1  6  5  0  0];
CEM≫[n,d] = cloop(num,den);
CEM≫t = 0:20:0.1;
CEM≫step(n,d,t);
```

이 프로그램의 수행결과는 그림 8.28과 같다. 이 그림을 보면 시스템은 단위계단 입력에 대하여 약 62%의 초과를 보이는 것을 알 수 있다. 이를 개선시키기 위해서는 앞에서 얻은 PID계수값들을 좀 더 조정해야 한다(한 방법으로 임계주기 P_{cr}값을 증가시켜 $P_{cr} = 5$로 하여 설계하면 이때의 초과는 약 25%로서 상당히 줄어든다).

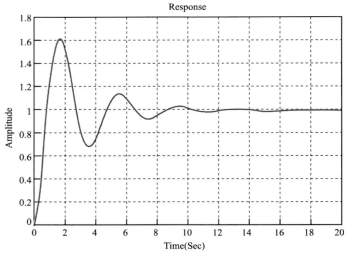

그림 8.28 결과 시스템의 단위계단응답 곡선

이 절에서 다룬 지글러–니콜스 PID계수 동조법의 둘째 방법은 불안정한 시스템에도 적용할 수 있어서 단위계단응답을 이용한 첫째 방법보다 적용범위가 넓다. 그러나 이 방법으로 계수조정을 하려면 비례계수를 증가시키면서 임계진동이 나타날 때까지 출력을 계속 관찰하는 과정이 필요하기 때문에 동조과정이 첫째 방법보다는 더 복잡하다.

8.6.2 계전기동조법(relay autotuning)

지글러–니콜스 동조법은 많은 경험에 의해 얻어진 방법이기는 하지만, 주로 상승시간과 최대초과를 고려한 동조법으로서 적용대상이 상당히 한정되는 제약성을 지니고 있다. 예를 들면, 안정한 복소극점을 주극점으로 갖지만, P제어만으로는 임계진동을 하지 않는 시스템의 경우에는 이 방법을 적용할 수 없다. 이러한 한계를 극복하기 위한 방법의 하나로서 제시된 것이 **계전기동조법**이다. 이 방법은 1988년에 Åstrom과 Hagglund가 제시하였으며, 계전기에 의해 출력을 강제로 진동시키면서 출력의 진폭과 주기를 이용하여 PID계수를 동조하는 방법이다. 동조과정이 간단하여 동조방식의 구현이 쉽다. 이 방법은 상대안정성의 척도인 위상여유를 고려하여 PID제어기의 계수를 동조하기 때문에 시스템의 상대안정성을 필요한 만큼 확보하고 견실성을 향상시킬 수 있다. 그리고 대상시스템이 안정한 경우에는 모두 적용하고 원점에 극점이 있는 경우에도 적용할 수 있어서 앞절에서 다룬 지글러–니콜스 동조법의 한계를 보완할 수 있다. 그러나 이 방법은 극점이 우반평면에 있는 불안정한 시스템에는 적용할 수 없다.

이 동조법에서는 그림 8.29와 같이 제어기와 병렬로 계전기를 폐로에 추가하여 계전기되

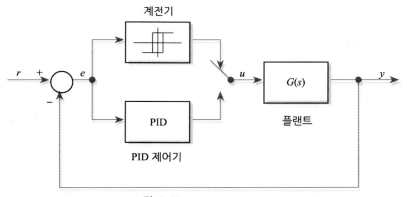

그림 8.29 계전기동조방식

먹임(relay feedback)에 의해 출력을 강제로 진동시켜서 출력이 발진할 때의 **한계이득**과 **한계주기**를 결정한 다음, 이 값들로부터 PID계수를 선정한다. 즉, PID제어기를 동조하기 위해 먼저 계전기를 동작시키면서 오차신호가 양이면 계전기 출력을 +로, 음이면 −로 제어하는 방식으로 출력을 발진시킨다. 이때 기준입력은 $r(t)=0$으로 하거나 어떤 상수값을 갖도록 한다. 그리고 이 진동출력의 계수들로부터 PID계수가 결정되기 전까지는 PID제어기를 폐로에 연결하지 않는다. 즉, 동조방식에서는 플랜트가 계전기되먹임에 먼저 연결이 되고, 동조방식이 끝난 후의 제어방식에서는 PID제어기가 플랜트에 연결된다.

대부분의 플랜트에 대해서 계전기되먹임은 임계진동에 가까운 주기를 갖는 진동이 나타나게 한다. 그림 8.29의 시스템에서 이러한 진동이 나타날 때 계전기의 진폭을 A_r, 플랜트 출력진폭을 A_o라 하면, 한계주기 T_u는 바로 진동출력의 주기와 같고, 한계이득 K_u는 다음과 같은 관계식으로부터 구한다.

$$K_u = \frac{4 A_r}{\pi A_o}\tag{8.29}$$

계전기동조법에서는 이렇게 해서 얻어진 한계이득 K_u와 한계주기 T_u를 써서 다음의 간단한 설계공식에 의해 PID제어기 계수를 선정한다.

$$
\begin{aligned}
K_p &= K_u \cos\phi_m \\
T_i &= \frac{T_u}{4\pi}\left(\tan\phi_m + \sqrt{1+\tan^2\phi_m}\right) \\
T_d &= \frac{T_i}{4}
\end{aligned}
\tag{8.30}
$$

여기서 ϕ_m은 설계자가 미리 정해주는 위상여유로서 보통 $\pi/6 \leq \phi_m \leq \pi/3$ rad 범위의 값을 사용한다. 이렇게 설계한 PID제어기를 적용하였을 때 최대초과가 크게 나오는 경우에는 위상여유 ϕ_m 을 증가시켜 PID계수를 조정하면 초과를 상당히 줄일 수 있다. 그러나 ϕ_m 이 커질수록 응답속도가 느려지므로 적절히 절충시켜야 한다.

안정하거나 극점이 원점에 있는 시스템에서는 계전기되먹임에 의해 강제진동이 나타나기 때문에 이 설계기법을 적용할 수 있다. 특히 상대적으로 작은 시간지연을 가지고 있는 공정에 대해서 잘 동작한다. 이 동조법을 실제의 시스템에 적용하려면 그림 8.29와 같은 계전기되먹임 시스템을 구성해야 하지만, 컴퓨터를 사용하는 경우에는 간단한 모의실험을 통해 계전기 동조과정을 구현할 수 있다. 다음의 예제를 통하여 계전기되먹임으로 동조한 후 PID제어기를 써서 제어하는 과정을 살펴보기로 한다.

예제 8.4

다음의 1차 시스템 $G(s)$에 대한 PID제어기를 계전기동조법으로 설계하라. 단, 제어목표는 상승시간 $t_r \leq 0.1$ sec, 정착시간 $t_s \leq 0.6$ sec, 정상상태 오차 $E_s = 0$이다.

$$G(s) = \frac{1}{s+1}$$

풀이 그림 8.30의 심툴파일은 위의 1차 시스템 $G(s)$에 계전기를 연결하여 되먹임 시스템을 구성한 것이다. 이 시스템의 출력은 그림표로도 나타나고, 출력 데이터 yo로 저장되기도 하는데, yo는 필요한 경우 셈툴창에서 사용할 수 있다. 그림 8.30의 심툴창에서 플랜트 블록을 두 번 누르기 한 다음에, 나타나는 계수창 안의 Numerator 항목에 1을 입력하고, Denominator 항목에 [1, 1]을 입력한다. 동조입력 블록에서는 Stare_time, Initial_value, Final_value를 모두 0으로 입력하며, 계전기 블록에서는 Input_for_On과 Input_for_Off를 모두 0, Output_when_On을 1, Output_when_Off를 –1로 한다. 그리고 Simulation 항목의 Parameter에서 Start Time을 0, Stop Time을 10, Step Size를 0.1로 설정한 후, Start 메뉴 (▶)를 누르면 심툴파일이 실행되어 개로응답 데이터를 얻을 수 있다. 이와 같은 절차를 거쳐 그림 8.30의 심툴파일을 실행시키면 그림 8.31과 같은 강제 진동 출력을 얻을 수 있다. 이 그림창에서 선택사항의 추적기능을 이용하여 이 응답의 진폭과 주기를 구하면 진동진폭은 A_o=0.05, 진동주기는 0.2로 구해진다. 따라서 한계주기는 T_u=0.2가 되고, 식 (8.29)로부터 한계이득은 K_u=25.46이 된다.

이 결과를 식 (8.30)에 적용하면 PID제어기 관련 계수를 구할 수 있다. 식 (8.30)으로부터 PID제어기 계수를 얻으려면 먼저 위상여유 φ_m을 지정해 주어야 한다. 여기서는 위상여유를 $\varphi_m = \pi/3$ rad으로 지정하였다. 그러면 PID계수는 다음과 같이 구해진다.

$$K_p = 12.732, \quad T_i = 0.0594, \quad T_d = 0.0148$$

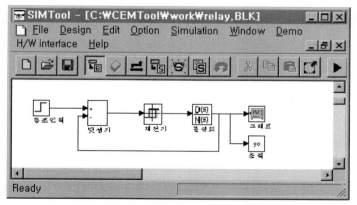

그림 8.30 계전기되먹임 시스템

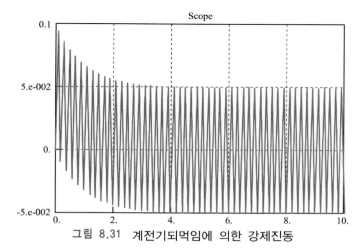

그림 8.31 계전기되먹임에 의한 강제진동

이렇게 설계된 PID제어기를 연결한 폐로시스템을 심툴파일로 구성하면 그림 8.32와 같다. 셈툴창에서 계전기 동조과정을 거쳐 구한 PID계수를 입력한 다음 이 심툴파일을 실행시키면 단위계단응답을 얻을 수 있는데, 실행결과는 그림 8.33과 같다.

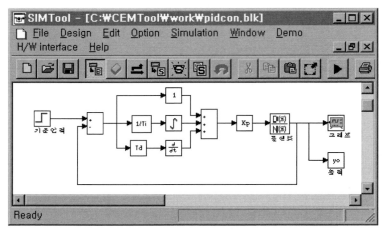

그림 8.32 PID 제어시스템

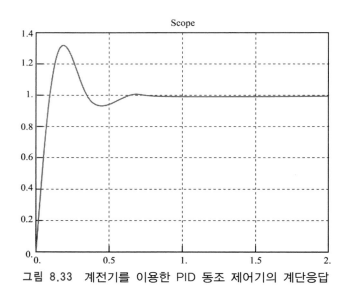

그림 8.33 계전기를 이용한 PID 동조 제어기의 계단응답

앞에서 살펴본 계전기동조법은 안정성과 견실성을 고려한 설계기법으로서 지글러–니콜
스 동조법에 비해 적용범위가 넓은 방법이다. 그리고 제어장치를 컴퓨터로 구성할 경우 계
전기를 실제로 사용하지 않고서도 계전기되먹임을 무른모로써 처리할 수 있기 때문에 동조
과정을 자동으로 수행하는 자동동조기 형태로 구현하기가 쉽다. 그러나 이 방법은 대상시
스템이 불안정한 경우에는 적용할 수 없으며, 안정한 경우라 하더라도 동작특성 가운데 시
간지연이 클 경우에는 원하는 위상여유를 얻을 수 있더라도 이득여유가 나빠질 가능성이
있으므로 이 점에 유의해야 한다.

8.7 모델기반 PID계수 동조법

모델이 주어진 경우에 PID제어기를 동조하는 방법에는 여러 가지가 있다. 여기서는 그 중에서 대표적으로 많이 이용되는 극배치를 이용한 방법, 극영점 상쇄기법을 이용한 방법, 최적화 기법을 이용한 방법을 소개한다.

8.7.1 극배치 이용 동조법

어떤 시스템의 극점의 위치는 그 시스템의 특성과 직결되는 밀접한 관련을 갖고 있다. **극배치법(pole placement)**이란 극점의 위치와 시스템 성능과의 관계를 고려하여 폐로함수의 극점들의 위치를 적절히 지정하고, 이 위치에 폐로극점이 놓이도록 제어기를 설계함으로써 원하는 성능목표를 이루는 제어기 설계방식을 말한다. 만약 시스템이 낮은 차수의 전달함수의 형태로 표현되면 완전한 극배치 설계방식이 적용될 수 있다.

다음과 같은 모델로 표현되는 2차 플랜트를 생각해 보자.

$$G(s) = \frac{K}{(1+sT_1)(1+sT_2)}$$

이 모델은 세 개의 계수를 가지고 있다. PID제어기를 이용하면 PID제어기 역시 계수가 세 개이므로, 폐로시스템의 세 개의 극점을 임의의 자리로 위치시킬 수 있다. PID제어기의 전달함수 식 (8.24)는 다음과 같이 표현할 수 있다.

$$C(s) = \frac{K_p(1 + sT_i + s^2 T_i T_d)}{sT_i}$$

따라서 PID제어기가 삽입된 폐로시스템의 특성방정식은 다음과 같이 나타난다.

$$s^3 + s^2\left(\frac{1}{T_1} + \frac{1}{T_2} + \frac{K_p K T_d}{T_1 T_2}\right) + s\left(\frac{1}{T_1 T_2} + \frac{K_p K}{T_1 T_2}\right) + \frac{K_p K}{T_i T_1 T_2} = 0$$

여기서 원하는 위치에 극점을 갖는 폐로 특성방정식이 다음과 같이 3차 시스템으로 표현된다면

$$(s + a\omega)(s^2 + 2\zeta\omega s + \omega^2) = 0 \tag{8.31}$$

위의 두 특성방정식의 계수를 비교하여 PID계수값을 다음과 같이 정할 수 있다.

$$K_p = \frac{T_1 T_2 \omega^2 (1+2\zeta a)-1}{K}$$

$$T_i = \frac{T_1 T_2 \omega^2 (1+2\zeta a)-1}{T_1 T_2 a \omega^3} \qquad (8.32)$$

$$T_d = \frac{T_1 T_2 \omega (a+2\zeta)-T_1-T_2}{T_1 T_2 \omega^2 (1+2\zeta a)-1}$$

앞에서 설명한 극배치를 이용한 PID제어기 설계과정을 셈툴과 심툴을 이용하여 수행하는 예를 들어보자.

예제 8.5

대상시스템의 전달함수가 다음과 같이 주어졌을 때 극배치법을 이용하여 PID제어기를 설계하라.

$$G(s) = \frac{1}{(1+5s)^2} = \frac{0.04}{s^2+0.4s+0.04} \qquad (8.33)$$

풀이 이 시스템의 개로계단응답은 다음과 같은 간단한 명령에 의해 얻을 수 있다.

    CEM≫step(0.04,[1 0.4 0.04]);

이 명령의 실행결과는 그림 8.34와 같다. 이 그림을 보면 개로시스템의 정상상태 오차는 없으나, 상승시간이 17 sec, 정착시간이 30 sec 정도로서 응답속도가 상당히 느린 편이다. 이 시스템에 PID제어기를 적용하여 원하는 성능목표로서 상승시간 2 sec 이내, 정착시간 10 sec 이내, 초과 10 % 이내로 할 때, 이러한 성능특성을 갖는 극점에 대응하는 폐로 특성방정식 (8.31)을 모의실험을 통해 구해보면 다음과 같다.

$$(s+2)(s^2+4s+1) = 0 \qquad (8.34)$$

여기서 식 (8.32)를 이용하면 PID제어기 계수를 찾을 수 있다. 식 (8.33)과 (8.34)의 계수들로부터 K, T_1, T_2, ω, α, ζ를 찾아내고, 이 값들과 식 (8.32)로부터 PID제어기 계수를 구해내는 셈툴파일을 구현하면 다음과 같다.

```
T1 = 5;  T2 = 5;  K = 1;
w = 1;  alpha = 2;  zeta = 2;
Kpnum = T1*T2*(w^2)*(1 + 2*zeta*alpha) − 1;
Kp = Kpnum/K
Ti = Kpnum/(T1*T2*alpha*(w^3))
Td = (T1*T2*w*(alpha + 2*zeta) − T1 − T2)/Kpnum
```

이 명령을 수행하면 그 결과로서 Kp = 224, Ti = 4.48, Td = 0.625를 얻게 된다. 이 계수를 갖는 PID제어기를 식 (8.33)의 플랜트에 연결하여 폐로시스템을 구성하고 단위계단응답을 구해 보자. 이 폐로응답을 구하는 모의실험을 수행하는 심툴파일은 예제 8.4의 그림 8.32와 같다. 이 심툴파일을 실행하기 전에 플랜트의 블록에서 Numerator항에 0.04를, Denominator항에 는 [1, 0.4, 0.04]를 입력하며, 심툴창의 Simulation 항목에서 Parameter를 누르기 하여 나타 나는 계수창의 Start Time항에 0, Stop Time항에 50, Step Size항에 0.1을 입력한다. PID제 어기 계수인 Kp, Ti, Td는 위의 셈툴파일을 실행하여 설정되었으므로 Start를 누르기 하면 폐로응답 데이터와 그림표를 얻을 수 있다. 실행결과는 그림 8.35와 같다. 이 그림을 보면 PID제어기에 의해 상승시간과 정착시간이 아주 빨라졌고, 초과가 10% 정도로서 성능목표가 만족되고 있음을 알 수 있다.

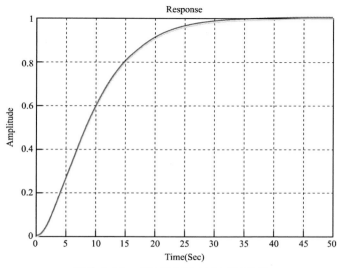

그림 8.34 개로시스템 단위계단응답

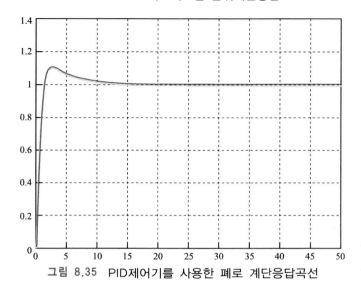

그림 8.35 PID제어기를 사용한 폐로 계단응답곡선

8.7.2* 극영점상쇄 이용 동조법

플랜트의 복소극들이 s평면상의 허수축에 매우 가까이 있는 경우 이 플랜트를 제어하기란 쉽지 않다. 그러나 플랜트에 존재하는 이 복소극들을 폐로시스템에서 없앨 수 있으면 이러한 어려움을 극복할 수 있다. 이러한 방법 가운데 하나가 제어기의 영점을 플랜트의 극점과 상쇄되도록 설정하고, 제어기의 극점들은 원하는 위치에 적절히 설정하는 방법이다. 이와 같이 제어기를 설계하는 기법을 **극영점상쇄(pole-zero cancellation)**라 한다. 극영점 상쇄를 이용한 PID제어기 설계법은 PID제어기가 갖고 있는 두 개의 영점을 이용하여 플랜트의 불만족스러운 주극점을 2개까지 없애면서 시스템을 제어하도록 PID계수를 결정하는 방법으로 PID제어기 동조에 많이 쓰이는 방법 가운데 하나이다. 이 방식은 간단하고 설정값 변화에 대해 좋은 반응을 나타내기 때문에 많이 쓰이고 있지만, 부하외란에 대해서는 종종 좋지 않은 반응을 보이기도 하는 것에 유의해야 한다.

8.6.2절에서 다룬 계전기동조법은 견실성을 고려한 설계이기는 하지만, 시간지연이 클 경우에는 적용하기 어렵다는 약점이 있다. 반면에 극영점상쇄법은 시간지연이 있는 시스템에도 적용할 수 있는 방법인데, 간단한 예를 들어 이 방법을 설명하기로 한다. 대상시스템이 다음과 같은 1차 시간지연모델로 표현된다고 가정하자.

$$G(s) = K\frac{e^{-sL}}{1+sT} \tag{8.35}$$

이 모델에 극영점상쇄기법을 적용하면 다음과 같은 PI제어기 설계공식을 얻을 수 있다.

$$K_p = \frac{\pi T}{2A_m KL}$$
$$T_i = T \tag{8.36}$$

여기서 A_m은 미리 지정하는 이득여유값이다. 이 방식으로 설계된 제어시스템에서 위상여유 ϕ_m은 이득여유 A_m으로부터 다음과 같이 구할 수 있다.

$$\phi_m = \frac{\pi}{2}\left(1 - \frac{1}{A_m}\right)$$

이 방식은 2차 시간지연모델에 대해서도 적용될 수 있다. 1차 및 2차 모델에 적용된 이 방식들은 시스템에 상당한 시간지연이 존재해도 잘 동작한다.

극영점상쇄법의 적용이 가능하면 식 (8.35)와 같은 시간지연 1차 모델을 기초로 하여 내부모델제어(**IMC,** internal model control)를 기본으로 한 동조공식들이 이용될 수 있다. IMC는 제어기 설계기법 중의 하나로서, 플랜트를 모델링한 다음 이 플랜트 모델을 제어기 구조내에 한 블록으로서 플랜트와 병렬로 삽입하고, 필터와 제어기를 플랜트와 직렬로 연결하는 구조를 가지고 있다. 이 제어기법은 개로제어의 장점과 폐로제어의 장점을 모두 갖출 수 있도록 하기 위해서 제안되었는데, 제어기는 최적 시스템 반응의 성질을 가지도록 설계되며, 필터는 견실성을 제공하기 위해서 사용된다. 이와 같이 설계된 IMC를 PID제어기의 구조로 바꾸면 PID계수를 동조할 수 있다. 제어기의 이득은 원하는 폐로시상수와 같은 λ값의 변화에 따라 활발하거나 변화가 적은 제어입력을 만들도록 선택할 수 있다. 표 8.3은 이 방식으로 결정된 PI, PID제어기 계수들의 값들을 요약한 것이다. 이 표에서 λ는 필터에 포함되는 계수로서 IMC를 통한 제어기 설계방식에서 쓰이는 설계변수이다.

표 8.3 IMC 기반 PID제어기의 동조공식

제어기	K_p	T_i	T_d	제안된 λ
PID	$\dfrac{1}{K}\dfrac{2T+L}{2\lambda}$	$T+L/2$	$\dfrac{TL}{2T+L}$	$\lambda \geq 0.2T$ $\lambda \geq 1.7L$
PI	$\dfrac{1}{K}\dfrac{2T+L}{2\lambda+L}$	$T+L/2$	0	$\lambda \geq 0.2T$ $\lambda \geq 0.25L$

8.7.3* 최적화 이용 동조법

최적화 기법(optimization techniques)이란 시스템의 입력, 출력, 상태변수 및 오차 등으로 정의되는 특정한 성능지표를 최소화하거나 최대화하는 방향으로 제어입력을 결정하는 방법을 말한다. 최적화 기법을 이용한 PID제어기 설계법은 제어기를 플랜트에 연결하였을 때, 다음과 같이 정의되는 **적분절대오차(IAE, Integrated Absolute Error), 적분시간 절대오차(ITAE, Integrated Time Absolute Error), 적분제곱오차(ISE, Integrated Square Error)** 등과 같은 특정한 성능지수가 최소화되도록 PID제어기의 계수를 동조하는 방식을 말한다.

- 적분절대오차(IAE) : $IAE = \int |e| dt$
- 적분시간 절대오차(ITAE) : $ITAE = \int t|e| dt$
- 적분제곱오차(ISE) : $ISE = \int e^2 dt$

단순한 오차의 적분은 양의 오차에 대한 적분이 음의 오차에 대한 적분에 의해 상쇄되므로, 유효한 성능지수가 되지 못한다. 그러므로 위에 소개한 성능지수들은 오차의 절대값이나 오차의 제곱을 이용함으로써 이 문제를 피한 것이다. 이런 성능지수 각각을 최소화할 때 나오는 응답들은 조금씩 서로 다른 특성을 보인다. 예를 들면, ISE 지수를 사용하는 경우 오차의 크기가 IAE 지수보다 더 크게 나올 수 있는데, 이를 최소화하는 방식으로 제어기 계수를 조정하면 ISE 성능지수는 IAE 성능지수보다 더 작은 최대편차를 만들 수 있다. 그렇지만 이렇게 할 경우 진동은 더 오랫동안 지속된다. ITAE 성능지수의 원리는 부하 또는 기준입력이 변한 후에 오차가 오래 지속될수록 더 많은 가중치를 주어 이를 줄이려는 것이다. 그러므로 ITAE 성능지수에 의한 설계가 IAE 지수를 쓸 때보다 초기 편차는 더 크게 나오지만 진동을 곧바로 사라지게 만들 수 있다.

이러한 정량적 성능지수를 최소화하는 기법을 이용한 직렬형 PID제어기의 동조규칙은 8.9.2절에 표 8.5로 요약되지만, 최적화 기법들의 구체적인 계산절차는 학부과정의 범위를 넘어서므로 생략하기로 한다.

8.8 적분누적 방지법

제어기는 대상시스템의 동작이 미리 설정된 성능목표를 만족하도록 적절한 과정을 거쳐서 제어신호를 만들어낸다. 이 제어신호는 대부분 전기적 신호로서 대상시스템이 전기적인 경우에는 직접 구동이 가능하지만 그렇지 않을 경우에는 직접 구동하기가 어렵기 때문에 대상시스템에 적합한 **구동기(actuator)**를 쓰게 된다. 그런데 실제의 제어시스템에서 대부분의 구동기는 출력의 크기가 한정되는 제약조건을 가지고 있기 때문에, 제어신호가 클 경우 구동기의 출력이 포화되는 현상이 종종 일어난다. 이렇게 구동기가 포화되면 대상시스템에 제어신호가 제대로 전달되지 못하므로 시스템 출력은 목표값에 도달하지 못하기 때문에 오차신호가 상당히 커지게 된다. 특히 PID제어기와 같이 제어기에 적분기가 포함되는 경우에는 구동기가 포화될 때마다 생기는 오차신호가 적분되면서 제어신호가 더욱 커지고, 구동기는 계속 포화상태로 머물게 되는 과정이 반복되는 이른바 **적분누적(integrator windup)** 현상이 일어난다. 이 현상은 기준입력이 상당히 크게 바뀌는 순간에 일어나는데, 일단 이 현상이 생기면 시스템 출력에서 과도응답이 아주 느려지는 반응을 보이면서 제어동작이 제대로 이루어지지 않게 된다. 따라서 제어기의 성능목표를 이루기 위해서는 이 현상이 일어나지 않도록 막아야 한다. 이러한 적분누적 현상을 방지하기 위한 기법을 **적분누적방지(integrator antiwindup)**라 한다.

그림 8.36은 적분누적방지법의 대표적인 예를 보여 주고 있다. 이 방식에서는 제어기에 적분누적방지를 위한 되먹임 폐로를 덧붙여서 제어기의 출력이 무한정 커지는 것을 억제하고 있다. 이 방식에서 제어신호 u가 구동기의 제한값 범위 안에 있을 때는 구동기 신호 u_a와 서로 일치하여 $u - u_a = 0$이므로 누적방지기를 통하여 되먹임되는 신호는 없으며, 정상적인 제어동작을 수행한다. 그러나 제어신호가 구동기 제한값을 벗어나면 $u \neq u_a$가 되는데, 이 경우에는 두 신호의 차이가 되먹여져, 제어기에 입력됨으로써 그 차이가 줄어드는 방향으로 제어기가 동작하여 적분누적 현상을 억제하는 것이다. 이 방식에서 누적방지기의 이득상수 K_c를 $|K_c C(s)| \gg 1$의 조건이 만족되도록 설정하면 그러한 목적을 달성할

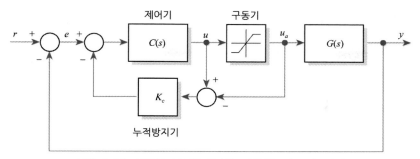

그림 8.36 적분누적 방지법을 이용한 시스템 제어

수 있다(익힘 문제 8.8 참조). 적분누적 현상은 제어기에 적분항이 포함될 때 주로 나타나기 때문에 실제로 이 방식을 사용할 때에는 누적방지기의 되먹임 신호를 제어기의 적분기 부분에만 연결해준다. 그러면 여기서 PI제어기에 적분누적 방지기법을 적용하는 경우의 효과를 간단한 예제를 통하여 살펴보기로 한다.

예제 8.6

전달함수가 $G(s) = 10/(s^2 + 5s)$인 플랜트에 $K_p = 1.25$, $T_i = 10$인 PI제어기를 적용하는데, 구동기의 제약조건 때문에 제어기 출력이 ±0.1로 제한된다고 한다. 이 PI제어시스템에 대해 적분누적 방지법을 사용하지 않은 경우와 사용하는 경우의 단위계단응답과 제어입력의 크기를 심툴을 사용하여 검토하라.

풀이 먼저 구동기의 제약조건이 없는 경우에 PI제어기의 성능을 살펴보기로 한다. 이것은 셈툴창에서 $K_p = 1.25$, $T_i = 10$, $T_d = 0$으로 입력하고, 그림 8.32의 PID제어시스템 심툴파일에서 플랜트 블록의 Numerator를 10, Denominator를 [1 5 0]로 설정한 다음 이 심툴파일을

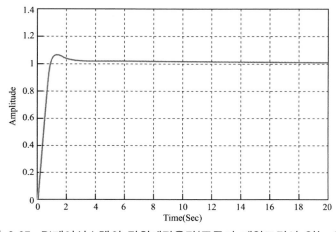

그림 8.37 PI제어시스템의 단위계단응답(구동기 제약조건이 없는 경우)

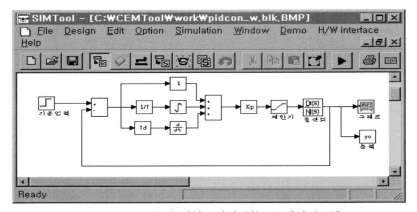

그림 8.38 구동기 제약조건이 있는 PI제어시스템

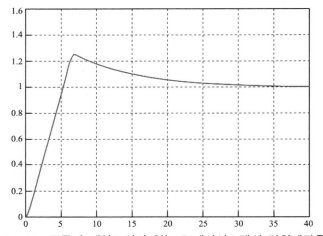

그림 8.39 구동기 제약조건이 있는 PI제어시스템의 단위계단응답

실행하면 된다. 이 파일을 실행하면 그림 8.37과 같은 계단응답을 얻을 수 있다. 이 그림에서 보듯이 구동기에 제약조건이 없으면 PI제어기는 상승시간이 0.8 sec, 초과가 8% 정도의 응답특성을 보이면서 만족할 만한 성능을 나타낸다.

구동기 제약조건이 있는 경우를 나타내기 위해 그림 8.32에 포화특성을 나타내는 제한기 블록을 포함시켜 심툴파일을 구성하면 그림 8.38과 같다. 이 심툴파일에서 제한기 블록을 두번 누르기 하여 Upper_limit를 0.1, Lower_limit를 −0.1로 설정한 다음, 이 파일을 실행하면 그림 8.39의 계단응답을 얻는다. 이 응답을 보면 상승시간이 4 sec, 초과가 25% 정도로 나타나면서 그림 8.37의 경우에 비해 성능이 매우 나빠진 것을 알 수 있다. 특히 정착시간이 30 sec 정도로 아주 느려지는데 이렇게 성능이 악화된 것은 구동기가 포화되면서 적분누적 현상이 나타났기 때문이다.

적분누적 현상을 막기 위해 그림 8.36과 같은 적분누적 방지기법을 적용한 시스템을 구성하기로 한다. 그림 8.38의 심툴파일에서 적분기에 누적방지기를 부착하여 변형하면 그림 8.40과 같은 심툴파일을 얻을 수 있다. 셈툴창에서 누적방지 이득계수를 $K_c = 0.9$로 설정한 다음 이 심툴파일을 실행하면 이 시스템에 대한 단위계단응답을 그림 8.41과 같이 볼 수 있다. 이 결과를 보면 상승시간은 4 sec로서 그림 8.39의 경우와 비슷하지만, 초과가 1.7% 정도, 정착시간이 5 sec 정도로서 적분누적 현상이 없어지면서 성능이 크게 개선되는 것을 볼 수 있다.

그림 8.36과 같은 적분누적 방지법은 고전제어 분야에서 제시된 것이다. 이 방식에서 제어기는 구동기의 포화문제를 고려하지 않고 플랜트 특성만을 고려하여 설계되며, 적분누적 방지를 위해 누적방지기를 추가로 사용한다. 그러나 이 기법을 실제의 시스템에서 사용하려면 반드시 구동기의 출력을 측정해야 하므로 적절한 센서가 필요하다. 또한 제어기와 별

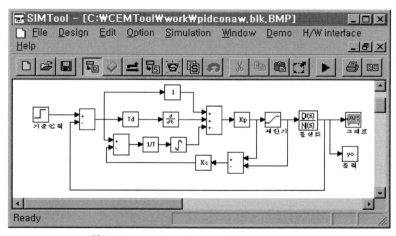

그림 8.40 적분누적 방지법을 적용한 시스템

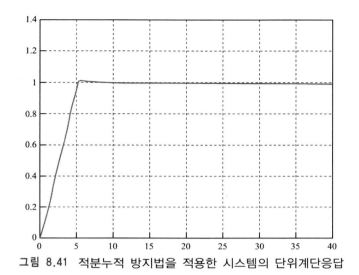

그림 8.41 적분누적 방지법을 적용한 시스템의 단위계단응답

도로 누적방지기를 추가해야 한다는 부담이 따르게 된다. 이에 대한 대안으로서 현대제어 분야에서는 제어기 설계단계에서 구동기 포화문제를 제약조건으로 고려하여 적분누적 현상을 해결하는 기법들이 제시되고 있다.

8.9 여러 형태의 PID제어기

PID제어기의 전달함수는 식 (8.20)이나 (8.24)에서 보듯이 덧셈형이므로, PID제어기를 구현할 때 형태는 그림 8.19와 같이 병렬형이지만 필요에 따라 약간의 수정이 가해진 여러 가지 변형된 형태로 구현할 수 있다. PID제어기는 구성형태에 따라 크게 병렬형과 직렬형으로 그리고 처리신호의 형태에 따라 연속형과 이산형 등으로 나눌 수 있다. 여기서 연속형 및 이산형 제어기란 제어기의 입출력신호가 시간에 대해 각각 연속적이고 이산적인 것을 말한다. 지금까지 이 책에서 다뤄온 제어기들은 모두 연속형인데, 이 제어기들을 컴퓨터나 디지털 신호처리장치로 구현할 때에는 이산형 제어기가 쓰이게 된다.

8.9.1 필터형 PID제어기

병렬형 PID제어기에는 식 (8.15)나 (8.24)의 표준형 외에 여러 가지 형태가 있다. 이 가운데 실제로 많이 사용되는 것은 미분기에 필터를 부착한 **필터형 PID제어기**이다. 이 제어기에서 필터는 **미분폭주(derivative kick)** 현상을 피하기 위해서 쓰이는데, 여기서 미분폭주란 미분기 입력에 고주파 잡음신호나 갑자기 바뀌는 신호가 섞이게 되면 이 신호가 함께 미분되면서 출력이 매우 커지는 현상을 말한다. 미분폭주를 막기 위한 필터로는 다음과 같은 1차 저역필터를 많이 사용한다.

$$Y_f(s) = \frac{N}{s T_d + N} Y(s) \tag{8.37}$$

여기서 $Y(s)$와 $Y_f(s)$는 각각 시스템의 출력과 필터를 거친 출력이며, N은 필터의 대역폭을 조절하는 계수로서 일반적으로 $0 \leq N \leq 10$ 범위의 값을 사용한다. N이 작을수록 대역폭이 작아져서 출력의 고주파 성분을 차단하는 효과를 나타내며, N이 아주 클 경우에는 $Y_f(s) \approx Y(s)$가 되어 필터효과가 없어진다. 이 필터를 사용하는 **병렬형 PID제어기**에서 미분항은 필터를 거친 측정 출력신호에 대해서만 작용을 한다. 이 제어기의 입출력 관계식을 시간영역에서 나타내면 다음과 같다.

$$u(t) = K_p\left[e(t)+\frac{1}{T_i}\int e(t)dt - T_d\frac{d}{dt}y_f(t)\right]$$
$$e(t) = r(t)-y(t)$$
$$\frac{d}{dt}y_f(t) = \frac{N}{T_d}[y(t)-y_f(t)]$$

(8.38)

여기서 $u(t)$, $r(t)$는 각각 제어입력과 기준입력이다. 이 식의 셋째 등식은 식 (8.37)을 시간영역 관계식으로 바꿔 표현한 것이다. 또한 이 식의 첫째 등식에서 우변 세 번째의 미분항에 오차신호가 아니라 출력신호를 사용하고 있는데, 이것은 오차신호에 들어있는 기준입력이 계단형으로 갑자기 바뀌는 경우에 생기는 미분폭주 현상을 막기 위한 것이다. 이러한 형태를 **출력미분형**이라 한다.

식 (8.38)의 필터형 PID 형태에서 약간 변형된 형태로 가중값 β를 다음과 같이 기준입력에 놓을 수도 있다.

$$u(t) = K_p\left[\beta r(t)-y(t)+\frac{1}{T_i}\int e(t)dt - T_d\frac{d}{dt}y_f(t)\right]$$

(8.39)

이 식에서 가중값 β는 다른 성능에 영향을 미치지 않으면서 출력의 초과를 줄이기 위해 쓴다. PID제어기 계수를 조정할 때 외란제거 성능을 개선시켜서 부하외란 반응이 빨리 없어지게 만드는 동조방식은 종종 출력에 초과가 심하게 나타나는 응답을 일으키게 하며, 초과를 줄여서 좋은 기준응답을 제공하는 동조방법은 종종 부하외란 반응을 느리게 하여 외란제거 성능을 악화시키기 때문에, 이 두 가지 특성 사이의 절충에 유의해야 한다. 식 (8.39)에서 가중값 β는 이러한 절충관계를 조절하는 역할을 하는데, 가중값 β를 1보다 작게 지정하면, 부하외란 반응에 영향을 주지 않으면서 기준응답의 초과를 줄일 수 있다. 식 (8.39)에서 β = 1로 지정하면 표준형태의 PID제어기가 된다. 몇몇의 상용 PID제어기에서는 가중값을 β = 0으로 놓는 제어기를 사용하기도 한다. 이 경우에는 비례항에 오차신호 대신에 출력만 사용되는데, 이것은 오차신호에 들어있는 기준입력이 계단형으로 갑자기 바뀔 때 생기는 비례폭주(proportional kick) 현상을 막기 위함이다. 이러한 형태를 **출력비례형**이라고 한다. 그러면 간단한 예제를 통해 앞에서 설명한 필터형 PID제어기들의 성능을 비교해 보기로 한다.

PID제어기의 표준형 (8.24)와 변형 (8.38), (8.39)를 예제 8.5의 플랜트에 적용하였을 때 폐로 단위계단응답을 심툴을 이용한 모의실험을 통하여 비교하라. 플랜트 전달함수와 PID 계수는 다음과 같다.

$$G(s) = \frac{1}{(1+5s)^2}$$

$$K_p = 224, \quad T_i = 4.48, \quad T_d = 0.625$$

풀이 필터형이면서 출력미분형인 식 (8.38)의 PID제어기를 심툴로 구현하려면 필터를 거친 측정 출력신호 $y_f(t)$와 플랜트 출력 $y(t)$ 사이에는 식 (8.37)과 같은 관계가 있으므로, 이 필터를 표준형 PID제어기 블록에 추가해야 한다. 이러한 관계를 가지고 있는 PID제어기의 심툴파일은 그림 8.32의 표준형 PID제어기 심툴파일로부터 약간의 수정을 거치면 쉽게 구할 수 있다. 즉, 미분제어 부분의 GAIN 블록 앞에 필터를 추가하기 위하여 새로운 TRANSF 블록을 만든다. 그리고 TRANSF 블록 내의 Numerator항에 상수 N을 입력하고, Denominator항에 [Td, N]을 입력한 후 이 블록의 입력단에 플랜트 블록의 출력단을 직접 연결한다. 이 모의실험에서는 N=5로 선택하기로 한다. 이와 같이 얻어진 PID 심툴파일은 그림 8.42와 같다. 이 심툴파일에 사용하는 PID제어기 계수 K_p=224, T_i=4.48, T_d=0.625는 셈툴 창에서 입력한다. 여기서 특기할 점은 그림 8.32의 표준형 제어기와 앞에서 수정한 필터형 제어기의 성능을 비교하기 위해서 플랜트의 출력에 백색잡음을 추가한 것이다. 출력에 백색 잡음을 추가하는 것은 심툴블록 라이브러리에서 WHITE 블록을 선택하고, 플랜트의 식인 TRANSF 블록의 출력과 SUM 블록을 이용하여 더해줌으로써 간단히 구성할 수 있다. WHITE 블록에서는 영평균에 표준편차가 1인 정규잡음이 나오는데, 이득이 0.02인 블록을 붙여서 표준편차가 0.02인 잡음이 출력신호에 더해지도록 조절한다. 그림 8.32의 제어기에도 이와 같은 방법으로 백색잡음을 포함시킬 수 있다. 그림 8.32에서 백색잡음을 추가한 폐로시스템을 심툴파일로 만들고, 기준입력에 가중값을 부여한 제어기는 바로 앞에서 만든 그림 8.42의 심툴파일을 다음과 같이 수정하면 만들 수 있다. 즉, 기준입력 블록 출력단에 가중값 b를 갖는 GAIN 블록의 입력단을 연결한 다음, 이 블록의 출력과 플랜트 출력과의 차이를 P제어 블록 Kp에 연결시키면 된다. 이 모의실험에서는 가중값을 b=0.8 주기로 한다. 이와 같이 만든 심툴파일은 그림 8.45와 같다. 그리고 그림 8.46은 기준입력에 가중값을 부여한 병렬형 PID제어기를 사용한 폐로의 단위계단응답이다. 이 결과를 그림 8.44와 비교해 보면 기준입력에 1보다 작은 가중값을 부여한 효과로 단위계단응답의 초과가 없어진 것을 알 수 있다.

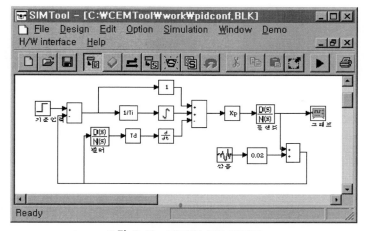

그림 8.42 필터형 PID제어기

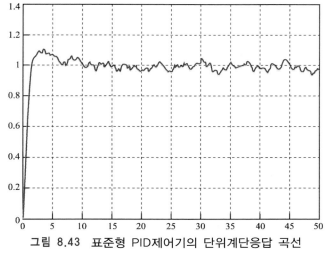

그림 8.43 표준형 PID제어기의 단위계단응답 곡선

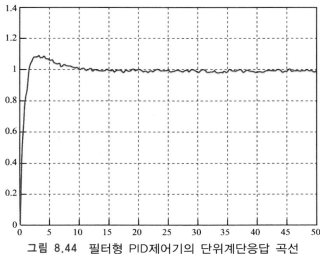

그림 8.44 필터형 PID제어기의 단위계단응답 곡선

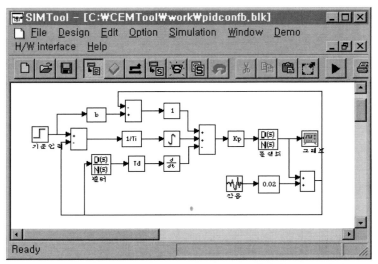

그림 8.45 기준입력에 가중값을 부여한 필터형 PID제어기

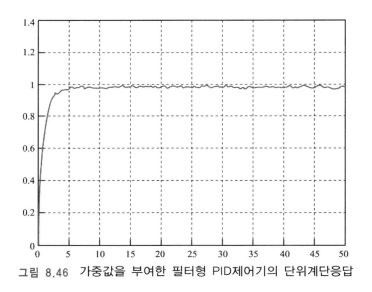

그림 8.46 가중값을 부여한 필터형 PID제어기의 단위계단응답

　　필터형 PID제어기를 위한 동조법은 8.6절과 8.7절에서 설명한 병렬형 PID제어기 동조법과 똑같다. 즉, 식 (8.24)의 표준형에 적용되는 동조규칙들이 식 (8.38), (8.39)의 필터형에도 그대로 적용된다는 것이다. 이 동조규칙들이 잘 적용되는 시스템은 주로 1차 시간지연 특성을 지니고 있으면서 시상수에 대한 시간지연의 비가 0.1에서 1 사이의 시스템이다.

8.9.2* 직렬형 PID제어기

직렬형 PID제어기는 PI제어기와 PD제어기를 직렬로 연결하여 이루어지는 제어기를 말한다. 이 직렬형에도 여러 가지 변형이 있을 수 있는데, 그중에서 미분항에 필터를 쓰지 않는 기본적인 형태의 PID제어기 직렬형은 다음의 식으로 주어진다.

$$C(s) = K_p\left(1+\frac{1}{sT_i}\right)(1+s\,T_d) \tag{8.40}$$

이 형태에서 우변의 첫째 인수는 PI제어기, 둘째 인수는 PD제어기 부분으로서, 두 인수가 곱해지는 것은 두 제어기가 서로 직렬로 연결됨을 뜻한다. 식 (8.40)의 직렬형에서는 제어기의 영점이 모두 실수축에 놓이기 때문에 복소영점(complex zero)을 얻는 것은 불가능하다. 그렇지만 이 형태의 PID제어기에서는 PI제어기와 PD제어기가 서로 분리되기 때문에 계수를 동조하기에는 병렬형 PID제어기보다 간편하다.

직렬형 PID제어기를 위한 자동 동조규칙도 병렬형 PID제어기만큼 많이 개발되어 있다. 여기서는 특히 1차 시간지연 모델에 대해서 다루고, 이득여유와 위상여유의 값이 직렬형 PID 동조규칙을 소개하면 표 8.4와 같다. 이 동조규칙들이 적용되는 시스템은 주로 시상수에 대한 지연시간의 비 L/T이 0.1에서 1 사이의 시스템이다. 이 동조규칙들을 위한 직렬형 제어기는 앞에서 설명한 형태와 기본적으로 동일하나 PD제어기 부분에 필터를 첨가한 형태로서 다음과 같다.

$$C(s) = K_p\left(1+\frac{1}{sT_i}\right)\frac{1+sT_d}{1+0.1sT_d} \tag{8.41}$$

그리고 대상 플랜트는 다음과 같은 1차 시간지연 모델이다.

$$G(s) = K\frac{e^{-Ls}}{Ts+1}$$

표 8.4 직렬형 PID제어기를 위한 동조규칙들

동조규칙	K_p	T_i	T_d
IMC	$\dfrac{1}{K}\dfrac{T}{T+L/2}$	T	$\dfrac{L}{2}$
IAE	$\dfrac{0.65}{K}\left(\dfrac{L}{T}\right)^{-1.04432}$	$\dfrac{T}{0.9895+0.09539L/T}$	$0.50814\,T\left(\dfrac{L}{T}\right)^{1.08433}$
ITAE	$\dfrac{1.12762}{K}\left(\dfrac{L}{T}\right)^{-0.80368}$	$\dfrac{T}{0.99783+0.02860\,L/T}$	$0.42844\,T\left(\dfrac{L}{T}\right)^{1.0081}$
ISE	$\dfrac{0.71959}{K}\left(\dfrac{L}{T}\right)^{-1.03092}$	$\dfrac{T}{1.12666-0.18145\,L/T}$	$0.54568\,T\left(\dfrac{L}{T}\right)^{0.86411}$

주 : 참고문헌 : (Ho, 1996)

이 표에 제시된 동조규칙 가운데 IMC에 대해서는 8.7.2절에, 나머지 세 가지 동조규칙들에 대해서는 8.7.3절에 간략히 언급하였지만, 표 8.4와 표 8.5의 동조규칙들에 대한 자세한 설명을 원하는 독자는 참고문헌(Ho, 1996)을 참조하기 바란다. 주의할 것은 이 표들에서 제시하는 규칙들은 경험적으로 얻어진 것이기 때문에 성능목표를 만족시키지 못할 수도 있다는 점이다. 성능이 목표에 미치지 못할 경우에는 각 계수들을 추가로 조정해야 한다. 그러면 간단한 예를 들어서 직렬형 PID제어기를 설계하고, 제어성능을 심툴 모의실험을 통해 확인해 보기로 한다.

 예제 8.8

공조기의 전달함수는 다음과 같이 1차 지연시간 모델로 표시된다.

$$G(s) = K\frac{e^{-Ls}}{Ts+1}$$

플랜트의 계수들이 $K = 5℃$, $T = 10\ sec$, $L_p = 1\ sec$일 때, 표 8.5의 IAE 동조규칙을 써서 식 (8.41)의 직렬형 PID제어기 계수를 선정하고, 이 제어기의 성능을 심툴 모의실험을 거쳐 확인하라.

풀이 대상 시스템에서 $K = 5$, $T = 10$, $L = 1$ 이므로, 표 8.5의 IAE 동조규칙으로부터 셈툴에서 다음과 같은 명령을 실행하면,

CEM≫Kp = 0.65/K*0.1^(‑1.04432);
CEM≫Ti = T/(0.9895 + 0.09539*L/T);
CEM≫Td = 0.50814*T*0.1^1.08433;

PID제어기의 계수가 다음과 같이 구해진다.

K_p = 1.4397, T_i =10.0096, T_d =0.4185.

이 제어기를 연결한 대상시스템의 심툴파일은 그림 8.47과 같다. 이 심툴파일의 플랜트 블록에서 대상시스템을 나타내기 위해서 플랜트 블록의 Numerator항에 [5]를 입력하고, Denominator항에 [10, 1]을 입력한다. 그리고 지연시간 블록에는 Time_delay항에 1을 입력한다. 직렬형 PID제어기에 필요한 이득 Kp, Ti, Td는 셈툴창에서 계산되어 있으므로 그림 8.47의 심툴파일을 실행하면 그림 8.48의 계단응답을 얻을 수 있다. 이 결과를 보면 지연시간 1 sec, 상승시간 1 sec, 초과 7.4%, 정착시간 약 5 sec, 정상상태 오차 0%로서 개로시스템 응답에 비해 성능이 크게 향상되었음을 알 수 있다.

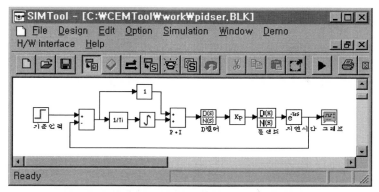

그림 8.47 직렬형 PID제어기로 구성된 폐로시스템

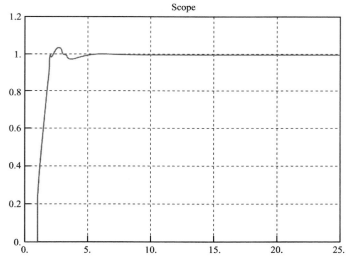

그림 8.48 직렬형 PID제어기를 사용한 폐로시스템의 단위계단응답

8.9.3* 이산형 PID제어기

지금까지 앞에서 설명한 PID제어기들은 입출력신호가 모두 시간에 대해 연속적인 연속시간에서의 PID제어기들이다. 이런 형태의 PID제어기들은 증폭기, 적분기, 미분기 따위의 아날로그 회로를 써서 구현할 수 있다. 그러나 요즈음에는 많은 경우에 디지털 컴퓨터나 신호처리장치를 사용하여 제어기를 구성하고 있는데, 이 장치들은 시간에 대해 이산적인 디지털 신호들만을 처리할 수 있기 때문에 PID제어기도 이러한 장치들을 써서 구현하려면 여기에 적합한 형태인 이산형으로 변형해야 한다. 이러한 이산형 PID제어기는 일반적으로 식 (8.25)의 연속시간 형태의 PID제어기를 일정한 추출시간(sampling time) h 간격으로 이산화함으로써 얻을 수 있다. 이렇게 이산화 과정을 거쳐 구해지는 이산형 PID제어기는 다음과

같이 나타낼 수 있다.

$$u(k) \;=\; u_0 + u_p(k) + u_i(k) + u_d(k) \tag{8.42}$$

여기서 u_0는 제어신호의 초기값을 말한다. 그리고 $u_p(k)$, $u_i(k)$, $u_d(k)$는 각각 이산형 PID제어기의 비례제어, 적분제어, 미분제어신호이고 다음의 식으로 정의된다.

$$\begin{aligned}
u_p(k) &= K_p e(k) \\
u_i(k) &= u_i(k-1) + K_p \mathrm{a}\, e(k) \\
u_d(k) &= \gamma u_d(k-1) - K_p \gamma N [\, y(k) - y(k-1)\,]
\end{aligned}$$

여기서 $\mathrm{a} = h/T_i$, $\gamma = T_d/(T_d + hN)$이다. 만일 기준입력에 식 (8.26)과 같이 가중값 β를 붙이는 경우에는 P제어신호가 $u_p(k) = K_p[\,\beta r(k) - y(k)\,]$로 바뀐다. 이 이산형 PID제어기의 성능은 추출시간 h가 작아질수록 연속형 PID제어기의 성능에 가까워진다.

식 (8.42)와 같은 형태의 이산형 PID제어기는 어떤 시점 k에서의 제어신호 $u(k)$를 직접 계산하기 때문에 **위치형(position form)** PID제어기라고 한다. 경우에 따라서는 어떤 시점에서의 제어신호를 직접 계산하기보다는 이전 시점과의 차이만을 계산하는 이른바 **증분형(incremental form)** 또는 **속도형(velocity form)**이라 하는 방식이 쓰이기도 한다. 식 (8.42)의 이산형 PID제어기를 증분형으로 변환하면 다음과 같다.

$$\begin{aligned}
\Delta u(k) \;=\; & \gamma \Delta u(k-1) + K_p(1+\mathrm{a})\, e(k) - K_p(\gamma + \gamma \mathrm{a} + 1) e(k-1) \\
& + K_p \gamma\, e(k-2) - K_p \gamma N [\, y(k) - 2y(k-1) + y(k-2)\,]
\end{aligned} \tag{8.43}$$

여기서 $\Delta u(k) = u(k) - u(k-1)$이다. 따라서 식 (8.43)의 증분형 PID제어기를 사용할 때에는 증분형 제어신호 $\Delta u(k)$로부터 제어신호 $u(k)$를 계산하는 별도의 적분기를 써야 한다. 이와 같은 증분형 PID제어기의 단점은 P제어기나 PD제어기 방식으로는 동작할 수 없다는 점이다. 그러나 이 형태에서는 제어기를 실제로 적용할 때 처리해야 할 중요한 문제들인 누적방지와 무충돌전환(bumpless transfer)과 같은 문제들을 쉽게 해결할 수 있다는 장점이 있다.

식 (8.42)와 (8.43)의 이산형 PID제어기의 동조법은 연속형 PID제어기에서와 같이 대상시스템의 모델을 알 수 없는 경우에는 8.6절의 자동동조법을 쓰고, 모델을 알 수 있는 경우에는 8.7절의 동조법을 사용하면 된다. 그러면 간단한 예제를 통하여 이산형 PID제어기를 구현하고 성능을 살펴보기로 한다.

예제 8.9

예제 8.5에서 설계한 연속형 PID제어기 계수와 대상 시스템을 요약하면 다음과 같다.

$$G(s) = \frac{1}{(1+5\,s)^2}$$

$$K_p = 224, \quad T_i = 4.48, \quad T_d = 0.625$$

이 연속형 PID제어기를 이산형 PID제어기 (8.42)로 바꾼 다음, 두 제어기의 성능을 비교하라.

풀이 식 (8.42)의 이산형 PID제어기를 포함하는 폐로시스템을 심툴파일로 구성하면 그림 8.49와 같다. 이 파일에서 Z-d 블록은 시간지연 성분이며, ZOH 블록은 영차유지기(zero order holder)로서 연속형 신호를 이산형으로 변환하는 역할을 한다. 이 심툴파일에 사용하는 이산형 PID제어기의 계수는 연속형 PID계수를 그대로 사용한다. 그리고 N은 일반적으로 1과 10 사이의 값을 갖게 되는데 이 모의실험에서는 N=5로 지정하며, 시간지연 블록과 ZOH 블록에서 추출시간은 h로 입력한다. 셈툴창에서 PID계수를 K_p=224, T_i=4.48, T_d=0.625로 입력하고, h=0.1, N=5로 지정한 다음 gam=Td/(Td + h*N)을 실행한다. 이와 같이 관련계수를 지정한 후 그림 8.49의 심툴파일을 실행시키면 그림 8.50과 같은 단위계단응답을 얻을 수 있다. 이 결과를 예제 8.5에서 설계한 연속형 PID제어기를 적용한 결과인 그림 8.35와 비교해보면 초과가 조금 더 크게 나타나면서 이산형 PID제어기의 과도응답 특성이 연속형보다 조금 나빠지는 것을 볼 수 있는데, 이것은 이산화 과정에서 생기는 수치오차 때문이며, 이러한 성능 악화를 줄이려면 추출시간 h를 더 작게 잡으면 된다.

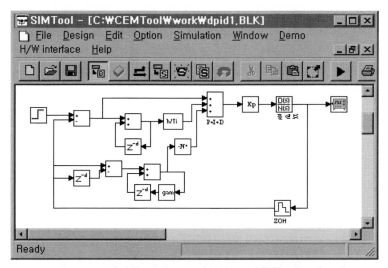

그림 8.49 위치형 이산 PID제어기를 사용한 폐로시스템

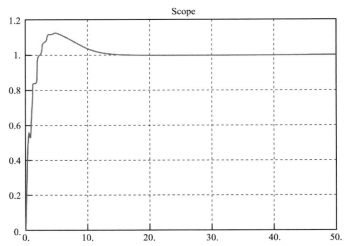

그림 8.50 위치형 이산 PID제어기를 사용한 폐로시스템의 단위계단응답

앞의 예제에서 알 수 있듯이 이산형 제어기를 사용할 경우 추출시간이 제어기의 성능에 상당히 큰 영향을 미친다. 추출시간이 길수록 제어기의 성능이 나빠지기 때문에 제어목표 달성을 위해서는 추출시간이 짧을수록 좋다. 그러나 추출시간이 짧아질수록 이산형 제어기 에서 그만큼 고속의 연산처리를 해야 하기 때문에, 제어기 구현에 사용하는 디지털 시스템 의 요구명세가 높아진다. 따라서 추출시간을 무조건 짧게 할 수는 없으며, 경험적인 규칙에 따르면 추출시간을 시스템 상승시간의 10분의 1 내지 4분의 1 정도로 선정한다.

8.10 요점 정리

이 장에서는 단입출력 선형시불변 시스템에 대한 고전적 제어기 설계법 가운데 산업현장 에서 많이 활용되고 있는 PID제어기 설계법을 다루었다. 이 제어기의 특징을 요약하면 다 음과 같다.

1. 비례(P)제어는 PID제어기에서 반드시 사용하는 가장 기본적인 제어이며, 구현하기가 쉽다. 그러나 이 제어만으로는 적분기가 플랜트에 없을 경우에 정상상태 오차가 발생 할 수 있다.

2. 적분(PI)제어는 정상상태 오차를 없애는 데 사용된다. 그러나 계수조정이 잘못되면 시 스템이 불안해지고 반응이 느려진다. 미분(PD)제어는 잘 활용하면 안정성에 기여하고, 예측기능이 있어 응답속도를 빠르게 한다. 단점으로는 시스템에 잡음성분이 있을 때 미분값이 커지게 되어 제어입력에 나쁜 영향을 미친다는 점이 있다.

3. PID제어기는 PI제어기와 PD제어기를 결합한 것으로서, 계수는 주파수영역 설계법, 근궤적법, 과도응답법 등을 사용하여 반복과정을 통해 설계할 수 있다.

4. PID제어기의 계수를 자동적으로 조정하는 것을 **자동동조(auto-tuning)**라 하며, 대표적인 방법으로는 지글러–니콜스 동조법, 계전기동조법 등이 있다. 이 방법들은 모두 제어대상 시스템에 대한 모델이 없어도 비교적 간단한 동조과정을 거쳐 제어이득을 정할 수 있는 장점을 지니고 있다.

5. PID제어기에 구동기를 연결하여 사용할 때 구동기에 포화특성이 있으면 적분누적현상이 생겨 불안정하게 되는데, 이를 막기 위하여 누적방지기법을 사용한다.

6. PID제어기의 형태는 병렬형이 기본형이지만, 실제로 구현할 때에는 직렬형을 쓰거나 미분기에서 잡음의 영향을 줄이기 위해 필터를 부착하는 등 필요에 따라 여러 가지로 변형되어 쓰이고 있다. 또한 컴퓨터나 디지털 신호처리장치를 써서 구현할 경우에는 이산형 PID제어기가 쓰인다.

7. 이산형 PID제어기의 동조법은 연속형의 경우와 똑같으나 추출시간에 따라 제어성능이 나빠질 수 있다. 연속형 제어기와 비슷한 성능이 보장되는 추출시간은 대략 폐로시스템 시상수의 1/10~1/4 정도로 볼 수 있다. 추출시간을 이보다 크게 잡으면 수치오차가 커지기 때문에 제어성능이 악화되며, 이보다 작게 잡으면 응답이 빠른 시스템에서는 고속의 연산처리가 요구되기 때문에 제어장치의 부담이 늘어난다.

8. PID제어기는 제어성능이 우수하고, 제어이득의 조정이 비교적 쉽기 때문에 산업현장에 많이 쓰이고 있으나 적용대상이 단입출력 시스템에 한정되는 제약성이 있다. 따라서 입력과 출력이 각각 두 개 이상씩인 다입출력 시스템에 적용하려면 시스템을 여러 개의 단입출력 모델로 분해하는 과정을 거쳐야 한다.

● 8.11 익힘 문제

8.1 식 (8.25)로 표시되는 1차 시간지연 시스템에서

 (1) 단위계단응답 $y(t)$를 그려라.
 (2) $t=L$에서 그은 접선이 $y(t)=K$와 만나는 시점 t를 구하라.
 (3) 이 단위계단응답 곡선이 그림 8.22의 S자 곡선과 어떻게 대응되는지 설명하라.

8.2 예제 8.3의 시스템에서 임계이득 K_{cr}은 그대로 쓰면서 초과가 20% 이하가 되도록 임계주기 P_{cr}을 조정하라.

8.3 예제 8.3의 시스템에서 PID제어기를 계전기동조법으로 설계하고, 계단응답 성능을 지글러-니콜스 동조법의 결과와 비교하라.

8.4 어떤 시스템의 출력 데이터 $y(t)$, $0 \le t \le T_f$가 S자형으로 나타난다고 할 때,

(1) 이 데이터로부터 지연시간 L, 시상수 T, 직류이득 K를 계산하는 셈툴파일을 작성하라.
(2) 이 값들로부터 PID계수를 계산하는 셈툴파일을 작성하라.

8.5 전달함수로 표시되는 임의의 시스템에 대해 계단응답을 그림표로 나타내면서 출력변수 yo로 출력시키는 심툴파일을 작성하라.

8.6 전달함수로 표시되는 임의의 시스템에 PID제어기가 연결되는 되먹임 시스템을 심툴파일로 나타내라. 단, 시스템의 기준신호는 계단입력을 쓰고, 출력은 데이터와 그림표로 동시에 나타내도록 한다.

8.7 익힘 문제 8.4의 셈툴파일과 8.6의 심툴파일을 연결하여 예제 8.4의 플랜트에 대한 PID제어기를 설계하고 성능을 확인하라.

8.8 그림 8.36의 적분누적 방지기에서 $|K_c C(s)| \gg 1$의 조건이 만족되면 $u \approx u_a$임을 증명하라.

8.9 그림 8.38의 심툴파일에 제어기 출력과 구동기 출력을 그래프로 표시하는 그래프 블록을 추가하고 두 신호의 그림표를 구하라. 그림 8.40의 심툴파일에 대해서도 같은 과정을 반복하고, 앞의 결과와의 차이점을 비교하라.

8.10 필터를 사용하는 PID제어기 (8.38)에서

$$u(t) = K_p \left[e(t) + \frac{1}{T_i} \int e(t) dt - T_d \frac{d}{dt} y_f(t) \right]$$

(1) 미분제어항에 $T_d \frac{d}{dt}[r(t) - y_f(t)]$ 대신에 $-T_d \frac{d}{dt} y_f(t)$를 사용하는 까닭을 설명하라.
(2) 기준입력이 계단입력이 아닌 경우에도 이 제어기를 사용할 수 있는지를 밝히고, 사용할 수 없다면 어떤 형태로 바꿔야 하는지 제시하라.

8.11 그림 8.45의 심툴파일에서 기준입력에 주는 가중값 b의 값을 0부터 0.1 간격으로 2까지 키워가면서 각 경우의 응답을 관찰하고, 이 가중값과 출력응답 특성 사이의 관계를 요약하라.

8.12 예제 8.8의 1차 시간지연 모델로 표시되는 공조기에 대해서
    (1) 지글러 – 니콜스의 계단응답법을 써서 병렬형 PID제어기를 설계하라.
    (2) 계전기동조법을 써서 병렬형 PID제어기를 설계하라.
    (3) 설계한 제어기들의 성능을 심툴 모의실험을 통해 비교하여 분석하라.

8.13* 예제 8.8에서 직렬형 PID제어기 동조규칙으로 표 8.5에 나오는 다른 규칙들을 적용하고, 각각의 성능을 비교하라.

8.14* 증분형 이산 PID제어기 (8.43)을 예제 8.9에 적용하는 심툴파일을 작성하여 모의실험을 수행하고, 그 결과를 예제 8.9와 비교하라.

8.15 다음과 같은 전달함수로 표시되는 플랜트에

$$G(s) \;=\; \frac{200}{s(s+20)}$$

PI제어기를 써서 되먹임 시스템을 구성할 때

$$C(s) \;=\; K_1 + \frac{K_2}{s}$$

    (1) $K_2 = 1$로 고정하고 계단응답이 약 20%의 초과를 갖도록 하는 K_1의 값을 구하라.
    (2) 이때 시스템의 정착시간은 얼마인지 구하라.

8.16 다음과 같은 플랜트에서

$$G(s) \;=\; \frac{10000}{s\left(\dfrac{s}{200}+1\right)\left(\dfrac{s}{100}+1\right)}$$

PD제어기를 갖는 되먹임 시스템을 구성할 때

$$C(s) \;=\; K_1 + K_2 s$$

제어목표로서 초과가 20[%]보다 작고, 정착시간이 60 ms보다 작도록 하는 $C(s)$를 설계하라.

8.17 그림 8.17p는 전동기와 부하 그리고 전류증폭기 K_a로 이루어지는 플랜트에 PID제어기를 적용하는 되먹임 시스템을 나타내는 블록선도이다. PID제어기의 전달함수에서

$$C(s) = K_1 + \frac{K_2}{s} + K_3 s$$

제어기 계수들이 $K_1 = 5$, $K_2 = 500$, $K_3 = 0.0475$ 일 때

(1) 시스템의 위상여유가 42°가 되는 K_a의 적당한 값을 구하라.

(2) K_a에 대하여 시스템의 근궤적을 구하고, (1)의 경우에 시스템의 극점을 구하라.

(3) (1)에서 구한 이득 K_a를 쓸 때 $d(t) = 0.5\,u_s(t)$이고, $r = 0$에 대한 출력 $y(t)$의 최대값을 구하라.

(4) 계단입력 $r(t)$에 대한 응답을 구하라.

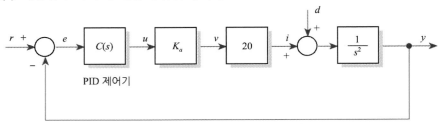

그림 8.17p 전동기 제어시스템

8.18 그림 8.18p의 되먹임 제어시스템에서 $G(s)$는 다음과 같고

$$G(s) = \frac{10}{Js^2}$$

제어목표는 위상여유가 45°보다 크고 대역폭이 5 rad/sec보다 작도록 하는 것이다.

(1) $J = 10$일 때 PID제어기를 설계하라.

(2) J를 조금씩 변화시키면서 제어목표를 벗어나게 되는 J값을 구하라.

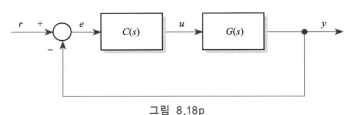

그림 8.18p

8.19 그림 8.19p는 0형 플랜트 $G(s)$와 PI제어기 $C(s)$로 이루어지는 되먹임 시스템이다.

$$C(s) = K_p + \frac{K_i}{s}$$

(1) 경사오차상수 K_v가 20보다 작도록 K_i의 값을 정하라.

(2) 폐로극점의 허수부 크기가 10 rad/sec가 되게 하는 K_p의 값을 구하라. 이때 특성 방정

식의 근을 구하라.

(3) 1)에서 구한 K_I를 쓸 때 $0 \leq K_p < \infty$에 대한 근궤적을 그려라.

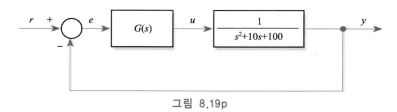

그림 8.19p

8.20 3.2.4절에서 다룬 역진자시스템 선형모델에서 $M = 5\,\mathrm{kg}$, $m = 0.1\,\mathrm{kg}$, $l = 0.2$ m일 때

(1) PID제어기를 설계하라.

(2) 심툴을 써서 플랜트와 제어기를 구현하고 성능을 확인하는 모의실험을 수행하라.

8.21 예제 8.7에서 다음의 경우에 대응하는 결과를 심툴 모의실험을 통해 구하여 비교하라.

(1) 식 (8.38)에서 미분항을 다음과 같이 오차미분형으로 사용할 때

$$T_d \frac{d}{dt}[r(t) - y_f(t)]$$

(2) 식 (8.39)에서 출력비례형($\beta = 0$)을 사용할 때

제 어 상 식

▶ 분산제어시스템(distributed control system)

분산제어시스템은 대형 플랜트의 효율적인 제어를 목적으로 분산화된 제어기능과 집중화된 정보처리기능을 갖추고 있는 복합적인 공정제어시스템이다. 대형 플랜트는 측정하는 변수와 제어하는 변수가 많으며, 위치가 서로 떨어져 있다. 따라서 제어기능을 분산화시키되 정보처리기능은 집중화시켜 관리를 쉽게 하고 있다. 이를 위해서 분산제어시스템은 현장으로부터 입출력 데이터를 수집하는 부분, 제어연산을 수행하는 부분, 공정의 정보를 총괄적으로 관리하는 부분, 공정의 상황을 그래픽 화면 등으로 표현하는 부분, 공정 데이터를 기록하고 저장하는 부분 등 여러 계층의 시스템들이 네트워크를 통하여 연결되어 있다. 이러한 구조와 기능을 갖춘 제어장치를 분산제어시스템이라고 한다. 최근 분산제어시스템은 공정단위의 분산제어 개념에서 나아가 통합적인 관리정보시스템을 구축하는 CIM (computer-integrated manufacturing)의 한 요소로서 자리잡고 있다. 경우에 따라 분산장치의 최종 단말기에 PLC나 루프제어기가 사용될 수도 있다.

(주)우리기술에서 개발한 EXOS–DCMS

CHAPTER **9**

상태공간
해석 및 설계법

9.1 개 요

이 장에서는 제어시스템을 상태공간에서 해석하고 설계하는 방법을 다룬다. 미분방정식으로 표현되는 시스템들은 모두 상태공간에서 표현되며, 전달함수로 표현할 수 없는 시변시스템이나 비선형시스템도 상태공간에서는 상태방정식으로 나타낼 수 있다. 따라서 상태공간에서의 시스템 표현 및 제어기 설계법은 전달함수를 이용하는 주파수영역에서의 방법보다 적용범위가 더 넓다. 이 장에서는 먼저 상태공간에서 시스템을 표현하고 해석하는 방법을 익힌 다음, 이 기법을 이용하여 상태공간에서 제어기를 설계하는 기법으로서 극배치에 의한 상태되먹임 설계법, 상태관측기 설계법, 출력되먹임 설계법 등을 다룬다.

1) 상태공간에서의 제어기 해석 및 설계법은 1960년대 컴퓨터를 이용하게 되면서 많은 발전이 있었는데, 주파수영역에서의 제어기 설계법과 구별하는 뜻에서 **현대제어 (modern control)기법**이라고 하였다. 그러나 1980년대 견실제어기법, 특히 H∞ 제어기법이 등장하여 주파수영역에서의 설계법과 상태공간에서의 설계법을 결합한 기법이 제공되면서 상태공간 설계법을 계속해서 현대제어기법이라고 하기에는 시기적으로 부적절하게 되었다. 따라서 이 책에서는 현대제어기법이라는 용어 대신에 **상태공간기법**이라고 한다.

2) 상태공간에서의 해석 및 설계방법은 고전적인 주파수영역 해석 및 설계기법에 비해 다음과 같은 장점이 있다.
   • 다입력 다출력(줄여서, 다입출력) 시스템의 해석 및 설계가 용이하다.
   • 컴퓨터를 사용한 제어기 설계가 용이하다.
   상태공간에서의 해석 및 설계는 이러한 장점이 있는 반면, 정확한 시스템 모델이 필요하다는 단점을 가지고 있다. 즉, 주파수영역에서의 제어기설계 방법에 비하여 모델링 오차에 대한 영향이 크게 나타날 수 있다.

3) 상태공간에서의 제어기 해석이나 설계기법들은 많은 경우 모델에 사용된 계수들을 이용하여 이루어지기 때문에, 모델계수들이 부정확한 경우에는 그 결과가 주파수영역에서의 설계기법을 사용한 경우보다 좋지 않을 수 있다. 따라서 이러한 단점을 보완하기 위한 연구가 최근에 많이 이루어지고 있다. 또한 상태공간에서의 표현은 시스템의 특징을 직접 알기에는 부적합하므로 시스템의 특징을 파악하기 위해서는 주파수영역의 해석기법을 활용해야 한다.

4) 일반적으로 단입출력 시스템의 해석 및 제어기 설계에는 주파수영역의 설계기법이 많이 사용되며, 다입출력 시스템의 경우 제어기 설계는 상태공간에서 이루어지고, 시스템의 해석은 주파수영역의 기법을 활용한다.

이 장에서 다루는 상태공간 모델에서 제어기 설계법의 설계목표는 4.2.1절의 1)과 2)에 해당하는 안정성과 명령추종 성능이다. 이 기법에서는 안정성을 확보하기 위해 극배치법을 이용하여 극점이 좌반평면에 놓이도록 설계하되, 성능목표 달성을 위해 원하는 과도응답 특성을 갖도록 극점의 위치를 적절하게 선정하며, 명령추종 성능을 위해 기준입력보상기를 사용한다.

9.2 상태공간 표현 및 해석법

3장에서 이미 익혔듯이 입력변수의 수가 p, 출력변수의 수가 q인 n차 연립미분방정식으로 표현되는 선형시불변 시스템은 다음과 같이 상태변수가 n개인 상태방정식으로 나타낼 수 있다.

$$
\begin{aligned}
\dot{x}(t) &= Ax(t)+Bu(t) \\
y(t) &= Cx(t)+Du(t)
\end{aligned} \tag{9.1}
$$

여기서 $x(t)\in R^n$, $u(t)\in R^p$, $y(t)\in R^q$는 각각 상태변수, 입력변수, 출력변수의 열벡터이고, $A\in R^{n\times n}$, $B\in R^{n\times p}$, $C\in R^{q\times n}$, $D\in R^{q\times p}$는 상수행렬이다. 그리고 R^i는 i차원 벡터, $R^{i\times j}$는 $i\times j$ 행렬들의 집합을 나타낸다. 식 (9.1)의 상태방정식으로 표시되는 시스템을 블록선도로 나타내면 그림 9.1과 같다.

식 (9.1)은 다입력과 다출력의 경우 표현하는 일반적인 상태공간 모델인데, 학부과정에서는 단입출력 시스템만을 다루므로 이 책에서는 입출력의 개수가 모두 하나인, 즉 $p=q=1$인 시스템만을 다루기로 한다. 따라서 식 (9.1)의 상태공간 모델에서 계수행렬 B, C, D는 각

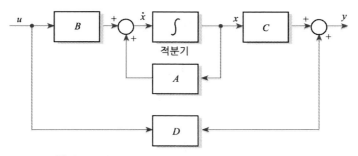

그림 9.1 상태공간 선형시불변 시스템의 블록선도

각 $n \times 1, 1 \times n, 1 \times 1$ 행렬로 한정하기로 한다.

9.2.1 등가시스템

식 (9.1)의 상태방정식으로 나타낸 시스템의 전달함수 $G(s)$는 3장에서 익혔듯이 다음과 같이 구해진다.

$$G(s) = C(sI-A)^{-1}B+D \tag{9.2}$$

상태공간 모델 (9.1)이 주어지면 식 (9.2)에 의해 전달함수 $G(s)$는 유일하게 결정된다. 그러나 주어진 전달함수에 대해서 상태공간 모델들은 여러 개가 있을 수 있는데, 이러한 상태공간 모델들 사이에 어떤 관계가 있는지 살펴보기로 한다.

P를 임의의 비특이 상수행렬이라고 하자. 식 (9.1)의 상태공간 모델에서 상태 $x(t)$ 대신에 행렬 P를 써서 새로운 변수 $z(t) = Px(t)$를 정의하면, $x(t) = P^{-1}z(t)$이므로 $z(t)$를 미분하면 다음의 결과를 얻는다.

$$\begin{aligned}
\dot{z}(t) &= \frac{d}{dt}(Px) = P\dot{x} \\
&= P[Ax(t)+Bu(t)] = PAx(t)+PBu(t) \\
&= PAP^{-1}z(t)+PBu(t)
\end{aligned}$$

그리고 출력 $y(t)$는 $z(t)$를 써서 다음과 같이 나타낼 수 있다.

$$\begin{aligned}
y(t) &= Cx(t)+Du(t) \\
&= CP^{-1}z(t)+Du(t)
\end{aligned}$$

위의 두 식을 정리하면 다음과 같다.

$$\begin{aligned}
\dot{z}(t) &= A_z z(t)+B_z u(t) \\
y(t) &= C_z z(t)+D_z u(t)
\end{aligned} \tag{9.3}$$

여기서 계수행렬 A_z, B_z, C_z, D_z는 다음과 같다.

$$\begin{aligned}
A_z &= PAP^{-1}, & B_z &= PB \\
C_z &= CP^{-1}, & D_z &= D
\end{aligned} \tag{9.4}$$

식 (9.3)은 새 변수 $z(t)$에 관한 상태방정식과 출력방정식으로 입력 $u(t)$와 출력 $y(t)$로 구성되는 시스템을 나타내고 있다. 따라서 식 (9.3)은 새 변수 $z(t)$를 상태변수로 하는 새로운 상태공간 모델이 된다.

식 (9.3)의 상태공간 모델에 대한 전달함수 $G_z(s)$를 구해보면

$$\begin{aligned} G_z(s) &= C_z(sI - A_z)^{-1}B_z + D_z \\ &= CP^{-1}(sI - PAP^{-1})^{-1}PB + D \\ &= C(sI - A)^{-1}B + D \\ &= G(s) \end{aligned} \tag{9.5}$$

$G_z(s)$는 상태공간 모델 (9.1)의 전달함수인 $G(s)$와 같다. 즉, 두 개의 상태공간 모델이 똑같은 전달함수를 갖는다는 것을 알 수 있다. 식 (9.1)과 (9.3)처럼 같은 전달함수를 갖는 서로 다른 상태공간들을 **등가시스템(equivalent system)**이라 한다. 이 등가시스템을 이루는 두 상태공간 모델의 계수행렬들 사이에는 식 (9.4)와 같은 관계가 이루어진다. 그런데 식 (9.4)에서 P는 비특이 상수행렬이면 어느 것이나 쓸 수 있으므로, 어떤 상태공간 모델과 등가시스템을 이루는 상태공간 모델은 수없이 많다. 즉, 하나의 전달함수에 대응하는 상태공간 모델은 수없이 많이 존재하는 것이다.

이와 같이 등가시스템을 이루는 수많은 상태공간 모델 가운데 어느 것을 쓰더라도 제어시스템 해석이나 설계결과에는 차이가 없다. 그러나 비특이행렬 P를 잘 선택하면 처리하기 쉬운 꼴의 계수행렬을 갖는 상태공간 모델을 구할 수 있기 때문에, 실제로는 상태공간 모델 가운데 몇 가지 표준형들이 많이 쓰이고 있다. 그러면 다음 절에서 이러한 표준형 상태공간 모델들을 익히기로 한다.

9.2.2 제어표준형 및 관측표준형

앞절에서 살펴본 바와 같이 전달함수가 주어지는 경우에 대응하는 상태공간 모델은 수없이 많이 존재한다. 이 상태공간 모델 가운데 어느 것을 쓰더라도 제어시스템 해석이나 설계 결과에는 차이가 없지만, 처리과정이 쉽고 어려운 차이는 있다. 따라서 등가시스템을 이루는 상태공간 모델 가운데 표현과정과 후속 처리과정이 다른 모델에 비해 쉬운 몇 가지 표준형 모델들이 많이 쓰이는데, 대표적인 예가 **제어표준형**과 **관측표준형**이다. 이 절에서는 이 표준형 모델의 표현법과 이 모델을 써서 시스템을 해석하는 방법에 대해 살펴보기로 한다.

(1) 제어표준형

전달함수 $G(s)$로 표시되는 선형시불변 시스템에서

$$G(s) = \frac{b(s)}{a(s)} = b_0 + \frac{b_1 s^{n-1} + \cdots + b_n}{s^n + a_1 s^{n-1} + \cdots + a_n} \tag{9.6}$$

제어표준형(control canonical form) 상태공간 모델은 다음과 같이 표현된다.

$$\dot{x}(t) = A_c x(t) + B_c u(t)$$
$$y(t) = C_c x(t) + D_c u(t) \tag{9.7}$$

여기서 계수행렬 A_c, B_c, C_c, D_c는 다음과 같다.

$$A_c = \begin{bmatrix} -a_1 & -a_2 & \cdots & -a_n \\ 1 & 0 & \cdots & 0 \\ 0 & 1 & \cdots & 0 \\ \vdots & \vdots & \ddots & \vdots \\ 0 & 0 & \cdots & 1 & 0 \end{bmatrix}, \qquad B_c = \begin{bmatrix} 1 \\ 0 \\ \vdots \\ 0 \end{bmatrix} \tag{9.8}$$
$$C_c = [\, b_1 \;\; b_2 \;\cdots\; b_n \,], \qquad\qquad D_c = [\, b_0 \,]$$

식 (9.6)의 전달함수로부터 식 (9.7), (9.8)의 제어표준형을 유도하는 과정은 익힘 문제 3.4 (1)과 같으므로 생략하기로 한다. 이 표준형에서는 식 (9.8)에서 볼 수 있듯이 전달함수의 분모다항식의 계수들이 A_c에, 분자다항식 계수들이 C_c와 D_c에 배열되고, B_c는 고정되어 있기 때문에 전달함수만 주어지면 아주 쉽게 제어표준형 상태공간 모델을 구할 수 있다. 유의할 점은 A_c에 들어가는 분모다항식 계수들의 부호가 반대로 된다는 것과 대응하는 전달함수의 분모다항식 최고차항 계수는 1로 맞추어 놓아야 한다는 것이다.

예제 9.1

다음의 전달함수로부터 제어표준형 상태공간 모델을 구하라.

$$G(s) = \frac{s+1}{2s^2 + 3s + 4}$$

풀이 제어표준형을 구하기 위해서는 $G(s)$의 분모다항식 최고차항 계수를 1로 만들어야 하므로 다음과 같이 $G(s)$의 분자분모를 2로 나누어야 한다.

$$G(s) = \frac{0.5\,s + 0.5}{s^2 + 1.5\,s + 2}$$

이렇게 계수가 조정된 전달함수에 식 (9.8)을 적용하면 제어표준형 상태공간 모델은 다음과 같이 구해진다.

$$\dot{x}(t) = \begin{bmatrix} -1.5 & -2 \\ 1 & 0 \end{bmatrix} x(t) + \begin{bmatrix} 1 \\ 0 \end{bmatrix} u(t)$$
$$y(t) = [\, 0.5 \;\; 0.5 \,] x(t)$$

이 상태공간 모델에서 확인을 위해 전달함수를 구해보면

$$C(sI-A)^{-1}B = [0.5 \quad 0.5]\left(sI-\begin{bmatrix} -1.5 & -2 \\ 1 & 0 \end{bmatrix}\right)^{-1}\begin{bmatrix} 1 \\ 0 \end{bmatrix} = 0.5\frac{s+1}{s^2+1.5s+2}$$

$G(s)$와 일치함을 알 수 있다.

예제 9.2

식 (8.18)로 표시되는 다음의 직류서보모터 전달함수 모델로부터 제어표준형 상태공간 모델을 구하라.

$$G(s) = \frac{100}{s(1+0.1s)(1+0.2s)}$$

풀이 $G(s)$의 분모다항식 최고차항 계수가 0.02이므로 $G(s)$의 분자분모를 0.02로 나누면 다음과 같이 정리된다.

$$G(s) = \frac{5000}{s^3+15s^2+50s}$$

여기서 식 (9.8)을 적용하면 제어표준형 상태공간 모델은 다음과 같이 구해진다.

$$\dot{x}(t) = \begin{bmatrix} -15 & -50 & 0 \\ 1 & 0 & 0 \\ 0 & 1 & 0 \end{bmatrix}x(t)+\begin{bmatrix} 1 \\ 0 \\ 0 \end{bmatrix}u(t)$$
$$y(t) = [0 \quad 0 \quad 5000]x(t)$$

제어표준형은 상태공간에서 제어시스템을 해석하거나 설계할 때 많이 쓰이기 때문에 셈툴에서는 전달함수로부터 제어표준형 상태공간 모델의 계수행렬들을 구해주는 'tf2ss'라는 명령어를 제공하고 있다. 이 명령어의 형식은 다음과 같다.

[A,B,C,D]＝tf2ss(num,den)

예제 9.1의 전달함수에 이 명령어를 적용하면 다음과 같은 결과를 얻을 수 있다.

CEM≫num＝[1 1];

CEM≫den＝[2 3 4];

CEM≫[Ac Bc Cc Dc]＝tf2ss(num,den)

Ac＝

$$-1.5000 \quad -2.0000$$

$$1.0000 \quad 0.0000$$

$$Bc =$$

$$1$$

$$0$$

$$Cc =$$

$$0.5000 \quad 0.5000$$

$$Dc =$$

$$0$$

이와 같이 대상시스템의 모델이 전달함수로 주어지는 경우에는 식 (9.8)을 쓰거나 셈툴을 이용하여 제어표준형 상태공간 모델을 쉽게 구할 수 있다. 그런데 대상시스템이 전달함수가 아니라 임의의 상태공간 모델로 주어지는 경우에는 어떻게 제어표준형으로 바꿀 수 있을까? 이 경우에는 적당한 비특이행렬을 사용하여 등가시스템이 제어표준형이 되도록 변환하는 방법을 써서 구할 수 있다. 그러면 이 변환법을 익히기로 한다.

식 (9.1)의 시스템이 제어표준형 (9.7)과 등가시스템이라면 식 (9.1)과 (9.7)의 계수행렬들 사이에는 식 (9.4)와 같은 대응관계가 성립한다. 따라서 $A_c = PAP^{-1}$의 관계를 이루는 적당한 비특이행렬 P가 존재하며, 다음의 관계가 성립한다.

$$A_cP = PA \tag{9.9}$$

여기서 비특이행렬 P의 행으로 이루어지는 행벡터들을 각각 $P_1, P_2, \cdots, P_n$이라고 하면,

$$P = \begin{bmatrix} P_1 \\ P_2 \\ \vdots \\ P_n \end{bmatrix} \tag{9.10}$$

식 (9.9)는 다음과 같이 나타낼 수 있다.

$$\begin{bmatrix} -a_1 & -a_2 & \cdots & & -a_n \\ 1 & 0 & \cdots & & 0 \\ 0 & 1 & \cdots & & 0 \\ \vdots & \vdots & \ddots & & \vdots \\ 0 & 0 & \cdots & 1 & 0 \end{bmatrix} \begin{bmatrix} P_1 \\ P_2 \\ \vdots \\ P_n \end{bmatrix} = \begin{bmatrix} P_1A \\ P_2A \\ \vdots \\ P_nA \end{bmatrix}$$

이 식을 아래쪽부터 풀어쓰면 다음과 같으므로,

$$\begin{aligned}
P_{n-1} &= P_n A \\
P_{n-2} &= P_{n-1}A = P_n A^2 \\
&\vdots \\
P_1 &= P_2 A = \cdots = P_n A^{n-1}
\end{aligned} \tag{9.11}$$

행벡터 P_n만 결정하면 나머지 행벡터들은 식 (9.11)로부터 모두 구할 수 있다. 여기서 행벡터 P_n을 구하기 위해 식 (9.4)의 둘째 등식인 등가시스템 입력행렬들 사이의 관계식을 이용한다.

$$B_c = PB \tag{9.12}$$

식 (9.12)에 (9.10)을 대입하면 다음의 관계식을 얻는다.

$$\begin{bmatrix} P_1 B \\ P_2 B \\ \vdots \\ P_n B \end{bmatrix} = \begin{bmatrix} 1 \\ 0 \\ \vdots \\ 0 \end{bmatrix} \tag{9.13}$$

식 (9.11)과 (9.13)을 이용하면 다음이 얻어진다.

$$\begin{aligned}
P_n B &= 0 \\
P_{n-1} B &= P_n AB = 0 \\
&\vdots \\
P_1 B &= P_2 AB = \cdots = P_n A^{n-1} B = 1
\end{aligned}$$

이것을 정리하면 P_n은 다음의 관계를 만족한다.

$$P_n [B \ AB \ \cdots \ A^{n-1}B] = [0 \ 0 \ \cdots \ 1]$$

$$P_n W_c = [0 \ 0 \ \cdots \ 1] \tag{9.14}$$

여기서 계수행렬 W_c는 다음과 같이 정의되며, **제어가능성 행렬(controllability matrix)**이라 한다.

$$W_c \triangleq [B \ AB \ \cdots \ A^{n-1}B] \tag{9.15}$$

식 (9.14)는 P_n에 관한 선형 연립방정식이며 이 식을 풀면 P_n을 결정할 수 있다. 식 (9.14)에서 W_c가 비특이인 경우, 즉 역행렬이 있는 경우에 P_n은 다음과 같이 유일한 해를 갖는다.

$$P_n = [0 \ 0 \ \cdots \ 1] W_c^{-1} \tag{9.16}$$

식 (9.15)로 정의되는 제어가능성 행렬 W_c가 역행렬을 갖는 경우 식 (9.16)으로 P_n을 결정하고, 이것을 식 (9.11)에 대입하여 행벡터 P_i들을 정함으로써 임의의 상태공간 모델을 제어표준형으로 만드는 식 (9.10)과 같은 비특이 변환행렬 P를 구할 수 있다. 변환행렬 P가 구해지면 식 (9.4)를 써서 제어표준형 모델의 계수행렬들을 계산할 수 있다.

예제 9.3

어떤 시스템의 상태공간 모델이 다음과 같을 때

$$\dot{x}(t) = \begin{bmatrix} -2 & 1 \\ 5 & -3 \end{bmatrix} x(t) + \begin{bmatrix} 1 \\ 2 \end{bmatrix} u(t)$$

$$y(t) = \begin{bmatrix} -1 & -2 \end{bmatrix} x(t)$$

이 모델을 제어표준형으로 변환하는 행렬 P를 구하고 제어표준형으로 나타내어라.

풀이 제어가능성 행렬 W_c는 식 (9.15)에 의해 다음과 같이 구해진다.

$$W_c = \begin{bmatrix} B & AB \end{bmatrix} = \begin{bmatrix} 1 & 0 \\ 2 & -1 \end{bmatrix}$$

이 행렬은 비특이이므로 행벡터 P_2와 P_1은 식 (9.16)과 (9.11)로부터 구할 수 있으며

$$P_2 = \begin{bmatrix} 0 & 1 \end{bmatrix} W_c^{-1} = \begin{bmatrix} 0 & 1 \end{bmatrix} \begin{bmatrix} 1 & 0 \\ 2 & -1 \end{bmatrix} = \begin{bmatrix} 2 & -1 \end{bmatrix}$$

$$P_1 = P_2 A = \begin{bmatrix} -9 & 5 \end{bmatrix}$$

식 (9.10)으로부터 P는 다음과 같이 구해진다.

$$P = \begin{bmatrix} P_1 \\ P_2 \end{bmatrix} = \begin{bmatrix} -9 & 5 \\ 2 & -1 \end{bmatrix}$$

따라서 식 (9.4)에 의해 A_c, B_c, C_c, D_c는 다음과 같이 구해진다.

$$A_c = PAP^{-1} = \begin{bmatrix} -5 & -1 \\ 1 & 0 \end{bmatrix}, \qquad B_c = PB = \begin{bmatrix} 1 \\ 0 \end{bmatrix}$$

$$C_c = CP^{-1} = \begin{bmatrix} -5 & -23 \end{bmatrix}, \qquad D_c = 0$$

이 계수행렬들은 식 (9.8)의 제어표준형 상태공간 모델의 꼴을 갖고 있다.

3.2.3절의 직류서보모터 상태공간 모델 (3.19)에서 $K_a=5$, $K_t=6\times10^{-5}$ Nm/A, $K_b=5\times10^{-2}$ Vsec/rad, $R_a=0.2\Omega$, $B\approx0$, $L_a=4/3\times10^{-2}$ H, $J=4.5\times10^{-6}$ kgm^{2}일 때 대응되는 계수행렬들은 다음과 같다.

$$\dot{x}(t) = Ax(t)+Bu(t)$$
$$y(t) = Cx(t)+Du(t)$$

$$A = \begin{bmatrix} -15 & -3.75 & 0 \\ 40/3 & 0 & 0 \\ 0 & 1 & 0 \end{bmatrix}, \quad B = \begin{bmatrix} 75 \\ 0 \\ 0 \end{bmatrix}$$
$$C = [0 \ \ 0 \ \ 5], \quad\quad D = [0]$$

이 모델을 제어표준형으로 변환하는 행렬 P를 구하고 제어표준형으로 나타내어라.

풀이 먼저 제어가능성 행렬 W_c를 구하면 다음과 같다.

$$W_c = [B \ \ AB \ \ A^2B] = \begin{bmatrix} 75 & -1,125 & 13,125 \\ 0 & 1,000 & -15,000 \\ 0 & 0 & 1,000 \end{bmatrix}$$

이 행렬은 비특이이므로 행벡터 P_3, P_2, P_1은 다음과 같이 구해지며,

$$P_3 = [0 \ \ 0 \ \ 1]W_c^{-1} = [0 \ \ \ 0 \ \ \ 0.001]$$
$$P_2 = P_3A = [0 \ \ \ 0.0001 \ \ \ 0]$$
$$P_1 = P_2A = [0.0133 \ \ \ 0 \ \ \ 0]$$

변환행렬 P는 다음과 같이 결정된다.

$$P = \begin{bmatrix} P_1 \\ P_2 \\ P_3 \end{bmatrix} = \begin{bmatrix} 0.0133 & 0 & 0 \\ 0 & 0.001 & 0 \\ 0 & 0 & 0.001 \end{bmatrix}$$

따라서 제어표준형 계수행렬 A_c, B_c, C_c, D_c는 다음과 같이 구해지며, 예제 9.2의 결과와 동일함을 알 수 있다.

$$A_c = PAP^{-1} = \begin{bmatrix} -15 & -50 & 0 \\ 1 & 0 & 0 \\ 0 & 1 & 0 \end{bmatrix}, \quad\quad B_c = PB = \begin{bmatrix} 1 \\ 0 \\ 0 \end{bmatrix}$$
$$C_c = CP^{-1} = [0 \ \ 0 \ \ 5000], \quad\quad D_c = 0$$

어떤 상태공간 모델에서 제어가능성 행렬 W_c가 비특이인 것은 그 모델을 제어표준형 상태공간 모델로 변환하는 비특이변환행렬 P가 존재하기 위한 필요충분조건이 된다. 이처럼 어떤 상태공간 모델에서 제어가능성 행렬 W_c가 역행렬을 갖는 경우에 그 상태공간 모델은 **제어가능(controllable)**하다고 한다. 이 제어가능성에 대해서는 9.5절에서 자세히 설명할 것이다.

(2) 관측표준형

식 (9.6)의 전달함수 $G(s)$에 대한 **관측표준형(observer canonical form)** 상태공간 모델은 다음과 같다.

$$\begin{aligned}
\dot{x}(t) &= A_o x(t) + B_o u(t) \\
y(t) &= C_o x(t) + D_o u(t)
\end{aligned} \tag{9.17}$$

여기서 계수행렬 A_o, B_o, C_o, D_o는 다음과 같다.

$$A_o = \begin{bmatrix} -a_1 & 1 & \cdots & 0 \\ -a_2 & 0 & \cdots & 0 \\ \vdots & \vdots & \ddots & \vdots \\ & & & 1 \\ -a_n & 0 & \cdots & 0 & 0 \end{bmatrix}, \qquad B_o = \begin{bmatrix} b_1 \\ b_2 \\ \vdots \\ b_n \end{bmatrix} \tag{9.18}$$

$$C_o = [\, 1 \quad 0 \quad \cdots \quad 0\,], \qquad D_o = b_0$$

이것을 식 (9.8)의 제어표준형 상태공간 모델의 계수행렬들과 비교하면 다음과 같은 관계가 있음을 알 수 있다.

$$\begin{aligned}
A_o &= A_c^T \\
B_o &= C_c^T \\
C_o &= B_c^T \\
D_o &= D_c
\end{aligned} \tag{9.19}$$

식 (9.6)의 전달함수로부터 식 (9.17), (9.18)의 관측표준형 상태방정식을 유도하는 과정은 3장에서 다루었으므로 생략하기로 한다. 이 표준형을 보면 전달함수 분모다항식 계수들이 부호가 바뀌면서 A_o의 제1열에 배열되며, 분자다항식 계수들은 B_o와 D_o에 배열되고, C_o는 고정되어 있다. 따라서 전달함수로부터 관측표준형 상태공간 모델을 구하는 것이 아주 쉽게 처리된다. 여기서도 주의할 점은 제어표준형을 구할 때처럼 분모다항식 최고차항 계수를 1로 맞추어 놓아야 하는 것이다.

예제 9.1과 같은 전달함수에 대해서 관측표준형 상태공간 모델을 구하라.

$$G(s) = \frac{s+1}{2s^2+3s+4}$$

풀이 분모다항식의 최고차항 계수를 1로 만들면 $G(s)$는 다음과 같이 표시된다.

$$G(s) = \frac{0.5s+0.5}{s^2+1.5s+2}$$

따라서 구하는 관측표준형 상태공간 모델은 다음과 같다.

$$\dot{x}(t) = \begin{bmatrix} -1.5 & 1 \\ -2 & 0 \end{bmatrix} x(t) + \begin{bmatrix} 0.5 \\ 0.5 \end{bmatrix} u(t)$$

$$y(t) = \begin{bmatrix} 1 & 0 \end{bmatrix} x(t).$$

이 상태공간 모델에서 전달함수를 구해보면 $G(s)$와 일치함을 알 수 있다.

$$C(sI-A)^{-1}B = \begin{bmatrix} 1 & 0 \end{bmatrix} \left(sI - \begin{bmatrix} -1.5 & 1 \\ -2 & 0 \end{bmatrix} \right)^{-1} \begin{bmatrix} 0.5 \\ 0.5 \end{bmatrix} = 0.5 \frac{s+1}{s^2+1.5s+2}$$

예제 9.2의 직류서보모터 시스템에 대해서 식 (9.19)의 성질을 이용하여 관측표준형 상태 공간 모델을 구하라.

풀이 예제 9.2의 제어표준형 상태공간 모델에 식 (9.19)의 성질을 적용하면 다음과 같이 관측표 준형 상태공간 모델의 계수행렬들을 구할 수 있다.

$$A_o = A_c^T = \begin{bmatrix} -15 & 1 & 0 \\ -50 & 0 & 1 \\ 0 & 0 & 0 \end{bmatrix}, \qquad B_o = C_c^T = \begin{bmatrix} 0 \\ 0 \\ 5000 \end{bmatrix}$$

$$C_o = B_c^T = \begin{bmatrix} 1 & 0 & 0 \end{bmatrix}, \qquad D_o = D_c = 0$$

셈툴을 사용하면 전달함수로부터 관측표준형 상태공간 모델도 쉽게 구할 수 있다. 셈툴 에서 제공하는 'tf2ss' 명령은 제어표준형의 계수행렬만을 계산하므로 (9.19)의 관계식을 사 용하여 변환하면 된다. 예를 들어, 예제 9.5를 셈툴로 풀면 다음과 같다.

```
CEM>>num=[1  1];

CEM>>den=[2  3  4];

CEM>>[Ac  Bc  Cc  Dc]=tf2ss(num,den);

CEM>>Ao=Ac'
     Ao=
         -1.5000      1.0000
         -2.0000      0.0000

CEM>>Bo=Cc'
     Bo=
          0.5000
          0.5000

CEM>>Co=Bc'
     Co=
          1           0

CEM>>Do=Dc
     Do=
          0
```

제어표준형의 경우와 마찬가지로 대상시스템이 상태공간 모델로 주어진 경우에는 적당한 비특이행렬을 써서 관측표준형 등가시스템으로 바꿀 수 있다. 이때 사용되는 비특이행렬 P_o는 (9.19)의 관계식과 제어표준형에 대한 결과들을 이용하여 구할 수 있다. 만일 식 (9.1)의 대상시스템이 식 (9.17)의 관측표준형과 등가시스템이라면 식 (9.4)의 첫째 등식에 해당하는 $A_o = P_o A P_o^{-1}$의 관계를 만족시키는 비특이행렬 P_o가 존재해야 한다.

$$P_o^{-1} A_o = A P_o^{-1} \tag{9.20}$$

또한 식 (9.4)의 셋째 등식도 만족시켜야 한다.

$$C_o = C P_o^{-1} \tag{9.21}$$

식 (9.20)과 (9.21)의 양변을 전치(transposition)시키면 다음과 같다.

$$\begin{aligned} A_o^T (P_o^T)^{-1} &= (P_o^T)^{-1} A^T \\ C_o^T &= (P_o^T)^{-1} C^T \end{aligned} \tag{9.22}$$

여기서 두 표준형 상태공간 모델 사이에 $A_o^T = A_c$, $C_o^T = B_c$의 관계가 성립하므로, 식

(9.22)를 식 (9.9), (9.12)와 비교하면 다음과 같은 대응관계가 있음을 알 수 있다.

$$
\begin{aligned}
A^T &\leftrightarrow A \\
C^T &\leftrightarrow B \\
(P_o^T)^{-1} &\leftrightarrow P
\end{aligned}
\tag{9.23}
$$

따라서 이 대응관계를 이용하면 A, B 대신에 A^T, C^T로부터 제어표준형 변환행렬 P를 구하고, $P_o = (P^{-1})^T$의 관계를 써서 관측표준형을 위한 변환행렬 P_o를 구할 수 있다. 그리고 이 행렬 P_o를 식 (9.4)에 적용하면 관측표준형 상태공간 모델의 계수행렬들을 결정할 수 있다.

앞에서 살펴본 관측표준형 상태공간 모델을 유도하는 과정에서 제어가능성 행렬 W_c에 대응하는 행렬을 **관측가능성 행렬(observability matrix)**이라 하며 다음과 같이 정의한다.

$$
W_o^T \triangleq [\; C^T \quad A^T C^T \cdots (A^T)^{n-1} C^T \;]
\tag{9.24}
$$

제어표준형 상태공간 모델의 경우에 대응하는 성질로서, 어떤 상태공간 모델의 관측가능성 행렬 W_o가 역행렬을 갖는 것은 그 상태공간 모델을 관측표준형으로 만드는 비특이변환 행렬 P_o가 존재하기 위한 필요충분조건이 된다. 이처럼 어떤 상태공간 모델에서 관측가능성 행렬 W_o가 역행렬을 갖는 경우, 주어진 상태공간 모델은 **관측가능(observable)**하다고 한다. 이 관측가능성에 대한 자세한 사항들은 9.6절에서 다룰 것이다.

예제 9.7

예제 9.3에서 다룬 다음의 상태공간 모델을 관측표준형으로 변환하는 행렬 P_o를 구하고, 관측표준형을 유도하라.

$$
\begin{aligned}
\dot{x}(t) &= \begin{bmatrix} -2 & 1 \\ 5 & -3 \end{bmatrix} x(t) + \begin{bmatrix} 1 \\ 2 \end{bmatrix} u(t) \\
y(t) &= [\,-1 \quad -2\,] x(t)
\end{aligned}
$$

풀이 A^T와 C^T를 사용하여 제어표준형을 위한 변환행렬 P를 먼저 구한다. 주어진 모델에서 관측가능성 행렬 W_o^T는 다음과 같다.

$$
W_o^T = [\; C^T \quad A^T C^T\,] = \begin{bmatrix} -1 & -8 \\ -2 & 5 \end{bmatrix}
$$

행벡터 P_2와 P_1은 다음과 같이 구한다.

$$P_2 = [\,0 \quad 1\,](\,W_o^T\,)^{-1} = [\,-0.0952 \quad 0.0476\,]$$

$$P_1 = P_2 A^T = [\,0.2381 \quad -0.6190\,]$$

따라서 P는 다음과 같이 구해진다.

$$P = \begin{bmatrix} 0.2381 & -0.6190 \\ -0.0952 & 0.0476 \end{bmatrix}$$

식 (9.23)으로부터 관측표준형을 위한 변환행렬 P_o는 다음과 같이 구한다.

$$P_o = (P^{-1})^T = \begin{bmatrix} -1 & -2 \\ -13 & -5 \end{bmatrix}$$

따라서 A_o, B_o, C_o, D_o는 식 (9.4)로부터 다음과 같이 구한다.

$$A_o = P_o A P_o^{-1} = \begin{bmatrix} -5 & 1 \\ -1 & 0 \end{bmatrix}, \qquad B_o = P_o B = \begin{bmatrix} -5 \\ -23 \end{bmatrix}$$

$$C_o = C P_o^{-1} = [\,1 \quad 0\,], \qquad D_o = 0$$

이것은 식 (9.18)과 같은 관측표준형 계수행렬의 꼴을 갖고 있음을 확인할 수 있다.

예제 9.8

예제 9.4에서 다룬 다음의 상태공간 모델의 관측가능성을 조사하고, 관측가능할 경우 관측표준형으로 변환하는 행렬 P_o를 구하여 관측표준형을 유도하라.

$$\dot{x}(t) = Ax(t) + Bu(t)$$
$$y(t) = Cx(t) + Du(t)$$

$$A = \begin{bmatrix} -15 & -3.75 & 0 \\ 40/3 & 0 & 0 \\ 0 & 1 & 0 \end{bmatrix}, \quad B = \begin{bmatrix} 75 \\ 0 \\ 0 \end{bmatrix}$$
$$C = [\,0 \quad 0 \quad 5\,], \qquad D = [\,0\,]$$

풀이 대상시스템의 관측가능성 행렬 W_o^T는 다음과 같은데

$$W_o^T = [\,C^T \quad A^T C^T \quad (A^T)^2 C^T\,] = \begin{bmatrix} 0 & 0 & 66.6667 \\ 0 & 5 & 0 \\ 5 & 0 & 0 \end{bmatrix}$$

이 행렬은 비특이이므로 대상시스템은 관측가능하며, 관측표준형이 존재한다. 식 (9.23)의

관계를 이용하여 A^T와 C^T로부터 제어표준형을 위한 변환행렬 P를 먼저 구하기로 한다. 제어표준형 변환행렬의 행벡터 P_3, P_2, P_1은 다음과 같이 구해지며,

$$P_3 = [0 \ \ 0 \ \ 1](W_o^T)^{-1} = [0.015 \ \ 0 \ \ 0]$$

$$P_2 = P_3 A^T = [-0.2250 \ \ 0.2000 \ \ 0]$$

$$P_1 = P_2 A^T = [2.6250 \ \ -3.0000 \ \ 0.2000]$$

제어표준형 변환행렬 P는 다음과 같다.

$$P = \begin{bmatrix} P_1 \\ P_2 \\ P_3 \end{bmatrix} = \begin{bmatrix} 2.6250 & -3.0000 & 0.2000 \\ -0.2250 & 0.2000 & 0 \\ 0.0150 & 0 & 0 \end{bmatrix}$$

따라서 식 (9.23)으로부터 관측표준형을 위한 변환행렬 P_o를 계산할 수 있다.

$$P_o = (P^{-1})^T = \begin{bmatrix} 0 & 0 & 5 \\ 0 & 5 & 75 \\ 66.6667 & 75 & 250 \end{bmatrix}$$

이 행렬을 써서 관측표준형 계수행렬 A_o, B_o, C_o, D_o를 다음과 같이 얻을 수 있다.

$$A_o = P_o A P_o^{-1} = \begin{bmatrix} -15 & 1 & 0 \\ -50 & 0 & 1 \\ 0 & 0 & 0 \end{bmatrix}, \qquad B_o = P_o B = \begin{bmatrix} 0 \\ 0 \\ 5000 \end{bmatrix}$$

$$C_o = C P_o^{-1} = [1 \ \ 0 \ \ 0], \qquad D_o = 0$$

예제 9.3과 9.7 그리고 예제 9.4와 9.8의 결과를 비교해보면 제어표준형과 관측표준형 상태공간 모델의 계수행렬들 사이에 $A_o = A_c^T$, $B_o = C_c^T$, $C_o = B_c^T$, $D_o = D_c$의 관계가 만족되어 식 (9.19)가 성립함을 확인할 수 있다.

9.2.3 상태공간 모델의 극점과 영점

극점과 영점은 시스템의 안정성과 시간응답 특성을 결정하기 때문에 제어기 해석 및 설계과정에서 거의 필연적으로 대상시스템의 극점과 영점을 조사하게 된다. 대상시스템의 모델이 식 (9.6)과 같은 전달함수로 표시되는 경우 극점은 분모다항식 $a(s) = 0$을 만족하는 모든 s로 이루어지며, 영점은 분자다항식 $b(s) = 0$을 만족하는 모든 s로 이루어지므로, 이 방정식들을 풀어서 극점과 영점을 찾을 수 있다. 그렇다면 대상시스템이 식 (9.1)의 상태공간 모델로 주어지는 경우 극점과 영점은 어떻게 찾을까? 물론 상태공간 모델은 식 (9.2)

를 써서 전달함수로 바꿀 수 있으므로, 이 전달함수를 구한 다음 여기서 시스템의 극점과 영점을 계산할 수 있다. 그러나 전달함수를 구하는 과정을 거치지 않고 상태공간 모델에서 직접 극점과 영점을 계산할 수 있는 방법은 없을까? 이 절에서는 이 방법을 알아보기로 한다.

식 (9.1)이 단입출력 상태공간 모델일 때 대응하는 전달함수는 식 (9.2)의 과정을 거쳐서

$$
\begin{aligned}
G(s) &= c(sI-A)^{-1}b+d \\
&= det[c(sI-A)^{-1}b+d] \\
&= det[(sI-A)^{-1}] det(sI-A) det[c(sI-A)^{-1}b+d] \\
&= det[(sI-A)^{-1}] det\begin{bmatrix} sI-A & -b \\ c & d \end{bmatrix}
\end{aligned}
\tag{9.25}
$$

다음과 같이 나타낼 수 있다.

$$
G(s) = \frac{det\begin{bmatrix} sI-A & -b \\ c & d \end{bmatrix}}{det(sI-A)}
\tag{9.26}
$$

식 (9.25), (9.26)에서 $det\, A$는 행렬 A의 행렬식(determinant)값을 뜻한다(식 (9.25)의 등식들이 성립하는 근거는 부록의 행렬이론을 참조하기 바란다). 식 (9.26)에서 분모와 분자에 공통인수가 없다고 가정하면 극점과 영점의 상쇄가 일어나지 않기 때문에 극점 p와 영점 z를 결정하는 방정식은 각각 다음과 같다.

$$
det(pI-A) = 0
\tag{9.27}
$$

$$
det\begin{bmatrix} zI-A & -b \\ c & d \end{bmatrix} = 0
\tag{9.28}
$$

이 방정식을 이용하면 식 (9.1)의 상태공간 모델로부터 계수행렬을 써서 극점과 영점을 직접 계산할 수 있다. 이 가운데 식 (9.27)은 상태공간 모델에서 극점을 결정하는 특성방정식(characteristic equation)이다. $p_i,\quad i=1,\cdots,n$ 이 극점이라면 이 특성방정식을 다음과 같이 만족시켜야 한다.

$$
det(p_iI-A) = 0
\tag{9.29}
$$

즉, 극점 p_i는 행렬 (p_iI-A)가 특이행렬(singular matrix)이 되도록 만드는 값들로서 대수학에서는 이러한 값들을 **고유값(eigenvalue)**이라 한다. 따라서 상태공간 모델 (9.1)의 극점은 시스템 행렬 A의 고유값과 같다. 극점과 영점이 식 (9.27)과 (9.28)에 의해 계산된 다음에는 필요에 따라 전달함수를 쉽게 구성할 수도 있다.

예제 9.3에서 다룬 다음의 상태공간 모델에서 극점, 영점 및 전달함수를 구하라.

$$\dot{x}(t) = \begin{bmatrix} -2 & 1 \\ 5 & -3 \end{bmatrix} x(t) + \begin{bmatrix} 1 \\ 2 \end{bmatrix} u(t)$$

$$y(t) = \begin{bmatrix} -1 & -2 \end{bmatrix} x(t),$$

풀이 극점은 식 (9.27)의 특성방정식으로부터 구할 수 있다.

$$det\left(pI - \begin{bmatrix} -2 & 1 \\ 5 & -3 \end{bmatrix} \right) = det\begin{bmatrix} p+2 & -1 \\ -5 & p+3 \end{bmatrix}$$
$$= (p+2)(p+3) - 5 = p^2 + 5p + 1 = 0$$

이 식을 풀면 극점은 $p_1 = -0.2087$, $p_2 = -4.7913$이다. 영점은 식 (9.28)에 의해 구할 수 있다.

$$det\begin{bmatrix} zI-A & -b \\ c & d \end{bmatrix} = det\begin{bmatrix} \begin{bmatrix} z+2 & -1 \\ -5 & z+3 \end{bmatrix} & \begin{bmatrix} -1 \\ -2 \end{bmatrix} \\ \begin{bmatrix} -1 & -2 \end{bmatrix} & 0 \end{bmatrix}$$
$$= (z+2)\begin{vmatrix} z+3 & -2 \\ -2 & 0 \end{vmatrix} + \begin{vmatrix} -5 & -2 \\ -1 & 0 \end{vmatrix} - \begin{vmatrix} -5 & z+3 \\ -1 & -2 \end{vmatrix}$$
$$= (z+2)(-4) - 2 - (10+z+3) = -5z - 23 = 0.$$

이 식을 풀면 영점은 $z = -4.6$ 이다. 따라서 전달함수는 다음과 같이 구해진다.

$$G(s) = \frac{-5s-23}{s^2+5s+1}$$

이 결과는 예제 5.2와 예제 5.4에서 얻은 결과와 같다.

극점과 영점은 식 (9.27)과 (9.28)을 풀어서 구할 수는 있지만, 2차 이하의 저차 시스템에서만 필산이 가능하고 3차 이상의 고차 시스템에서는 컴퓨터를 이용해야 한다. 셈툴에서는 상태공간 모델에서 극점과 영점을 계산하는 명령어를 제공하고 있으며, 명령어 형식은 다음과 같다.

$$[z,p,k] = ss2zp(A,B,C,D) \tag{9.30}$$

여기서 왼쪽의 z, p, k는 영점, 극점, 분자 최고차항의 계수를 나타내는 벡터이며, 오른쪽의 A, B, C, D는 상태공간 모델 계수행렬들이다[예제 9.9를 식 (9.30)의 셈툴명령을 써서 푸는 문제는 익힘 문제 9.11에서 다룬다].

9.3 상태공간에서의 시간응답

상태공간 모델로 주어진 시스템의 시간응답을 구하려면 한 가지 방법으로서 상태공간 모델에 대응하는 전달함수를 구하고, 5장에 설명한 방법을 사용할 수 있다. 즉, 입력신호 $u(t)$의 라플라스 변환이 $U(s)$로 주어지는 경우, 전달함수 $G(s) = D + C(sI-A)^{-1}B$ 를 사용하여 출력응답 $y(t)$를 다음과 같이 구하는 것이다.

$$y(t) = \mathcal{L}^{-1}\{[C(sI-A)^{-1}B+D]U(s)\} \tag{9.31}$$

그러나 이러한 주파수영역에서의 방법은 입력신호의 라플라스 변환이 존재하는 경우에만 가능하며, 임의의 입력에 대한 시간응답을 구하는 방법으로 사용하기는 어렵다. 이 절에서는 식 (9.31)과 같은 방법이 아니라 상태변수영역에서 시간응답을 직접 구하는 방법을 설명하기로 한다. 이 방법은 입력값만 알 수 있으면 임의의 입력신호에 대해 적용할 수 있기 때문에 주파수영역에서 처리하는 식 (9.31)보다 적용범위가 더 넓다.

식 (9.1)의 상태공간 모델에서 상태 $x(t)$는 초기조건 $x(0)$와 입력 $u(t)$가 주어지는 경우 선형미분방정식의 해로 나타낼 수 있으며, 출력 $y(t)$는 $x(t)$와 $u(t)$의 선형결합으로 구할 수 있다. 초기조건 $x(0)$가 주어지는 경우 식 (9.1)의 선형 미분방정식의 해 $x(t)$는 다음과 같이 구해진다.

$$x(t) = e^{At}x(0) + \int_0^t e^{A(t-\tau)}Bu(\tau)\,d\tau \tag{9.32}$$

여기서 행렬지수함수 e^{At}는 다음과 같이 정의되며,

$$e^{At} = I + At + \frac{(At)^2}{2!} + \cdots + \frac{(At)^k}{k!} + \cdots \tag{9.33}$$

다음과 같은 성질을 갖는다.

$$\frac{d}{dt}e^{At} = Ae^{At} \tag{9.34}$$

식 (9.32)의 $x(t)$가 식 (9.1)의 해가 되는 것은 식 (9.32)의 양변을 미분하고, 식 (9.34)의 성질을 이용하면 다음과 같이 보일 수 있다.

$$
\begin{aligned}
\dot{x}(t) &= \frac{d}{dt}\left[e^{At}x(0) + \int_0^t e^{A(t-\tau)}Bu(\tau)\,d\tau\right] \\
&= Ae^{At}x(0) + Bu(t) + \int_0^t \frac{d}{dt}[e^{A(t-\tau)}Bu(\tau)]\,d\tau \\
&= A\left[e^{At}x(0) + \int_0^t e^{A(t-\tau)}Bu(\tau)\,d\tau\right] + Bu(t) \\
&= Ax(t) + Bu(t)
\end{aligned}
$$

따라서 임의의 입력신호 $u(t)$에 대한 시간응답 $y(t)$는 다음과 같이 나타낼 수 있다.

$$y(t) = Ce^{At}x(0) + \int_0^t Ce^{A(t-\tau)}Bu(\tau)d\tau + Du(t) \qquad (9.35)$$

이 연산과정에서 행렬지수함수 e^{At}를 해석적으로 구하려면 다음과 같은 식을 쓴다.

$$e^{At} = \mathcal{L}^{-1}\{(sI-A)^{-1}\} \qquad (9.36)$$

이 식은 지수함수에 대한 라플라스 변환의 성질이 행렬함수에까지 확대됨을 보여 준다. 상태변수영역에서 시간응답을 구할 때 식 (9.32)를 이용하여 상태 $x(t)$를 구하고, 식 (9.35)를 이용하여 출력 $y(t)$를 구할 수 있다. 식 (9.35)나 (9.32)는 모두 입력 시간함수 $u(t)$가 주어지기만 하면 계산할 수 있고, 라플라스 변환 $U(s)$를 필요로 하지 않기 때문에 상태공간 모델에서 시간응답을 구하는 경우에는 이 식들을 사용한다. 그러나 이 식들을 사용해서 필산으로 계산할 수 있는 대상시스템은 2차 이하의 저차 시스템에 한정되며, 3차 이상의 고차 시스템에서 필산으로 계산하기에는 너무 어렵기 때문에 컴퓨터를 활용해야 한다. 셈툴에서는 상태공간 모델에서의 시간응답 계산을 간단히 처리하는 'lsim'이라는 명령어가 제공되며 형식은 다음과 같다.

    y＝lsim(A,B,C,D,u,t,x0);

여기서 A, B, C, D는 상태공간 모델의 계수행렬들이고, t는 시간범위를 지정하는 벡터, u는 t에 대응하는 시점에서의 입력신호값을 저장하고 있는 벡터, x0는 초기상태이며, 사용하지 않을 경우에는 0으로 처리된다. 출력파형을 그림으로 나타내려면 plot(t,y) 명령을 사용한다.

예제 9.10

예제 5.1에서 다루었던 다음의 전달함수로 표시되는 3차 시스템에서

$$G(s) = \frac{Y(s)}{U(s)} = \frac{4}{s^3 + 2s^2 + 3s + 4}$$

1) 셈툴을 써서 대응하는 상태공간 모델을 구하라.
2) 이 상태공간 모델에서 입력신호 $u(t)$가 그림 9.2의 단위계단 입력 $u_1(t)$와 5초 주기의 사각파(square wave) $u_2(t)$로 주어지는 경우 각각에 대하여 $t=0$ sec에서 $t=30$ sec 사이의 출력응답을 구하라. 단 초기조건은 $x(0)=0$으로 가정한다.

그림 9.2 입력함수의 형태

 1) 전달함수 $G(s)$에 대응하는 상태공간 모델의 계수행렬은 다음과 같이 구할 수 있으며, 제어표준형으로 구성된다.

    CEM≫num = [4];

    CEM≫den = [1 2 3 4];

    CEM≫[A,B,C,D] = tf2ss(num,den);

2) 먼저 원하는 출력의 시간범위를 t벡터로 만든다.

    CEM≫t = [0:30:0.1];

그리고 단위계단 입력 $u_1(t)$와 사각파 $u_2(t)$는 다음과 같이 만들 수 있다.

    CEM≫for(i = 1;i< = 301;i = i + 1){u1(i) = 1;u2(i) = 1;}

    CEM≫for(i = 1;i< = 50;i = i + 1){u2(i + 50) = 0;u2(i + 150) = 0;u2(i + 250) = 0;}u2(301) = 0;

상태방정식으로 나타낸 시스템에서 응답은 다음과 같이 'lsim' 명령을 사용하여 얻는다.

    CEM≫y1 = lsim(A,B,C,D,u1,t);

    CEM≫y2 = lsim(A,B,C,D,u2,t);

    CEM≫plot(t,y1);

    CEM≫plot(t,y2);

실행결과는 그림 9.3, 그림 9.4와 같다. 그림 9.3의 단위계단응답은 예제 5.1에서 전달함수로 부터 구한 주파수영역에서의 결과인 그림 5.2와 똑같음을 알 수 있다.

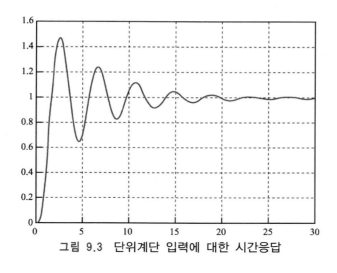

그림 9.3 단위계단 입력에 대한 시간응답

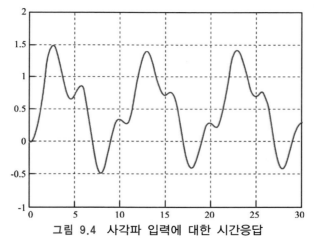

그림 9.4 사각파 입력에 대한 시간응답

상태방정식에서 필요에 따라서는 상태변수의 응답을 구해야 할 경우가 있다. 이러한 경우 상태변수의 응답은 'lsim' 명령에서 상태변수를 출력시키는 형식을 써서 얻을 수 있다. 예를 들면, 예제 9.6에서 단위계단 입력 $u_1(t)$에 대한 상태응답은 다음과 같이 구할 수 있다.

CEM≫[y1,x]＝lsim(A,B,C,D,u1,t); // 좌변에 상태변수항을 지정함.
CEM≫plot(t,x);

이 명령을 실행한 결과는 그림 9.5와 같다.

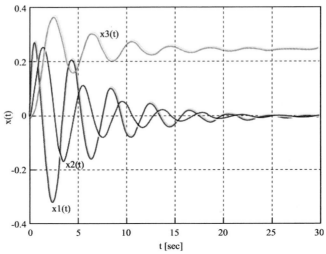

그림 9.5 단위계단 입력에 대한 상태변수들의 시간응답

9.4 상태공간 모델의 안정성

제어시스템 설계목표 가운데 가장 중요한 것은 시스템의 안정성이다. 이 절에서는 상태공간에서 시스템의 안정성을 해석하는 방법을 다루기로 한다. 안정성은 시스템 자체의 성질이며, 입력에 따라 바뀌는 것이 아니므로 이 절에서 안정성을 해석할 때에는 식 (9.1)의 상태공간 모델에서 입력을 $u(t) = 0$으로 놓고 다음과 같이 입력이 없는 선형시불변 시스템을 다룬다.

$$\dot{x}(t) = Ax(t) \tag{9.37}$$

상태방정식 (9.37)로 주어지는 시스템이 안정하다는 것은 상태변수 $x(t)$의 값이 시간이 흐르면서 0으로 수렴한다는 것을 뜻한다. 즉, 다음의 성질을 만족하는 경우 안정하다고 말한다.

$$\lim_{t \to \infty} x(t) = 0 \tag{9.38}$$

그러면 식 (9.37)의 시스템이 안정하기 위한 조건을 찾아보기로 한다.

식 (9.37)에 식 (9.32)를 적용하면 상태 $x(t)$는 다음과 같이 표시된다.

$$x(t) = e^{At}x(0)$$

시스템행렬 A의 고유값이 $p_1, p_2, \cdots, p_n$으로 주어지는 경우 행렬 A는 적당한 비특이 행렬 S와 조던(Jordan)행렬 J에 의해서 $A = SJS^{-1}$로 분해할 수 있다. 따라서 행렬지수 함수 e^{At}는 다음과 같이 나타낼 수 있다.

$$e^{At} = e^{SJS^{-1}t} = I + SJS^{-1}t + \frac{(SJS^{-1}t)^2}{2!} + \cdots + \frac{(SJS^{-1}t)^n}{n!} + \cdots$$
$$= S\left[I + Jt + \frac{(Jt)^2}{2!} + \cdots + \frac{(Jt)^n}{n!} + \cdots\right]S^{-1} = Se^{Jt}S^{-1} \tag{9.39}$$

이 식에서 $(Jt)^k$는 다음과 같이 표시되므로

$$(Jt)^k = \begin{bmatrix} p_1^k & * & \cdots & * \\ 0 & p_2^k & \cdots & * \\ \vdots & \vdots & \ddots & \vdots \\ 0 & 0 & \cdots & p_n^k \end{bmatrix} \tag{9.40}$$

행렬 지수함수 e^{At}는 다음과 같이 표시된다.

$$e^{At} = S\begin{bmatrix} e^{p_1 t} & * & \cdots & * \\ 0 & e^{p_2 t} & \cdots & * \\ \vdots & \vdots & \ddots & \vdots \\ 0 & 0 & \cdots & e^{p_n t} \end{bmatrix}S^{-1} \tag{9.41}$$

여기서 *로 표시된 부분은 $e^{p_i t}$와 t의 곱으로 나타나는 함수들로 구성되는 성분이다. 식 (9.41)로부터 식 (9.37)의 시스템이 안정하기 위한 필요충분조건은 시스템행렬 A의 모든 고유값 p_i가 다음의 조건을 만족하는 것이다.

$$\Re p_i < 0, \quad \forall i \tag{9.42}$$

식 (9.42)의 조건을 만족하는 행렬 A를 **안정행렬** 또는 **허위츠(Hurwitz)행렬**이라고 한다. 위의 관계를 요약하면 다음과 같다.

$$\Re\{p_i\} < 0, \forall i \Leftrightarrow \lim_{t \to \infty} e^{At} = 0 \Leftrightarrow \lim_{t \to \infty} x(t) = 0$$

따라서 상태공간 모델에서 안정성을 판별하려면 시스템행렬 A의 고유값 p_i가 모두 좌반평면에 있는가를 확인하면 된다. A행렬의 고유값을 계산할 때에는 셈툴에서 제공하는 'eig(A)' 명령을 쓰면 편리하다.

> **예제 9.11**

다음 시스템들의 안정성을 판별하라. 그리고 초기조건이 $x(0) = \begin{bmatrix} 1 & 1 \end{bmatrix}^T$로 주어지는 경우 $t = 0$에서 $t = 4$까지의 시간범앞에서 상태 $x(t)$의 시간응답을 구하라.

$$1) \quad \dot{x}(t) = \begin{bmatrix} -7 & 5 \\ -10 & -1 \end{bmatrix} x(t), \quad 2) \quad \dot{x}(t) = \begin{bmatrix} -1 & 3 \\ 4 & -1 \end{bmatrix} x(t)$$

풀이   1) 고유값을 계산하면 $-4.0000 \pm j\, 6.4031$ 로서 모두 좌반평면에 있으므로 대상시스템은 안정하다. 시간응답은 다음과 같은 셈툴명령으로 구할 수 있으며, 실행결과는 그림 9.6 과 같다.

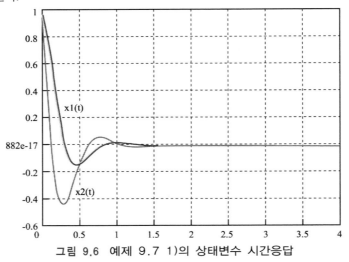

그림 9.6   예제 9.7 1)의 상태변수 시간응답

```
CEM≫A = [ - 7  5; - 10  - 1];
CEM≫B = [0;0];
CEM≫C = eye(2);D = zeros(2,1);
CEM≫x0 = [1  1]';
CEM≫t = [0:4:0.01];
CEM≫u = t*0;
CEM≫x = lsim(A,B,C,D,u,t,x0);
CEM≫plot(t,x);
```

2) 이 시스템에서는 고유값이 2.4641, -4.4641로서 우반평면 극점이 하나 있으므로 안정하지 않다. 시간응답은 다음과 같은 셈툴명령으로 구할 수 있다.

```
CEM≫A = [ - 1  3;4  - 1];
CEM≫x = lsim(A,B,C,D,u,t,x0);
CEM≫plot(t,x);
```

여기서 B, C, D, u, t, x0는 1)에서 작성한 셈툴명령의 결과를 그대로 쓰고 따로 지정하지 않는다. 이 명령을 실행한 결과는 그림 9.7과 같다.

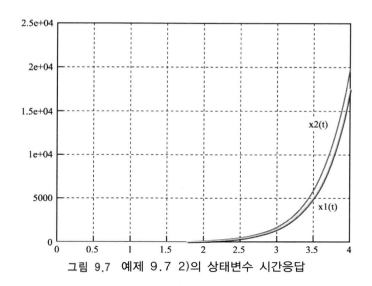

그림 9.7 예제 9.7 2)의 상태변수 시간응답

9.5 상태되먹임 제어기 설계

상태공간에서의 제어기 설계방식은 어떤 변수를 되먹이는가에 따라 두 가지로 나뉜다. 하나는 상태변수를 되먹이는 **상태되먹임(state feedback)** 방식이고, 다른 하나는 출력을 되먹이는 **출력되먹임(output feedback)** 방식이다. 대상시스템에서 상태변수를 모두 측정할 수 있는 경우에는 상태되먹임 방식만을 사용하여 제어기를 구성할 수도 있다. 그러나 대부분의 경우 상태변수를 직접 측정하기는 어렵기 때문에 실제로는 출력되먹임 제어기를 더 많이 사용한다. 출력되먹임 제어기는 측정된 출력으로부터 상태변수를 관측하고, 관측된 상태를 상태되먹임 제어기에 연결하여 구성된다. 이러한 상태공간에서의 제어기 설계법은 주파수영역에서의 고전제어기 설계기법에 비하여 다소 복잡해 보일 수 있으나, 컴퓨터를 사용할 경우 각 단계에서의 제어기 설계가 간단히 이루어지기 때문에 전체적인 제어기 설계과정은 주파수영역 설계방법보다 단순하다. 또한 제어기 설계과정 모두를 컴퓨터 프로그램으로 구현할 수 있다는 장점이 있다. 이 절에서는 상태공간에서의 되먹임 제어기 설계법 가운데 먼저 상태되먹임 제어기 설계법을 다루기로 한다.

9.5.1 극배치제어

이 절에서는 시스템의 상태변수를 직접 측정하여 값을 알 수 있는 경우에 적용하는 상태되먹임 제어기 설계법에 대하여 살펴본다. 상태되먹임 제어기 설계법에는 극배치제어, 최적제어 등 여러 가지가 있으나, 이 책에서는 학부수준에서 다룰 수 있는 극배치제어기 설계법에 대하여 알아본다.

극배치제어(pole-placement control)란 극배치법을 써서 구성하는 되먹임제어기법을 말한다. 여기서 극배치법은 5.5.1절과 6장 및 8.7.1절에서 이미 다룬 기법으로서, 극점의 위치와 시스템 성능과의 관계를 고려하여 폐로전달함수의 극점들의 위치를 적절히 지정하고, 이 위치에 폐로극점이 놓이도록 제어기를 설계함으로써 원하는 성능목표를 이루는 제어기 설계방식을 말한다. 즉, 대상시스템의 극점을 되먹임에 의해 원하는 위치로 옮기는 제어방식을 말한다. 이 기법은 대상시스템이 전달함수로 표시되는 경우 및 상태공간 모델로 주어진 경우에도 적용할 수 있다.

대상시스템이 식 (9.1)의 상태공간 모델로 표현될 때, 상태되먹임 제어기의 구성은 그림 9.8과 같다. 여기서 상태되먹임 제어기는 다음과 같은 구조를 갖는 것으로 설정한다.

$$u(t) = -Kx(t) \tag{9.43}$$

여기서 $K \in R^{p \times n}$은 상수행렬로서 **되먹임제어 이득행렬**이라 한다. 이 책에서 다루는 시스템은 단일입출력이므로 K는 한 행으로 구성되는 행벡터가 된다. 식 (9.43)의 상태되먹임 제어기를 식 (9.1)에 대입하면 폐로시스템의 상태방정식은 다음과 같이 표시된다.

$$\begin{aligned}
\dot{x}(t) &= Ax(t) - BKx(t) = (A-BK)x(t) \\
y(t) &= Cx(t) - DKx(t) = (C-DK)x(t)
\end{aligned} \tag{9.44}$$

여기서 식 (9.27)을 적용하면 폐로시스템 (9.44)의 특성방정식은 다음과 같다.

$$\alpha_c(s) = det[sI - (A-BK)] = 0 \tag{9.45}$$

이 방정식을 풀면 폐로극점이 구해지는데, 극배치에 의한 상태되먹임 제어기 설계문제는 식 (9.45)에서 폐로극점이 원하는 위치에 놓이도록 이득행렬 K를 선정하는 문제이다. 이 문제는 원하는 폐로극점들이 주어지면 쉽게 구할 수 있다. 즉, 원하는 폐로극점이 $p_1, \cdots, p_n$ 이라고 하면 특성방정식은 다음과 같이 나타낼 수 있는데,

$$(s-p_1)\cdots(s-p_n) = s^n + a_1 s^{n-1} + \cdots + a_n = 0 \tag{9.46}$$

이 특성방정식과 식 (9.45)의 특성방정식이 서로 똑같아야 하므로 식 (9.45) 좌변의 특성다항식 $\alpha_c(s)$와 식 (9.46)의 좌변의 계수가 서로 일치해야 하며, 이러한 조건을 만족하도록 제어이득 K를 선택하면 극배치제어기를 결정할 수 있다.

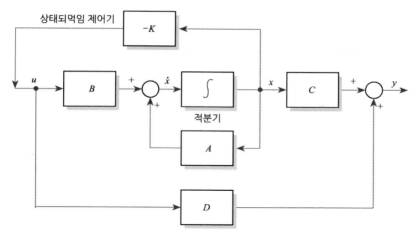

그림 9.8 상태되먹임 제어시스템의 블록선도

예제 9.12

예제 9.3에서 다룬 다음의 시스템을 고려한다.

$$\dot{x}(t) = \begin{bmatrix} -2 & 1 \\ 5 & -3 \end{bmatrix} x(t) + \begin{bmatrix} 1 \\ 2 \end{bmatrix} u(t)$$

$$y(t) = \begin{bmatrix} -1 & -2 \end{bmatrix} x(t)$$

1) 폐로극점이 −5, −10이 되도록 만드는 상태되먹임 제어기를 설계하라.

2) 상태변수 초기값이 $x(0) = \begin{bmatrix} 1 & 1 \end{bmatrix}^T$인 경우에 폐로시스템의 응답을 구하라.

풀이 1) 대상시스템이 2차이므로 상태되먹임 제어기의 구조는 다음과 같이 잡을 수 있다.

$$u(t) = -Kx(t) = -\begin{bmatrix} k_1 & k_2 \end{bmatrix} x(t)$$

이 제어기를 사용하여 얻어지는 식 (9.45)의 특성다항식은 다음과 같다.

$$a_c(s) = det[sI - A + BK] = det\left(sI - \begin{bmatrix} -2 & 1 \\ 5 & -3 \end{bmatrix} + \begin{bmatrix} 1 \\ 2 \end{bmatrix} \begin{bmatrix} k_1 & k_2 \end{bmatrix} \right)$$

$$= s^2 + (5 + k_1 + 2k_2)s + (1 + 5k_1 + 9k_2)$$

원하는 폐로극점이 −5, −10이므로 특성다항식은 다음과 같아야 한다.

$$a_c(s) = (s+5)(s+10) = s^2 + 15s + 50$$

따라서 위의 두 식의 계수비교를 하면 다음 식이 성립하며

9.5 상태되먹임 제어기 설계 • 417

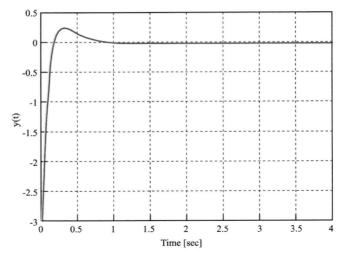

그림 9.9 상태되먹임 제어시스템의 출력파형(예제 9.12)

$$5+k_1+2k_2 = 15$$
$$1+5k_1+9k_2 = 50$$

제어이득은 $k_1 = 8$, $k_2 = 1$로 결정된다. 따라서 상태되먹임 제어기는 다음과 같다.

$$u(t) = -[8 \quad 1]x(t)$$

2) 상태되먹임 제어기를 사용한 폐로시스템은 식 (9.44)로부터 다음과 같이 표시된다.

$$\dot{x}(t) = \begin{bmatrix} -2 & 1 \\ 5 & -3 \end{bmatrix} x(t) - \begin{bmatrix} 1 \\ 2 \end{bmatrix} [8 \quad 1]x(t) = \begin{bmatrix} -10 & 0 \\ -11 & -5 \end{bmatrix} x(t)$$

$$y(t) = [-1 \quad -2]x(t)$$

따라서 상태변수 초기값이 $x(0) = [1 \quad 1]^T$로 주어지는 경우 출력 $y(t)$를 구하면 그림 9.9와 같은 결과를 얻는다.

예제 9.13

예제 9.4에서 다룬 직류서보모터 시스템에서

$$\dot{x}(t) = \begin{bmatrix} -15 & -3.75 & 0 \\ 40/3 & 0 & 0 \\ 0 & 1 & 0 \end{bmatrix} x(t) + \begin{bmatrix} 75 \\ 0 \\ 0 \end{bmatrix} u(t)$$

$$y(t) = [0 \quad 0 \quad 5]x(t)$$

1) 폐로극점이 -5, -7, -10이 되도록 만드는 상태되먹임 제어기를 설계하라.

2) 상태변수 초기값이 $x(0) = [1\ 1\ 1]^T$인 경우 폐로시스템의 출력을 구하라.

풀이 1) 상태되먹임 제어기 $u(t) = -Kx(t) = -[k_1\ k_2\ k_3]x(t)$를 사용할 때 폐로시스템의 특성다항식은 다음과 같다.

$$a_c(s) = det[sI - A + BK] = det\left(sI - \begin{bmatrix} -15 & -3.75 & 0 \\ 40/3 & 0 & 0 \\ 0 & 1 & 0 \end{bmatrix} + \begin{bmatrix} 75 \\ 0 \\ 0 \end{bmatrix}[k_1\ k_2\ k_3]\right)$$
$$= s^3 + (15 + 75k_1)s^2 + (50 + 1000k_2)s + 1000k_3$$

폐로극점이 $-5,\ -7,\ -10$이 되려면 특성다항식이 다음과 같아야 한다.

$$a_c(s) = (s+5)(s+7)(s+10) = s^3 + 22s^2 + 155s + 350$$

따라서 계수비교를 하면 제어이득은 $k_1 = 7/75$, $k_2 = 0.105$, $k_3 = 0.35$가 되며, 다음의 상태되먹임 제어기를 얻는다.

$$u(t) = -[7/75\quad 0.105\quad 0.35]x(t)$$

2) 앞에서 설계한 상태되먹임 제어기를 사용한 폐로시스템은 다음과 같이 표시된다.

$$\dot{x}(t) = (A - BK)x(t) = \begin{bmatrix} -22 & -11.625 & -26.25 \\ 40/3 & 0 & 0 \\ 0 & 1 & 0 \end{bmatrix}x(t)$$
$$y(t) = [0\quad 0\quad 5]x(t)$$

따라서 상태변수 초기값이 $x(0) = [1\ 1\ 1]^T$인 경우 셈툴을 써서 출력을 구하면 그림 9.10과 같이 주어진다.

이 절에서 살펴본 극배치에 의한 상태되먹임 제어기 설계법에서 원하는 극점을 선정하는 과정은 제어시스템의 성능을 결정하는 중요한 부분이다. 이 극점을 어떻게 선정하는가에 따라 제어이득도 달라지고 대응하는 폐로시스템의 특성도 달라지기 때문이다. 설계자가 원하는 극점은 시스템에 요구되는 설계목표를 고려하여 그 목표가 달성될 만한 위치에 선정하는 것이 원칙이다. 이 극점을 잘못 선정하여 그 위치에 못 미치는 영역에 잡으면 성능목표가 달성되지 않으며, 그 위치를 지나쳐서 잡으면 성능목표는 달성되지만 대체로 제어이득이 커져서 제어신호가 크게 입력되고, 필요 이상의 낭비가 생기게 되므로 주의해야 한다.

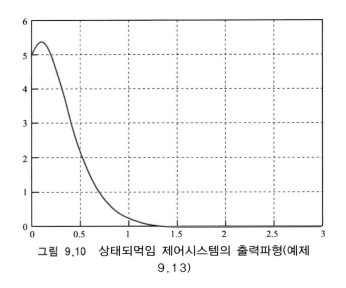

그림 9.10 상태되먹임 제어시스템의 출력파형(예제
9.13)

9.5.2 제어이득 계산공식

저차 시스템의 경우 상태되먹임 제어기는 예제 9.12와 같은 방법으로 항상 구할 수 있으
며 필산으로도 가능하다. 그러나 시스템의 차수가 커지는 경우에는 이러한 방법으로는 계
산이 쉽지 않으므로 컴퓨터를 활용해야 한다. 폐로시스템의 특성방정식이 식 (9.46)과 같이
되도록 만드는 상태되먹임 제어이득 K 는 다음과 같은 공식에 의해서 구할 수 있다.

$$K \ = \ [0 \ \cdots \ 0 \ 1]W_c^{-1}\alpha_c(A) \tag{9.47}$$

여기서 W_c 는 식 (9.15)로 정의되는 제어가능성 행렬이고, $\alpha_c(A)$ 는 식 (9.46)의 특성방정식
으로부터 다음과 같이 정의된다.

$$\begin{aligned} \alpha_c(A) \ &= \ \alpha_c(s)|_{s=A} \ = \ (A-p_1I)\cdots(A-p_nI) \\ &= \ A^n+a_1A^{n-1}+\cdots+a_nI \end{aligned} \tag{9.48}$$

식 (9.47)은 제어이득 계산용 **애커만의 공식(Ackerman's formular)**이라 하는데, 이 공식은 식
(9.45)와 (9.46)이 동치라는 조건으로부터 유도할 수 있으나, 여기서는 유도과정을 생략하기
로 한다.

예제 9.14

예제 9.12의 문제를 애커만의 공식을 사용하여 풀어라.

제어가능성 행렬 W_c는 예제 9.3에서처럼 다음과 같이 구해지며,

$$W_c = [\ B\ \ AB] = \begin{bmatrix} 1 & 0 \\ 2 & -1 \end{bmatrix}$$

$\alpha_c(A)$는 다음과 같이 계산된다.

$$\alpha_c(A)\ =\ A^2 + 15A + 50I\ =\ \begin{bmatrix} 29 & 10 \\ 50 & 19 \end{bmatrix}$$

따라서 제어이득 K는 다음과 같이 구해지며

$$K\ =\ [0\ \ 1]W_c^{-1}\alpha_c(A)\ =\ [0\ \ 1]\begin{bmatrix} 1 & 0 \\ 2 & -1 \end{bmatrix}\begin{bmatrix} 29 & 10 \\ 50 & 19 \end{bmatrix}\ =\ [8\ \ 1]$$

예제 9.12의 결과와 일치함을 확인할 수 있다.

예제 9.15

예제 9.13의 문제를 애커만의 공식을 사용하여 풀어라.

제어가능성 행렬 W_c는 예제 9.4에서와 같이 구해지며, $\alpha_c(A)$는 다음과 같이 계산된다.

$$\alpha_c(A)\ =\ A^3 + 22A^2 + 155A + 350I\ =\ \begin{bmatrix} 0 & 0 & 0 \\ 0 & 0 & 0 \\ 93.3333 & 105.0000 & 350.0000 \end{bmatrix}$$

따라서 제어이득 K는 다음과 같이 구해진다.

$$K\ =\ [0\ \ 0\ \ 1]W_c^{-1}\alpha_c(A)\ =\ [0.0933\ \ 0.1050\ \ 0.3500]$$

이것은 예제 9.13의 결과와 일치함을 확인할 수 있다.

셈툴에서는 애커만의 공식을 구현한 'acker' 명령을 제공하고 있는데, 이 명령을 쓰면 극배치에 의한 상태되먹임 제어기의 제어이득을 쉽게 구할 수 있다. 이 명령의 형식은 다음과 같다.

$$K = acker(A,B,p);$$

여기서 A, B는 상태방정식의 계수행렬들이고, p는 원하는 극점들을 나열한 행벡터이며, 계산된 제어이득이 K에 저장된다. 예제 9.14의 제어이득을 'acker' 명령을 써서 구하면 다음

과 같이 간단히 처리할 수 있다.

> CEM≫A＝[－2 1;5 －3]; B＝[1;2]; // 계수행렬을 입력한다.
> CEM≫p＝[－5 －10];　　// 원하는 극점을 입력한다.
> CEM≫K＝acker(A,B,p)
> 　K＝
> 　　　　　　8　　　　　1

9.5.3 제어가능성(controllability)

　시스템의 제어가능성은 입력변수에 의해 시스템의 상태변수를 제어할 수 있는 가능성을 말하는 것으로서, 구체적으로는 다음과 같이 정의된다.

> **정의 9.1** 입력이 $u(t)$인 시스템의 상태변수 $x(t)$가 $t＝t_0$에서 어떠한 값을 갖더라도 $t_1 > t_0$인 임의의 유한시간 t_1 내에 상태변수값을 0으로 만드는 제어입력 $u(t)$가 항상 존재하면 이 시스템을 **제어가능(controllable)**하다고 한다.

　제어가능성을 그림으로 표현하면 그림 9.11과 같다. 그림에서 보듯이 최종시간 t_1은 임의의 유한한 시간으로 주어지며, 이 유한시간 안에 임의의 유한한 초기상태 $x(t_0)$에 있는 상태변수의 최종값을 $x(t_1)＝0$으로 만드는 제어입력 $u(t)$, $t_0 \leq t \leq t_1$이 존재하는 성질이 제어가능성이다. 이와 같이 제어가능성은 상태 $x(t)$를 임의의 초기상태에서 임의의 유한시간 안에 0으로 보내는 제어입력의 존재성으로 정의되지만, 제어가능 시스템에서는 임의의 초기상태에서 유한시간 안에 임의의 상태로 보내는 제어입력도 항상 존재하게

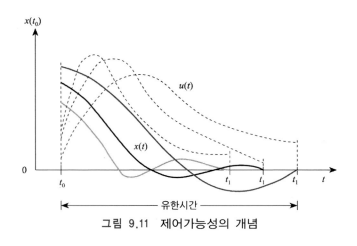

그림 9.11 제어가능성의 개념

된다. 여기서 제어입력 $u(t)$는 유일하지는 않으며, 최종상태를 0으로 만드는 입력은 모두 해당된다.

식 (9.47)로 주어지는 애커만의 공식을 써서 제어이득을 결정하려면 제어가능성 행렬 W_c의 역행렬이 반드시 존재해야 한다. 즉, W_c의 역행렬이 존재하면 폐로시스템의 극점을 원하는 어떠한 값으로도 만들 수 있는 제어기를 항상 구할 수 있다. 그러나 행렬 W_c의 역행렬이 존재하지 않으면 어떠한 방법을 사용해도 폐로극점을 원하는 값으로 만드는 제어기가 없을 수 있다. 그런데 시스템의 극점을 원하는 임의의 값으로 만드는 제어기가 존재한다는 조건은 상태변수를 임의의 유한시간 안에 0으로 만드는 제어입력이 존재한다는 조건과 등가라는 것을 알 수 있다. 따라서 선형시불변 상태공간 모델 (9.1)에서 제어가능성에 대한 필요충분조건은 행렬 W_c의 역행렬이 존재하는 것이다. 이런 까닭에 행렬 W_c를 제어가능성 행렬이라고 하는 것이다.

예제 9.16

다음 시스템의 제어가능성을 판별하라.

$$\dot{x}(t) = \begin{bmatrix} -1 & 0 \\ 0 & -3 \end{bmatrix} x(t) + \begin{bmatrix} 1 \\ 0 \end{bmatrix} u(t)$$

풀이 제어가능성 행렬 W_c는 다음과 같이 구해지는데

$$W_c = \begin{bmatrix} 1 & -1 \\ 0 & 0 \end{bmatrix}$$

이 행렬은 특이행렬로서 역행렬이 존재하지 않는다. 따라서 대상시스템은 제어 불가능하다.

식 (9.15)의 제어가능성 행렬은 제어가능성의 판별뿐만 아니라 식 (9.47)에서와 같이 상태되먹임 제어기 설계과정에서 이득행렬 계산에도 필수적으로 쓰인다. 그런데 이 행렬의 계산은 저차 시스템에서는 필산으로 할 수 있지만, 고차 시스템에서는 쉽지 않은 작업이다. 이러한 어려움을 해결하기 위해 셈툴에서는 이 행렬을 계산해 주는 간단한 명령어가 제공되며 그 형식은 다음과 같다.

Wc = ctrb(A,B);

제어가능성을 판별하려면 Wc가 비특이인가를 조사하면 되는데, 이 작업에는 행렬식값을 계산하는 명령인 'det' 명령을 써서 det(Wc)의 값이 0의 여부를 확인하면 된다.

9.6 상태관측기 설계

앞절에서 다룬 상태되먹임 제어기는 상태변수를 직접 측정할 수 있는 경우에 적용할 수 있는 기법이다. 만일 상태변수를 측정할 수 없는 경우에는 측정신호로부터 상태변수를 관측해내야 한다. **상태관측기(state observer)**는 출력신호와 입력신호로부터 상태 $x(t)$에 가까운 신호 $\hat{x}(t)$를 만들어내는 시스템으로서, $t \to \infty$일 때 $\hat{x}(t) \to x(t)$가 되는 성질을 갖는다. 상태관측기로부터 발생하는 관측신호 $\hat{x}$는 실제상태 x와 똑같지는 않지만 빠른 시간 안에 실제상태에 수렴하도록 구성한다. 이 절에서는 이러한 상태관측기를 설계하는 방법을 살펴보기로 한다.

9.6.1 상태관측기의 구조

먼저 다음과 같은 상태관측기를 생각해 보자.

$$\frac{d}{dt}\hat{x}(t) = A\hat{x}(t) + Bu(t) \tag{9.49}$$

만일 식 (9.1)의 상태공간 모델에서 초기상태값 $x(0)$를 알고 있다면, 식 (9.49)의 상태관측기 초기값을 $\hat{x}(0) = x(0)$로 놓으면 분명히 식 (9.49)의 상태관측기에서 얻는 $\hat{x}(t)$는 $t \geq 0$인 전 구간에서 실제상태 $x(t)$와 같은 값을 갖게 된다. 따라서 식 (9.49)를 상태관측기로 사용할 수 있다. 그러나 실제로는 식 (9.1)에서 초기상태 $x(0)$를 알 수 없기 때문에 이것을 상태관측기로 사용할 수는 없다. 식 (9.49)의 초기값 $\hat{x}(0)$가 실제의 초기상태값 $x(0)$와 다르면 식 (9.49)의 상태관측기로 관측한 상태 $\hat{x}(t)$는 실제상태 $x(t)$와 다른 값을 갖기 때문이다.

$\hat{x}(t)$가 $x(t)$와 같은지를 판단하려면 두 신호를 비교해보면 되지만, $x(t)$를 알 수 없으므로 두 신호 대신에 플랜트의 측정출력(measured output) $y(t)$와 관측된 상태변수값으로부터 얻는 관측출력(observed output) $\hat{y}(t)$를 비교하면 된다. 관측출력 $\hat{y}(t)$는 다음과 같이 나타낼 수 있는데

$$\hat{y}(t) = C\hat{x}(t) + Du(t) \tag{9.50}$$

이 신호가 측정출력 $y(t)$와 다르면 $\hat{x}(t)$가 $x(t)$와 분명히 다른 것이고, $\hat{y}(t)$가 $y(t)$와 같으면 $\hat{x}(t)$가 $x(t)$와 같아질 가능성이 있다. 이러한 출력관측 오차 $\hat{y}(t) - y(t)$에 관한 정보를 고려하여 식 (9.49)의 상태관측기에서 상태관측 오차를 줄이도록 상태관측기의 형태를 다음과 같이 변형할 수 있다.

$$\hat{\dot{x}}(t) = A\hat{x}(t)+Bu(t)-L[\hat{y}(t)-y(t)] \tag{9.51}$$

여기서 L은 관측기의 상태관측 오차를 보정하기 위해 도입한 행렬이다. 식 (9.51)은 다음과 같이 다시 쓸 수 있다.

$$\hat{\dot{x}}(t) = (A-LC)\hat{x}(t)+LCx(t)+Bu(t) \tag{9.52}$$

식 (9.1)과 식 (9.52)로부터 상태관측 오차에 관한 다음 식을 얻을 수 있으며

$$\hat{\dot{x}}(t)-\dot{x}(t) = (A-LC)[\hat{x}(t)-x(t)] \tag{9.53}$$

상태관측 오차를 $e(t)=\hat{x}(t)-x(t)$로 정의하면 다음 식을 얻는다.

$$\dot{e}(t)=(A-LC)e(t) \tag{9.54}$$

여기서 $A-LC$가 안정하도록 행렬 L을 선택하면 초기관측 오차 $e(0)=\hat{x}(0)-x(0)$가 있더라도 $t\to\infty$일 때 $e(t)\to0$, 즉 $\hat{x}(t)\to x(t)$의 성질을 가지면서 식 (9.51)은 구하고자 하는 상태관측기가 된다.

$A-LC$가 안정하다는 것은 $A-LC$의 모든 극점이 좌반평면에 존재하는 것이다. 따라서 상태관측기를 구성하기 위해서는 $A-LC$의 모든 극점이 좌반평면에 존재하도록 행렬 L을 선택해야 한다. $A-LC$의 특성방정식, 즉

$$det[sI-(A-LC)] = 0 \tag{9.55}$$

에서 모든 해가 좌반평면에 위치해야 한다. 원하는 극점을 $p_1,\cdots,p_n$이라고 하면 특성방정식은 다음과 같아진다.

$$\begin{aligned}\mathfrak{a}_o(s) &= (s-p_1)\cdots(s-p_n)\\&= s^n+a_1s^{n-1}+\cdots+a_n = 0\end{aligned} \tag{9.56}$$

이 특성다항식 $\mathfrak{a}_o(s)$와 식 (9.55)의 좌변의 계수가 서로 같아야 하므로, 이러한 조건을 만족하도록 관측기 이득행렬 L을 선택하면 상태관측기를 얻게 된다. 이 상태관측기의 구조를 블록선도로 나타내면 그림 9.12와 같다.

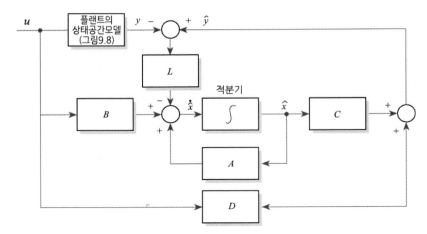

그림 9.12 상태관측기의 구조

지금까지 살펴본 극배치에 의한 상태관측기 설계법에서 관측기의 극점을 어떻게 잡느냐에 따라 관측기의 성능이 크게 달라지므로, 관측기 설계문제에서도 적절한 극점의 선정은 매우 중요하다. 관측기가 빨리 실제상태에 도달하도록 하려면 극점을 좌반평면에서 허수축으로부터 멀리 떨어져 있도록 잡아야 한다. 그러나 이렇게 할수록 관측기가 잡음이나 외란의 영향을 더 받기 때문에 적절한 위치로 절충해야 하는데, 대략적인 극점선정 지침은 관측기의 응답이 대상시스템의 응답보다 2-5배 정도 빠르도록, 즉 관측기 극점이 대상시스템 주극점보다 허수축으로부터 2-5배 정도 더 멀리 있도록 잡는 것이다.

9.6.2 상태관측기 이득계산

이 절에서는 상태관측기의 이득행렬 L을 선정하는 방법을 정리하기로 한다. 임의의 정방행렬 M에 대하여 행렬식의 값은 다음과 같은 성질을 가진다.

$$det(M) = det(M^T)$$

따라서 식 (9.55)는 다음과 같이 변형할 수 있다.

$$det[sI-(A^T-C^TL^T)] = 0 \tag{9.57}$$

이 특성방정식과 상태되먹임 제어기의 특성방정식 (9.45)를 비교해보면 다음과 같은 대응관계가 있음을 알 수 있다.

$$\begin{aligned} A &\leftrightarrow A^T \\ B &\leftrightarrow C^T \\ K &\leftrightarrow L^T \end{aligned} \tag{9.58}$$

이 대응관계를 이용하면 상태되먹임 제어기 설계에 사용한 극배치법을 상태관측기의 이득행렬 L을 구하는 데 적용할 수 있다.

식 (9.57)의 특성방정식이 식 (9.56)과 일치하도록 만드는 상태관측기 이득행렬 L은 식 (9.58)의 대응관계를 식 (9.47)의 상태되먹임 제어이득 계산용 애커만의 공식에 대입하면 쉽게 구할 수 있다.

$$L^T = [0 \ 0 \ \cdots \ 1] W_o^{-T} \mathfrak{a}_o(A^T)$$

$$L = \mathfrak{a}_o(A) W_o^{-1} \begin{bmatrix} 0 \\ 0 \\ \vdots \\ 1 \end{bmatrix} \tag{9.59}$$

여기서 W_o는 식 (9.24)의 관측가능성 행렬이고, $\mathfrak{a}_o(A)$는 식 (9.56)의 관측기 특성방정식으로부터 다음과 같이 정의된다.

$$\begin{aligned} \mathfrak{a}_o(A) &= \mathfrak{a}_o(s)|_{s=A} = (A-p_1 I)\cdots(A-p_n I) \\ &= A^n + a_1 A^{n-1} + \cdots + a_n I \end{aligned} \tag{9.60}$$

식 (9.59)를 써서 관측기 이득행렬을 결정하려면 관측가능성 행렬 W_o가 비특이로서 역행렬이 존재해야 한다.

예제 9.17

예제 9.3에서 사용한 다음의 시스템에서

$$\dot{x}(t) = \begin{bmatrix} -2 & 1 \\ 5 & -3 \end{bmatrix} x(t) + \begin{bmatrix} 1 \\ 2 \end{bmatrix} u(t)$$

$$y(t) = [-1 \ -2] x(t)$$

1) 극점이 -10, -20인 상태관측기를 구하라.
2) $t=0$에서 실제의 초기상태와 관측기의 초기상태가 각각 $x(0) = [1 \ 1]^T$, $\hat{x}(0) = [0 \ 0]^T$이고, 입력은 $u(t) = 0$으로 주어질 때 상태관측기의 관측상태와 실제상태를 비교하라.

풀이 1) 극점이 -10, -20인 특성다항식은 다음과 같다.

$$\mathfrak{a}_o(s) = (s+10)(s+20) = s^2 + 30s + 200$$

따라서 식 (9.60)의 $\mathfrak{a}_o(A)$는 다음과 같이 구성된다.

$$a_o(A) = A^2 + 30A + 200I = \begin{bmatrix} 149 & 25 \\ 125 & 124 \end{bmatrix}$$

관측가능성 행렬 W_o는 예제 9.7에서와 같으며

$$W_o = \begin{bmatrix} C \\ CA \end{bmatrix} = \begin{bmatrix} -1 & -2 \\ -8 & 5 \end{bmatrix}$$

따라서 관측이득행렬 L은 다음과 같이 구해진다.

$$L = a_o(A)\, W_o^{-1} \begin{bmatrix} 0 \\ 1 \end{bmatrix} = \begin{bmatrix} 149 & 25 \\ 125 & 124 \end{bmatrix} \begin{bmatrix} -1 & -2 \\ -8 & 5 \end{bmatrix}^{-1} \begin{bmatrix} 0 \\ 1 \end{bmatrix} = \begin{bmatrix} -13 \\ -6 \end{bmatrix}$$

2) $u(t) = 0$일 때 상태관측기의 식은 식 (9.51)로부터 다음과 같이 결정된다.

$$\dot{\hat{x}}(t) = A\hat{x}(t) - L[\hat{y}(t) - y(t)]$$
$$= (A - LC)\hat{x}(t) + Ly(t)$$
$$= \begin{bmatrix} -15 & -25 \\ -1 & -15 \end{bmatrix} \hat{x}(t) + \begin{bmatrix} -13 \\ -6 \end{bmatrix} y(t)$$

이 상태관측기를 사용했을 때 얻어지는 관측상태 $\hat{x}(t)$와 실제상태 $x(t)$의 궤적을 비교하면 그림 9.13, 그림 9.14와 같다. 이 결과를 보면 상태관측기가 주극점($s = -10$) 시상수인 0.1 sec의 4배가 되는 0.4 sec 이후에는 실제상태를 거의 완벽하게 추정하는 것을 알 수 있다.

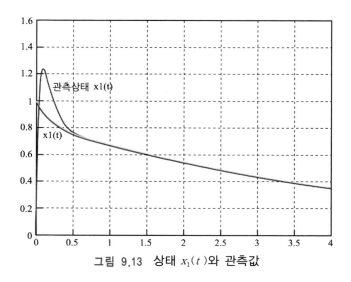

그림 9.13 상태 $x_1(t)$와 관측값

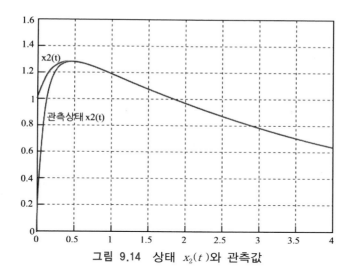

그림 9.14 상태 $x_2(t)$와 관측값

앞의 예제에서 관측이득행렬 L을 구하는 과정을 셈툴의 'acker' 명령을 써서 처리하면 다음과 같다.

CEM≫A=[−2 1; 5 −3];

CEM≫C=[−1 −2];

CEM≫p=[−10 −20];   // 원하는 극점을 입력한다.

CEM≫L=acker(A',C',p)'

　　L=

　−13.0000

　−6.0000

그러면 셈툴의 'acker' 명령을 써서 직류서보모터 시스템에 대한 관측기를 설계하는 예제를 풀어보기로 한다.

예제 9.18

예제 9.4에서 사용한 직류서보모터 시스템에서

$$\dot{x}(t) = \begin{bmatrix} -15 & -3.75 & 0 \\ 40/3 & 0 & 0 \\ 0 & 1 & 0 \end{bmatrix} x(t) + \begin{bmatrix} 75 \\ 0 \\ 0 \end{bmatrix} u(t)$$
$$y(t) = [0 \; 0 \; 5] x(t)$$

1) 셈툴을 써서 극점이 −10, −15, −20인 상태관측기를 설계하라.

2) $t = 0$에서의 초기상태가 $x(0) = [1 \ 1 \ 1]^T$, 관측기의 초기상태가 $\hat{x}(0) = [0 \ 0 \ 0]^T$ 이고 입력은 $u(t) = 0$일 때 상태관측오차 $e(t) = \hat{x}(t) - x(t)$의 오차궤적(error trajectory)을 구하라.

풀이 1) 다음과 같이 셈툴의 'acker' 명령을 사용하면 관측기이득 L을 쉽게 구할 수 있다.

CEM≫A = [− 15 − 3.75 0; 40/3 0 0; 0 1 0];
CEM≫C = [0 0 5];
CEM≫p = [− 10 − 15 − 20];   // 원하는 극점을 입력한다.
CEM≫L = acker(A',C',p)'
      L =
    − 11.2500
      30.0000
       6.0000

2) $u(t) = 0$일 때 설계된 상태관측기의 식은 식 (9.51)에 의해 다음과 같이 구성된다.

$$\dot{\hat{x}}(t) = A\hat{x}(t) - L[\hat{y}(t) - y(t)]$$
$$= (A - LC)\hat{x}(t) + Ly(t)$$
$$= \begin{bmatrix} -15 & -3.75 & 56.25 \\ 13.3333 & 0 & -150 \\ 0 & 1 & -30 \end{bmatrix} \hat{x}(t) + \begin{bmatrix} -11.25 \\ 30 \\ 6 \end{bmatrix} y(t)$$

이와 같은 상태관측기를 사용했을 때 얻어지는 상태추정값과 실제상태와의 상태관측오차 $e(t) = \hat{x}(t) - x(t)$의 그래프는 그림 9.15와 같다.

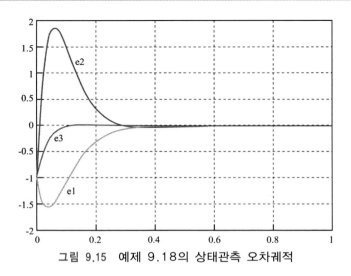

그림 9.15 예제 9.18의 상태관측 오차궤적

9.6.3 관측가능성(observability)

시스템의 관측가능성은 입출력변수로부터 상태변수를 알아낼 수 있는 가능성을 말하는 것으로, 구체적으로는 다음과 같이 정의된다.

> **정의 9.2** 식 (9.1)의 상태공간 모델에서 초기시점 t_0부터 임의의 유한시점 $t_1 > t_0$까지의 입력신호 $u_{[t_0, t_1]}$와 출력신호 $y_{[t_0, t_1]}$가 주어질 때, 이로부터 초기상태값 $x(t_0)$를 유일하게 결정할 수 있으면 대상시스템은 **관측가능(observable)**하다고 한다.

관측가능성의 개념을 그림으로 나타내면 그림 9.16과 같다. 이 그림을 보면 관측가능성은 입출력변수의 궤적과 초기상태가 1 : 1로 대응을 이루는 성질로서, 입출력궤적이 다르면 초기상태도 달라지는 것을 뜻한다. 관측가능성은 초기상태를 관측할 수 있는가의 가능성을 정의한 것이지만, 초기상태가 관측되면 식 (9.1)로부터 전체 구간의 상태 $x(t)$가 유일하게 결정되므로, 관측가능성은 입출력변수로부터 상태변수를 결정할 수 있는 가능성을 말하는 것이다.

식 (9.59)로 주어지는 애커만의 공식을 써서 관측기 이득행렬을 계산하려면 W_o의 역행렬이 반드시 존재해야 한다. W_o의 역행렬이 존재하면 식 (9.59)의 관측기 이득행렬 L을 구해서 $t \to \infty$일 때 $\hat{x}(t) \to x(t)$의 성질을 갖는 상태관측기를 구성할 수 있다. 그러나 W_o의 역행렬이 존재하지 않는 경우에는 상태관측기를 구성할 수 없다. 여기서 상태관측기를 구성할 수 있다는 것은 결국 시스템이 관측가능성을 갖는다는 것과 서로 등가이다. 따라서 선형시불변 상태공간 모델 (9.1)에서 이 시스템의 관측가능성에 대한 필요충분조건은 W_o의 역행렬이 존재하는 것이다. 이런 까닭에 행렬 W_o를 **관측가능성 행렬**이라고 하는 것이다.

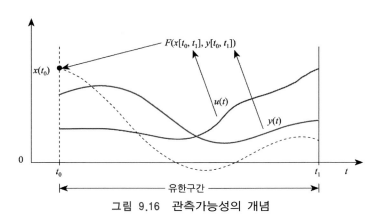

그림 9.16 관측가능성의 개념

이와 같이 식 (9.24)의 관측가능성 행렬은 상태공간 모델에서 관측가능성을 판별하거나, 상태관측기를 구성할 때 자주 사용하는 행렬이다. 셈툴에서 이 행렬을 간단히 계산할 수 있는 명령어를 제공하고 있으며, 형식은 다음과 같다.

Wo = obsv(A,C);

관측가능성을 판별하려면 행렬 Wo의 비특이성을 판별하면 되므로 행렬식값을 계산해 주는 명령인 'det'를 써서 det(Wo)를 계산하여 이것이 0인가를 조사하면 된다.

9.7 출력되먹임 제어기 설계

대상시스템에서 상태변수를 직접 측정할 수 있는 경우에는 상태되먹임 방식만을 사용하여 제어기를 구성할 수 있다. 그러나 대부분의 경우 상태변수를 직접 측정하기는 어렵기 때문에 상태되먹임 제어기를 실제시스템에 적용할 수 있는 경우는 많지 않다. 따라서 실제문제에 적용하기 위해서는 상태변수가 아니라 출력을 되먹임시키는 방식으로 제어기를 구성해야 한다. 즉, PID제어기나 앞섬/뒤짐보상기에서와 같이 출력되먹임 제어기를 사용해야 한다.

상태공간 모델에서 출력되먹임 제어기는 앞절에서 익힌 상태관측기와 상태되먹임 제어기를 결합하면 쉽게 구성할 수 있다. 즉, 측정된 출력으로부터 상태관측기를 써서 상태를 관측하고, 관측된 상태를 상태되먹임 제어기에 연결하면 출력되먹임 제어기가 구성되는 것이다. 이러한 방식으로 구성하는 출력되먹임 제어기의 구조는 그림 9.17과 같다. 따라서 이 제어기는 두 단계로 나누어 설계된다. 먼저 출력신호로부터 상태변수를 관측하는 상태관측기를 설계한 다음, 원하는 폐로극점을 갖는 상태되먹임 제어기를 설계하고, 이 제어기에 상태관측기로부터 관측된 상태변수를 적용하는 것이다. 이러한 출력되먹임 제어기는 전체 폐로시스템을 안정하게 만든다는 것을 보일 수 있다. 그러면 이러한 출력되먹임 제어기의 설계법과 안정성에 대해 살펴보기로 한다.

식 (9.51)의 상태관측기를 다음과 같이 변형한다.

$$\hat{x}(t) \quad = \quad (A-LC)\hat{x}(t)+Bu(t)+L[y(t)-Du(t)] \tag{9.61}$$

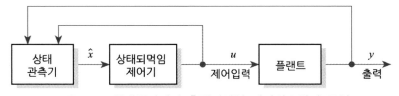

그림 9.17 상태공간에서 출력되먹임 제어시스템의 구성

식 (9.43)의 상태되먹임 제어기에 실제상태 $x(t)$ 대신에 관측값 $\hat{x}(t)$를 써서 다음과 같이 제어입력을 구성하면,

$$u(t) = -K\hat{x}(t) \tag{9.62}$$

출력되먹임 제어기는 다음과 같이 나타낼 수 있다.

$$\begin{aligned}
\dot{\hat{x}}(t) &= (A-LC-BK+LDK)\hat{x}(t)+Ly(t) \\
u(t) &= -K\hat{x}(t)
\end{aligned} \tag{9.63}$$

식 (9.63)에서 보듯이 출력되먹임 제어기는 입력이 y이고, 출력이 u, 상태가 $\hat{x}$인 상태공간 모델로 표시된다. 식 (9.63)의 출력되먹임 제어기를 식 (9.1)에 적용하여 이루어지는 전체 폐로시스템의 식은 다음과 같다.

$$\begin{aligned}
\dot{x}(t) &= Ax(t)-BK\hat{x}(t) \\
\dot{\hat{x}}(t) &= (A-LC-BK+LDK)\hat{x}(t)+L[\,Cx(t)-DK\hat{x}(t)\,] \\
&= LCx(t)+(A-LC-BK)\hat{x}(t)
\end{aligned} \tag{9.64}$$

이것을 다음과 같이 정리한다.

$$\begin{aligned}
\dot{x}(t) &= (A-BK)x(t)-BK[\,\hat{x}(t)-x(t)\,] \\
\dot{\hat{x}}(t)-\dot{x}(t) &= (A-LC)[\,\hat{x}(t)-x(t)\,]
\end{aligned}$$

상태관측오차 $e(t)=\hat{x}(t)-x(t)$를 써서 나타내면 다음의 관계식을 얻게 된다.

$$\begin{bmatrix} \dot{x}(t) \\ \dot{e}(t) \end{bmatrix} = \begin{bmatrix} A-BK & -BK \\ 0 & A-LC \end{bmatrix} \begin{bmatrix} x(t) \\ e(t) \end{bmatrix} \tag{9.65}$$

식 (9.65)로부터 출력되먹임 시스템의 극점은 다음의 특성방정식을 만족함을 알 수 있다.

$$\begin{aligned}
\det\left(sI-\begin{bmatrix} A-BK & -BK \\ 0 & A-LC \end{bmatrix} \right) &= 0 \\
\det[\,sI-(A-BK)\,]\det[\,sI-(A-LC)\,] &= 0
\end{aligned} \tag{9.66}$$

이 특성방정식을 보면 출력되먹임 시스템의 극점은 식 (9.44)의 상태되먹임 시스템의 극점과 식 (9.51)의 상태관측기의 극점으로 이루어지는 것을 알 수 있다. 따라서 이 극점들을 모두 좌반평면에 있도록 잡으면 출력되먹임 시스템의 모든 극점들도 좌반평면에 있으며, 식 (9.64)나 (9.65)의 폐로시스템은 안정하다. 즉, $t\to\infty$일 때 $x(t)\to0$이며, $\hat{x}(t)\to0$이고, 폐로시스템은 안정하다.

상태공간 모델로 표현되는 대상시스템 (9.1)이 제어가능성과 관측가능성을 가지는 경우

에는 전체 시스템의 폐로극점을 원하는 위치로 보내는 출력되먹임 제어기를 항상 구할 수 있다. 이 제어기는 상태되먹임 제어기와 상태관측기를 따로 설계하여 결합함으로써 구성할 수 있다. 따라서 상태되먹임 제어이득 K는 식 (9.47)을, 상태관측기 이득 L은 식 (9.59)를 써서 결정한다. 단 상태관측기는 실제상태에 빨리 수렴해야 하므로, 관측기의 극점은 상태되먹임 제어기 설계과정에서 설정하는 폐로극점들보다 2−5배 정도 허수축으로부터 더 떨어져 있도록 설정해야 한다. 이와 같이 극점을 선정하는 경우 폐로시스템의 주극점은 상태되먹임 제어기의 극점이 된다. 따라서 폐로시스템의 응답특성은 상태되먹임 제어기를 사용했을 때 얻어지는 응답특성과 거의 비슷해진다. 그러나 이러한 극점 선택법으로는 원하는 성능목표를 만족시키기 어려운 시스템도 있을 수 있다.

예제 9.19

예제 9.3에서 사용한 시스템을 다시 사용한다.

$$\dot{x}(t) = \begin{bmatrix} -2 & 1 \\ 5 & -3 \end{bmatrix} x(t) + \begin{bmatrix} 1 \\ 2 \end{bmatrix} u(t)$$

$$y(t) = [-1 \ -2] x(t)$$

1) 예제 9.12의 상태되먹임 제어기와 예제 9.17의 상태관측기를 사용하여 출력되먹임 제어기를 구성하라.

2) 상태변수 및 상태관측기의 초기값이 $x(0) = [1 \ 1]^T$, $\hat{x}(0) = [0 \ 0]^T$일 때 상태되먹임 제어기와 출력되먹임 제어기의 출력궤적을 그려서 비교하라.

3) 극점을 $(-20, -40)$으로 갖는 상태관측기를 설계하고, 이 관측기를 써서 출력되먹임 제어기를 구성한 다음, 2)의 문제를 반복하라.

풀이 1) 예제 9.12의 상태되먹임 제어기 및 예제 9.17의 상태관측기를 사용한 출력되먹임 제어기는 식 (9.63)으로부터 다음과 같이 주어진다.

$$\dot{\hat{x}}(t) = (A - LC - BK + LDK)\hat{x}(t) + Ly(t)$$

$$= \begin{bmatrix} -23 & -26 \\ -17 & -17 \end{bmatrix} \hat{x}(t) + \begin{bmatrix} -13 \\ -6 \end{bmatrix} y(t) \tag{9.67}$$

$$u(t) = -K\hat{x}(t) = -[8 \ 1]\hat{x}(t)$$

2) 식 (9.67)의 출력되먹임 제어기를 사용한 폐로시스템의 출력 $y(t)$의 궤적과 예제 9.12의 상태되먹임 제어기를 사용한 폐로시스템의 출력궤적을 함께 그리면 그림 9.18과 같다.

3) 상태관측기의 극점이 -20, -40인 상태관측기의 관측이득행렬은 다음 명령을 실행하면 구할 수 있다.

CEM≫L=acker(A',C',[- 20, - 40])';

$L = [\ -63 \quad 4\ ]^T$로 주어지고, 출력되먹임 제어기는 다음과 같이 구성된다.

$$\hat{x}(t) = \begin{bmatrix} -73 & -126 \\ -7 & 3 \end{bmatrix} \hat{x}(t) + \begin{bmatrix} -63 \\ 4 \end{bmatrix} y(t)$$

$$u(t) = -[8 \quad 1]\hat{x}(t)$$

이 제어기를 사용하는 폐로시스템의 출력궤적을 예제 9.12의 상태되먹임 제어시스템의 출력 궤적과 함께 그리면 그림 9.19와 같다. 이 출력파형을 보면 극점이 - 10, - 20인 예제 9.17 의 상태관측기를 사용한 경우와 비교해서 수렴속도는 빨라지지만 과도상태 오차가 커짐을 알 수 있다.

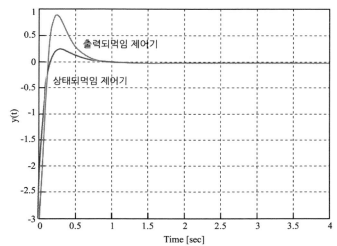

그림 9.18 폐로시스템의 출력궤적(상태관측기 극점 : - 10, - 20)

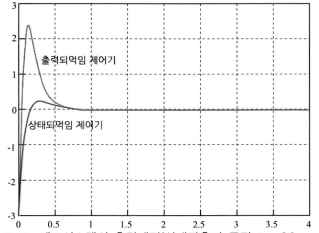

그림 9.19 폐로시스템의 출력궤적(상태관측기 극점 : - 20, - 40)

예제 9.4에서 사용한 직류서보모터 시스템에서

$$\dot{x}(t) = \begin{bmatrix} -15 & -3.75 & 0 \\ 40/3 & 0 & 0 \\ 0 & 1 & 0 \end{bmatrix} x(t) + \begin{bmatrix} 75 \\ 0 \\ 0 \end{bmatrix} u(t)$$

$$y(t) = [0 \ 0 \ 5] x(t)$$

1) 예제 9.13의 상태되먹임 제어기 및 예제 9.18의 상태관측기를 결합하여 출력되먹임 제어기를 구성하라.

2) 상태변수 및 상태관측기의 초기값이 각각 $x(0) = [1 \ 1 \ 1]^T$, $\hat{x}(0) = [0 \ 0 \ 0]^T$일 때 출력되먹임 제어기의 출력궤적을 구하라.

3) 극점을 $(-20, -30, -40)$로 갖는 상태관측기를 설계하고, 이 관측기를 써서 출력되먹임 제어기를 구성한 다음 출력궤적을 2)의 궤적과 함께 그래프로 나타내어 비교하라.

 1) 예제 9.13의 상태되먹임 제어기 및 예제 9.18의 상태관측기를 결합하면 식 (9.64)로부터 출력되먹임 제어기는 다음과 같이 구해진다.

$$\hat{x}(t) = (A - LC - BK + LDK)\hat{x}(t) + Ly(t)$$

$$= \begin{bmatrix} -22 & -11.625 & 30 \\ 40/3 & 0 & -150 \\ 0 & 1 & -30 \end{bmatrix} \hat{x}(t) + \begin{bmatrix} -11.25 \\ 30 \\ 6 \end{bmatrix} y(t)$$

$$u(t) = -K\hat{x}(t) = -[0.0933 \ 0.1050 \ 0.3500]\hat{x}(t)$$

2) 이 출력되먹임 제어기를 사용한 경우 폐로시스템의 출력 $y(t)$의 궤적을 구하면 그림 9.20과 같다.

3) 극점이 $-20, -30, -40$인 상태관측기의 관측이득행렬은 다음 명령으로 구할 수 있다.

CEM≫L=acker(A',C',[-20 -30 -40])';

이때 $L = [-16.87 \ 50 \ 285 \ 15]^T$로 주어지고, 출력되먹임 제어기는 다음과 같다.

$$\hat{x}(t) = \begin{bmatrix} -22 & -11.6 & 58.1 \\ 13.3 & 0 & -1425 \\ 0 & 1 & -75 \end{bmatrix} \hat{x}(t) + \begin{bmatrix} -16.8750 \\ 285.0000 \\ 15.0000 \end{bmatrix} y(t)$$

$$u(t) = -[0.0933 \ 0.1050 \ 0.3500]\hat{x}(t)$$

이 경우의 출력궤적을 2)의 궤적과 함께 그리면 그림 9.20과 같다. 이 결과를 보면 극점이 $-10, -15, -20$인 상태관측기를 사용한 경우보다 수렴속도도 빨라지고, 과도상태 오차도 줄어들면서 상태되먹임 제어에 근접함을 알 수 있다.

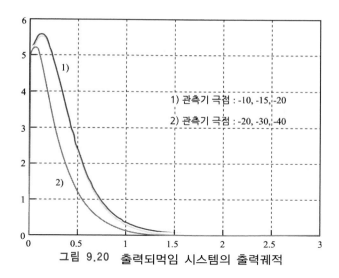

그림 9.20 출력되먹임 시스템의 출력궤적

앞의 예제들에서 출력되먹임 제어기와 플랜트 (9.1)로 이루어지는 되먹임 시스템의 출력 응답을 구하는 과정은 식 (9.64)를 이용하여 셈틀로 처리할 수 있지만, 심툴에서 제공되는 상태공간 블록을 쓰면 간단히 처리된다. 이 처리과정은 익힘 문제 9.19에서 다루기로 한다.

9.8* 명령추종기 설계

앞절에서 다룬 그림 9.15의 출력되먹임 제어기법은 시스템의 안정화를 위한 제어기 구성 법으로서 출력이 설정한 시간 안에 0이 되도록 제어한다. 이처럼 출력이 0이 되도록 만드는 제어기를 **조정기**(regulator)라 하는데, 이 조정기들은 제어목표로서 명령추종이 포함되는 경 우에는 적용할 수 없다. 제어목표로서 명령추종까지 포함하여 시스템 출력이 원하는 값을 갖도록 제어하는 **명령추종기**(command tracking controller)를 만들기 위해서는 그림 9.17의 구 성 대신에 기준입력을 포함하는 꼴로 바꾸어야 한다. 이 절에서는 출력되먹임 방식에서 명 령추종기를 구성하는 기법으로서 기준입력보상형과 출력보상형 명령추종기에 대해 살펴보 기로 한다.

9.8.1 기준입력보상형 명령추종기

기준입력보상기는 정상상태에서 기준입력과 출력값이 일치하도록 만드는 보상기인데, 이 보상기를 이용하여 구성하는 제어시스템을 **기준입력보상형 명령추종기**라고 한다. 이러한 방식의 명령추종기의 구조는 그림 9.21과 같다. 여기서 기준입력보상기는 여러 가지 형태로 구성할 수 있으며, 상태되먹임 제어나 출력되먹임 제어의 경우 모두에 대해 같은 방법으로

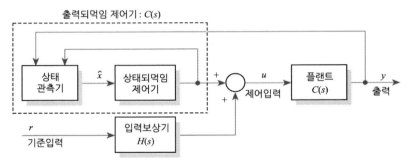

그림 9.21 기준입력보상기를 사용한 명령추종기

구성할 수 있다.

그림 9.21에서 기준입력보상기의 전달함수를 $H(s)$, 출력되먹임 제어기의 전달함수를 $C(s)$라고 하면, 기준입력 r과 출력 y 사이의 폐로전달함수 $T(s)$는 다음과 같이 표시된다.

$$T(s) = \frac{G(s)H(s)}{1-G(s)C(s)} \tag{9.68}$$

기준입력 r이 크기가 R인 계단입력으로 주어지는 경우, 대응되는 라플라스 변환은 R/s 이고, 폐로시스템이 안정한 경우 출력 y의 정상상태값은 최종값 정리에 의해 다음과 같이 계산할 수 있다.

$$\lim_{t \to \infty} y(t) = \lim_{s \to 0} s(R/s)T(s) = RT(0) = R\frac{G(0)H(0)}{1-G(0)C(0)}$$

따라서 보상기 $H(s)$를 선택할 때 안정한 전달함수로서 다음 조건이 만족되도록 선택하면

$$\frac{G(0)H(0)}{1-G(0)C(0)} = 1 \tag{9.69}$$

출력이 상수 기준입력을 따라가는 출력되먹임 제어기를 구성할 수 있다. 예를 들면, 식 (9.69)를 만족하는 가장 간단한 꼴의 기준입력보상기를 다음과 같이 구성할 수 있다.

$$H(s) = H(0) = \frac{1-G(0)C(0)}{G(0)} \tag{9.70}$$

이 보상기는 상수이득으로서 정상상태 오차가 0이 되도록 설계된 것이기 때문에 명령추종 성능은 만족되지만, 과도응답 특성은 고려한 것이 아니므로 과도응답 성능을 확인한 다음에 만족스럽지 않으면 1차 이상의 극점을 갖는 보상기로 다시 설계해야 한다.

예제 9.3에서 다룬 시스템에서

$$\dot{x}(t) = \begin{bmatrix} -2 & 1 \\ 5 & -3 \end{bmatrix} x(t) + \begin{bmatrix} 1 \\ 2 \end{bmatrix} u(t)$$

$$y(t) = \begin{bmatrix} -1 & -2 \end{bmatrix} x(t)$$

기준입력보상형 명령추종 시스템을 구성하고, 계단입력에 대한 시간응답을 구하라. 단 초기 상태는 0으로 가정한다.

📖 풀이 식 (9.67)의 출력되먹임 제어기를 사용하는 경우 제어기의 전달함수는 다음과 같다.

$$C(s) = \frac{110s + 437}{s^2 + 40s - 51}$$

제어기 극점은 $s = -41.2368, \ 1.2368$ 로서 우반평면에 극점을 갖는다. 그런데 식 (9.68)에서 알 수 있듯이 제어기 $C(s)$ 의 극점이 $T(s)$ 의 영점이 되므로 폐로전달함수는 우반평면 영점을 갖는다. 따라서 계단응답에서 하향초과가 예상된다. 플랜트의 전달함수는 예제 9.9로부터 다음과 같음을 알 수 있으며,

$$G(s) = \frac{-5s - 23}{s^2 + 5s + 1}$$

폐로극점은 $s = -5, -10, -10, -20$ 으로 주어진다. 여기서 식 (9.70)을 써서 기준입력보상기를 설계할 경우에 보상기는 다음과 같다.

$$H(s) = H(0) = \frac{1 - \dfrac{-23}{1} \dfrac{437}{-51}}{\dfrac{-23}{1}} = 8.5678$$

이 보상기를 쓸 때 구해지는 단위계단응답은 그림 9.22로 나타난다. 이 결과를 보면 정상상태 오차는 0으로서 명령추종 성능은 만족하지만, 하향초과가 250% 이상 발생하여 과도응답 특성이 너무 나쁘므로 이 보상기를 사용하기는 어렵다. 따라서 직류이득은 $H(0) = 8.5678$ 을 만족하면서 과도응답이 개선되는 새로운 보상기를 찾아야 한다. 새 보상기를 다음과 같이 선택하면

$$H(s) = \frac{8.5678}{s^2 + s + 1}$$

직류이득이 $H(0) = 8.5678$ 로서 기준입력보상기의 조건을 만족하므로 단위계단 입력에 대한 정상상태 오차는 0이 된다. 실제로 이 보상기를 쓸 경우의 단위계단응답을 구해보면 그림 9.23과 같다. 그림 9.22와 비교하면 상승시간이 느려지고 초과가 발생하지만, 하향초과가 20% 정도로 작아져서 과도응답 특성이 개선되었음을 알 수 있다.

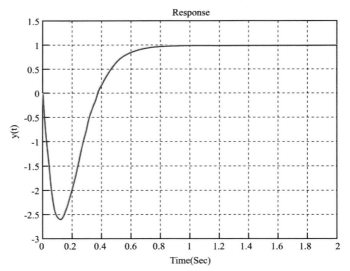

그림 9.22 $H(s) = 8.5678$을 쓰는 경우의 단위계단응답

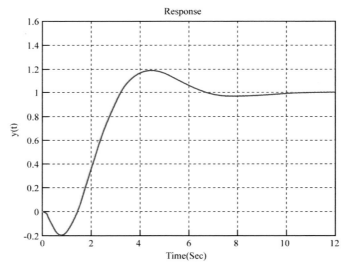

그림 9.23 $H(s) = \dfrac{8.5678}{s^2+s+1}$ 을 쓰는 경우의 단위계단응답

예제 9.21에서 알 수 있듯이 기준입력보상기는 여러 가지가 있을 수 있다. 기준입력보상기는 명령추종 특성이 주어진 성능목표에 맞도록 선택되어야 한다. 이때 기준입력보상기는 그림 9.21에서 알 수 있듯이 폐로 밖에 연결되어 있기 때문에 안정성에는 영향을 미치지 않으므로, 폐로 안에 존재하는 보상기와는 달리 모든 안정한 전달함수 가운데 임의로 선택할 수 있다.

예제 9.22

예제 9.4에서 사용한 직류서보모터 시스템에서

$$\dot{x}(t) = \begin{bmatrix} -15 & -3.75 & 0 \\ 40/3 & 0 & 0 \\ 0 & 1 & 0 \end{bmatrix} x(t) + \begin{bmatrix} 75 \\ 0 \\ 0 \end{bmatrix} u(t)$$

$$y(t) = [0 \ 0 \ 5] x(t)$$

기준입력보상형 명령추종 시스템을 구성하고, 계단입력에 대한 시간응답을 구하라. 단 초기상태는 0으로 가정한다.

풀이 예제 9.20의 1)에서 설계한 출력되먹임 제어기를 사용하는 경우 제어기의 전달함수는 다음과 같으며,

$$C(s) = \frac{-4.2s^2 - 63s - 210}{s^3 + 52s^2 + 965s + 7550}$$

이 제어기는 $s = -26.1232, \ -12.9384 \pm j11.0278$ 에서 극점을 갖는다. 플랜트의 전달함수는

$$G(s) = C(sI-A)^{-1}B + D = \frac{5000}{s^3 + 15s^2 + 50s}$$

이며, 폐로극점은 $s = -5, -7, -10, -10, -15, -20$ 으로 주어진다. 기준입력보상기 $H(s)$는

$$\frac{G(0)H(0)}{1 - G(0)C(0)} = 1$$

의 조건을 만족해야 하는데, 식 (9.70)에 의하면 가장 간단한 꼴의 기준입력보상기는 다음과 같다.

$$H(s) = -C(0) = 0.0278$$

이 보상기를 사용했을 때 얻어지는 단위계단응답은 그림 9.24와 같다. 이 응답을 보면 초과가 0 %로서 전혀 나타나지 않지만, 상승시간은 0.9 sec 정도로서 8.5.3절에서 설계한 PID제어기에 비해 응답이 느린 특성을 보인다. 응답속도를 빠르게 하려면 폐로극점을 좌반평면에서 허수축으로부터 좀 더 멀리 설정하여 제어기를 다시 설계하면 된다.

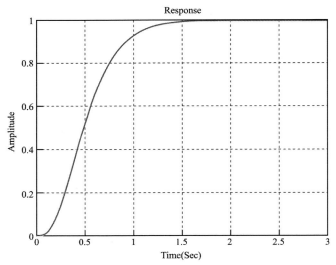

그림 9.24 기준입력보상형 명령추종기의 계단응답(예제 9.22)

9.8.2 출력보상형 명령추종기

기준입력에 보상기를 연결하는 방식과 달리 기준입력과 출력의 차이를 직접 되먹임하여 출력을 추종하도록 제어하는 방식을 **출력보상형 명령추종기**라 한다. 이 방식의 시스템 구성은 그림 9.25와 같다.

이와 같은 방식의 명령추종기에 의해서 출력 y가 상수 기준입력 r을 추종하기 위해서는 루프전달함수가 원점($s = 0$)에 극점을 가지고 있어야 한다. 만일 주어진 플랜트가 원점에 극점을 가지지 않는 경우에는 그림 9.26에서와 같이 제어기에 적분기 $1/s$을 포함시킨다. 이 경우 출력되먹임 제어기를 설계하려면 적분기를 플랜트에 포함시켜서 이 적분기를 포함하는 가상적인 플랜트에 대해 상태관측기 및 상태되먹임 제어기를 구성하여 v를 구하고, 제어기를 구현할 때에는 그림 9.26에서 보듯이 이 적분기를 상태관측기 및 상태되먹임 제어기에 직렬로 연결하여 사용한다.

그림 9.26의 출력되먹임 제어시스템은 적분기를 포함하고 있어서 플랜트가 1형 시스템처

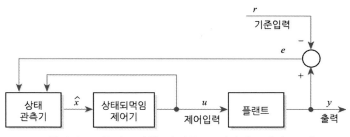

그림 9.25 출력보상형 명령추종 제어시스템의 구성

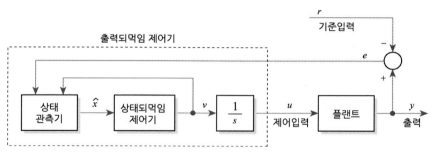

그림 9.26 적분기를 사용한 출력보상형 명령추종 제어시스템의 구성

럼 동작하도록 제어하기 때문에 기준입력이 계단입력일 때 정상상태에서 추종오차가 0이 된다. 이와 같은 적분기를 사용한 명령추종기는 명령추종 성능이 보장될 뿐만 아니라 시스템에 들어오는 상수형태의 잡음이나, 외란이 있더라도 기준입력을 잘 추종하는 성질을 갖는다. 단 이 방식의 되먹임 제어기는 설계단계에서 적분기를 플랜트에 포함시켜 처리하므로 차수가 하나 증가하고, 구현단계에서 적분기를 포함하므로 차수가 또 하나 증가하기 때문에 다른 출력되먹임 방식에 비해 제어기 자체의 차수가 2차만큼 증가하는 부담이 따른다.

 예제 9.23

예제 9.3에서 사용한 시스템에서

$$\dot{x}(t) = \begin{bmatrix} -2 & 1 \\ 5 & -3 \end{bmatrix} x(t) + \begin{bmatrix} 1 \\ 2 \end{bmatrix} u(t)$$

$$y(t) = \begin{bmatrix} -1 & -2 \end{bmatrix} x(t)$$

그림 9.26의 출력보상형 명령추종기를 구성하고, 단위계단응답을 구하라. 단 초기상태는 0으로 가정한다.

풀이 상태되먹임 제어기와 상태관측기를 설계하기 위해 적분기를 플랜트에 포함시켜서 입력신호 $u(t)$를 플랜트의 세 번째 상태변수 $x_3(t)$라 놓고, $v(t)$를 입력으로 하는 상태공간 모델을 구하면 다음과 같다.

$$\dot{x}(t) = \begin{bmatrix} -2 & 1 & 1 \\ 5 & -3 & 2 \\ 0 & 0 & 0 \end{bmatrix} x(t) + \begin{bmatrix} 0 \\ 0 \\ 1 \end{bmatrix} v(t)$$

$$y(t) = \begin{bmatrix} -1 & -2 & 0 \end{bmatrix} x(t)$$

이와 같은 상태공간 모델에 대하여 극점이 -2, -3, -4인 상태되먹임 제어기와 극점이 -8, -10, -12인 상태관측기를 설계하기로 한다. 셈틀 명령을 사용하면 다음과 같이 제어이득 및 관측이득을 구할 수 있다.

> CEM≫A = [- 2 1 1;5 - 3 2; 0 0 0]; B = [0; 0; 1]; C = [- 1 - 2 0];
> CEM≫pc = [- 2 - 3 - 4]; po = [- 8 - 10 - 12];
> CEM≫K = acker(A,B,pc)
>   K =
>   - 5   5   4
> CEM≫L = acker(A',C',po)'
>   L =
>   - 2.2671
>   - 11.3665
>   - 41.7391

따라서 출력오차 $e(t)$로부터 $v(t)$를 얻는 제어기는 식 (9.63)에 대응시켜서 다음과 같이 구해진다.

$$\dot{\hat{x}}(t) = \begin{bmatrix} -4.2671 & -3.5342 & 1.0000 \\ -6.3665 & -25.7329 & 2.0000 \\ -36.7391 & -88.4783 & -4.0000 \end{bmatrix} \hat{x}(t) + \begin{bmatrix} -2.2671 \\ -11.3665 \\ -41.7391 \end{bmatrix} e(t) \tag{9.71}$$

$$v(t) = \begin{bmatrix} 5 & -5 & -4 \end{bmatrix} \hat{x}(t)$$

$u(t)$를 구하기 위해 상태 $\hat{x}_4(t) = u(t)$를 추가하면 $\dot{\hat{x}}_4(t) = v(t)$이므로 최종적인 제어기의 상태공간 모델은 다음과 같다.

$$\dot{\hat{x}}(t) = \begin{bmatrix} -4.2671 & -3.5342 & 1.0000 & 0 \\ -6.3665 & -25.7329 & 2.0000 & 0 \\ -36.7391 & -88.4783 & -4.0000 & 0 \\ 5 & -5 & -4 & 0 \end{bmatrix} \hat{x}(t) + \begin{bmatrix} -2.2671 \\ -11.3665 \\ -41.7391 \\ 0 \end{bmatrix} e(t) \tag{9.72}$$

$$u(t) = \begin{bmatrix} 0 & 0 & 0 & 1 \end{bmatrix} \hat{x}(t)$$

이렇게 얻은 제어기를 사용하는 폐로시스템의 단위계단응답은 그림 9.27과 같다. 그림 9.27은 예제 9.21의 결과인 그림 9.22나 그림 9.23보다 개선된 응답을 보여 준다.

이 예제에서 출력되먹임 명령추종기인 식 (9.71)이나 (9.72)와 플랜트 식 (9.1)로 이루어지는 되먹임 시스템의 출력응답을 구하는 과정은 셈툴로 처리할 수도 있지만 조금 복잡하다. 그렇지만 심툴에서 제공하는 상태공간 블록을 쓰면 이 과정은 간단히 처리할 수 있다. 이 처리과정은 익힘 문제 9.20에서 다루기로 한다.

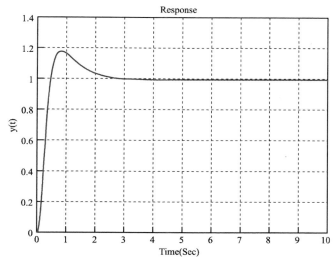

그림 9.27 적분기를 사용한 출력보상형 명령추종기 시스템의 단위계단응답

예제 9.24

예제 9.2에서 사용한 직류서보모터 시스템에서

$$\dot{x}(t) = \begin{bmatrix} -15 & -3.75 & 0 \\ 40/3 & 0 & 0 \\ 0 & 1 & 0 \end{bmatrix} x(t) + \begin{bmatrix} 75 \\ 0 \\ 0 \end{bmatrix} u(t)$$

$$y(t) = [0 \ 0 \ 5] x(t)$$

출력보상형 명령추종 제어기를 구성하고, 단위계단응답을 구하라. 단 초기상태는 0으로 가정한다.

주어진 플랜트가 적분기를 포함하기 때문에 적분기를 추가할 필요 없이 예제 9.20에서 설계한 출력되먹임 제어기를 그대로 사용하기로 한다. 예제 9.20의 1)에서 설계한 상태관측기의 극점이 −10, −15, −20인 출력되먹임 제어기를 사용하는 경우 페로시스템의 단위계단응답은 그림 9.28과 같다. 이 결과를 보면 상승시간이 0.6 sec 정도로서 예제 9.22의 결과인 그림 9.24보다 상승시간이 더 빨라진 개선된 응답을 보여 준다. 예제 9.20의 3)에서 설계한 상태관측기의 극점이 −20, −30, −40인 출력되먹임 제어기를 사용하는 경우 페로시스템의 단위계단응답도 그림 9.28에 함께 보여 주고 있다. 관측기의 극점을 허수축으로부터 더 멀리 설정함으로써 상승시간이 0.45 sec 정도로 줄어들면서 페로시스템의 응답속도가 좀 더 개선되는 것을 볼 수 있다.

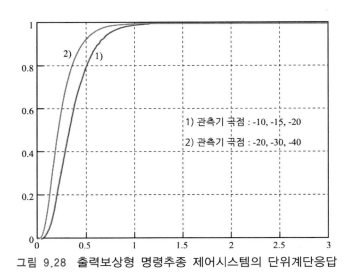

그림 9.28 출력보상형 명령추종 제어시스템의 단위계단응답

9.9 요점 정리

1. 상태공간에서의 제어기 설계는 크게 두 단계로 나누어진다. 첫째 단계는 상태되먹임 제어기를 설계하는 것이고, 둘째 단계는 상태관측기를 설계하는 것이다. 시스템이 제어가능하고 관측가능하면 극점을 원하는 곳으로 이동시키는 제어기를 항상 구할 수 있다. 제어가능성 및 관측가능성은 제어가능성 행렬 및 관측가능성 행렬의 비특이성을 검사하여 판별할 수 있다.

2. 출력되먹임 제어기는 상태되먹임 제어기와 상태관측기를 결합하여 이루어지며, 이 출력되먹임 제어기로 구성되는 폐로시스템의 극점은 상태되먹임 제어기와 상태관측기를 설계할 때 설정한 극점들로 이루어진다. 출력되먹임 제어기에서 사용하는 상태관측기의 극점을 선정할 때에는 폐로극점보다 허수축에서 2−5배 정도 더 멀리 있도록 한다.

3. 명령추종 제어기를 구성하기 위해서는 기준입력 보상법 및 출력신호 보상법 등을 사용할 수 있다. 기준입력 보상법은 정상상태 오차를 없애기 위해 기준입력과 출력 사이의 폐로전달함수의 직류이득이 0이 되도록 설계하는 방식으로서, 설계절차는 간단하지만 과도상태특성을 만족시키도록 설계하는 것이 쉽지 않다. 출력신호 보상법은 기준입력과 출력의 차이를 직접 되먹임하여 출력을 추종하도록 제어하는 방식이다. 정상상태 오차를 0으로 만들면서 외란 및 잡음의 영향을 적게 하기 위해서 적분기를 결

합한 형태를 사용한다. 이 보상법으로 설계한 출력되먹임 제어기의 성능은 기준입력 보상법보다 대체로 개선되지만 제어기의 차수가 증가하는 부담이 따른다.

● 9.10 익힘 문제

9.1 식 (9.6)의 전달함수에 대해서
(1) 제어표준형 상태공간 모델로 나타내기 위한 상태변수를 지정하라.
(2) 관측표준형 상태공간 모델로 나타내기 위한 상태변수를 지정하라.

9.2 다음과 같은 상태공간 모델에서 제어가능성과 관측가능성을 판별하라.

$$\dot{x} = \begin{bmatrix} -3 & 0 \\ 2 & -1 \end{bmatrix}x + \begin{bmatrix} 3 \\ 1 \end{bmatrix}u, \quad y = \begin{bmatrix} 1 & 2 \end{bmatrix}x$$

9.3 다음과 같은 시스템에서 제어가능성과 관측가능성을 판별하라.

$$\dot{x} = \begin{bmatrix} 0 & 2 \\ -1 & -3 \end{bmatrix}x + \begin{bmatrix} 1 \\ -6 \end{bmatrix}u, \quad y = \begin{bmatrix} 1 & 0 \end{bmatrix}x$$

9.4 다음과 같은 상태공간 모델에서

$$\dot{x} = \begin{bmatrix} -1 & 0 & 0 \\ 0 & -2 & 0 \\ 0 & 0 & -3 \end{bmatrix}x + \begin{bmatrix} 1 \\ 1 \\ 0 \end{bmatrix}u, \quad y = \begin{bmatrix} 1 & 0 & 2 \end{bmatrix}x$$

(1) 전달함수 $G(s) = Y(s)/U(s)$를 계산하라.
(2) 시스템의 제어가능성을 판별하라.
(3) 시스템의 관측가능성을 판별하라.

9.5 다음에 주어진 전달함수들 각각에 대응하는 제어표준형 상태공간 모델의 계수행렬들을 구하라.

(1) $\dfrac{1}{4s+1}$

(2) $\dfrac{s+3}{s(s^2+2s+2)}$

(3) $5\dfrac{0.5s+1}{0.1s+1}$

(4) $\dfrac{(s+10)(s^2+s+25)}{s^2(s+3)(s^2+s+36)}$

9.6 다음과 같은 계수행렬들로 표현되는 상태공간 모델에서

$$A = \begin{bmatrix} -2 & 1 \\ -2 & 0 \end{bmatrix}, \quad B = \begin{bmatrix} 1 \\ 3 \end{bmatrix}, \quad C = \begin{bmatrix} 1 & 0 \end{bmatrix}, \quad D = 0$$

(1) 이 모델을 제어표준형으로 바꾸어주는 변환행렬 T를 구하라.

(2) 이 변환행렬을 써서 제어표준형 상태공간 모델을 구하라.

9.7 다음과 같은 시스템에서 단위계단 입력에 대한 정상상태에서의 **상태값을 구하라.** 단 초기조건은 0이다.

$$\dot{x} = \begin{bmatrix} -4 & 1 \\ -2 & -1 \end{bmatrix} x + \begin{bmatrix} 0 \\ 1 \end{bmatrix} u$$

9.8 다음의 전달함수들 각각에 대한 제어표준형 및 관측표준형 상태공간 모델의 계수행렬을 구하고, 블록선도를 그려라.

(1) $\dfrac{s^2-2}{s^2(s^2-1)}$
(2) $\dfrac{3s+4}{s^2+2s+2}$

9.9 예제 9.3과 9.4의 시스템에서

(1) 셈툴의 'ctrb' 명령을 써서 제어가능성 행렬을 구하고, 제어가능성을 판별하라.

(2) 셈툴의 'obsv' 명령을 써서 관측가능성 행렬을 구하고, 관측가능성을 판별하라.

9.10 식 (3.20)의 역진자 상태공간 모델에서 $M=5$ kg, $m=0.1$ kg, $l=0.2$ m, $g=9.81$ m/sec^{2}일 때,

(1) 셈툴명령어를 써서 제어가능성과 관측가능성을 판별하라.

(2) 폐로극점을 -5, -5, -6, -6으로 만들어주는 상태되먹임 제어기를 설계하라.

(3) 상태공간 모델에서 출력되먹임 제어기를 구성할 수 있는지 판별하고, 할 수 있다면 출력되먹임 제어기를 설계하라.

(4) 식 (3.8)에서 $\ddot{x}$를 없애고 u와 θ 사이의 미방을 구하여 이것을 상태방정식으로 재구성한 다음, 이 모델에 대해 (1)~(3)의 과정을 반복하라. 단 폐로극점은 -5, -6으로 한다.

9.11 예제 9.4와 9.9의 시스템에서

(1) 'ss2zp' 명령을 써서 극점과 영점을 계산한 다음, 전달함수를 구하라.

(2) 'ss2tf' 명령을 써서 전달함수를 구하라.

9.12 행렬지수함수의 정의 (9.33)으로부터 식 (9.34)의 성질을 유도하라.

9.13 다음과 같은 전달함수로 표시되는 플랜트에서

$$G(s) = \frac{Y(s)}{U(s)} = \frac{1}{s^2+2s+4}$$

(1) 상태되먹임을 써서 정상상태 오차가 0이 되도록 제어이득을 결정하라.

(2) 폐로시스템의 초과가 $M_p \approx 1\%$, 정착시간이 $t_s \le 1\ \sec$가 되도록 제어이득을 결정하라.

9.14 다음과 같은 전달함수로 표시되는 플랜트에서

$$G(s) = \frac{Y(s)}{G(s)} = \frac{3s^2 + 4s - 2}{s^3 + 3s^2 + 7s + 5}$$

폐로극점이 −4, −4, −5가 되도록 상태되먹임 제어기를 설계하라.

9.15 상태공간 모델로 표시되는 시스템에서

$$\dot{x} = \begin{bmatrix} 0 & 1 \\ -6 & -5 \end{bmatrix} x + \begin{bmatrix} 0 \\ 1 \end{bmatrix} u$$

다음의 설계목표를 만족하도록 극배치법을 써서 상태되먹임 제어기를 설계하라.
- 폐로극점의 제동비가 $\zeta = 0.707$이다.
- 단위계단응답에서 마루시간이 $t_p \le 3.14 \quad \sec$이다.

9.16 다음과 같은 3차 시스템에서

$$\dot{x} = \begin{bmatrix} -1 & -2 & -2 \\ 0 & -1 & 1 \\ 1 & 0 & -1 \end{bmatrix} x + \begin{bmatrix} 2 \\ 0 \\ 1 \end{bmatrix} u$$
$$y = \begin{bmatrix} 1 & 2 & 0 \end{bmatrix} x$$

(1) 폐로시스템의 단위계단응답이 초과 $M_p \le 5\%$, 정착시간 $t_s \le 4.6\ \sec$의 성능목표를 만족하도록 상태되먹임 제어기를 설계하라.

(2) (1)에서 설계한 제어기가 성능목표를 만족시키는지 셈툴을 써서 확인하라.

(3) (2)의 확인결과 성능을 만족시키지 못할 경우에는 상태되먹임 제어기를 다시 설계하라.

9.17 전달함수가 다음과 같은 어떤 특정한 공정에서

$$G(s) = \frac{4}{s^2 - 4}$$

(1) 관측표준형 상태공간 모델로 나타낼 때 계수행렬을 구하라.

(2) 폐로극점이 $-2 \pm j\,2$가 되도록 상태되먹임 제어기 $u = -Kx$의 이득행렬 K를 구하라.

(3) 관측오차의 극점이 $-10 \pm j\,10$이 되도록 관측기 이득행렬 L을 구하라.

(4) (2)와 (3)의 결과를 이용하여 출력되먹임 제어기의 전달함수를 구하라.

(5) 출력되먹임 제어기와 플랜트의 곱으로 이루어진 시스템의 이득여유와 위상여유를 구하라.

9.18 다음과 같은 불안정한 시스템에서

$$\ddot{x} = x + u$$

(1) 제어기를 $u = -Kx$로 놓고, 스칼라 이득 K에 대하여 근궤적을 그려라.
(2) 다음과 같은 앞섬보상기를 써서

$$U(s) = K \frac{s+a}{s+10} X(s)$$

약 2초의 상승시간과 25% 이하의 초과만을 허락하는 a와 K를 구하라. 또한 K에 대하여 근궤적을 그려라.
(3) 보상되지 않은 플랜트에 대하여 보데선도를 그려라.
(4) 보상된 플랜트에 대하여 보데선도를 그리고, 이득여유를 구하라.
(5) 폐로극점이 (2)에서 설계한 폐로시스템의 극점과 똑같도록 상태되먹임 제어기를 설계하라.
(6) x를 써서 $\dot{x}$와 $\ddot{x}$에 대한 관측기를 설계하라. 또한 관측오차가 제동비 $\zeta = 0.5$, 고유진동수 $\omega_n = 0.8\,\text{rad/sec}$에 해당하는 특성방정식을 갖도록 관측기 이득행렬 L을 구하라.
(7) 설계된 제어기와 관측기를 블록선도로 나타내고, $\hat{x}$와 $\dot{x}$를 표시하라. 폐로시스템에 대한 보데선도를 그린 다음, (2)에서 설계한 결과와 대역폭, 안정성여유를 비교하라.

9.19 출력되먹임 제어기의 응답을 구하는 모의실험을 수행하기 위하여
(1) 식 (9.1)의 상태공간 모델과 식 (9.63)의 출력되먹임 제어기를 각각 상태공간 블록으로 나타내고, 출력을 파형으로 그려주는 심툴블록을 구성하라.
(2) 심툴블록을 예제 9.19와 9.20에 적용하여 출력되먹임 제어기의 응답을 각각 구하라.

9.20 출력보상형 명령추종기의 응답을 구하는 모의실험을 수행하기 위하여
(1) 그림 9.22에 해당하는 심툴블록을 구성하라. 단 플랜트는 식 (9.1)의 상태공간 모델을 쓰고, 출력되먹임 제어기는 식 (9.63)의 모델을 쓰며, 출력은 파형으로 나타낸다.
(2) 심툴블록을 예제 9.21에 적용하여 출력보상형 명령추종기의 단위계단응답을 구하라.
(3) 그림 9.25에 해당하는 심툴블록을 구성하고, 예제 9.24에 적용하여 단위계단응답을 구하라.

제 어 상 식

▶ 필드버스(fieldbus)

제어기가 어떤 작업을 담당하기 위해서는 필요한 센서나 구동기(actuator)들이 입출력장치에 연결되어야 한다. 이를 위해 전통적인 방법으로 PLC 등의 제어기에 근접하여 기기의 입출력장치를 직접 연결하는 방법이 주로 사용되어 왔다. 하지만 플랜트가 점점 대형화되고, 제어할 장비가 증가됨에 따라 센서나 구동기들 혹은 PLC가 분산되어 있으며, 네트워크 형태로 연결하여 사용하는 방법이 부각되고 있다. 이는 케이블링에 소요되는 설치비용을 낮추고 유지 보수 및 확장을 용이하게 하며, 다양한 부가기능을 가능하게 한다. 이렇게 입출력용 제어기기 장치가 생산현장에 분산되도록 제공하는 네트워크를 생산현장을 의미하는 필드(field)와 통신을 의미하는 버스(bus)를 합쳐 필드버스라 한다. 현재 필드버스는 프로피버스(Profibus), 인터버스(Interbus), 디바이스넷(Device Net), WorldFIP 등 세계적으로 약 100여 개 종이 판매되고 있으며, 국제전기위원회(IEC)에서 표준화를 위해 노력하고 있다. 참고로 필드버스의 상위에는 제어신호를 담당하는 제어버스, 그 상위에는 정보버스로 구성되어 있다. 아래로 갈수록 데이터의 양은 적어지나 속도는 빨라야 한다. 필드버스는 특정회사에서 출발했지만 사용자 그룹을 형성하고 있고 국제 표준화를 추진하고 있다. 국제표준기구(ISO, International Standard Organization)의 기술분과(TC, Technical Committee) 184에서 산업표준화를 전문적으로 다루며, 제5분과(SC, Subcommittee)에서는 필드버스의 국제표준화를 다루고 있다.

Device Net의 PC용 카드

Device Net의 I/O 모듈

Device Net의 I/O 모듈

부록

● A. 라플라스 변환표(table of laplace transformation)

$f(t)$	$\mathcal{L}\{f(t)\} = F(s)$
단위 임펄스함수 $\delta(t)$	1
단위계단함수 $u_s(t)$	$\dfrac{1}{s}$
t	$\dfrac{1}{s^2}$
$1 + at$	$\dfrac{s+a}{s^2}$
t^n	$\dfrac{n!}{s^{n+1}}$
e^{-at}	$\dfrac{1}{s+a}$
$1 - e^{-at}$	$\dfrac{a}{s(s+a)}$
$at - (1 - e^{-at})$	$\dfrac{a^2}{s^2(s+a)}$
$\dfrac{b}{a}\left\{1 - \left(1 - \dfrac{a}{b}\right)e^{-at}\right\}$	$\dfrac{s+b}{s(s+a)}$
$t e^{-at}$	$\dfrac{1}{(s+a)^2}$
$t^n e^{-at}$	$\dfrac{n!}{(s+a)^{n+1}}$
$\sin \omega t$	$\dfrac{\omega}{s^2+\omega^2}$
$\cos \omega t$	$\dfrac{s}{s^2+\omega^2}$
$1 - \cos \omega t$	$\dfrac{\omega^2}{s(s^2+\omega^2)}$
$\dfrac{1}{b-a}(e^{-at} - e^{-bt})$	$\dfrac{1}{(s+a)(s+b)}$
$\dfrac{1}{b-a}(b e^{-bt} - a e^{-at})$	$\dfrac{s}{(s+a)(s+b)}$
$\dfrac{1}{ab}\left\{1 + \dfrac{1}{a-b}(b e^{-at} - a e^{-bt})\right\}$	$\dfrac{1}{s(s+a)(s+b)}$
$\dfrac{1}{a^2}(at - 1 + e^{-at})$	$\dfrac{1}{s^2(s+a)}$

(뒤쪽에 계속)

$f(t)$	$\mathcal{L}\{f(t)\}=F(s)$
$e^{-at}\sin\omega t$	$\dfrac{\omega}{(s+a)^2+\omega^2}$
$e^{-at}\cos\omega t$	$\dfrac{s+a}{(s+a)^2+\omega^2}$
$\dfrac{1}{\omega_n\sqrt{1-\zeta^2}}\,e^{-\zeta\omega_n t}\sin\omega_n\sqrt{1-\zeta^2}\,t$	$\dfrac{1}{s^2+2\zeta\omega_n s+\omega_n^2}$
$\dfrac{\omega_n}{\sqrt{1-\zeta^2}}\,e^{-\zeta\omega_n t}\sin\omega_n\sqrt{1-\zeta^2}\,t$	$\dfrac{\omega_n^2}{s^2+2\zeta\omega_n s+\omega_n^2}$
$\sqrt{\dfrac{-1}{1-\zeta^2}}\,e^{-\zeta\omega_n t}\sin(\omega_n\sqrt{1-\zeta^2}\,t-\varphi)$	$\dfrac{s}{s^2+2\zeta\omega_n s+\omega_n^2}$
$\sqrt{\dfrac{1}{1-\zeta^2}}\,e^{-\zeta\omega_n t}\sin(\omega_n\sqrt{1-\zeta^2}\,t+\varphi)$	$\dfrac{s+2\zeta\omega_n}{s^2+2\zeta\omega_n s+\omega_n^2}$
$1-\sqrt{\dfrac{1}{1-\zeta^2}}\,e^{-\zeta\omega_n t}\sin(\omega_n\sqrt{1-\zeta^2}\,t+\varphi)$	$\dfrac{\omega_n^2}{s(s^2+2\zeta\omega_n s+\omega_n^2)}$
$e^{-\zeta\omega_n t}\sin(\omega_n\sqrt{1-\zeta^2}\,t+\varphi)$	$\dfrac{s+\zeta\omega_n}{s^2+2\zeta\omega_n s+\omega_n^2}$

주 : $\varphi=\tan^{-1}\dfrac{\sqrt{1-\zeta^2}}{\zeta}$

● B. 행렬해석(matrix analysis)

B.1 행렬의 정의

실수, 복소수, 함수 혹은 연산자(operator)를 직사각형 모양으로 배열한 것을 **행렬(matrix)**이라 한다. 행렬 A를 구성하는 a_{11}, a_{22},…를 행렬의 **성분(element** 또는 **entry)**이라 하고, 가로줄을 **행(row)**, 세로줄을 **열(column)**이라 한다. n개의 행과 m개의 열로 구성된 행렬 A를 $n \times m$ 행렬이라 하고, 다음과 같이 나타낸다.

$$A = \begin{bmatrix} a_{11} & a_{12} & \cdot & \cdot & \cdot & a_{1m} \\ a_{21} & a_{22} & \cdot & \cdot & \cdot & a_{2m} \\ \cdot & \cdot & & & & \cdot \\ \cdot & & \cdot & & & \cdot \\ \cdot & & & \cdot & & \cdot \\ a_{n1} & a_{n2} & \cdot & \cdot & \cdot & a_{nm} \end{bmatrix} \tag{B.1}$$

여기서 $m, n \in N$(자연수 집합)이다. 이러한 행렬은 다음과 같이 구분된다.

벡터(vector)

하나의 열 또는 행으로 구성된 행렬을 벡터라고 한다.

정방행렬(square matrix)

같은 수의 행과 열로 구성된 행렬을 정방행렬이라 한다. 정방행렬에서 그 행의 수를 차수(order)라 하고, n개의 행을 갖는 정방행렬을 n차 정방행렬 또는 $n \times n$ 행렬이라고 한다.

대각행렬(diagonal matrix)

$n \times n$ 행렬 A에서 성분 $a_{11}, a_{22}, \cdots, a_{nn}$ ($n \in N$)을 행렬 A의 주대각(main diagonal)성분이라 한다. 정방행렬 A의 주대각성분을 제외한 모든 성분이 0(zero)인 행렬을 대각행렬이라 한다. 대각행렬은 다음과 같이 나타낸다.

$$A = \begin{bmatrix} a_{11} & & & & \\ & a_{22} & & & 0 \\ & & \cdot & & \\ & & & \cdot & \\ 0 & & & & \cdot \\ & & & & a_{nn} \end{bmatrix} = diag\ (a_{11}, a_{22}, \cdots, a_{nn}) = [a_{ij} \delta_{ij}] \tag{B.2}$$

여기서 δ_{ij}는 크로네커 델타(Kronecker delta)함수로서 다음과 같이 정의된다.

$$\delta_{ij} = \begin{cases} 1, & i = j \\ 0, & i \neq j, \end{cases} \quad i, j = 1, \cdots, n$$

단위행렬(unit matrix 또는 identity matrix)

주대각성분이 모두 1이고, 그 외의 요소는 0인 행렬을 단위행렬이라고 하며, 다음과 같이 나타낸다.

$$I = \begin{bmatrix} 1 & 0 & \cdot & \cdot & \cdot & 0 \\ 0 & 1 & \cdot & \cdot & \cdot & 0 \\ \cdot & \cdot & & & & \cdot \\ \cdot & \cdot & & & & \cdot \\ \cdot & \cdot & & & & \cdot \\ 0 & 0 & \cdot & \cdot & \cdot & 1 \end{bmatrix} = [\delta_{ij}] = diag(1, 1, \cdots, 1) \tag{B.3}$$

특이행렬(singular matrix)

행렬식이 영인 정방행렬을 특이행렬이라 한다. 특이행렬에서 모든 행(혹은 열)은 서로 독립이 아니다.

비특이행렬(nonsingular matrix)

행렬식이 영이 아닌 정방행렬을 비특이행렬이라 한다. 비특이행렬의 모든 행(혹은 열)들은 서로 독립이다.

전치행렬(transpose matrix)

임의의 행렬 A에서 행과 열의 자리를 맞바꿔서 얻어지는 행렬을 행렬 A의 전치행렬이라 하고, A^T로 표시한다. 즉, $(A^T)_{ij} = A_{ji}$, ($i = 1, \cdots, n$, $j = 1, \cdots, m$)을 만족한다.

대칭행렬(symmetric matrix)

임의의 정방행렬 A에서 A의 전치행렬과 A가 일치할 때, 즉 $A = A^T$를 만족할 때 행렬 A를 대칭행렬이라 한다.

엇대칭행렬(skew-symmetric matrix)

임의의 정방행렬 A에서 $A = -A^T$를 만족할 때 행렬 A를 엇대칭행렬이라고 한다.

켤레행렬(conjugate matrix)

임의의 행렬 A의 각 성분 a_{ij}에 대하여 그의 켤레복소수로 대치될 때, 그 행렬을 행렬 A의 켤레행렬이라 하고, $\overline{A}$로 표시한다. 즉, $(\overline{A})_{ij} = \overline{A_{ij}}$를 만족한다.

켤레전치행렬(conjugate transpose matrix)

임의의 행렬 A에서 전치행렬의 켤레행렬을 켤레전치행렬이라 한다. 행렬 A의 켤레전치행렬은 A^*로 표시하며, $(A^*)_{ij} = \overline{A}_{ji}$를 만족한다.

B.2 행렬의 연산

두 행렬의 동일성(equivalence)

임의의 $n \times m$행렬 A, B에 대하여 $A_{ij} = B_{ij}$ $(0 < i < n,\ 0 < j < m)$이 만족될 때, 두 행렬은 서로 동일하다고 한다.

행렬의 덧셈(addition of matrices)

두 행렬 A와 B가 같은 수의 행과 열을 갖는다면 두 행렬은 서로 더할 수 있다. 만약 $A = [\,a_{ij}\,]$이고, $B = [\,b_{ij}\,]$라고 한다면 행렬의 덧셈 $A+B$는 다음과 같이 정의된다.

$$A+B = [\,a_{ij} + b_{ij}\,] \tag{B.4}$$

예를 들면, $A = \begin{bmatrix} 1 & 3 & 5 \\ 2 & 4 & 6 \end{bmatrix}$, $B = \begin{bmatrix} 2 & 3 & 4 \\ 3 & 4 & 5 \end{bmatrix}$에서 $A+B$는 다음과 같다.

$$A+B = \begin{bmatrix} 3 & 6 & 9 \\ 5 & 8 & 11 \end{bmatrix}$$

행렬의 덧셈은 다음과 같은 성질을 갖는다.

1) 모든 $n \times m$행렬의 집합은 덧셈에 대하여 닫혀 있다.
2) $A + B = B + A$ (교환법칙)
3) $(A+B) + C = A + (B+C)$ (결합법칙)
4) 모든 성분이 0으로 구성된 영행렬 0이 존재하여, 임의의 행렬 A에 대하여 $A+0 = A$를 만족시킨다.
5) 임의의 행렬 A에 대하여 $A+B = 0$을 만족시키는 행렬 $B = -A$가 존재한다.

행렬의 상수곱(scalar multiplication of matrix)

행렬의 상수곱은 각 요소에 상수(scalar)를 곱한 행렬이 된다. 즉, 행렬 A와 상수 k의 곱은 다음과 같이 정의된다.

$$kA = \begin{bmatrix} ka_{11} & ka_{12} & \cdot & \cdot & \cdot & ka_{1m} \\ ka_{21} & ka_{22} & \cdot & \cdot & \cdot & ka_{2m} \\ \cdot & \cdot & & & & \cdot \\ \cdot & \cdot & & & & \cdot \\ \cdot & \cdot & & & & \cdot \\ ka_{n1} & ka_{n2} & \cdot & \cdot & \cdot & ka_{nm} \end{bmatrix} \tag{B.5}$$

행렬의 상수곱은 다음과 같은 성질을 갖는다.

1) 모든 $n{\times}m$행렬의 집합은 상수곱에 대하여 닫혀 있다.

2) 상수에 대한 분배법칙 : $(\alpha+\beta)A = \alpha A + \beta A$

   행렬에 대한 분배법칙 : $\alpha(A+B) = \alpha A + \alpha B$

3) 결합법칙 : $(\alpha\beta)A = \alpha(\beta A)$

행렬의 곱(multiplication of matrices)

두 행렬 사이의 곱은 첫 번째 행렬의 열의 수와 두 번째 행렬의 행의 수가 같을 때에만 정의된다. A가 $n{\times}m$행렬, B가 $m{\times}p$행렬일 때 행렬곱 AB는 다음과 같이 정의된다.

$$AB = C = [\,c_{ij}\,] = \left[\sum_{k=1}^{m} a_{ik} b_{kj} \right], \qquad i = 1, \cdots, n, \quad j = 1, \cdots, p \tag{B.6}$$

행렬 A와 B의 곱으로 정의되는 행렬 C는 A와 같은 수의 행을 갖고, B와 같은 수의 열을 가진다. 따라서 행렬 C는 $n{\times}p$행렬이 된다. 행렬의 곱에서 주의할 점은 교환법칙이 성립하지 않는다는 것이다. 즉, $AB \neq BA$ 이다. 행렬곱 연산은 다음과 같은 성질을 갖는다.

1) $A(BC) = (AB)C$ (결합법칙)

2) $A(B+C) = AB+AC, \quad (A+B)C = AC+BC$ (분배법칙)

3) 임의의 $n{\times}m$행렬 A에 대하여 $IA = A$를 만족시키는 $n{\times}n$ 단위행렬 I_n과 $AI = A$를 만족시키는 $m{\times}m$ 단위행렬 I_m이 존재한다.

B.3 역행렬(inverse of matrix)

소행렬식(minor)

$n{\times}n$ 정방행렬 A에서 i번째 행과 j번째 열을 없애고, 남은 $(n-1){\times}(n-1)$행렬의 행렬식을 행렬 A의 소행렬식이라 한다.

여인수(cofactor)

행렬 A의 성분 a_{ij}의 소행렬식을 M_{ij}라고 할 때 여인수 β_{ij}는 다음 식으로 정의된다.

$$\beta_{ij} = (-1)^{i+j} M_{ij} \tag{B.7}$$

여인수 β_{ij}는 행렬식 $|A| = det(A)$의 전개에서 a_{ij}의 계수가 된다.

수반행렬(adjoint matrix)

i행과 j열의 성분이 β_{ji}인 행렬 B를 행렬 A의 수반행렬이라 하고, $adj\ A$라고 표시한다. 즉, A의 수반행렬은 행렬의 요소가 A의 여인수로 이루어지는 행렬의 전치행렬이며, 다음과 같이 나타낼 수 있다.

$$B = [b_{ij}] = [\beta_{ji}] = adj\ A \tag{B.8}$$

대각합(trace)

$n \times n$행렬 A의 대각합(trace)은 행렬의 주대각성분 $a_{11}, a_{22}, \cdots, a_{nn}$ 을 더한 값으로 정의되며, $tr\ A$로 표시한다.

$$tr\ A \ = \ \sum_{i=1}^{n} a_{ii} \tag{B.9}$$

대각합은 다음과 같은 성질을 갖는다.

1) $tr\ A^T \ = \ tr\ A$

2) $tr\ (A+B) \ = \ tr\ A + tr\ B$

3) $tr\ A \ = \ \lambda_1 + \lambda_2 + \cdots + \lambda_n,\ \ \lambda_i$ 는 A의 고유값

4) $tr\ AB \ = \ tr\ BA$

5) $tr\ AB \ \neq \ tr\ A \cdot tr\ B$

행렬식(determinant of a matrix)

행렬식(determinant)은 정방행렬에 대해서만 정의된다. $n \times n$ 정방행렬 A의 행렬식은 상수값을 가지며, $det(A)$로 표시하고 다음과 같이 정의된다.

1) $n = 1$ 일 때에는 $det(A) = a_{11}$.

2) $n \geq 2$일 때 행렬 A의 i행을 기준으로 정의할 수도 있고,

$$det(A) \ = \ \sum_{j=1}^{n} a_{ij}\beta_{ij},$$

또는 행렬 A의 j열을 기준으로 정의할 수도 있다.

$$det(A) \ = \ \sum_{i=1}^{n} a_{ij}\beta_{ij}.$$

따라서 행렬 A가 2×2일 때 $det(A) = a_{11}a_{22} - a_{12}a_{21}$ 이다. 예를 들면, 다음과 같다.

$$det\left(\begin{bmatrix} -1 & 2 \\ 5 & 3 \end{bmatrix}\right) = (-1)(3) - (2)(5) = -13$$

행렬식의 성질(properties of the determinant)

1) 만약 행렬 B가 행렬 A의 연속적인 두 개의 행 또는 두 개의 열을 교환하여 만들어진 것이면 $det(B) = -det(A)$이다.

2) 만약 행렬 B가 행렬 A의 임의의 행 또는 열의 각 성분에 상수 c를 곱하여 구해진 행렬이면 $det(B) = c \cdot det(A)$이다.

3) 만약 행렬 B가 행렬 A의 임의의 행(또는 열)에 상수를 곱하여 다른 행(또는 열)에 더하여 구한 행렬이면 $det(B) = det(A)$이다.

4) 단위행렬 I에 대하여 $det(I) = 1$이다.

5) 행렬의 임의의 두 행(또는 열)이 일치하면 행렬식의 값은 0이다.

6) 임의의 행렬 A에 대하여 $det(A) = det(A^T)$이다.

7) 임의의 두 정방행렬 A, B에 대하여 $det(AB) = det(A) \cdot det(B) = det(BA)$이다.

8) 만약 행렬 B의 역행렬 B^{-1}가 존재한다면 $det(B^{-1}) = [det(B)]^{-1}$이다.

행렬의 계수(rank of matrix)

행렬 A의 $m \times m$ 부분행렬 중 행렬식이 0이 아닌 부분행렬 M이 존재하고, $r \geq m+1$인 모든 $r \times r$ 부분행렬의 행렬식이 0인 경우 행렬의 계수(rank)는 m이다.

역행렬(inverse of matrix)

정방행렬 A에 대하여 식 (B.10)을 만족하는 행렬 B가 존재할 때 행렬 B를 행렬 A의 역행렬이라 하고, $B = A^{-1}$로 표시한다.

$$AB = BA = I \tag{B.10}$$

일반적으로 행렬 A가 $n \times n$ 비특이행렬일 때 $n \times n$ 비특이행렬인 역행렬 A^{-1}가 유일하게 존재한다. 하지만 행렬식이 0이 되는 특이행렬의 경우에는 역행렬이 존재하지 않는다. 그러므로 행렬 A가 비특이행렬이고, $AB = C$일 때 행렬 B는 다음과 같이 계산된다.

$$A^{-1}AB = A^{-1}C$$

$$B = A^{-1}C \tag{B.11}$$

역행렬의 계산(formulation of inverse of matrix)

임의의 정방행렬 A에 대하여 A의 수반행렬과 행렬식 사이에는 다음과 같은 관계식이 성립한다.

$$A(adj\ A)\ =\ (adj\ A)A\ =\ |A|I$$

그러므로 A의 역행렬 A^{-1}는 다음과 같이 수반행렬과 행렬식으로부터 계산할 수 있다.

$$A^{-1}\ =\ \frac{adj\ A}{det(A)} \tag{B.12}$$

특히 2×2 비특이행렬과 3×3 비특이행렬의 역행렬을 구하는 공식은 다음과 같다.

$$\begin{bmatrix} a & b \\ c & d \end{bmatrix}^{-1} = \frac{1}{ad-bc}\begin{bmatrix} d & -b \\ -c & a \end{bmatrix},\quad ad-bc \neq 0 \tag{B.13}$$

$$\begin{bmatrix} a & b & c \\ d & e & f \\ g & h & i \end{bmatrix}^{-1} = \frac{1}{|A|}\begin{bmatrix} \begin{vmatrix} e & f \\ h & i \end{vmatrix} & -\begin{vmatrix} b & c \\ h & i \end{vmatrix} & \begin{vmatrix} b & c \\ e & f \end{vmatrix} \\ -\begin{vmatrix} d & f \\ g & i \end{vmatrix} & \begin{vmatrix} a & c \\ g & i \end{vmatrix} & -\begin{vmatrix} a & c \\ d & f \end{vmatrix} \\ \begin{vmatrix} d & e \\ g & h \end{vmatrix} & -\begin{vmatrix} a & b \\ g & h \end{vmatrix} & \begin{vmatrix} a & b \\ d & e \end{vmatrix} \end{bmatrix} \tag{B.14}$$

역행렬에 관한 유용한 관계식

1) $(A^T)^{-1} = (A^{-1})^T$

2) $(AB)^{-1} = B^{-1}A^{-1}$

3) $det(AA^{-1}) = det(I) = 1 = det(A) \cdot det(A^{-1})$

4) $det(A^{-1}) = \dfrac{1}{det(A)}$

역행렬 보조정리(matrix inversion lemma)

행렬 A, B, C, D가 각각 $n{\times}n$, $n{\times}m$, $m{\times}n$, $m{\times}m$행렬이고, A와 D의 역행렬이 존재하면 다음 식이 성립한다.

$$(A+BDC)^{-1}\ =\ A^{-1} - A^{-1}B(D^{-1}+CA^{-1}B)^{-1}CA^{-1} \tag{B.15}$$

여기서 $D=I_m$이면 다음과 같이 간략화되며,

$$(A+BC)^{-1}\ =\ A^{-1} - A^{-1}B(I_m+CA^{-1}B)^{-1}CA^{-1} \tag{B.16}$$

또한 B가 $n{\times}1$행렬이고, C가 $1{\times}n$행렬이면 식 (B.16)은 다음과 같이 표시된다.

$$(A+BC)^{-1} = A^{-1} - \frac{A^{-1}BCA^{-1}}{1+CA^{-1}B} \qquad (B.17)$$

블록행렬(block matrix)의 역행렬

A, B, C, D가 각각 $n \times n$, $n \times m$, $m \times n$, $m \times m$행렬이고, $|A| \neq 0$, $|D-CA^{-1}B| \neq 0$이면 A, B, C, D로 이루어지는 블록행렬의 역행렬은 다음과 같다.

$$\begin{bmatrix} A & B \\ C & D \end{bmatrix}^{-1} = \begin{bmatrix} A^{-1}+A^{-1}B(D-CA^{-1}B)^{-1}CA^{-1} & -A^{-1}B(D-CA^{-1}B)^{-1} \\ -(D-CA^{-1}B)^{-1}CA^{-1} & (D-CA^{-1}B)^{-1} \end{bmatrix}$$

$$(B.18)$$

만일 $|D| \neq 0$, $|A-BD^{-1}C| \neq 0$이면 다음과 같이 구해진다.

$$\begin{bmatrix} A & B \\ C & D \end{bmatrix}^{-1} = \begin{bmatrix} (A-BD^{-1}C)^{-1} & -(A-BD^{-1}C)^{-1}BD^{-1} \\ -D^{-1}C(A-BD^{-1}C)^{-1} & D^{-1}C(A-BD^{-1}C)^{-1}BD^{-1}+D^{-1} \end{bmatrix}$$

$$(B.19)$$

고유값과 고유벡터(eigenvalues and eigenvectors)

임의의 $n \times n$행렬 A에서 $x \neq 0$인 벡터 x에 대해 $Ax = \lambda x$를 만족하는 스칼라 λ가 존재할 때, x를 행렬 A의 고유벡터(eigenvector)라고 하며, λ를 이 고유벡터 x에 대응하는 A의 고유값(eigenvalue)이라 한다. 벡터 x가 행렬 A의 고유벡터가 되는 경우에는 행렬 A에 의해 만들어지는 벡터 Ax가 벡터 x가 동일선상에 놓이며, 이때 벡터 Ax의 크기는 벡터 x의 크기를 λ배가 된다. 고유값은 특성값(characteristic value) 또는 특성근(characteristic root)이라고도 한다. 고유값과 고유벡터의 정의에 의해서 다음의 식을 유도할 수 있다.

$$Ax = \lambda x$$

$$(A - \lambda I)x = 0 \qquad (B.20)$$

식 (B.20)에서 고유벡터는 0이 아니므로 $A - \lambda I$는 특이행렬이 되어야 하며, 따라서 다음 식이 성립한다.

$$det(A - \lambda I) = 0 \qquad (B.21)$$

여기서 식 (B.21)을 **특성방정식(characteristic equation)**이라 하고, $det(A-\lambda I)$를 **특성다항식(characteristic polynomial)**이라 한다. 고유값은 특성방정식을 풀어서 구할 수 있고, 구해진 각 고유값들을 이용하여 대응하는 고유벡터를 구할 수 있다. 임의의 $n \times n$행렬에 대해서 고유값은 $\lambda_1, \lambda_2, \cdots, \lambda_n$으로서 n개 존재하며, 이에 대응하는 고유벡터도 $x_1, x_2, \cdots, x_n$이 존재한다. 단, 고유값은 한 종류만 존재하지만, 고유벡터는 무수히 많을 수 있다. 왜냐하면 x_j 가 고유벡터이면 0이 아닌 임의의 α에 대하여 αx_j도 고유벡터가 되기 때문이다. 이러한 고유벡터들 중 크기가 1인 벡터를 **정규(normalized) 고유벡터**라고 한다.

유사행렬(similar matrix)

$n \times n$행렬 A, B에 대하여 $PB = AP$를 만족하는 $n \times n$ 비특이행렬 P가 존재할 때, 행렬 A와 B를 유사행렬, P를 유사변환이라 한다. 유사행렬 사이에는 다음 관계가 성립한다.

1) $det\,(B) = det\,(A)$

2) $tr\ B = tr\ A$

3) B의 고유값 = A의 고유값

B.4 미분과 적분(differentiation and integration)

시변벡터와 행렬(time-varying vector and matrix)

시변벡터 $x(t)$는 성분이 시간함수인 벡터로 정의되며, 시변행렬 $A(t)$는 성분이 시간함수인 행렬로 정의된다. 그러므로 시변벡터 $x(t)$와 시변행렬 $A(t)$는 다음과 같이 나타낼 수 있다.

$$x(t) = \begin{bmatrix} x_1(t) \\ x_2(t) \\ \vdots \\ x_n(t) \end{bmatrix}, \quad A(t) = \begin{bmatrix} a_{11}(t) & a_{12}(t) & \cdots & a_{1m}(t) \\ a_{21}(t) & a_{22}(t) & \cdots & a_{2m}(t) \\ \vdots & \vdots & & \vdots \\ a_{n1}(t) & a_{n2}(t) & \cdots & a_{nm}(t) \end{bmatrix} \tag{B.22}$$

시변벡터와 시변행렬의 덧셈, 상수곱 및 곱셈의 연산은 일반적인 행렬의 연산과 같이 정의된다. 시변벡터는 시변행렬의 특수한 경우이므로, 미분과 적분에 대해서는 행렬에 대해서만 언급하기로 한다.

행렬의 미분(differentiation of matrix)

$n \times m$행렬 $A(t)$의 미분은 행렬의 모든 성분 $a_{ij}(t)$가 시간 t에 대해 미분가능할 때, 다음과 같이 정의된다.

$$\frac{d}{dt}A(t) = \dot{A}(t) = \begin{bmatrix} \dot{a_{11}}(t) & \dot{a_{12}}(t) & \cdots & \dot{a_{1m}}(t) \\ \dot{a_{21}}(t) & \dot{a_{22}}(t) & \cdots & \dot{a_{2m}}(t) \\ \vdots & \vdots & & \vdots \\ \dot{a_{n1}}(t) & \dot{a_{n2}}(t) & \cdots & \dot{a_{nm}}(t) \end{bmatrix} \tag{B.23}$$

미분의 성질(properties of differentiation)

$$\frac{d}{dt}[A(t)+B(t)] = \dot{A}(t)+\dot{B}(t)$$

$$\frac{d}{dt}[\alpha(t)A(t)] = \dot{\alpha}(t)A(t)+\alpha(t)\dot{A}(t)$$

$$\frac{d}{dt}[A(t)B(t)] = \dot{A}(t)B(t)+A(t)\dot{B}(t)$$

$$\frac{d}{dt}<A(t),B(t)C(t)> = <\dot{A}(t),B(t)C(t)>+<A(t),\dot{B}(t)C(t)>$$
$$+<A(t),B(t)\dot{C}(t)>$$

$A^{-1}(t)$의 미분

행렬 $A(t)$와 그 역행렬 $A^{-1}(t)$가 미분가능하다고 할 때, $A^{-1}(t)$의 미분은 다음과 같이 구할 수 있다.

$$\frac{d}{dt}[A(t)A^{-1}(t)] = \frac{dA(t)}{dt}A^{-1}(t)+A(t)\frac{dA^{-1}(t)}{dt}$$
$$= \frac{d}{dt}I = 0$$

$$A(t)\frac{dA^{-1}(t)}{dt} = -\frac{dA(t)}{dt}A^{-1}(t)$$

$$\frac{dA^{-1}(t)}{dt} = -A^{-1}(t)\frac{dA(t)}{dt}A^{-1}(t) \tag{B.24}$$

행렬의 적분(integration of matrix)

행렬의 미분과 마찬가지로 $n \times m$행렬 $A(t)$의 적분은 다음과 같이 정의할 수 있다.

$$\int_{t_0}^{t_1}A(t)dt = \begin{bmatrix} \int_{t_0}^{t_1}a_{11}(t)dt & \int_{t_0}^{t_1}a_{12}(t)dt & \cdots & \int_{t_0}^{t_1}a_{1m}(t)dt \\ \int_{t_0}^{t_1}a_{21}(t)dt & \int_{t_0}^{t_1}a_{22}(t)dt & \cdots & \int_{t_0}^{t_1}a_{2m}(t)dt \\ \vdots & \vdots & & \vdots \\ \int_{t_0}^{t_1}a_{n1}(t)dt & \int_{t_0}^{t_1}a_{n2}(t)dt & \cdots & \int_{t_0}^{t_1}a_{nm}(t)dt \end{bmatrix} \tag{B.25}$$

적분의 성질(properties of integration)

$$\int_{t_0}^{t_1} [A(t) + B(t)] dt = \int_{t_0}^{t_1} A(t) dt + \int_{t_0}^{t_1} B(t) dt$$

구배벡터(gradient vector)

벡터 $x = [\ x_1 \quad x_2 \quad \cdots \quad x_n\ ]^T$와 다음의 스칼라 함수를 고려하자.

$$f : R^n \to R \ ; \ f(x) = f(x_1, x_2, \cdots, x_n)$$

벡터 x에 관한 f의 구배(gradient)벡터는 $\partial f(x)/\partial x$로 표시하고, 다음과 같이 정의된다.

$$\frac{\partial f(x)}{\partial x} = \nabla f = \begin{bmatrix} \dfrac{\partial f}{\partial x_1} & \dfrac{\partial f}{\partial x_2} & \cdots & \dfrac{\partial f}{\partial x_n} \end{bmatrix} \tag{B.26}$$

자코비안(Jacobian) 행렬

벡터 $x = [\ x_1 \quad x_2 \quad \cdots \quad x_n\ ]^T$와 다음의 R^m에서 R^n으로의 함수를 고려하자.

$$g : R^n \to R^m \ ; \ g(x) = \begin{bmatrix} g_1(x_1, x_2, \cdots, x_n) \\ g_2(x_1, x_2, \cdots, x_n) \\ \vdots \\ g_m(x_1, x_2, \cdots, x_n) \end{bmatrix}$$

벡터 x에 관한 g의 자코비안 행렬은 $\partial g(x)/\partial x$로 표시하고, 다음과 같이 정의된다.

$$\frac{\partial g(x)}{\partial x} = \begin{bmatrix} \dfrac{\partial g_1}{\partial x_1} & \dfrac{\partial g_1}{\partial x_2} & \cdots & \dfrac{\partial g_1}{\partial x_n} \\ \dfrac{\partial g_2}{\partial x_1} & \dfrac{\partial g_2}{\partial x_2} & \cdots & \dfrac{\partial g_2}{\partial x_n} \\ \vdots & \vdots & & \vdots \\ \dfrac{\partial g_m}{\partial x_1} & \dfrac{\partial g_m}{\partial x_2} & \cdots & \dfrac{\partial g_m}{\partial x_n} \end{bmatrix} \tag{B.27}$$

B.5 2차형식(quadratic form)과 한정행렬(definite matrix)

2차형식(quadratic form)

$n \times n$ 실대칭행렬 A와 실벡터 x에 대하여

$$x^T A x = \sum_{i=1}^{n} \sum_{j=1}^{n} a_{ij} x_i x_j \tag{B.28}$$

의 형태를 2차형식(quadratic form)이라 하며, 내적의 정의를 이용하여 다음과 같이 표현할 수 있다.

$$f(x) = <x, Ax> = \sum_{i=1}^{n} \sum_{j=1}^{n} a_{ij} x_i x_j \tag{B.29}$$

한정행렬(definite matrix)

임의의 $x \neq 0$과 실대칭행렬 A에 대하여 2차형식 $f(x) = x^T Ax$를 고려하자.

1) $f(x) > 0$이면 행렬 A를 양한정행렬(positive definite matrix)이라 한다.

2) $f(x) \geq 0$이면 행렬 A를 양반한정행렬(positive semi-definite matrix)이라 한다.

3) $f(x) < 0$이면 행렬 A를 음한정행렬(negative definite matrix)이라 한다.

4) $f(x) \leq 0$이면 행렬 A를 음반한정행렬(negative semi-definite matrix)이라 한다.

양한정성 판별조건

1) 2차형식 $f(x) = x^T Ax > 0$ 을 만족하면 행렬 A는 양한정행렬이다.

2) 행렬 A가 $n \times n$ 실대칭행렬일 때 다음과 같은 $k \times k$ 부분행렬에서

$$A_k = \begin{bmatrix} a_{11} & a_{12} & \cdots & a_{1k} \\ a_{21} & a_{22} & \cdots & a_{2k} \\ \vdots & \vdots & & \vdots \\ \vdots & \vdots & & \vdots \\ a_{k1} & a_{k2} & \cdots & a_{kk} \end{bmatrix}$$

모든 $k = 1, 2, \cdots, n$ 에 대하여 $\det(A_{kk}) > 0$이면 A는 양한정행렬이다.

3) 행렬 A의 고유값이 모두 양수이면 행렬 A는 양한정행렬이다. 또한 행렬 A가 양(또는 음)반한정행렬이면 적어도 하나의 고유값은 0이 된다.

B.6 대각화(diagonalization)

행렬의 대각화(diagonalization of matrices)

$n \times n$행렬 A가 n개의 서로 다른 고유값을 가질 때 이 행렬은 서로 다른 n개의 고유벡터를 가지며, 이들은 서로 일차독립(linear independent)이 된다. 또한 행렬 A는 유사변환(similar transformation)을 이용하여 대각행렬로 변환시킬 수 있다. 행렬 A를 대각행렬로 변환시키는 것을 행렬 A의 **대각화(diagonalization)**라 하며, 다음과 같은 과정에 의해 변환된다. 먼저 $n \times n$행렬 P를 다음과 같이 정의하자.

$$P = [P_1 \ P_2 \ \cdots \ P_n] = [x_1 \ x_2 \ \cdots \ x_n]$$

여기서 x_i는 행렬 A의 고유값 λ_i에 대응하는 고유벡터이며, 다음을 만족한다.

$$P_i = x_i, \qquad i = 1, 2, \cdots, n$$

고유벡터 $x_1, x_2, \cdots, x_n$은 고유값의 정의에 의해 다음과 같이 나타낼 수 있다.

$$\begin{aligned} Ax_1 &= \lambda_1 x_1 \\ Ax_1 &= \lambda_1 x_1 \\ &\vdots \\ Ax_n &= \lambda_n x_n \end{aligned} \tag{B.30}$$

위의 n개의 식을 행렬을 써서 나타내면 다음과 같고

$$A\begin{bmatrix} x_1 & x_2 & \cdots & x_n \end{bmatrix} = \begin{bmatrix} x_1 & x_2 & \cdots & x_n \end{bmatrix} diag(\lambda_1, \lambda_2, \cdots, \lambda_n) \tag{B.31}$$

이 식을 행렬 P를 이용하여 다시 쓰면 다음과 같다.

$$AP = P\, diag(\lambda_1, \lambda_2, \cdots, \lambda_n) \tag{B.32}$$

앞에서 정의된 행렬 P는 비특이행렬이므로 역행렬 P^{-1}이 존재한다. 따라서 식 (B.32)는 다음과 같이 변형되어

$$P^{-1}AP = diag(\lambda_1, \lambda_2, \cdots, \lambda_n) \tag{B.33}$$

행렬 A는 유사변환에 의해 대각행렬로 바뀐다. 만약 $n{\times}n$행렬 A가 n개의 일차독립 고유벡터를 가지고 있지 않을 때에는 대각화시킬 수 없으며, 이러한 행렬은 조던(Jordan) 표준형으로 변환할 수 있다.

조던 표준형(Jordan canonical form)

다음의 형태를 가지는 행렬을 조던 표준형(Jordan canonical form)이라 한다.

$$J = \begin{bmatrix} J_{p_1} & & & \\ & J_{p_2} & & 0 \\ & & \ddots & \\ 0 & & & J_{p_s} \end{bmatrix} \tag{B.34}$$

여기서 $p_1 + p_2 + \cdots + p_s = n$ 이고, J_{p_i}는 p_i차의 조던 블록(block)행렬로서 다음과 같은 꼴을 갖는다.

$$J_{p_i} = \begin{bmatrix} \lambda_i & 1 & 0 & \cdots & 0 & 0 \\ 0 & \lambda_i & 1 & \cdots & 0 & 0 \\ \vdots & \vdots & \vdots & & \vdots & \vdots \\ 0 & 0 & 0 & \cdots & \lambda_i & 1 \\ 0 & 0 & 0 & \cdots & 0 & \lambda_i \end{bmatrix} \tag{B.35}$$

예를 들어, 6×6행렬 J에서 $p_1 = 3$, $p_2 = 2$, $p_3 = 1$이고, 고유값이 λ_1, λ_1, λ_1, λ_2, λ_2, λ_3이면 조던 표준형은 다음과 같이 표시된다.

$$J = \begin{bmatrix} J_3(\lambda_1) & 0 & 0 \\ 0 & J_2(\lambda_2) & 0 \\ 0 & 0 & J_1(\lambda_3) \end{bmatrix} = \begin{bmatrix} \lambda_1 & 1 & 0 & & & \\ 0 & \lambda_1 & 0 & & 0 & \\ 0 & 0 & \lambda_1 & & & \\ & & & \lambda_2 & 0 & \\ & 0 & & 0 & \lambda_2 & 0 \\ & 0 & & & 0 & \lambda_3 \end{bmatrix}$$

여기서 0은 영행렬이며, J_{p_i}의 λ_i와 J_{p_j}의 λ_j는 같을 수도 있고 다를 수도 있다. 그러므로 임의의 행렬 A에 대한 Jordan 표준형의 정확한 형태를 결정하기는 쉽지 않다. 예를 들어, 3중근을 가지는 3×3 정방행렬의 가능한 조던 표준형은 다음과 같다.

$$\begin{bmatrix} \lambda_1 & 1 & 0 \\ 0 & \lambda_1 & 1 \\ 0 & 0 & \lambda_1 \end{bmatrix}, \begin{bmatrix} \lambda_1 & 1 & \vdots & 0 \\ 0 & \lambda_1 & \vdots & 0 \\ \cdots\cdots\cdots \\ 0 & 0 & \vdots & \lambda_1 \end{bmatrix}, \begin{bmatrix} \lambda_1 & \vdots & 0 & 0 \\ \cdots\cdots\cdots \\ 0 & \vdots & \lambda_1 & \vdots & 0 \\ \cdots\cdots\cdots \\ 0 & 0 & \vdots & \lambda_1 \end{bmatrix}$$

C.1 키보드 기능

Esc	모의실험 중지, Online 그래프 중지
Ctrl-C	명령창에서 현재까지의 입력 무시, 선택된 문자열 영역의 복사
Ctrl-X	선택된 문자열의 잘라내기
Ctrl-V	선택된 문자열의 붙이기
Ctrl-E	선택된 문자열 영역의 지우기
Home	현재 행의 맨 앞으로 커서 이동
End	현재 행의 맨 끝으로 커서 이동
PgUp	명령창의 이전 페이지 조회
PgDn	명령창의 다음 페이지 조회
Del	현재 커서 위치의 문자 삭제
BackSp	현재 커서 이전 위치의 문자 삭제
←	좌측으로 커서 이동
→	우측으로 커서 이동
↓	과거 수행명령 열람 중 앞으로 이동
↑	과거 수행명령 열람 중 뒤로 이동
Ins	문자열 입력시 삽입/수정 모드 변환

C.2 범용 명령어

관리용

help	매크로파일/도구상자에 대한 도움말
view	텍스트 파일의 내용 출력
what	매크로파일에 대한 간단한 도움말
where	매크로파일의 위치 확인
version	셈툴/심툴의 버전

변수 및 작업환경 관리용

del	변수 삭제
length	벡터의 길이
list	변수목록과 크기 출력

listm	변수목록과 내용 출력	
load	작업환경의 변수 로드	
save	작업환경의 변수 저장	
set	환경변수의 수정 및 출력	
size	행렬의 크기	

명령창 제어용

clear	화면 지움
format	상수값의 화면출력 양식 지정

파일 및 디렉토리 관리용

cd	디렉토리 변경
dir(ls)	현재 디렉토리의 파일 출력
logging	명령어창의 내용을 파일로 저장한다.
macrodir	매크로 디렉토리의 설정
pwd	현재 디렉토리 확인

종료

exit	셈툴 종료

C.3 연산자 및 논리함수

연산자

+	덧셈
−	뺄셈
*	곱셈
/	행렬의 스칼라로 나눗셈
^	거듭제곱
.*	행렬의 원소별 곱셈
./	행렬의 원소별 나눗셈
%	코멘트
=	할당
==	좌우측이 같은지 비교
!=	좌우측이 다른지 비교
>	좌측이 우측보다 큰지 비교
<	좌측이 우측보다 작은지 비교

>=	좌측이 우측보다 크거나 같은지 비교	
<=	좌측이 우측보다 작거나 같은지 비교	
&&	논리곱	
||	논리합	
!	논리부정	
.&	행렬의 원소별 논리곱	
.|	행렬의 원소별 논리합	
;	화면출력억제	
kron	크로네커 곱셈	

논리함수

all	원소 모두가 참이면 참
any	원소 중 하나가 참이면 참
isempty	빈 행렬이면 참
isinf	무한대이면 참
isnan	수가 아니면 참
isreal	원소가 모두 실수이면 참
isstr	스트링이면 참

C.4 프로그램 흐름 제어

break	제어문, 순환문에서 탈출
continue	순환문에서 다음 단계로 수행
for	for 순환문
else	if 문에서 조건을 만족하지 않을 경우
if	if 조건제어문
input	사용자 입력을 위한 대화상자 출력
sleep	주어진 동안 실행 정지
while	while 순환문

C.5 수학함수

abs	절대값, 복소수의 크기
acos	코사인의 역함수
acosh	하이퍼볼릭 코사인의 역함수

acot	코탄젠트의 역함수
acoth	하이퍼볼릭 코탄젠트의 역함수
acsc	코세컨트의 역함수
acsch	하이퍼볼릭 코세컨트의 역함수
angle	위상각
asec	하이퍼볼릭 세컨트의 역함수
asin	사인의 역함수
asinh	하이퍼볼릭 사인의 역함수
atan	탄젠트의 역함수
atanh	하이퍼볼릭 탄젠트의 역함수
ceil	정수로의 올림
conj	켤레복소수
cos	코사인
cosh	하이퍼볼릭 코사인
cot	코탄젠트
coth	하이퍼볼릭 코탄젠트
csc	코세컨트
csch	하이퍼볼릭 코세컨트
exp	지수함수
fix	정수로 올림(양수일 경우), 정수로 내림(음수일 경우)
floor	정수로 내림
gcd	최대공약수
imag	허수부
lcm	최소공배수
ln	자연로그
log	상용로그
real	실수부
rem	나머지
round	정수로 반올림
sec	세컨트
sign	부호
sin	사인
sinh	하이퍼볼릭 사인

sqrt	제곱근
tan	탄젠트
tanh	항이퍼볼릭 탄젠트

C.6 행렬 및 연산처리

기본행렬

eye	단위행렬
gallery	시험행렬
linspace	균등분할 벡터
logspace	로그간격 벡터
ones	1로 구성된 행렬
rand	난수행렬
randn	정규분포 난수행렬
zeros	영행렬
diag	대각행렬 생성, 대각원소 추출

행렬분석용

cond	행렬 조건수
det	행렬식
norm	행렬, 벡터 놈
null	영공간
orth	범위공간의 직교정규기저
rank	선형독립인 행 또는 열의 수
trace	주대각 요소의 합

선형방정식용

chol	촐스키 분해
inv	역행렬
lu	상삼각, 하삼각 행렬분해
pinv	유사(pseudo) 역행렬
qr	행렬의 직교분해

고유값, 특이값용

eig	고유값, 고유벡터
svd	특이값 분해

poly	행렬의 특성방정식
schur	Schur 분해

행렬함수

expm	행렬의 지수함수
logm	행렬의 자연로그
sqrtm	행렬의 제곱근

특수변수와 상수

ans	가장 최근의 연산결과값
i, j	허수단위
Inf	무한대
eps	최소오차 한계값
NaN	숫자가 아님
nargin	함수의 입력인자 수
nagout	함수의 출력인자 수
pi	π

시간과 날짜

clock	시간
tic, toc	스탑워치 함수
date	날짜

C.7 다항식 함수

conv	다항식 곱셈
deconv	다항식 나눗셈
poly	특정근을 갖는 다항식 생성
polyfit	다항식 근사화
polyval	다항식의 계산
polyvalm	행렬다항식 계산
roots	다항식의 근
residue	부분분수 전개 및 나머지 수 계산

C.8 시스템 해석 및 제어기 설계 함수

bode	보데선도

impulse	임펄스응답
ctrb	제어가능성 판정
c2d	연속시간계를 이산시간계로 전환
d2c	이산시간계를 연속시간계로 전환
initial	초기상태에 대한 응답
lqe	선형 2차 추정기 설계
lqr	선형 2차 조정기 설계
nichols	니콜스 선도
nyquist	나이키스트선도
obsv	관측가능성 판정
rlocus	근궤적
rlocval	근궤적에서 입력의 근방값 추정
ss2tf	상태방정식을 전달함수로 전환
step	단위계단응답
tf2ss	전달함수를 상태방정식으로 전환

C.9 데이터 분석 및 처리 함수

기본연산용

cov	상호분산
cumprod	원소의 누적곱
cumsum	원소의 누적합
max	최대값
mean	평균값
median	중간값
min	최소값
prod	원소들의 곱
sort	오름차순 정렬
std	표준편차
sum	원소들의 합
trapz	사다리꼴 수치적분

신호처리용

filter	1-D 디지털 필터

fft	푸리에 변환
ifft	푸리에 역변환
freqs	라플라스 변환의 주파수 응답
freqz	z-변환의 주파수 응답

C.10 그래프 관련

2차원 그래프용

plot	2차원 그래프
subplot	하나의 창에 여러 개의 그래프 도시
ploar	극좌표 그래프
title	그래프의 제목
xtitle	x축 제목
ytitle	y축 제목
loglog	x축, y축이 로그 간격인 그래프
semilogx	x축이 로그 간격인 그래프
semilogy	y축이 로그 간격인 그래프
legend	그래프 범례 표시

3차원 그래프용

meshgrid	3차원 그래프를 그리기 위한 배열 생성
xyzplot	3차원 그래프 도시
surfplot	그물형태로 연결되고 그물 내부가 색으로 채워진 3차원 그래프
meshoplot	그물형태로 연결된 3차원 그래프

그래픽 관리용

kill	그래프창 종료

그래프 선택사항

그래프 이동	창 안에서 그래프와 겹침
화면 확대	지정영역의 확대
화면 축소	확대 바로 이전으로 축소
화면 복귀	화면을 원래 비율로 복귀
그래프좌표 추적	그래프의 좌표를 추적
마우스좌표 추적	마우스의 현재 좌표 출력

문자열 쓰기	화면에 문자열 출력
문자열 이동	지정 문자열 이동
문자열 지우기	지정 문자열 삭제
서체 변환	문자열의 글꼴 변환
선모양	선의 모양 변환
선색깔	선의 색깔 변환
선문자	선 대신 지정 문자로 전환
눈금자 표시	눈금자 표시 여부 지정
x축 최소/최대	x축 최대/최소 지정
y축 최소/최대	y축 최대/최소 지정
제목 서체 전환	제목의 서체, 색깔 전환
제목	그래프 제목 지정
x축 제목	x축 제목 지정
y축 제목	y축 제목 지정
열기	저장된 그래프 열기
저장	현재 그래프를 저장
새 이름으로	새 이름으로 저장
인쇄	현재 그래프 인쇄
종료	그래프 창의 종료
그래프 종류	간격에 따른 그래프 종류 전환

참고문헌

Ackermann, J. E., "Der entwulf linearer regelungs systeme im zustandstraum," *Regelungstechnik und Prozessdatenverarbeitnug*, vol. 7, pp. 297−300, 1972.

Åstrom, K. J., H. Panagopoulos and T. Hagglund, "Design of PI controllers based on non- convex optimization," *Automatica*, vol. 34, pp. 585−601, May 1998.

Åstrom, K. J. and T. Hagglund, Automatic *Tuning of PID Controllers*, Instrument Society of America, 1988.

Anderson, B. D. O. and J. B. Moore, Linear Optimal Control, Englewood Cliffs, New Jersey: Prentice Hall, Inc., 1971.

Bennett, S., "A brief history of automatic control," *IEEE Control Systems*, vol. 16, pp. 17−25, June 1996.

Bryson, A. E. and Y. C. Ho, *Applied Optimal Control*, Waltham, MA: Blaisdell, 1969.

Bode, H. W., *Network Analysis and Feedback Design*, New York: Van Nostrand Reinhold, 1945.

Chen, C. T. *Linear System Theory and Design*, 3rd ed., Oxford University Press, 1999.

Dorf, R. C., *Modern Control Systems*, 7th ed., Reading, MA: Addison-Wesley Publishing Co., 1998.

Evans, W. R., "Graphic analysis of control systems," *AIEE Trans., Part II*, vol. 67, pp. 547−551, 1948.

Evans, W. R., "Control system synthesis by root locus method," *AIEE Trans., Part II*, vol. 69, pp. 66−69, 1950.

Franklin, G. F., J. D. Powell and A. Emami-Naeini, *Feedback Control of Dynamic Systems*, 3rd ed., Addison-Wesley Publishing Co., 1994.

Ho, W. K., O. P. Gan, E. B. Tay and E. L. Ang, "Performance and gain and phase margins of well-known PID tuning formulas," *IEEE Tr. Control Systems Technology*, vol. 4, pp. 473−477, July 1996.

IEEE, *IEEE Control Systems : Special Issue on the History of Control*, vol. 16, No. 3, June 1996.

Kailath, T., *Linear Systems*, Englewood Cliffs, New Jersey: Prentice Hall, Inc., 1980.

Kuo, B. C., *Automatic Control Systems*, 6th ed., Englewood Cliffs, New Jersey, Prentice Hall, Inc., 1997.

Luenberger, D. G., "Observing the state of a linear systems," *IEEE Trans., Military Electr.*, vol. MIL-8, pp. 74−80, 1964.

Nyquist, H., "Regeneration theory," *Bell System Tech. J.*, vol. 11, pp. 126−147, 1932.

Ogata, K., *Modern Control Engineering*, 4th ed., Englewood Cliffs, New Jersey: Prentice Hall, Inc., 2002.

Panagopoulos, H., K. J. Åstrom and T. Hagglund, "A numerical method for design of PI controllers," *Proc. 1997 IEEE International Conference on Control Applications*, Hardford, CT, pp. 417 − 422, Oct. 1997.

Wonham, W. M., "On pole assignment in multi-input controllable linear systems," *IEEE Trans. Automatic Control*, vol. AC-12, pp. 660 − 665, 1967.

Ziegler, J. G. and N. B. Nichols, "Optimum settings for automatic controllers," *ASME Trans.*, vol. 64, pp. 759 − 768, 1942.

Ziegler, J. G. and N. B. Nichols, "Process lags in automatic control circuits," *ASME Trans.*, vol. 65, pp. 433 − 444, 1943.

권욱현, 이교일, 권오규, 홍금식, 이준화, *두 대의 PC를 사용한 자동제어 실험실습*, 청문각, 1999.

(주)리얼게인, *CEMTool 5.0 사용자 안내서*, 2002.

이상용, 권오규, *셈툴활용 PID제어기 설계법*, 출간 예정, 2003.

찾아보기

ㄱ

ㄴ

ㅅ

ㅇ

저자 소개

■ 권 욱 현

1972 - 1976	미국 브라운대학교 박사학위 취득(제어공학) 및 Post Doc.
1973 - 1977	미국 아이오와대학교 겸직 조교수
1977 - 2008	서울대학교 공과대학 전기정보공학부 교수
1980 - 1981	미국 스탠포드대학교 객원교수
1999 - 2000	제어자동화시스템공학회 회장
2001 - 2002	대학전기학회 회장
2002 - 2005	국제자동제어연맹(IFAC) 회장
2007 - 2010	한국과학기술한림원 부원장
2008 - 현재	서울대학교 명예교수
2010 - 현재	대구경북과학기술원(DGIST) 석좌교수

* 관심분야

제어 및 시스템 이론, 확률필터 이론, 이산현상 시스템, 실시간 시스템, 컴퓨터원용 설계

* 연구논문

1. W. H. Kwon and A. E. Pearson, "A modified quadratic cost problem and feedback stabilization of a linear system," IEEE Trans. Automatic Control, Vol. AC-22, No. 5, 1977.

2. W. H. Kwon and O. K. Kwon, "FIR filters and recursive forms for continuous-time state-space signal models," IEEE Trans. Automatic Control, Vol. AC-30, No. 4, 1987. 등 포함하여 국제논문 90여 편 저술

E-mail address: whkwon@cisl.snu.ac.kr

■ 권 오 규

1980 - 1985	서울대학교 대학원 제어계측공학과(공학박사)
1984 - 현재	인하대학교 전기공학과 교수
1988 - 1989	호주 뉴카슬대학교 전기컴퓨터공학부 객원교수
2000 - 2001	제어자동화시스템공학회 총무이사
2001 - 2003	인하대학교 기획처장
2006 - 2009	인하대학교 교무처장
2015 - 2017	인하대학교 교무부총장

* 관심분야

견실제어 및 추정, 이상검출 및 진단, 이상허용제어, 비행체 유도제어, 기동검출 및 추적

* 연구논문

1. O. K. Kwon, W. H. Kwon and K. S. Lee, "Optimal FIR filters and recursive forms for discrete- time state-space models," Automatica, Vol. 25, No. 5, 1989.

2. O. K. Kwon, G. C. Goodwin and W. H. Kwon, "Robust fault detection method accounting for modelling errors in uncertain systems," Control Engineering Practice, Vol. 2, No. 5, 1994. 등 포함하여 국제논문 40여 편, 국내논문 90여 편 저술

E-mail address: okkwon@inha.ac.kr

최신 자동제어공학

2015년 2월 20일 1판 1쇄 펴냄 | 2019년 2월 10일 1판 2쇄 펴냄
지은이 권욱현 · 권오규
펴낸이 류원식 | 펴낸곳 (주)교문사(청문각)

편집부장 김경수 | 본문편집 김미진 | 표지디자인 네임북스
제작 김선형 | 홍보 김은주 | 영업 함승형 · 박현수 · 이훈섭
주소 (10881) 경기도 파주시 문발로 116(문발동 536-2)
전화 1644-0965(대표) | 팩스 070-8650-0965
등록 1968. 10. 28. 제406-2006-000035호
홈페이지 www.cheongmoon.com | E-mail genie@cheongmoon.com
ISBN 978-89-6364-220-8 (93560) | 값 29,000원